U0633093

高等职业教育建筑工程技术专业工学结合"十二五"规划教材

建筑构造与设计技术

主　编　张玉秀
副主编　王长荣　高　峰　马航海

WUHAN UNIVERSITY PRESS
武汉大学出版社

图书在版编目(CIP)数据

建筑构造与设计技术/张玉秀主编. —武汉:武汉大学出版社,2015.2
高等职业教育建筑工程技术专业工学结合"十二五"规划教材
ISBN 978-7-307-14984-7

Ⅰ.建… Ⅱ.张… Ⅲ.①建筑构造—高等职业教育—教材 ②建筑设计—高等职业教育—教材 Ⅳ.TU2

中国版本图书馆 CIP 数据核字(2014)第 301169 号

责任编辑:方竞男 郭 芳 责任校对:黄孝莉 装帧设计:吴 极

出版发行:**武汉大学出版社** (430072 武昌 珞珈山)
(电子邮件:whu_publish@163.com 网址:www.stmpress.cn)
印刷:广东虎彩云印刷有限公司
开本:787×1092 1/16 印张:25.75 字数:606 千字
版次:2015 年 2 月第 1 版 2015 年 2 月第 1 次印刷
ISBN 978-7-307-14984-7 定价:46.00 元

前　言

　　建筑构造与设计技术是高等职业院校土建类学生重要的专业岗位核心课程,是一门与生产实践密切结合的学科。全书分为建筑历史与文化、民用建筑构造和建筑设计三个模块,共十三个学习情境,以民用建筑构造为重点。

　　本书引入建设领域最新科技成果和中华人民共和国住房和城乡建设部对新工艺、新规范、新标准的推广使用要求,及时补充国家规范推行的新工艺、新技术,力求做到理论精、内容新,突出时代性,体现前瞻性;遵照"以就业为导向,以服务为宗旨"的指导思想,以岗位技能培养为中心,以任务驱动为手段,从教材内容的先进性、适用性、合理性、灵活性、可读性和准确性出发,以满足高职高专院校土建类各专业学生的学习需求。本书内容充分融合了工学结合、情境教学、任务驱动的高职教学理念与要求,体现了职业性、实用性和创新性。

　　为了便于组织教学和学生学习,本书每个情境开始设有"知识目标"和"能力目标",以便学生在开始学习时对所学内容有一个初步了解。在每一学习情境后附有"单元小结""能力提升"(学习情境四、学习情境六、学习情境七、学习情境十、学习情境十二还附有"实训任务"),以利于学生及时总结和巩固所学内容。

　　本书由酒泉职业技术学院张玉秀担任主编,酒泉职业技术学院王长荣、高峰和西北民族大学马航海担任副主编。具体编写分工为:张玉秀(前言、学习情境三～学习情境七),王长荣(学习情境一、学习情境九),高峰(学习情境二、学习情境八、学习情境十一～学习情境十三),马航海(学习情境十)。全书由张玉秀负责统稿和修订。本书在编写过程中,得到了酒泉职业技术学院土木工程系王莉等同志的大力帮助,谨此致以衷心的感谢。

　　在本书编写过程中,编者参考和借鉴了有关书籍、图片、高职高专院校土建类建筑工程专业相关教学文件和国家现行的规范、规程及技术标准,在此一并表示感谢。

　　由于编者水平有限,加之编写时间仓促,书中尚存在不足之处,敬请同行和广大读者批评指正。

编　者

2014 年 10 月

目　　录

模块一

建筑历史与文化

学习情境一 建筑历史与文化概述

学习任务一 建筑的内涵及构成要素

一、建筑的内涵

　　建筑是一个含义比较广泛的名词。从广义上讲,建筑是建筑物与构筑物的总称。建筑物是指直接供人们生活居住、工作学习、娱乐和生产的房屋或场所,如住宅、学校、办公楼、影剧院、体育馆等。构筑物是指人们一般不直接在其内部进行生产、生活等活动的建筑,如水坝、水塔、蓄水池、贮油罐、烟囱等。无论是建筑物还是构筑物,都以一定的空间形式存在,是人们劳动创造的财富。因此,从本质上讲,建筑是一种人工创造的空间环境,是人们日常生活和从事生产活动不可或缺的场所。建筑具有实用性,属于社会物质产品;建筑又具有艺术性,并反映特定的社会思想意识、民族习俗、地方特色,所以又是一种精神产品。

二、建筑的构成要素

　　人类从最早的洞穴、巢居,直至后来用土、石、草、木等天然材料建造的简易房屋和当今的时代建筑,从建筑起源直至其成为文化,经历了千万年的变迁,建筑在形态、结构、施工技术、艺术形象等各方面也随着历史、政治、人文、自然条件以及科学技术的发展而发展。总结人类的建筑经验活动,可知构成建筑的主要因素包括建筑功能、物质技术条件和建筑形象三个方面。

(一)建筑功能

建筑功能是指建筑在物质和精神两方面必须满足的使用要求。不同类别的建筑具有不同的使用要求。例如,交通建筑要求人流线路流畅,观演建筑要求有良好的视听环境,工业建筑必须符合生产工艺流程的要求,等等。同时,建筑必须满足人体和人体活动所需的空间尺度,以及人的生理要求,如良好的朝向、保温、隔热、隔声、防潮、防水、采光、通风等。

(二)物质技术条件

物质技术条件是建造房屋的手段,包括建筑材料技术、结构技术、施工技术和设备技术等。建筑不可能脱离技术条件而存在,其中材料是物质基础,结构是构成建筑空间的骨架,施工是实现建筑生产的过程和方法,设备是改善建筑环境的技术条件。

(三)建筑形象

建筑形象是建筑体形、立面式样、建筑色彩、材料质感、细部装修等的综合反映。建筑形象处理得当,就能产生一定的艺术效果,给人以一定的感染力和美的享受。例如,一些建筑常常给人以庄严雄伟、朴素大方或生动活泼等不同的感觉,这就是建筑形象的魅力。

不同时代的建筑有不同的建筑形象,例如,古代建筑与现代建筑的形象就不一样。不同民族、不同地域的建筑,也会产生不同的建筑形象,例如,汉族和少数民族、南方和北方,都会形成本民族、本地区各自的建筑形象。

构成建筑的三个要素彼此之间是辩证统一的关系,不能分割,但又有主次之分。第一是建筑功能,是起主导作用的要素;第二是物质技术条件,是达到目的的手段,但是技术对功能又有约束和促进作用;第三是建筑形象,是对功能和技术的反映,但如果充分发挥设计者的主观作用,在一定功能和技术条件下,可以把建筑设计得更加美观。

学习任务二　中国古代建筑发展及演变

中国作为四大文明古国之一,其古代文化在世界上有着显著的地位。中国的古代建筑作为一个独特的体系,在世界建筑史上占有一席之地。

我国古代森林资源丰富,人们就地取用木材建造房屋,经几千年发展形成了独树一帜的木构架建筑体系(图 1-1)。

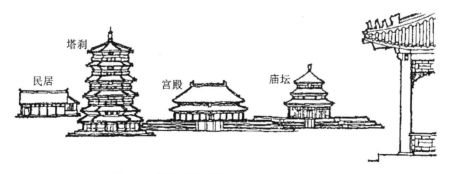

图 1-1　我国古代独树一帜的木构架建筑体系

木构架建筑体系无论从建筑单体还是群体组合,甚至城市布局来看,都有非常完善的形制和做法,而且是延续年代最久的一个体系。这个体系对亚洲各国的建筑也产生了极其深刻的影响,如图1-2所示。

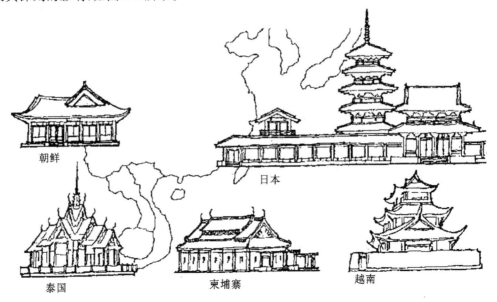

朝鲜

日本

泰国

柬埔寨

越南

图1-2 我国古代建筑对亚洲各国建筑的影响

这些都说明我国古代劳动人民的聪明才智以及建筑在技术与艺术上都达到了很高的水准。学习前人的宝贵经验,对我们深入了解中国文化的精髓,提高我们的建筑审美意识及设计水平都具有启发和借鉴的作用。

我国古代建筑主要经历了原始社会、奴隶社会和封建社会三个历史阶段,其中封建社会是形成我国古典建筑的主要历史时期。

一、原始社会的建筑

几十万年以前的旧石器时代,人类的祖先原始人过着游牧、渔猎生活,为躲避风雨和野兽的袭击,他们不得不居住在树上和天然的岩洞中。到了新石器时代,人类学会了从事农牧业生产,开始定居下来,采取挖洞穴的方式,用树枝、木材建造简单的房屋,人类从此开始了建筑活动,这便是建筑的起源。例如,我国西安半坡村遗址是最早的木构架建筑的雏形,由它可以了解到5000多年前氏族社会的居住村落情况,见图1-3。

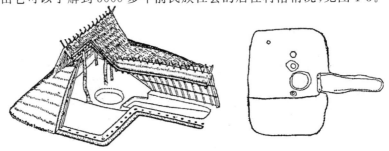

图1-3 西安南坡村遗址平面之一和它的复原想象

二、奴隶社会的建筑

公元前 4000 年以后,随着社会生产力的发展与原始社会的瓦解,世界上先后出现了最早的奴隶制国家。其中,古埃及、古印度、古中国、古希腊、古罗马的建筑,在世界建筑文明的发展中影响最为深远。

中国在公元前 21 世纪至公元前 400 年,即夏商周时期,由于生产力的发展,进行了大规模的建筑活动,出现了宏伟的宫殿、宗庙、陵墓等类型的建筑。河南偃师二里头遗址是距今 4000 多年前奴隶社会初期夏朝的都城(图 1-4),有大型宫殿和中小型建筑数十座。其有夯土台基,柱列整齐,开间统一,木构架技术已有了较大提高。周围有回廊环绕,南面开门,反映了中国传统的院落式建筑群组合已开始走向定型。河南安阳殷墟遗址是奴隶社会大发展时期商朝的都城,从其遗址可看出当时木构架建筑形式已初步形成。商代创造了夯土和版筑技术,用来修筑城墙和房屋台基,房屋上部结构多采用木构架。到了西周时期,又出现了陶瓦(图 1-5),说明当时屋面防水技术已相当进步。同时建筑布局上已形成严整的四合院格局,初步体现了中国古建筑体系的特征。

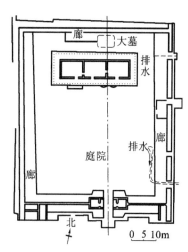

图 1-4　河南偃师二里头二号宫殿遗址平面

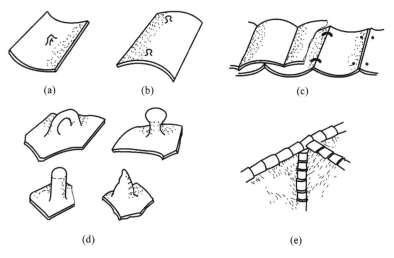

图 1-5　陕西岐山凤雏村遗址出土的西周瓦

(a)盖瓦瓦环;(b)仰瓦瓦钉;(c)用绳联结的瓦;(d)瓦钉与瓦环;(e)用作屋脊与斜天沟的瓦

三、封建社会的建筑

封建社会在各国建立的时期相差很远,如中国的封建社会早在公元前 400 年的战国时期就已形成,而欧洲各国的封建社会则在公元 5—6 世纪才建立。封建社会的典型建筑主要有宫殿、庙宇、教堂、庄园、城堡等。封建社会的建筑技术和艺术与奴隶社会相比有了相当大的发展,形成了许多各具特色的建筑形式,并且彼此相互影响。

中国的封建社会经历了3000多年,在这漫长的岁月中,中国古建筑逐步发展形成独特的建筑体系,在城市规划、园林、民居、建筑技术与艺术等方面都有很大的成就。

公元前221年秦始皇灭六国后,建立起中国历史上第一个统一的封建帝国。他集中了全国的人力和物力,开始了大规模的建筑活动。当时建造的阿房宫、秦始皇帝陵、万里长城、都江堰等是历史上著名的建筑。阿房宫规模宏大,可惜未保存下来,其遗址方圆达1km。秦始皇帝陵陵丘高达76m,陵丘东侧1.5km处出土的兵马俑坑是一座占地达2万余平方米的宏伟的地下军事博物馆。兵马俑的大小与真人真马相似,反映了我国古代雕塑艺术成就的伟大。长城是春秋战国时期各诸侯国为相互防御而修筑的城墙,秦始皇统一中国后将这些城墙修补连接起来,后经历代修缮,形成西起嘉峪关,东至山海关,总长约6700km的"万里长城",见图1-6。其工程浩大,气势雄伟,是世界上最伟大的工程之一,被誉为世界建筑史上的奇迹。

秦代时,砖已被广泛应用。至汉代,砖石建筑和拱券结构有了很大发展。从出土的画像砖、明器、石阙上都可看出砖石建筑技术渐趋成熟。已有了完整的廊院和楼阁,建筑有屋顶、屋身和台基三段式的立面造型。图1-7所示为汉代陵墓前的石阙,是仿照木构架建筑雕刻而成的,表现了屋顶、屋身、台基三个鲜明的组成部分。

图1-6　万里长城　　　　　　　　图1-7　汉代石阙

作为中国古代木构架建筑显著特点之一的斗拱,在汉代已被普遍使用,在东汉明器中所表示的房屋结构及四川东汉高颐墓阙(图1-8)中可见一斑,这说明我国古代建筑的许多主要特征在汉代都已形成。

魏、晋、南北朝时期,社会生产力的发展比较缓慢,在建筑上缺乏创造和革新,而主要是继承和运用汉代的成就。但是,由于佛教的传入促进了佛教建筑的发展,高层佛塔出现了,并带来了印度、中亚一带的雕刻和绘画艺术,不仅使我国的石窟、寺庙、壁画、佛像等有了巨大发展,而且影响了建筑艺术,使汉代比较质朴的建筑风格变得更为成熟(图1-9)。

这个时期最突出的建筑类型是佛寺、佛塔和石窟,先后开凿了山西大同云冈石窟、河南洛阳龙门石窟。北魏时期所建造的河南登封嵩岳寺塔(图1-10)为15层密檐砖塔,平面为十二边形,是我国现存最早的佛塔。同时也出现了楼阁式木塔(如洛阳永宁寺木塔)和单层塔。

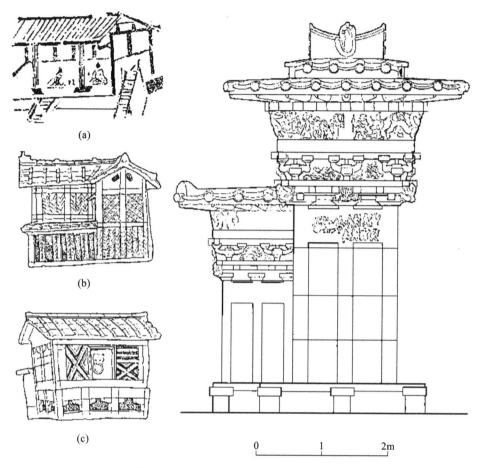

图 1-8 四川东汉高颐墓阙中的斗拱结构

（a）抬梁式结构（四川成都画像砖，屋檐下用插拱）；

（b）穿斗式结构（广东广州汉墓明器）；（c）干阑式构造（广东广州汉墓明器）

图 1-9 南北朝时期石窟、石室和石柱中所表现的建筑形象和构造

7

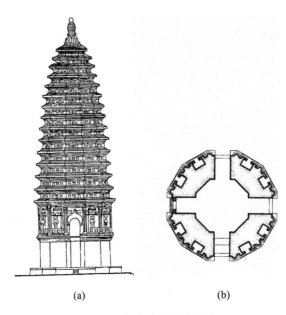

(a)   (b)

图 1-10　河南登封嵩岳寺塔

(a)立面图；(b)平面图

　　隋、唐、宋代是我国封建社会的鼎盛时期,也是我国古建筑的成熟时期,无论在城市建设、木构架建筑、砖石建筑方面还是在建筑装饰、设计与施工技术等方面都有巨大的发展。河北赵县赵州桥建于隋代,见图 1-11,其跨度 37.37m,两肩各设小券,是世界上现存最早的敞肩式石拱桥。

图 1-11　河北赵县赵州桥

　　唐代是我国封建社会经济、文化发展的又一个高潮时期,建造了当时世界上规模最大的城市——长安城,占地 83 万平方千米。唐代的木结构建筑技术也有了新的发展,山西五台山的南禅寺就是我国现存最早的木结构建筑。山西五台山佛光寺东大殿(图 1-12),则反映出当时的木构架已按标准化设计进行制作。唐代的砖建筑也有了进一步发展,其中西安的大雁塔具有代表性,是一座典型的阁楼式砖塔。

　　宋代在建筑上最突出的成就是在城市建设上打破了过去的集中市场制度,采取沿街道两旁布置商店、茶楼、戏棚、旅馆的规划布局,使城市面貌出现了空前的繁荣景象。宋代在建筑上的另一个重大贡献是在总结隋、唐、宋代建筑成就的基础上,编著了我国历史上第一部建筑专著《营造法式》,制定了设计模数和工料定额制度。

　　辽、金、元代的建筑基本上保持了唐代建筑的传统,代表性建筑如天津蓟县独乐寺观音阁,这座木构阁楼高达 20 多米,在历史上经受住了 28 次地震(包括 1976 年的唐山大地震)的考验,证明其结构非常稳定可靠。山西应县佛宫寺木塔高约 67m,共 9 层,是我国现存最高、最古老的木塔,也是世界上最高的木结构建筑,见图 1-13。

图 1-12 山西五台山佛光寺东大殿

图 1-13 山西应县佛宫寺木塔

明、清两代的农业和手工业发展到了封建社会的最高水平,又一次将我国建筑技术与艺术推向新的高潮,特别是园林艺术和建筑装饰,获得了突出的成就。这一时期的建筑有不少完好地保存到现在,如北京的故宫、颐和园、天坛等建筑群集中展现了我国古代建筑艺术的光辉成就,见图 1-14～图 1-17。

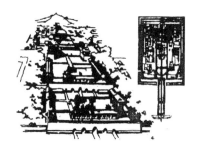

图 1-14 北京故宫

图 1-15 北京故宫太和殿

图 1-16 北京颐和园

图 1-17 北京天坛祈年殿

（1）北京故宫：又称紫禁城，是我国明、清两代的皇宫。南北长 960m，东西宽 760m，房屋有 9000 多间，建筑面积约 15 万平方米。故宫采用了中国建筑传统的对称形式，格局严整，轴线分明。太和殿、中和殿、保和殿三大殿建筑在同一高度的工字形汉白玉石的台基上，气势庄严巍峨。

（2）太和殿：面宽 63.93m，进深 37.17m，高 26.92m，台基高 8.13m，体量宏伟，造型庄重。殿前有宽阔月台，还有面积约 3 万平方米的广场，可容纳万人聚集和陈列各色仪仗。

（3）颐和园：园内有不同形式的建筑 3000 多间，点缀在湖光山色之中。山前的建筑由蜿蜒 700 多米的彩绘长廊串联在一起。

（4）北京天坛祈年殿：是天坛最主要的建筑物，平面为圆形，直径为 26m，殿身高 38m，三重檐圆形攒尖顶，建于三层汉白玉石栏的圆形台基上，是中国古建筑优秀典范之一。

中国古代建筑经过几千年的演变，在特定社会和自然环境中，形成了一个完整的独立体系，并且影响到日本、朝鲜和东南亚一带国家。中国古建筑概括起来有以下 6 个方面的特征。

1. 建筑群体布置的特征

中国古建筑的群体多采用以院子为中心的布置方式。四座房屋围成的院子称为四合院，见图 1-18。主要建筑物居中而朝南，称为正房或正殿；院子两侧的房屋称为厢房或配殿。规模较大的建筑由很多个院子组成，由一条中轴线贯穿起来。

2. 建筑平面特征

建筑的平面多为长方形，4 根柱子围成一间，见图 1-19。建筑的大小以间的大小和数量来确定。一般的单体建筑有 3 间、5 间，大的建筑有 7 间、9 间，甚至 11 间（如北京故宫太和殿）。建筑长度方向称为面宽、面阔或开间，各开间的总和称为通面宽。建筑深度方向称为进深，进深的总和称为通进深。建筑平面形式除长方形外，还有圆形、方形、十字形。园林建筑中还常常采用六角形、八角形、扇形等多种形式（图 1-20），以满足风景建筑造型上的需要。

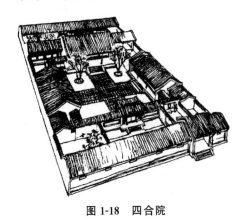

图 1-18　四合院

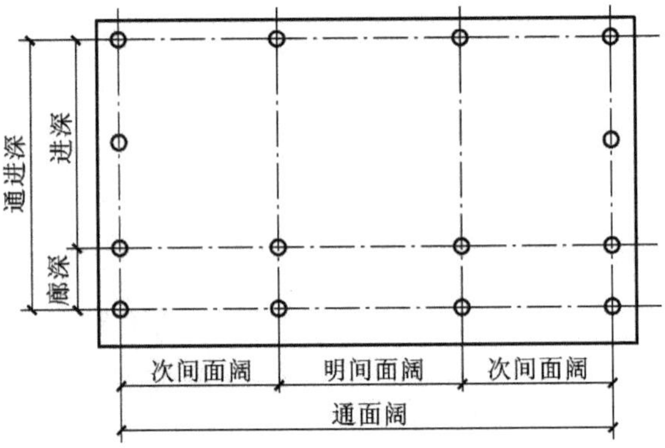

图 1-19　平面中的面阔与进深

3. 建筑结构特征

中国古建筑主要采用木构架结构。木构架既是屋身的骨架，又是屋顶的骨架。木构架由柱、梁、枋组成。屋顶由梁架重叠，逐级加高，构成曲线形的坡屋顶，称为举架做法，

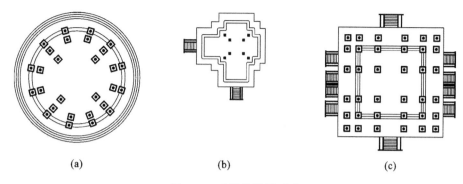

图 1-20 建筑的平面形式
(a)天坛祈年殿(圆形);(b)故宫紫禁城角楼(十字形);(c)故宫中和殿(正方形)

见图 1-21。大型的木构架建筑还在屋顶与屋身之间加了一种特殊的构件,称为斗拱,见图 1-22。斗拱用来支撑宽大的屋檐,并把荷载传递到柱子上,它也是一种装饰构件。在古代还用斗拱作为度量房屋各部分尺寸的基本单位,如柱高、柱间距离、柱子直径等,都以斗口作为量度单位。

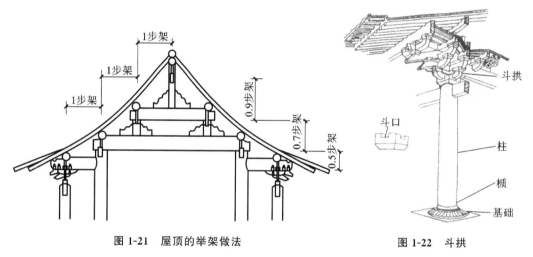

图 1-21 屋顶的举架做法　　　　**图 1-22 斗拱**

4.建筑外形特征

中国古建筑外形上最明显的特征表现在屋顶、屋身和台基三部分,见图 1-23。为了防雨,屋顶多采用大出檐。屋顶结构的举架做法,使屋面形成优美的曲线,并创造出各式各样的屋顶形式。屋顶部分特点最明显,有时比屋身更大更特殊,在外形上占有如此突出的地位,是世界上少有的。我国匠师充分利用木结构特点,创造了屋顶举折和屋面起翘、出翘,形成如鸟翼伸展的檐角和屋顶各部分柔和优美的曲线。屋身是房屋的主体部分,采用柱子承重,窗间墙处理很灵活。屋身正面很少做墙壁,多为花格木门窗。台基是整个建筑的基础部分,用汉白玉雕刻花纹,并配上栏杆、台阶踏道、御路等。

5.建筑装饰与色彩特征

中国古建筑装饰大部分是通过梁枋、斗拱、檩椽、屋面瓦材的艺术加工而获得装饰效果等,同时还运用了我国传统的工艺美术,如绘画、雕刻、书法等多种艺术手段,使建筑显得更丰富多彩,见图 1-24。

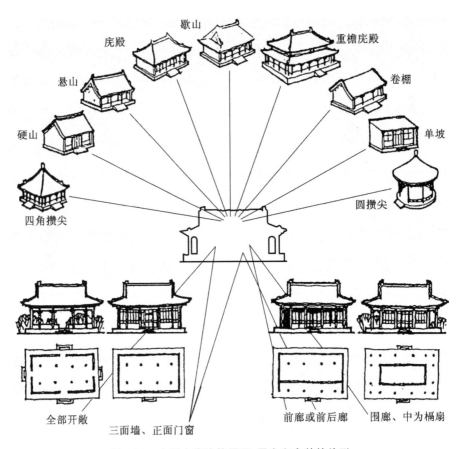

图 1-23　中国古代建筑屋顶、屋身和台基的外形

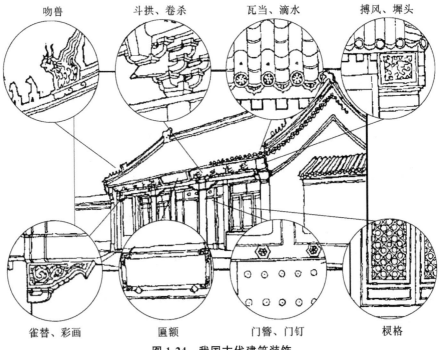

图 1-24　我国古代建筑装饰

色彩的运用是中国古建筑的显著特征,宫殿庙宇采用黄色琉璃屋顶、朱红色屋身、白色台基,建筑轮廓分明,富丽堂皇。民间建筑多采用白粉墙、青瓦顶,柱枋和门窗多用黑色或木材本色。彩画是中国古建筑的一个重要组成部分,主要使用在梁枋、斗拱、柱头和天花等部位。

6.园林艺术上的特征

中国古代园林艺术有着悠久的历史,从秦代到明清,逐渐发展形成独具特色的园林艺术,在世界建筑中享有很高声誉。中国园林以人工山水为主题,其特点是围绕水池布置山石、花木和各种园林建筑,并巧妙地采取借景手法,创造出丰富多变的景观,构成一幅幅立体的山水画。著名的皇家园林有颐和园、承德避暑山庄等。此外,苏州的拙政园、留园,无锡的寄畅园,扬州的瘦西湖都是著名的江南私家园林。图1-25所示为苏州留园一景。

图 1-25　苏州留园一景

因此,中国古建筑显示出了卓越的水平,在世界建筑体系中形成了一个重要的分支,是世界宝贵文化遗产的一个重要组成部分。

学习任务三　中国近代建筑发展概况

1840年鸦片战争后,中国沦为半殖民地半封建社会。随着殖民主义和帝国主义的入侵,西方建筑技术也开始传入中国,使中国建筑发生了急剧的变化。但在当时的社会经济条件下,中国的建筑发展是非常缓慢的,只是在新中国成立后,才有了较为迅速的发展。

新中国成立后,我国建筑科学技术有了较大的进步,根据我国国情开发了一些具有中国特色的建筑体系,推广了一些先进技术,提高了建筑工业化水平,掌握了一批大型、复杂建筑(如高层、大跨度、大空间、高洁净度建筑)的设计、施工技术,出现了一批较好的建筑产品和设计作品。

下面就我国城市建设、住宅建设、公共建筑建设三方面作简要介绍。

一、城市建设

我国无论是旧城改造还是新城建设都取得了可喜的成就。旧城改造以首都北京最为典型。经过 65 年的改建和扩建,首都城市面貌发生了根本性的变化,已由新中国成立前的消费城市发展成为初具规模的现代化生产城市。经过扩建后的天安门广场及其四周的建筑群已形成首都政治文化的活动中心(图 1-26)。新开辟的横贯市区的东、西长安街及两旁的一座座高大建筑物把古老的北京城装点得格外美丽,呈现出一派欣欣向荣的景象(图 1-27)。

图 1-26 北京天安门广场

图 1-27 北京西长安街

在新城建设方面以深圳特区最为典型。在改革开放后短短的四五年内,深圳新城的基建竣工厦面积就达三四百万平方米,建成城市干道五六十条,高楼 1000 多幢,现在深圳已成为我国重要的对外口岸之一。

二、住宅建设

新中国成立后,新建城镇住宅面积迅速增长。中国从 20 世纪 50 年代起建设城市居住区,当时受苏联城市规划模式的影响,采用以居住街坊为居住区规划结构的基本形式,采用的街坊面积一般较小,为 4～5 公顷,生活服务设施不够齐全。20 世纪 50 年代后期,许多城市开始以居住小区取代街坊,由若干个居住小区组成住宅区。20 世纪 80 年代又提出在一个或若干个居住区范围内,配备就业岗位,使居住和工作尽可能就地平衡,形成综合区,以减少城市交通流量。居住区用地规模一般为 60～100 公顷,居住人口 5 万～6 万,配置的生活服务设施主要有电影院,文化馆,邮政局,银行,门诊所(或医院),各类专业商店、综合百货商店、大型副食品商店,各类其他服务设施以及综合修理设施等。一个居住区大体上同一个街道办事处的规模相适应。

三、公共建筑建设

为了满足人们在文化教育、体育卫生、社会福利、行政办公、电信交通、旅游服务等方面的需求,全国各地兴建了各种类型的公共建筑。例如,1959 年建于北京的人民大会堂,是我国目前规模最大的行政办公建筑,建筑面积达 17 万平方米。1959 年在北京建成的民族文化宫是我国目前最大的文化宫,建筑面积 3 万平方米。20 世纪 60 年代建成的北京工人体育场是我国最大的体育场之一,可容纳 8 万人,建筑面积 7.2 万平方米;70 年代建成的上海体育馆,是我国目前跨度最大的建筑物(图 1-28),采用网架结构,可容纳 1.8 万人,建筑面积 4.8 万平方米。1979 年建成的首都国际机场候机楼,是我国目前最大的航空港,建筑面积 5.8 万平方米,它的两个卫星候机厅可以同时停靠 16 架飞机。1983 年建成的中国剧院,是我国设施最齐全的演出性建筑,设有升降台、推拉台、旋转台。1984 年建成的北京长城饭店,建筑面积 8.3 万平方米,是我国第一座采用镜面玻璃幕墙的建筑。1985 年建成的深圳国际贸易中心大厦高 160m,地面以上 50 层,地下 3 层,是当时我国大陆最高的超高层建筑(图 1-29)。1985 年建成的中国国际展览中心,是我国目前最大的展览馆,总建筑面积7.5万平方米。1987 年建成的中国国家图书馆新馆,建筑面积 14.2 万平方米,藏书 2000 万册,是我国目前规模最大、设施最齐全、技术最先进的图书馆。1987 年建成的中央彩色电视中心第一期工程,建筑面积 10.4 万平方米,是我国目前规模最大、设备最完善、技术最先进的电视演播中心。近年来,我国在高层建筑中开始采用钢结构,如上海希尔顿酒店是一座五星级的宾馆,主楼 43 层,高 143m,采用钢筋混凝土核心筒体与钢框架结构。正在建造的上海中心大厦高 632m,是目前我国大陆在建的最高建筑,采用巨型框架伸臂核心筒结构体系。

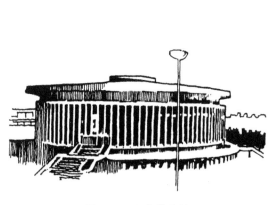

图 1-28　上海体育馆

图 1-29　深圳国际贸易中心大厦(1985 年)

学习任务四　外国近代建筑发展概况

古希腊、古罗马时期，人们创造了一种以石梁柱为基本构件的建筑形式，后经过文艺复兴运动及古典主义时期的进一步发展，一直延续到20世纪初，在世界上成为一种具有历史传统的建筑体系，即西方古典建筑。它对欧洲及世界许多地区的建筑发展曾产生过巨大的影响，在世界建筑史中占有非常重要的地位。

一、原始社会的建筑

原始社会生产力低下，建筑非常简单。人类主要是穴居或巢居。到原始社会晚期，有些地区已使用青铜器和铁器加工木石。如保存完整的英国威尔特郡索尔兹伯里环状列石，沿周围立起的石梁柱秩序井然，明显地表现出作为一种人工创造物的特征。

二、奴隶社会的建筑

人类大规模的建筑活动是从奴隶社会开始的。这一时期内，一些建筑物的形制、结构和施工技术、建筑艺术形式和手法以及关于各种类型的建筑物的基本观念和设计原理，从很原始的状态中解放出来，发展到相当高的水平。其中尤以埃及、希腊、罗马、叙利亚、巴比伦和波斯的建筑成就较高。

（一）古埃及的建筑

埃及是世界上最古老的国家之一，在这里产生了人类第一批巨大的纪念性建筑物。古埃及建筑史有三个主要时期：第一个时期是古王国时期，作为皇帝陵墓的庞大的金字塔就是这一时期建造的；第二个时期是中王国时期，这一时期从皇帝的祀庙脱胎出来神庙的基本形制；第三个时期是新王国时期，这一时期最重要的建筑物是力求神秘和威严感的神庙。

石头是古埃及主要的自然材料，所以当时大量建筑是用石材建造的。公元前3000年，在尼罗河三角洲的吉萨用石头建造了3座相邻的大金字塔，分别是胡夫金字塔、哈夫拉金字塔、门卡乌拉金字塔，形成一个完整的群体（图1-30）。它们是古埃及金字塔最成熟的代表，都是精确的正方形锥体，形式极其简单，塔身高大，都是用淡黄色石灰石块砌筑的，外面贴一层磨光的灰白色石灰石板。所用的石块很大，有长达6m多、重达几十吨的大石块。其中最大的为胡夫金字塔，正方形平面的边长约230m，高约146m；用230万块巨石块干砌而成，每块石料重2.5t。古埃及人在长期治理尼罗河的水利建设中发展了几何学、测量学，创造了起重运输机械，使得金字

图1-30　埃及吉萨金字塔群

塔的方位和水平非常准确,几何形体非常精确,误差几乎等于零。

(二)古希腊建筑

古希腊包括巴尔干半岛、爱琴海诸岛屿、小亚细亚西岸、黑海和西西里等广大地区。古希腊的奴隶与自由民在这里创造了光辉的文化,历史上称为欧洲的古典文化,其建筑也被称为古典建筑,对后来的古罗马建筑和19世纪的复古主义思潮都有很大影响,2000多年来一直被视为典范。雅典卫城是最有代表性的古希腊建筑,见图1-31。

图 1-31 雅典卫城

古希腊建筑风格集中反映在三种柱式上,见图1-32。陶立克柱式古朴苍劲,用来表现庄严刚毅的建筑形象;爱奥尼柱式轻盈灵巧,最适于表现秀丽典雅的建筑形象;科林新柱式更为精细华丽,表现了富贵豪华的建筑形象。

陶立克柱式[图1-32(a)]起源于希腊的陶立安族,柱高为柱径的4～6倍,柱身有20个尖卤凹槽,柱头由方块和圆盘组成,其柱式造型粗壮、浑厚、有力。爱奥尼柱式[图1-32(b)]起源于希腊爱奥尼族,柱高为柱径的9～10倍,柱身有24个平齿凹槽,柱头带有两个涡卷,其柱式造型优美典雅。科林新柱式[图1-32(c)]起源于希腊科林斯族,柱高为柱径的10倍,柱身有24个平齿凹槽,柱头由毛茛叶饰组成,其柱式造型纤巧华丽。

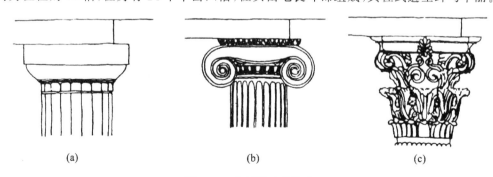

(a)　　　　　　　　　　(b)　　　　　　　　　　(c)

图 1-32 古希腊建筑柱式

(a)陶立克柱式;(b)爱奥尼柱式;(c)科林新柱式

(三)古罗马建筑

罗马建筑受古希腊建筑的影响极深,在希腊柱式的基础上发展成为五种柱式,即罗马陶立克柱式、罗马爱奥尼柱式、科林新柱式、罗马塔司干柱式(罗马原有的一种柱式,柱身无槽)和复合柱式(由爱奥尼柱式和科林新柱式两种柱式混合而成的一种形式)。

拱券结构和穹顶结构是罗马建筑的独特风格,在今天的建筑中仍占有重要的地位。罗马盛产火山灰,可用来调制灰浆和混凝土,所以在建筑中首先应用天然混凝土的要算古罗马了。这种材料技术使罗马建筑的结构形式更加丰富多彩。罗马城的万神庙(图1-33)是单一空间、集中构图的建筑物的代表,也是罗马穹顶技术的最高代表。其穹顶直径达43.3m,高也是43.3m,用砖、混凝土建造,中央开直径为8.9m的采光圆洞,光线漫射进来,充满了宗教的神秘、宁谧气息。平面为圆形大殿与方形门廊的结合。门廊用8根科林斯式石柱建造,山花和檐头上有雕刻。万神庙的内部艺术处理也非常成功,单纯几何形状的空间明确而和谐,十分完整,浑然一体。

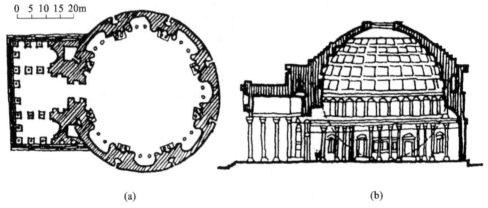

图1-33 罗马万神庙
(a)平面图;(b)剖面图

罗马贵族生活奢华,在全国兴建了大量的公共建筑,如浴室、斗兽场、剧场等供他们享乐。从功能、规模、技术和艺术各方面来看,罗马斗兽场(图1-34)是古罗马建筑的代表作之一。它的平面呈椭圆形,可容纳5万~8万人。其立面高48.5m,分为4层,利用叠柱式水平划分。下面3层为券柱式,第4层是实墙,整体感强,显得宏伟壮观,震撼人心。

图1-34 罗马斗兽场

以上这些优秀的建筑得益于古罗马先进的技术和材料。由天然火山灰和石头、碎石合成的混凝土是促进古罗马券拱结构发展的良好材料。它凝结力强、坚固不透水,并可浇筑成各种形状。

三、欧洲中世纪建筑

罗马帝国灭亡以后,欧洲在经历了漫长的动乱时期后进入了封建社会。其中法国的封建制度在西欧最为典型,它的中世纪建筑也是最典型的。在罗马建筑的影响下,12—15世纪以法国为中心发展了哥特式建筑,教堂是当时占统治地位的建筑类型。哥特式教堂采用骨架拱肋结构,使罗马时代的拱顶重量大为减轻,侧向推力也随之减小,这在当时是一项伟大的创举。由于采用新的结构体系,垂直线型的拱肋几乎占据了建筑内部的所有部位,再加上拱的上端和建筑细部都处理成尖形,使教堂内部带有一种向上的"动势",造成一种向往天国的浓郁宗教氛围。巴黎圣母院是一座典型的哥特式教堂,平面尺寸为47m×127m,可容纳近万人,见图1-35。

图1-35 巴黎圣母院

四、文艺复兴和资本主义近现代建筑

14世纪首先从意大利开始了文艺复兴运动,随后遍及全欧洲。文艺复兴运动是一场思想文化领域里的反封建、反宗教神学的运动,标志着资本主义萌芽时期的到来。文艺复兴时期的建筑在古希腊和古罗马建筑基础上发展了各种重叠的拱顶、券廊,特别是巧妙地运用了各种柱式。这一时期的著名建筑不少,其中意大利罗马的圣彼得大教堂和法国巴黎凡尔赛宫最具有代表性,分别见图1-36和图1-37。

(1)圣彼得大教堂建于1506—1626年,是意大利文艺复兴时期的代表性建筑,也是世界上最大的天主教堂。它集中了这一时期许多著名建筑师和画家的智慧,反映了当时意大利建筑、结构和施工的最高成就,成为建筑史上的一个里程碑。其平面长212m,两翼长137m,穹顶直径为42m,高137.8m,外墙面用灰华石,内墙面用各色云石、壁画、雕刻等装饰。

(2)凡尔赛宫距巴黎西南18km,1661年路易十四决定再次新建新宫,其兴建的凡尔赛宫的主要规模形成于1678—1688年,建筑总长约400m,内容极为复杂。凡尔赛宫西面是规则式的大型园林,面积约6.7m²,是世界上最大的皇家园林。

这一时期为了学习和研究古典建筑,1671年在法国巴黎成立了皇家建筑学院,从那时开始,一直到19世纪,以柱式为基础的古典建筑形式在欧洲占据了绝对统治地位。但到了后来,一些建筑师把古典建筑形式绝对化,以致发展成为僵死的古典主义学院派,走上了形式主义的道路。

随着资本主义的诞生,资产阶级对建筑提出了新的要求,出现了许多新的建筑类型。

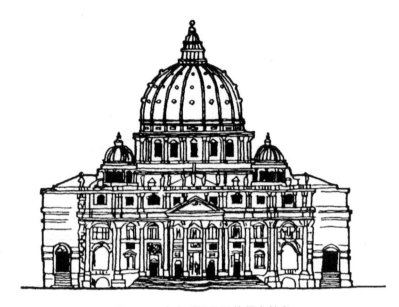

图 1-36　意大利罗马圣彼得大教堂

图 1-37　法国巴黎凡尔赛宫

高度发展的工业又为建筑提供了新的建筑材料、新的建筑技术和先进设备。可是当时把持建筑界的却是古典主义学院派,因此新的建筑功能与古典主义所追求的建筑形式产生了尖锐的矛盾。例如,19世纪中期建成的美国国会大厦基本上是仿照巴黎万神庙的造型。又如19世纪中期建成的英国国会大厦也是模仿中世纪哥特式建筑的风格。

　　从19世纪末开始,近现代建筑的先驱者们发起了新建筑运动,到了20世纪初已经形成了一套较为完整的理论体系,如注重建筑的使用功能,注意发挥新材料、新结构的性能,重视建筑的经济性,提倡创造新的建筑风格,强调建筑的空间艺术,反对虚假的外表装饰等。这些主张大大推动了近现代建筑的发展,出现了一大批具有时代精神的著名建筑,德国包豪斯校舍就是其中一例,它由著名德国建筑师格罗皮乌斯设计,采用灵活的布局,按功能分区,使校舍构成整体,建筑外形新颖美观,见图1-38。

(a)

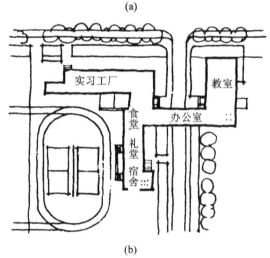

(b)

图 1-38　德国包豪斯校舍

(a)实景图;(b)平面图

　　新的功能要求,新的建筑材料,新的结构形式,新的技术设备使资本主义近现代建筑有了长足的进步。19 世纪以前,建筑材料一直以砖瓦木石为主,从 19 世纪中期开始在建筑中使用铸铁和钢,如伦敦水晶宫,见图 1-39。19 世纪末开始使用钢筋混凝土,20 世纪开始使用铝材和塑料。各种新型材料的出现,促进了建筑结构的发展,框架结构、薄壳结构、网架结构、悬索结构、筒体结构相继问世,使建筑形象产生了巨大的变化,出现了像罗马火车站这样的大悬挑结构建筑(遮篷挑出达 20m,见图 1-40),采用预应力混凝土薄壳屋顶的多功能会堂(跨度达 132m,见图 1-41),世界上跨度最大的壳体建筑巴黎国家工业与技术中心(平面为三角形,每边跨度为 218m,高度 48m,面积 9 万平方米,见图 1-42),造型新奇的纽约候机厅(图 1-43),举世无双的悉尼歌剧院(图 1-44),造型新颖的日本国家体育馆(1964 年建成,采用悬索结构,包括两幢形状特殊的建筑物:左侧一幢为游泳馆,也可临时改作溜冰场,可容纳 1.5 万人,主跨 126m,主悬索拉于两柱上,屋顶呈曲面;右侧一幢为球类馆,平面呈圆形,可容纳 4000 人,屋顶由下至上用悬索拉成螺旋体曲面,见图 1-45),采用悬吊结构的美国明尼阿波利斯市联邦储备银行大楼(1972 年建造,采用悬索桥式结构,把 16 层的办公楼建筑通过吊杆悬挂在两个高为 8.5m、跨度为 84m 的桁架上,又用两条工字钢做成的悬链,对桁架起辅助作用,悬链式构件产生的水平力由桁架承受,见图 1-46)等。

图 1-39　伦敦水晶宫

图 1-40　罗马火车站

图 1-41　美国伊利诺大学会堂

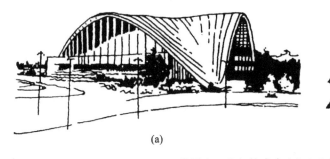

(a) (b)

图 1-42　巴黎国家工业与技术中心(1958 年)
(a)实景图;(b)平面图

图 1-43　纽约机场候机厅

图 1-44　澳大利亚悉尼歌剧院

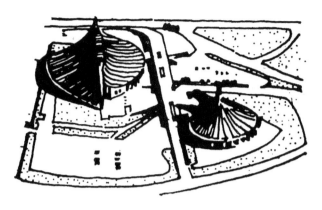

图 1-45　日本国家体育馆

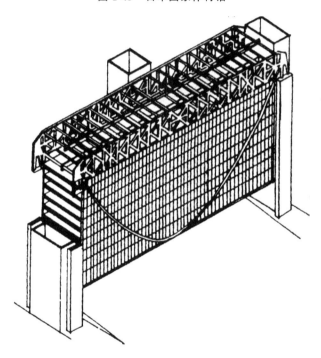

图 1-46　美国明尼阿波利斯市联邦储备银行大楼

学习任务五　未来建筑发展趋势

一、建筑与环境

在生产力低下的情况下,人类改造自然的能力有限,对自然的破坏也有限。工业革命后,人类生产力大大提高,同时破坏力也大大提高。第二次世界大战后"战后复兴"建设规模巨大,对自然资源肆意掠夺,其破坏力空前巨大。直到 20 世纪 50—60 年代出现一系列的环境污染事件,人们才开始从"大自然的报复"中觉醒。

1998 年 7 月 18 日联合国环境规划署负责人指出"十大环境祸患威胁人类",其中包括：

(1)土壤遭到破坏。

(2)能源浪费。

(3)森林面积减少。

(4)淡水资源受到威胁。

(5)沿海地带被破坏。

以上主要是与建筑环境直接相关的问题,也是关系建筑业发展方向的重大问题。正如科学家的警告："人类和自然正在走上一条相互抵触的道路。"城乡工业的发展,污染物的排放侵蚀着空气、水体和土壤,改变了我们和整个生物圈赖以生存的自然条件;局部地区的污染和破坏程度已超出大自然恢复净化的能力,自然生态的运行机制和生态平衡遭到破坏;城市的蔓延、边际土地的开垦、过度放牧等加快了自然环境的破碎化和荒漠化进程,许多重要的敏感脆弱的自然生态系统和自然生存环境被不断挤压、分割,物种在消失,生物多样性锐减,土地沙化,全球变暖。自然生态系统作为一个整体,其任何部分的改变和破坏都有可能危及我们所处的自然环境。

造成问题的严重性来源于现代社会的破坏性建设,对此我们必须寻求对策。随着现代生活质量的提高,人类生存环境的优劣在一定程度上与环境绿化的水平相关,因此应该在城镇环境中大量注入绿地,节约建筑用的能源,以改善人类生存的环境。

现代建筑的设计要与环境紧密结合起来,充分利用自然条件,创造宜居环境,使建筑自然而然地成为环境的一部分。

二、建筑与城市

人类为了生存,不仅要盖房子以栖身,还要聚集在一起生活和从事生产活动,因此要建造其聚居地(从洞穴到大小部落、村镇以至城市),而城市化是人类文明进程的必然之路。人口集中产生"聚集效应",表现在科学文化、生产资料和生产力集中。未来的科学、技术与文化将为城市所弘扬,但另一方面城市化又带来诸多难题和困扰。工业革命后,现代城市化兴起,20 世纪中叶,城市问题日益困扰人们生活,严重到让我们惊呼"我们的城市能否存在"。又有半个多世纪过去了,城市问题更为严峻。联合国环境规划署负责人把"混乱的城市化",即人口爆炸、农用土地退化、贫穷等,也列为威胁人类的十大环境祸患之一,所有这些因素促使第三世界数以百万计的农民离开农村,聚集于大城市的贫民窟里。尤其使大城市的生存条件进一步恶化,如拥挤、水污染、卫生条件差、无安全感等。

城市化急剧发展,已经不能仅就建筑论建筑,而是迫切需要用城市的观念来从事建筑活动。即强调城市规划和建筑综合,从单个建筑到建筑群的绘画建设,再到城市与乡村规划的结合、融合,以至区域的协调发展。探索适应新的社会组织方式的城市与乡村的建筑形态,将是 21 世纪最引人注目的课题之一。

三、建筑与科学技术

科学技术进步是推动经济发展和社会进步的积极因素,也是推动建筑发展的动力来源,还是达到建筑实用目的的主要手段,以及创造新建筑形式的重要条件。正因为建筑技术的进步,人类祖先才得以由天然的穴居,演变到伐木垒土,营建宫室等,直到建造现代建筑。当今以计算机为代表的新兴技术直接或间接地对建筑发展产生影响,人类正在向信息社会、生物遗传、外太空探索等诸多新领域发展,这些科学技术发生的变革,都将深刻地影响到人类的生活方式、社会组织结构和思想价值观念,同时也必将带来建筑技术和艺术形式上的重大改变。例如,香港的上海汇丰银行大楼是表现结构的,属于"重技派"手法。该大楼由三个不同高度的塔组成,五个吊杆各自承受几个楼面的荷载,铝制墙面和玻璃幕墙相结合的立面装修,不拘一格的屋顶处理,加上外露结构的衬托,使立面结构显得超凡脱俗。

四、建筑与文化艺术

建筑是人类智慧和力量的表现形式,也是人类文化艺术成就的综合表现形式。例如,中国传统建筑也存在着与不同历史时期的社会文化相适应的艺术风格。隋唐时期的建筑出檐舒展平远、庄重大方;宋代建筑色彩华丽、风格圆润;而到封建社会晚期的清代装饰则极为烦琐,这都表达了历代统治者以宫殿建筑象征帝王权力的追求。

中国古典园林,无论是皇家园林、寺观园林还是私家园林,均是通过池水湖面、假山花木对自然界景物的抽象和模拟,将建筑的美和自然的美融为一体,如颐和园内一副对联所描写的"台榭参差金碧里,烟霞舒卷画图中"。又如依山傍海的云南大理三塔,通过人、建筑与自然环境的相互融合,力求达到融情山水,感悟自然的"天人合一"。

中国居民建筑又是另一番风情。特别是村落建筑,往往选址于青山绿水之间,以粉墙、灰瓦、局部精美的装饰与绿树、池塘相掩映,展露出一种融合于自然环境的淡雅气息。居民屋内部表现出以长辈为重心、四世同堂、长幼有序的伦理观念;屋前、宅后的小庭院常以一砖一石或兰菊梅竹等表现出主人宁静致远的情操和志趣。

总而言之,文化是经济和技术进步的真正量度;文化是科学和技术发展的方向;文化是历史的积淀,留存于城市和建筑中,融合在每个人的生活之中。文化对城市的建设、市民的观念和行为起着巨大的无形作用,决定着生活的各个层面,是建筑之魂。21 世纪将是文化的世纪,只有文化的发展,才能进一步带动经济的发展和社会的进步。人文精神的复兴应当被看作是当代建筑发展的主要趋势之一。

综上所述,21 世纪建筑发展应遵循以下五项原则。

(1)生态观:正视生态的困境,加强生态意识;

(2)经济观:人居环境建设与经济发展良性互动;

(3)科技观:正视科学技术的发展,推动经济发展和社会繁荣;

(4)社会观:关怀广大的人民群众,重视社会发展的整体利益;

(5)文化观:在上述前提下,进一步推动文化和艺术的发展。

21 世纪,现代的科学技术将全人类推向了资讯时代,世界文明正以前所未有的广阔领域和越来越快的速度互相交流与融合,建筑领域也同样进行着日新月异的变化。因此,要求未来的建筑师更加放眼世界,从更广阔的知识领域和视野去了解人类文明的发生与发展,更好地建设我们的家园。

学习任务六　世界建筑发展的基本趋向

在当今人类面临生存与可持续发展大问题的环境下,世界建筑发展的基本趋势是建筑节能。节约建筑用能源是可持续发展要领的具体体现,也是现代建筑的大潮流,同时又是建筑科学技术的一个新的增长点。节能建筑的出现带动了建筑技术在多方面蓬勃发展,甚至连建筑行业的结构也产生了种种变化。

一、建筑节能带来的变化

(一)建筑物外围护结构形式的变化

(1)传统建筑的外围护墙体材料多为单一的砖石或混凝土等。这些材料的承重功能较好,但保温隔热性能较差。近年来,研制出了能够大规模工业化生产的泡沫聚苯板、岩棉板、玻璃棉板等高效保温材料,其保温效能是普通黏土实心砖的20倍。若与加强面材组成复合墙体,则其具有质轻、体薄、高效的优点,可以让人们更加灵活地设计建筑,取得最佳的保温节能效果。现代大型及高层建筑常用带有装饰效果的轻质幕墙,如玻璃幕墙、纤维水泥板、复合材料板及金属薄板幕墙等,既轻质、高强又美观。

(2)现代一些大跨度建筑如体育馆多采用金属板屋面材料,如彩色压型钢或轻质高强、保温防水性能好的超轻型隔热复合夹心板等。

(3)外墙门窗首先要满足保温、隔热、隔声与防护等功能要求,因此其设计、制造也发生了巨大变化,现在多趋于用铝合金材料,如双层中空玻璃窗保温、隔声性能好,自重小,密闭性好,耐腐蚀,色泽、外观也好,以上发生变化的材料为建筑节能提供了基础构件。

(二)保温调控系统的技术进步

传统建筑物中的采暖系统仅由简单的管道连接暖气散热器组成。在我国,大多数居住建筑采暖方式为单管串联供热方式。这种方式使室温冷热不均,调控困难,无法对所用热能计量,所以能量浪费较严重。而现代新型采暖系统,大到一个城市区域,小到一家一户,各房间温度可按需要自动控制调节,整个供热系统依据各处回馈热能需求的信息,自动调节供热,精确高效,又能按热能消耗计量取费,使节能效果更加明显。

(三)建筑构件产品、建筑机构的变化

节能建筑中大量采用各种新的保温材料、密封材料、加强材料、保温门窗、保温管道、换热器、调速泵、温控阀和计量表等。在发达国家中为生产这些保温、密封、供暖材料设备已形成现代化的庞大节能产业群体,相应地也产生了各有其技术专长的建筑安装公司和供热计量等服务性公司,使建筑机构上出现了新的变化。

上述这些变化出现的根本原因是随着现代社会人们生活质量日益提高,需要满足经济可持续发展的需要、大气环保的需要、建筑热环境的需要和建筑功能的需要,因此,设计、建造和使用节能建筑有利于国民经济持续、快速、健康发展,保护生态环境。

二、提高国民节能意识

建筑节能是实现我国国民经济可持续发展,保护生态环境,高效利用自然资源的大政方针,它关系到千家万户,要使亿万群众对能源供给有深刻的危机感,对子孙后代的生存环境有强烈的责任感,应尽其所能地去合理利用能源。要形成政府支持节能建筑,开发商投资开发节能建筑,设计人员注重设计节能建筑,业主群众真诚地购买、居住节能建筑的良性节能环境,并逐步形成广泛持久的社会风气。

单元小结

1.建筑功能、建筑技术和建筑形象是建筑的三个基本要素,三者之间是辩论统一的关系。我国的建筑方针是全面贯彻适用、安全、经济、美观。

2.建筑是人工创造的空间环境,直接供人使用的建筑称为建筑物,不直接供人使用的建筑称为构筑物。

3.建筑起源于新石器时期,西安半坡村遗址、欧洲的巨石建筑是人类最早的建筑活动例证。商代创造的夯土和版筑技术,西周创造的陶瓦屋面防水技术体现了我国奴隶社会时期建筑的巨大成就。埃及金字塔、希腊雅典卫城、古罗马斗兽场和万神庙是欧洲奴隶社会的著名建筑。万里长城、秦始皇帝陵、汉石阙、嵩岳寺塔、赵州桥、五台山佛光寺、大雁塔、应县木塔、北京故宫、颐和园、十三陵等是我国封建社会建筑的代表作,集中体现了中国古代建筑的五大特征(群体布局、平面布置、结构形式、建筑外形和造园艺术)。巴黎圣母院是欧洲封建社会的著名建筑,它的骨架拱肋结构是一个伟大创举。意大利的圣彼得教堂和巴黎的凡尔赛宫是欧洲文艺复兴时期建筑的代表。19世纪末掀起的新建筑运动开创了现代建筑的新纪元,德国包豪斯校舍、伦敦水晶宫体现了新功能、新材料、新结构的和谐与统一。大跨度建筑和高层建筑反映了现代建筑的巨大成就,举世闻名的悉尼歌剧院、巴黎国家工业与技术中心等是现代建筑的著名代表作。改革开放后,我国在城市建设、住宅建设、公共建筑和和工业建筑等方面取得了显著的成就。

4.21世纪建筑业的发展与环境、城市、科学技术、文化技术、建筑节能密切相关。

5.建筑节能已成为世界性大潮流,同时也是客观的社会需要。

能力提升

(一)填空题

1.建筑的基本要素包括三个方面,即_____、_____、_____。

2.21世纪建筑发展应遵循_____、_____、_____、_____、_____五项原则。

(二)思考题

1.建筑的含义是什么?什么是建筑物和构筑物?

2.中外建筑在发展过程中的各个时期有哪些重大成就?各有哪些代表性的建筑?

3.21世纪建筑的发展将受到哪些因素的影响?

模块二

民用建筑构造

学习情境二 民用建筑构造概述

【知识目标】
  了解建筑的分类和分级;熟悉建筑的组成和作用、影响建筑构造的因素及设计原则;掌握建筑的模数协调标准、建筑物中构件和配件的定位及编排方法。

【能力目标】
  能根据建筑物的不同用途提出不同的耐火等级要求;能根据《建筑模数协调标准》(GB/T 50002—2013),确定建筑物及其各部分的尺寸,进行设计、施工、构件制作、科研等的尺寸协调;能正确对建筑物中构件及配件进行合理定位;认识民用建筑构造的各部分。

学习任务一 建筑的分类和分级

一、建筑的分类

(一)按使用功能和用途分类

建筑按使用功能和用途通常可以分为民用建筑、工业建筑和农业建筑。

1.民用建筑

民用建筑是指供人们工作、学习、生活、居住用的建筑物。根据其用途不同,民用建筑又分为居住建筑和公共建筑两类。

(1)居住建筑。居住建筑指供人们居住的各种建筑物,如住宅、宿舍、公寓等。

(2)公共建筑。公共建筑指供人们进行各类社会、文化、经济、政治等活动的建筑物,按性质不同又可分为以下几类建筑。

①文教建筑,如学校、实验室、图书馆、文化宫等。

②托幼建筑,如托儿所、幼儿园等。

③医疗卫生建筑,如医院、疗养院等。

④观演性建筑,如电影院、剧院、音乐厅、杂技场等。

⑤体育建筑,如体育场、体育馆、游泳馆等。

⑥展览建筑,如展览馆、博物馆、博览馆等。

⑦旅馆建筑,如宾馆、旅馆、招待所等。

⑧商业建筑,如商店、商场、购物中心等。

⑨通信广播电视建筑,如电信楼、广播电视台、邮政局等。

⑩交通建筑,如火车站、汽车站、水路客运站、航空港等。

⑪行政办公建筑,如机关、企事业单位的办公楼等。

⑫园林建筑,如公园、动物园、植物园、亭台楼榭等。

⑬纪念建筑,如纪念堂、纪念碑、陵园等。

2.工业建筑

工业建筑指为工业生产服务的生产车间及为生产服务的辅助车间、动力用房等。

3.农业建筑

农业建筑指供农(牧)业生产和加工用的建筑,如种子库、温室、畜禽饲养场、农副产品加工厂、农机修理厂(站)等。

(二)按规模和数量分类

建筑按规模和数量可以分为大量性建筑和大型性建筑。

1.大量性建筑

大量性建筑指建筑规模不大,但修建数量多,与人们生活密切相关的分布广的建筑,如住宅、中小学教学楼、医院、中小型影剧院、中小型工厂等。

2.大型性建筑

大型性建筑指规模大、耗资多的建筑,如大型体育馆、大型剧院、航空港(站)、博览馆、大型工厂等。与大量性建筑相比,其修建数量是很有限的,这类建筑在一个国家或一个地区具有代表性,对城市面貌的影响也较大。

(三)按层数分类

建筑按层数可以分为低层、多层、中高层、高层和超高层建筑。

1.住宅建筑

住宅建筑1~3层为低层建筑,4~6层为多层建筑,7~9层为中高层建筑,10层以上为高层建筑。

2.公共建筑及综合性建筑

总高度超过24m的公共建筑或综合性建筑(不包括总高度超过24m的单层主体建筑)为高层建筑。

3.超高层建筑

建筑物高度超过100m时,不论住宅建筑还是公共建筑均为超高层建筑。

(四)按承重结构的材料分类

建筑按承重结构的材料可以分为木结构建筑、砖(或石)结构建筑、钢筋混凝土结构建筑、钢结构建筑和混合结构建筑。

1. 木结构建筑

木结构建筑指以木材作房屋承重骨架的建筑。

2. 砖(或石)结构建筑

砖(或石)结构建筑指以砖或石材作为承重墙柱和楼板的建筑。这种结构便于就地取材,能节约钢材、水泥和降低造价,但抗震性能差,自重大。

3. 钢筋混凝土结构建筑

钢筋混凝土结构建筑指以钢筋混凝土作为承重结构的建筑。如框架结构、剪力墙结构、框剪结构、筒体结构等,具有坚固耐久、防火和可塑性强等优点,故应用较为广泛。

4. 钢结构建筑

钢结构建筑指以型钢等钢材作为房屋承重骨架的建筑。钢结构力学性能好,便于制作和安装,工期短,结构自重小,适合在超高层和大跨度建筑中使用。随着我国超高层、大跨度建筑的发展,采用钢结构的趋势正在增长。

5. 混合结构建筑

混合结构建筑指采用两种或两种以上材料作为承重结构的建筑。如由砖墙、木楼板构成的砖木结构建筑;由砖墙、钢筋混凝土楼板构成的砖混结构建筑;由型钢和混凝土构成的钢混结构建筑。其中,砖混结构在大量性民用建筑中应用最广泛。

二、建筑物的等级划分

建筑物的等级一般按耐久性和耐火性进行划分。

(一)按耐久性分等级

建筑物的耐久等级主要根据建筑物的重要性和规模大小进行划分,并作为基建投资和建筑设计的重要依据。《民用建筑设计通则》(GB 50352—2005)中规定:以主体结构确定的建筑耐久年限分为下列四级(表 2-1)。

表 2-1　　　　　　　　　　　　　　建筑物耐久等级

耐久等级	耐久年限/年	适用范围
一级	>100	适用于重要的建筑和高层建筑,如纪念馆、博物馆、国家会堂等
二级	50~100	适用于一般性建筑,如城市火车站、宾馆、大型体育馆、大剧院等
三级	25~50	适用于次要的建筑,如文化教育、交通、居住建筑及厂房等
四级	<15	适用于简易建筑和临时性建筑

(二)按耐火性分等级

耐火等级是衡量建筑物耐火程度的标准,它是由组成建筑物的构件的燃烧性能和耐火极限的最低值所决定的。划分建筑物耐火等级的目的在于根据建筑物的用途不同提出不同的耐火等级要求,做到既有利于安全,又有利于节省基本建设投资。《建筑设计防火规范》(GB 50016—2006)将建筑物的耐火等级划分为四级(表 2-2)。

表 2-2   **建筑构件的燃烧性能和耐火极限**

燃烧性能和耐火极限/h 构件名称		一级	二级	三级	四级
墙柱	防火墙	非燃烧体 4.00	非燃烧体 4.00	非燃烧体 4.00	非燃烧体 4.00
	承重墙、楼梯间、电梯井墙	非燃烧体 3.00	非燃烧体 2.50	非燃烧体 2.50	难燃烧体 0.50
	非承重外墙、疏散走道两侧的隔墙	非燃烧体 1.00	非燃烧体 1.00	非燃烧体 0.50	难燃烧体 0.25
	房间隔墙	非燃烧体 0.75	非燃烧体 0.50	难燃烧体 2.50	难燃烧体 0.25
	支承多层的柱	非燃烧体 3.00	非燃烧体 2.50	非燃烧体 2.00	难燃烧体 1.50
	支承单层的柱	非燃烧体 2.50	非燃烧体 2.00	非燃烧体 2.00	燃烧体
梁		非燃烧体 2.00	非燃烧体 1.50	非燃烧体 1.00	难燃烧体 0.50
楼板		非燃烧体 1.50	非燃烧体 1.00	非燃烧体 0.50	难燃烧体 0.25
屋顶承重构件		非燃烧体 1.50	非燃烧体 0.50	燃烧体	燃烧体
疏散楼梯		非燃烧体 1.50	非燃烧体 1.00	非燃烧体 1.00	燃烧体
吊顶(包括吊顶搁栅)		非燃烧体 0.25	难燃烧体 0.25	难燃烧体 0.15	燃烧体

注:1.以木柱承重且以非燃烧材料作为墙体的建筑物,其耐火等级应按四级确定;

    2.二级耐火等级的建筑物吊顶,采用非燃烧体时,其耐火极限不限。

1.建筑构件的燃烧性能

建筑构件的燃烧性能可分为如下三类。

(1)非燃烧体。非燃烧体指用非燃烧材料做成的建筑构件,如天然石材、人工石材、金属材料等。

(2)燃烧体。燃烧体指用容易燃烧的材料做成的建筑构件,如木材、纸板、胶合板等。

(3)难燃烧体。难燃烧体指用不易燃烧的材料做成的建筑构件,或者用燃烧材料做成,但用非燃烧材料作为保护层的构件,如沥青混凝土构件、木板条抹灰等。

2.建筑构件的耐火极限

所谓耐火极限,是指建筑构件在规定的耐火试验条件下,从受到火的作用时起,到失去支承能力、完整性被破坏或失去隔火作用时为止的这段时间,单位为 h。只要以下三个条件中任意一个条件出现,就可以确定达到其耐火极限。

(1)失去支承能力:指构件在受到火焰或高温作用下,由于构件材质、性能的变化,承载能力和刚度降低,承受不了原设计的荷载而被破坏。例如,受火作用后的钢筋混凝土梁失去支承能力,钢柱失稳破坏;非承重构件自身解体或垮塌等,均属失去支承能力。

(2)完整性被破坏:指薄壁分隔构件在火中高温作用下,发生爆裂或局部塌落,形成穿透裂缝或孔洞,火焰穿过构件,使其背面可燃物燃烧起火。例如,受火作用后的板条抹灰墙,内部可燃板条先行自燃,一定时间后,背火面的抹灰层龟裂脱落,引起燃烧起火;预应力钢筋混凝土楼板使钢筋失去预应力,发生炸裂,出现孔洞,使火苗蹿到上层房间。在实际中这类火灾相当多。

(3)失去隔火作用:指具有分隔作用的构件,背火面任一点的温度达到220℃时,构件失去隔火作用。例如,一些燃点较低的可燃物(纤维系列的棉花、纸张、化纤品等)烤焦后以致起火。

学习任务二 建筑模数协调标准

为了实现工业化大规模生产,使不同材料、不同形式和不同制造方法的建筑构配件、组合件具有一定的通用性和互换性,以加快设计速度,提高施工速度和效率,降低建筑造价,因此建筑物及其各部分尺寸必须协调。在建筑业中必须共同遵守《建筑模数协调标准》(GB/T 50002—2013),以作为设计、施工、构件制作、科研的尺寸依据。

一、模数

建筑模数是指选定的标准尺寸单位,作为尺度协调中的增值单位,也是建筑设计、建筑施工、建筑材料与制品、建筑设备、建筑组合件等各部门进行尺度协调的基础,其目的是使构配件安装吻合,并有互换性。

(一)基本模数

基本模数是模数协调中选用的基本尺寸单位。其数值规定为100mm,表示符号为M,即1M=100mm,整个建筑物或其中一部分以及建筑组合件的模数化尺寸均应是基本模数的倍数。

(二)扩大模数

扩大模数是基本模数的整倍数。扩大模数的基数应符合下列规定:

(1)水平扩大模数的基数为3M、6M、12M、15M、30M、60M六个,其相应的尺寸分别为300mm、600mm、1200mm、1500mm、3000mm、6000mm。

(2)竖向扩大模数的基数为3M、6M两个,其相应的尺寸为300mm、600mm。

(三)分模数

分模数是指基本模数的分数值,其基数为M/10、M/5、M/2三个,其相应的尺寸为10mm、20mm、50mm。

(四)模数数列

模数数列是指由基本模数、扩大模数、分模数为基础扩展成的一系列尺寸,见表2-3。这些模数数列的幅度应符合下列规定。

(1)水平基本模数的数列幅度为1M～20M。其主要适用于门窗洞口和构配件断面尺寸。

(2)竖向基本模数的数列幅度为1M～36M。其主要适用于建筑物的层高、门窗洞口尺寸、构配件尺寸等。

(3)水平扩大模数数列的幅度:3M为3M～75M;6M为6M～96M;12M为12M～120M;15M为15M～120M;30M为30M～360M;60M为60M～360M,必要时幅度不

限。其主要适用于建筑物的开间或柱距、进深或跨度、构配件尺寸和门窗洞口尺寸。

(4)竖向扩大模数数列的幅度不受限制。其主要适用于建筑物的高度、层高、门窗洞口尺寸。

(5)分模数数列的幅度：M/10 为 M/10～2M，M/5 为 M/5～4M；M/2 为 M/2～10M。其主要适用于缝隙、构造节点、构配件断面尺寸。

表 2-3　　　　　　　　　　　　　　　　　模数系列

基本模数	扩大模数						分模数		
1M	3M	6M	12M	15M	30M	60M	1/10M	1/5M	1/2M
100	300	600	1200	1500	3000	6000	10	20	50
100	300						10		
200	600	600					20	20	
300	900						30		
400	1200	1200	1200				40	40	
500	1500			1500			50		50
600	1800	1800					60	60	
700	2100						70		
800	2400	2400	2400				80	80	
900	2700						90		
1000	3000	3000		3000	3000		100	100	100
1100	3300						110		
1200	3600	3600	3600				120	120	
1300	3900						130		
1400	4200	4200					140	140	
1500	4500			4500			150		150
1600	4800	4800	4800				160	160	
1700	5100						170		
1800	5400	5400					180	180	
1900	5700						190		
2000	6000	6000	6000	6000	6000	6000	200	200	200
2100	6300							220	
2200	6600	6600						240	
2300	6900								250
2400	7200	7200	7200					260	
2500	7500			7500				280	
2600		7800						300	300
2700		8400	8400					320	
2800		9000		9000	9000			340	
2900		9600	9600						350
3000				10500				360	
3100			10800					380	
3200			12000	12000	12000	12000		400	400
3300					15000				450
3400					18000	18000			500
3500					21000				550
3600					24000	24000			600
					27000				650
					30000	30000			700
					33000				750
					36000	36000			800
									850
									900
									950
									1000

二、建筑构配件的尺寸

为了保证建筑制品、构配件尺寸等有关尺寸间的统一与协调,在建筑模数协调中,将尺寸分为标志尺寸、构造尺寸和实际尺寸。

(一)标志尺寸

标志尺寸是指构件定位轴线间的尺寸。其主要包括符合模数数列的规定,用以标注建筑物定位面或轴线之间的距离(如开间、柱距、进深、跨度、层高等)以及建筑构配件、建筑组合件、建筑制品、有关设备位置的界限之间的尺寸等。

(二)构造尺寸

构造尺寸是指建筑制品、建筑构配件的设计尺寸。一般情况下,构造尺寸等于标志尺寸减去缝隙宽或加上支承长度。构造尺寸也应符合模数数列的规定。

标志尺寸与构造尺寸之间的关系如图 2-1 所示。

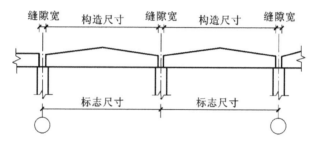

图 2-1　标志尺寸与构造尺寸之间的关系

(三)实际尺寸

实际尺寸是指建筑制品、建筑构配件的实有尺寸。实际尺寸与构造尺寸的差数,由允许偏差幅度加以限制。

学习任务三　定位轴线及其编号

定位轴线是确定各构件位置相互关系的基准线,一幢建筑中诸多构件及配件彼此间的位置关系,均由定位轴线确定。

合理确定定位轴线有利于加强建筑产品设计和生产的标准化、系列化、通用化和商品化,提高构配件的互换性,充分发挥投资效益,加快施工进度。

构配件的定位可分为水平面内定位和竖向定位。以下以砖混结构房屋为例,说明定位轴线的确定原则。

一、砖墙的平面定位轴线

(1)承重外墙墙身的内墙皮与该墙的定位轴线间距为 120mm(图 2-2)。

(2)承重内墙的定位,应使顶层墙身中线位于该墙的定位轴线上(图 2-3),图 2-3 中 t

为顶层墙的厚度。但是,当内墙厚度大于或等于370mm时,为了便于圈梁或墙内竖向孔道的通过,往往采用双轴线形式。有时根据建筑空间的要求,也可以把平面定位轴线设在距离内墙某一外缘120mm处。

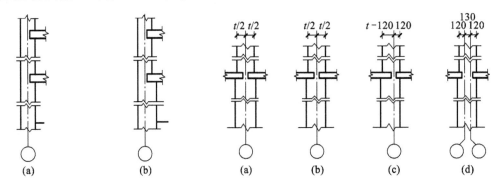

图 2-2   承重外墙定位轴线

(a)底层墙体与顶层墙厚度相同;

(b)底层墙体与顶层墙体厚度不同

图 2-3   承重内墙定位轴线

(a)定位轴线中分底层墙身;

(b)定位轴线偏分底层墙身;(c)偏轴线;(d)双轴线

(3)非承重墙定位轴线,除了可按承重墙定位轴线的规定定位以外,还可以使墙身内缘与平面定位轴线相重合。

(4)带壁柱外墙墙体的定位方法,既可以使墙体内缘与平面定位轴线相重合(图 2-4),又可以在距墙体内缘120mm处与平面定位轴线重合(图 2-5)。

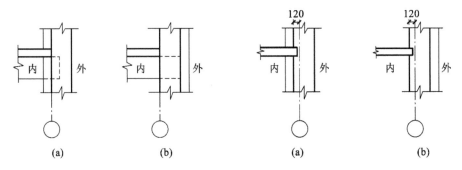

图 2-4   定位轴线与墙体内缘重合

(a)内壁柱时;(b)外壁柱时

图 2-5   定位轴线距墙体内缘 120mm

(a)内壁柱时;(b)外壁柱时

二、变形缝处砖墙的定位轴线

(1)当变形缝处一侧为墙体,另一侧为墙垛时,墙垛的外缘应与平面定位轴线重合。当墙体是外承重墙时,平面定位轴线应距顶层墙内缘120mm[图 2-6(a)]。当墙体是非承重墙时,平面定位轴线应与顶层墙身内缘重合[图 2-6(b)]。图 2-6 中,a_i 为插入距,a_e 为变形缝宽度。

(2)当变形缝处两侧为墙时,如两侧墙均为外承重墙,定位轴线均应距顶层墙身内缘120mm[图 2-7(a)];如两侧墙体均为非承重墙,定位轴线均应与顶层墙身内缘重合[图 2-7(b)]。

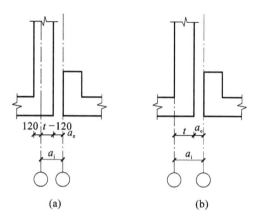

图 2-6　变形缝外墙与墙垛交界处定位轴线
(a)墙按外承重墙处理;(b)墙按非承重墙处理

(3)当变形缝处双墙带联系尺寸时,如两侧墙按外承重墙处理,定位轴线应距顶层墙内缘 120mm[图 2-8(a)];当两侧墙按非承重墙处理,定位轴线均应与顶层墙内缘重合[图2-8(b)]。

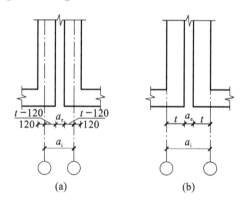 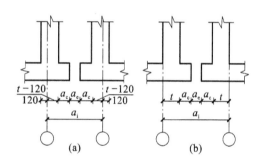

图 2-7　变形缝处两侧为墙体的定位轴线
(a)墙按外承重墙处理;(b)墙按非承重墙处理

图 2-8　变形缝处双墙带联系尺寸的定位轴线
(a)墙按外承重墙处理;(b)墙按非承重墙处理

三、高低层分界处的墙体定位轴线

(1)高低层分界处不设变形缝时,应按高层部分承重外墙定位轴线处理,定位轴线距顶层墙内缘 120mm(图 2-9)。

(2)高低层分界处设变形缝时,应按变形缝处砖墙平面定位轴线处理。

四、建筑底层框架结构砖墙的平面定位轴线

当房屋的结构形式为底层框架、上部砖混结构时,底层框架的平面定位轴线应与上部砖混结构平面定位轴线一致。

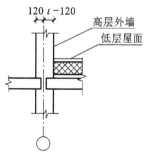

**图 2-9　高低层分界处
不设变形缝时的定位轴线**

五、墙体的竖向定位轴线

(1)砖墙楼地面竖向定位轴线应与楼(地)面面层上表面重合(图 2-10)。结构构件的施工先于楼(地)面面层进行,因此要根据建筑专业的竖向定位轴线确定结构构件的控制高程。一般情况下,建筑标高减去楼(地)面面层构造厚度等于结构标高。

(2)屋面竖向定位轴线应为屋面结构层上表面与距墙内缘 120mm 的外墙定位轴线相交处(图 2-11)。

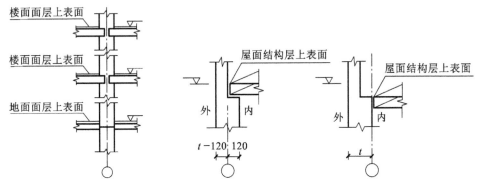

图 2-10　砖墙楼地面的竖向定位轴线　　　　图 2-11　屋面竖向定位轴线

六、定位轴线的编号

(1)定位轴线应用细点画线绘制,轴线编号应注写在轴线端部的圆圈内。圆圈应用细实线绘制,直径为 8mm,详图上可增为 10mm。定位轴线的圆心应在定位轴线的延长线的折线上(图 2-12)。

(2)平面图上定位轴线的编号宜标注在图样的下方与左侧(图 2-13)。横向编号应用阿拉伯数字,从左至右顺序编写;竖向编号应用大写拉丁字母,从下至上顺序编写。I、O、Z 不得用作轴线编号。如字母不够使用,可增用双字母或单字母加数字注脚,如:AA、BB 等或 A_1、B_1 等。

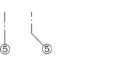

图 2-12　定位轴线编号的注写

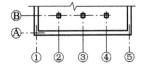

图 2-13　定位轴线编号顺序

(3)当建筑规模较大时,定位轴线也可以采取分区编号。编号的注写方式应为分区号-该区轴线号(图 2-14)。

(4)在建筑设计中经常把一些次要的建筑部件用附加轴线进行编号,如非承重墙、装饰柱等。附加轴线应以分数表示,采用在轴线圆内设通过圆心的 45°斜线的方式,并按下列规定编写。

①两根轴线之间的附加轴线,应以分母表示前一轴线的编号,分子表示附加轴线的编号,编号宜用阿拉伯数字顺序编写,如图 2-15 所示。

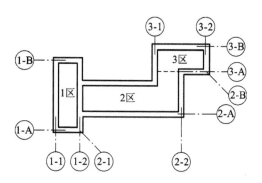

图 2-14 轴线分区编号

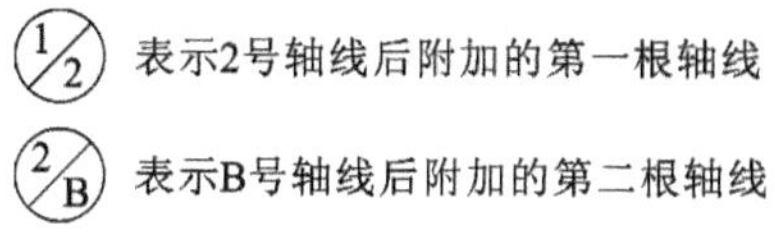

$\dfrac{1}{2}$ 表示2号轴线后附加的第一根轴线

$\dfrac{2}{B}$ 表示B号轴线后附加的第二根轴线

图 2-15 附加轴线(一)

②1 号轴线和 A 号轴线之前的附加轴线应以分母 01、0A 分别表示位于 1 号轴线或 A 号轴线之前的轴线,如图 2-16 所示。

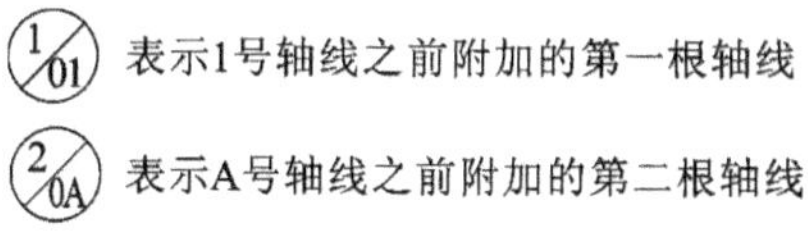

$\dfrac{1}{01}$ 表示1号轴线之前附加的第一根轴线

$\dfrac{2}{0A}$ 表示A号轴线之前附加的第二根轴线

图 2-16 附加轴线(二)

(5)当一个详图适用几根轴线时,应同时注明各有关轴线的编号。通用详图的编号应只画圆,不注写轴线编号,如图 2-17 所示。

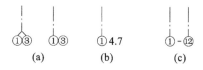

图 2-17 详图的轴线编号

(a)用于两根轴线;(b)用于三根或三根以上轴线;(c)用于三根以上连续编号的轴线

学习任务四　民用建筑的构造组成及其作用

就常见的民用建筑而言,其功能不尽相同,形式也多种多样,但都是由基础、墙或柱、楼地层、楼梯、屋顶、门窗六大部分组成的(图 2-18)。它们处在不同的部位,发挥着各自的作用。

1.基础

基础是位于建筑物最下部的承重构件,承受房屋的全部荷载,并把这些荷载传递给地基。因此,基础必须坚固稳定,并能经受住冰冻和地下水作用及化学物质的侵蚀。

2.墙或柱

墙或柱是房屋的垂直承重构件,承受楼地层和屋顶传来的荷载,并把这些荷载传递给基础。作为围护结构,外墙起着抵御自然界各种因素对室内的侵袭的作用;内墙起着分隔空间、组成房间、隔声等作用。为此,要求墙体要有足够的强度和稳定性,具有保温、隔热、隔声、防火、防水的能力。

3.楼地层

楼地层指楼板层和地坪层。楼板层直接承受着各楼层上的家具、设备、人的重量和楼层自重;同时楼板层对墙或柱有水平支撑作用,传递着风、地震等侧向水平荷载,并把上述各种荷载传递给墙或柱。楼板层常由面层、结构层和顶棚等部分组成,对房屋有竖向分割空间的作用。对楼板层的要求是要有足够的强度和刚度,以及良好的隔声、防渗漏性能。地坪层是首层房间与土层相接触的部分,承受首层房间的荷载,要求具有一定的强度和刚度,并具有防潮、防水、保暖、耐磨的性能。

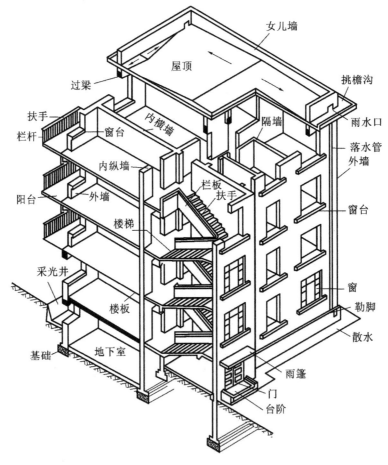

图2-18 民用建筑的构造组成

4.楼梯

楼梯是房屋建筑中联系上、下各层的垂直交通设施,供人们上下楼层和紧急疏散之用,故要求楼梯具有足够的通行能力以及防火和防滑性能。

5.屋顶

屋顶是房屋顶部的承重和围护构件,由屋面、承重结构和保温(隔热)层等部分组成。屋面的作用是阻隔雨水、风雪对室内的影响,并将雨水排除;承重结构则承受屋顶的全部荷载,并将这些荷载传递给墙或柱;保温(隔热)层的作用是防止冬季室内热量过分散失或夏季太阳辐射热过量进入室内。因此,屋顶必须具有足够的强度、刚度及防水、保温、隔热等性能。

6.门窗

门、窗均属于非承重构件。门主要供人们内外交通和分割房间之用;窗则主要起采光、通风以及分割、围护的作用。对某些有特殊要求的房间,则要求门、窗具有保温、隔热、隔声的功能。

房屋除了以上六大部分外,还有一些其他配件和设施,如台阶、坡道、阳台、雨棚、散水、勒脚、圈梁、过梁、构造柱、女儿墙等。

学习任务五 影响建筑构造的因素及设计原则

一、影响建筑构造的因素

一幢建筑物的使用质量和耐久性能,经受着自然界各种因素的检验。为了提高建筑物对外界各种影响的抵御能力以及延长建筑物的使用年限,以更好地满足各类建筑的使用功能,在进行建筑构造设计时,必须充分考虑各种因素对它的影响,以便根据影响程度,提供合理的构造方案。影响建筑构造的因素很多,大致可分为以下几个方面。

(一)外界环境的影响

1.外力作用的影响

作用在建筑物上的各种外力统称荷载。荷载可分为恒荷载(如结构自重)和活荷载(如人群、家具、风雪及地震荷载)两类。荷载的大小是建筑结构设计的主要依据,也是结构选型及构造设计的重要基础,起着决定构件尺度、用料多少的重要作用。

2.气候条件的影响

我国各地区地理位置及环境不同,气候条件有很大差异。太阳的辐射热,自然界的风、雨、雪、霜、地下水等构成了影响建筑物的多种因素。有的构配件因材料、热胀、冷缩而开裂;有的出现渗漏水现象;还有的因室内过冷或过热而影响工作性能等。故在进行构造设计时,应该针对建筑物所受影响的性质与程度,对各有关构配件及部位采取必要的防范措施,如防潮、防水、保温、隔热、设伸缩缝、设隔蒸汽层等,以防患于未然。

3.各种人为因素的影响

人们在生产和生活活动中,往往会受到火灾、爆炸、机械振动、化学腐蚀、噪声等人为因素的影响,故在进行建筑构造设计时,必须针对这些影响因素,采取相应的防火、防爆、防震、防腐、隔声等构造措施,以防止建筑物遭受不必要的损失。

(二)建筑技术条件的影响

随着建筑材料技术的日新月异,建筑结构技术的不断发展,建筑施工技术的不断进步,建筑构造技术也不断翻新、日益丰富。例如,从悬索、薄壳、网架等空间结构建筑,点式玻璃幕墙,彩色铝合金等新材料的吊顶,采光天窗中庭等现代建筑设施的大量涌现可以看出,建筑构造没有一成不变的模式,因而在构造设计中要以构造原理为基础,在利用原有的、标准的、典型的建筑构造的同时,不断发展或创造新的构造方案。

(三)经济条件的影响

随着建筑技术的不断发展和人们生活水平的日益提高,人们对建筑的使用要求,包括居住条件及标准也随之改变。建筑标准的变化带来建筑的质量标准、建筑造价等也出现较大差别。在这样的前提下,对建筑构造的要求也将随着经济条件的改变而发生较大的变化。

二、建筑构造的设计原则

建筑构造是建筑设计不可分割的一部分。建筑作为一种产品,在设计过程中,必须全面考虑、综合处理好构造设计中的各种技术因素,以使建筑满足适用、安全、经济、美观等各方面的要求。因此,需遵循以下设计原则。

(一)满足建筑使用功能的要求

由于建筑物使用性质和所处条件、环境的不同,对建筑构造设计也有不同的要求。例如,北方地区要求建筑物冬季能保温,南方地区则要求建筑物能通风、隔热,对要求有良好音响环境的建筑则要考虑吸声、隔声等。总之,为了满足使用功能要求,在构造设计时,应综合运用有关技术知识,进行合理设计,提出合理的构造方案。

(二)结构坚固、耐久

建筑物除按荷载大小及结构要求确定主要承重构件的基本断面尺寸外,对一些构配件的设计,如阳台、楼梯栏杆、顶棚、门窗与墙体的连接等构造设计,都必须在构造上采取相应的措施,以保证这些构配件在使用时的安全。

(三)技术先进

在进行建筑构造设计时,应大力改进传统的建筑方式,从材料、结构、施工等方面引入先进技术,并注意因地制宜、就地取材,不脱离生产实际。

(四)合理降低造价

各种构造设计,均要注重整体建筑物的经济、社会和环境三个效益,即综合效益。在经济上注意节省建筑造价,降低材料的能源消耗,还必须保证工程质量,不能单纯追求效益而偷工减料,降低质量标准,而是应做到合理降低造价。

(五)美观大方

一座建筑物的形象除了取决于建筑设计中的体形组合和立面处理外,一些建筑细部的构造设计对整体美观也有很大影响。例如,栏杆的形式、室内外的细部装修,各种转角、收头、交接的处理,都应合理处置,相互协调。

总之,在构造设计中,全面考虑坚固适用、技术先进、经济合理、美观大方,是最基本的原则。

⊙ 单元小结

1.建筑按功能分为居住建筑、公共建筑、工业建筑和农业建筑,按规模分为大量性建筑和大型性建筑,按层数分为低层、多层、中高层、高层和超高层建筑。建筑按耐久性分为四级,使用年限分别为 100 年以上,50～100 年,25～50 年,15 年以下。建筑的耐火等级分为四级,分级的依据是构件的燃烧性能和耐火极限。

2.实行建筑模数协调标准的目的是推进建筑工业化。其主要内容包括建筑模数、基本模数、扩大模数、分模数、模数数列、定位轴线等。

3.建筑构造是研究组成建筑各种构配件的组合原理和构造方法的学科,是建筑设计不可分割的一部分。学习建筑构造的目的在于建筑设计时,能综合各种因素,正确地选用建筑材料,提出符合坚固、经济、合理条件的最佳构造方案,从而提高建筑物抵御自然界各种影响的能力,保证建筑物的使用质量,延长建筑物使用年限。

4.一幢建筑物主要由基础、墙或柱、楼地层、楼梯、屋顶及门窗六大部分所组成。它们处在不同的部位,发挥着各自的作用。但是一幢建筑物建成后,它的使用质量和耐久性能,经受着各种因素的检验。影响建筑构造的因素包括外界环境因素、建筑技术条件以及经济条件等。

5.为使建筑物满足适用、安全、经济、美观的要求,在进行建筑构造设计时,必须注意满足使用功能要求,确保结构坚固、安全节能、适用于建筑工业化需要,以求满足建筑物的经济、社会和环境的综合效益以及美观要求等。

⊙ 能力提升

(一)填空题

1.建筑物按其使用功能不同,一般分为_____、_____和_____等。

2.建筑物的耐火等级是由构件的_____和_____两个方面来决定的,多层建筑的耐火等级共分为_____级,高层建筑的耐火等级共分为_____级。

3.《建筑模数协调标准》(GB/T 50002—2013)中规定,基本模数以_____表示,数值为_____。

4.公共建筑及综合性建筑(不包括单层主体建筑)总高度超过_____ m 时为高层建筑;高度超过_____ m 时为超高层建筑。

5.住宅建筑按层数划分:_____层为低层;_____层为多层;_____层为中高层;_____为高层。

6.一幢建筑物一般由_____、_____、_____、_____、_____、_____六个主要部分组成,其中_____属于非承重构件。

(二)选择题

1.民用建筑包括居住建筑和公共建筑,其中(　　)属于居住建筑。

      A.托儿所　　　　　　　B.宾馆　　　　　　　C.公寓　　　　　　　D.疗养院

2.耐火等级为二级时,楼板、吊顶的耐火极限应分别满足(　　　)。

      A.1.50h、0.25h　　　B.1.00h、0.25h　　　C.1.50h、0.15h　　　D.3.00h、4.00h

3.沥青混凝土构件属于(　　　)。

      A.非燃烧体　　　　　B.燃烧体　　　　　　C.难燃烧体　　　　　D.易燃烧体

4.判断建筑构件是否达到耐火极限的具体条件有(　　　)。

      ①构件是否失去支承能力;

      ②构件是否被破坏;

      ③构件是否失去完整性;

      ④构件是否失去隔火作用;

      ⑤构件是否燃烧。

      A.①③④　　　　　　B.②③⑤　　　　　　C.③④⑤　　　　　　D.②③④

5.组成房屋的构件中,下列既属于承重构件又是维护构件的是(　　　)。

      A.墙、屋顶　　　　　B.楼板、基础　　　　C.屋顶、基础　　　　D.门窗、墙

(三)思考题

1.建筑物分别按使用性质、规模和数量、层数如何划分?

2.建筑物的耐久等级是如何划分的?

3.为什么要制定《建筑模数协调标准》(GB/T 50002—2013)? 什么是模数、基本模数、扩大模数、分模数? 什么是模数数列?

4.在建筑模数协调中规定了哪几种尺寸? 它们之间的关系如何?

5.绘图说明承重墙、非承重墙、带壁柱外墙与定位轴线的关系。

6.绘图说明变形缝处砖墙与定位轴线的关系。

7.绘图说明高低层分界处砖墙与定位轴线的关系。

8.绘图说明底层框架、上部砖混结构墙体与定位轴线的关系。

9.建筑楼层和屋面层的标高是如何确定的?

10.定位轴线的编号原则有哪些?

11.民用建筑的基本组成部分有哪些? 各部分有何作用?

12.影响建筑构造的因素有哪些?

13.建筑构造设计原则有哪些?

学习情境三　基础与地下室

【知识目标】

熟悉地基与基础的一般概念,地基的分类及基础与地基的设计要求,基础的埋深及影响因素;掌握砖基础、混凝土基础、钢筋混凝土基础的具体构造要求,其他基础的构造方法,以及地下室的防潮与防水做法等。

【能力目标】

能区分柔性基础和刚性基础;能根据建筑物上部结构承重形式和地基条件确定合适的基础形式,并把握砖基础、混凝土基础、钢筋混凝土基础的具体构造要求;能区分地下室的防水与防潮,学会地下室的防潮与防水做法。

学习任务一　地基与基础的基本概念

一、地基、基础及其与荷载的关系

在建筑工程中,建筑物与土层直接接触的部分称为基础,支承建筑物重量的土层称为地基。基础是建筑物的组成部分,承受着建筑物的全部荷载,并将其传递给地基,如图 3-1 所示。而地基则不是建筑物的组成部分,只是承受建筑物荷载的土壤层。其中,具有一定的地耐力,直接支承基础,持有一定承载能力的土层称为持力层;持力层以下的土层称为下卧层。地基土层在荷载作用下产生的变形,随着土层深度的增加而减小,到了一定深度则可忽略不计。

建筑物的全部荷载都是通过基础传递给地基的。作为地基的岩、土体,以其强度(地基承载力)和抗变形能力保证建筑物的正常使用和整体稳定性,并使地基在防止整体破坏方面有足够的安全防备。为了保证建筑物的稳定和安全,必须保证建筑物基础底面的平均压力不超过

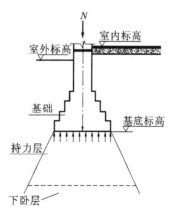

图 3-1　基础与地基

地基承载力。地基上所承受的全部荷载是通过基础进行传递的,因此当荷载一定时,可通过加大基础底面积来减小单位面积上地基所受到的压力。基础底面积 A 可通过下式来确定:

$$A \geqslant \frac{N}{f}$$

式中　N——建筑物的总荷载;

　　　f——地基承载力。

从上式可以看出,当地基承载力不变时,建筑总荷载越大,基础底面积也要求越大;当建筑物总荷载不变时,地基承载力越小,基础底面积越大。

二、地基的分类

地基可分为天然地基和人工地基两种类型。

天然地基是指天然状态下即可满足承载力要求、不需人工处理的地基。可做天然地基的岩土体包括岩石、碎石、砂土、黏性土等。当达不到上述要求时,可以对地基进行补强和加固,经人工处理的地基称为人工地基。处理方法有换填法、预压法、强夯法、振冲法、深层搅拌法等。

换填法是指用砂石、素土、灰土、工业废渣等强度较高的材料,置换地基浅层软弱土,并在回填土的同时,采用机械逐层压实的方法。

预压法是指在建筑基础施工前,对地基土进行加载预压,使地基土预先被压实,从而提高地基土强度和抵抗沉降能力的方法。

强夯法是利用强大的夯击功,迫使深层土液化和动力固结而密实的。该方法用 80～300kN 的重锤和 8～20m 的落距,强力对地基施加冲击能。强夯对地基土产生加密作用、固结作用和预加变形作用,从而提高地基承载力,降低压缩性。目前,强夯法又发展为强夯置换法,在加密的同时用粗骨料取代部分软弱土,然后夯实,或者利用砂石以及其他颗粒材料填入夯坑内,形成夯扩短桩。

三、地基与基础的设计要求

1.地基应具有足够的承载力和均匀程度

建筑物应尽量选择建造在地基承载力较高且均匀的地段,如岩石地段、碎石地段等。地基土质应均匀,否则基础处理不当,会使建筑物发生不均匀沉降,引起墙体开裂,甚至影响建筑物的正常使用。

2.基础应具有足够的强度和耐久性

基础是建筑物的重要承重构件,承受着上部结构的全部荷载,是建筑物安全的重要保证。因此,基础必须具有足够的强度,才能保证其将建筑物的荷载可靠地传递给地基。

基础埋于地下,建成后进行检查和维修困难,所以在选择基础的材料与构造形式时,应考虑其耐久性与上部结构相适应。

3.经济要求

基础工程造价占建筑总造价的 10%～40%,降低基础工程的造价是减少建筑总投资的有效方法。这就要求选择土质好的地段,以减少地基处理的费用。需要特殊处理的地基,也要尽量选用当地产量丰富、价格低廉的材料及合理的构造形式。

学习任务二　基础的类型与构造

一、基础埋深

(一)基础埋深的概念

从室外设计地面至基础底面的垂直距离称为基础的埋置深度,简称基础埋深(图 3-2)。基础按其埋深大小分为深基础和浅基础。基础埋深大于或等于 4m 的称为深基础,基础埋深小于 4m 的称为浅基础,基础直接做在地表面上的称为不埋基础。在保证安全使用的前提下,应优先选用浅基础,可降低工程造价。但当基础埋深过小时,有可能在地基受到压力后,会把基础四周的土挤出,使基础产生滑移而失去稳定,同时易受到自然因素的侵蚀和影响,使基础破坏,故在一般情况下,基础的埋深不要小于 0.5m。

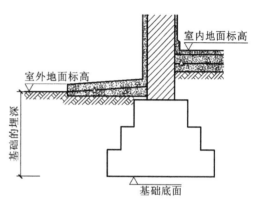

图 3-2　基础的埋置深度

(二)影响基础埋深的因素

基础埋深的大小关系到地基是否可靠、施工难易及造价的高低。影响基础埋深的因素很多,其主要影响因素如下。

1.建筑物的使用要求、基础形式及荷载

当建筑物设置地下室、设备基础或地下设施时,基础埋深应满足其使用要求;高层建筑基础埋深应随建筑高度增加适当增大,才能满足稳定性要求;荷载大小和性质也影响基础埋深,一般荷载较大时应加大埋深;受向上拔力的基础,应有较大埋深以满足抗拔力的要求。

2.地基土层构造

建筑物必须建造在坚实可靠的地基土层上。根据地基土层分布不同,基础埋深一般有六种典型情况(图 3-3)。

(1)地基土质分布均匀时,基础应尽量浅埋,但也不能低于 500mm。

(2)地基土层的上层为软土,厚度在 2m 以内,下层为好土时,基础应埋在好土层内,此时土方开挖量不大,既可靠又经济。

(3)地基土层的上层为软土,且高度为 2~5m 时,荷载小(低层、轻型)的建筑仍可将基础埋在软土层内,但应加强上部结构的整体性,并增大基础底面积。若建筑总荷载较大(高层、重型),则应将基础埋在好土层内。

(4)地基土层的上层软土厚度大于 5m 时,对于建筑总荷载较小的建筑,应尽量利用表层的软土层为地基,将基础埋在软土层内。必要时,应加强上部结构,增大基础底面积或进行人工加固。否则,应采用人工地基还是把基础埋至好土层内。具体将基础埋在何土层需进行经济比较后确定。

(5)地基土层的上层为好土,下层为软土,此时应力争把基础埋在好土层里,适当提高基础底面,以有足够厚度的持力层,并验算下卧层的应力和应变,以确保建筑的安全。

(6)地基土层由好土和软土交替组成时,低层轻型建筑应尽可能将基础埋在好土层内;总荷载大的建筑可采用打端承桩穿过软土层,也可将基础深埋到下层好土层中,两方案可经技术经济比较后选定。

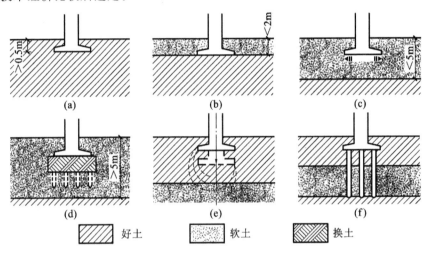

图 3-3　基础埋深与土质的关系

3.地下水位

土壤中地下水含量对承载力的影响很大。一般应尽量将基础置于地下水位之上。这样处理的好处是可以避免施工时排水,还可以防止基础的冻胀。当地下水位较高,基础不能埋置在地下水位以上时,宜将基础埋置在最低地下水位以上不少于 200mm 的深度处,且同时考虑施工时基坑的排水和坑壁支护等因素(图 3-4)。

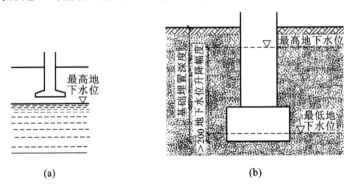

图 3-4　地下水位对基础埋深的影响

(a)地下水位较低时的基础埋深;(b)地下水位较高时的基础埋深

4.冻结深度

地面以下冻结土与非冻结土的分界线为冰冻线。土层的冻结深度由各地气候条件决定,如北京地区一般为 0.8～1.0m,哈尔滨一般为 2m 左右。气温越低,低温持续时间越长,冻结深度就越大。冬季,土的冻胀会使基础抬升,建筑物产生变形;春季气温回升,土层解冻,基础就会下沉,因此建筑物周期性地处于不稳定状态。由于土中各处冻结和融化并不均匀,故建筑物很容易产生变形、开裂等情况。因此,如果基础土有冻胀现象,基础应埋置在冰冻线以下大约 200mm 的地方(图 3-5)。

5.相邻建筑物或建筑物基础

新建建筑物基础埋深不宜大于相邻原有建筑物的基础埋深,当新建建筑物基础埋深小于或等于原有建筑物基础埋深时,应考虑附加压力对原有基础的影响。当新建建筑物的基础埋深大于原有建筑物的基础埋深时,应考虑原有基础的稳定性问题,如图 3-6 所示。具体必须满足下列条件:

$$h/l \leqslant 1/2 \sim 2/3 \quad 或 \quad l \geqslant 1.5h \sim 2.0h$$

式中 h——新建与原有建筑物基础底面标高之差;

l——新建与原有建筑物基础边缘的最小距离。

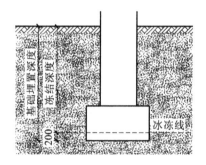

图 3-5 冻结深度对基础埋深的影响

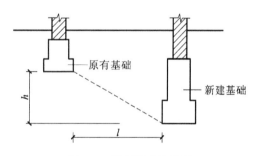

图 3-6 相邻基础的关系

二、基础的类型

基础的类型很多,按所用材料及受力特点,可分为刚性基础和柔性基础(即钢筋混凝土基础)。刚性基础又包括砖基础、毛石基础、混凝土基础等。基础按构造形式分为独立基础、条形基础、筏形基础、箱形基础、桩基础等。

(一)按材料及受力特点分类

1.刚性基础

由刚性材料制作的基础称为刚性基础。一般抗压强度高,而抗拉、抗剪强度较低的材料就称为刚性材料。常用的刚性材料有砖、灰土、混凝土、三合土、毛石等。为满足地基允许承载力的要求,基础底面宽度 B 一般大于上部墙宽,为了保证基础不被拉力、剪力破坏,基础必须具有相应的高度。通常按刚性材料的受力状况,基础在传力时只能在材料的允许范围内控制,这个控制范围的夹角称为刚性角,用 α 表示,如图 3-7 所示。砖、石基础的刚性角控制在(1:1.50)～(1:1.25)(26°～33°),混凝土基础刚性角控制在 1:1(45°)以内。

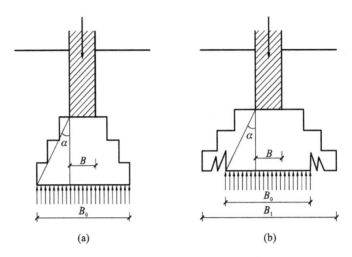

图 3-7　刚性基础的受力、传力特点

2.柔性基础

当建筑物的荷载较大而地基承载能力较小时,基础底面宽度 B 必须加大,如果仍采用混凝土材料做基础,势必要加大基础的深度,但这样很不经济。如果在混凝土基础的底部配以钢筋,利用钢筋来承受拉应力,使基础底部能够承受较大的弯矩,这样基础宽度不受刚性角的限制,故称钢筋混凝土基础为非刚性基础或柔性基础。在同样情况下,与混凝土基础相比,采用钢筋混凝土可节省大量的材料和减小挖土的工作量。钢筋混凝土基础的构造见图 3-8。

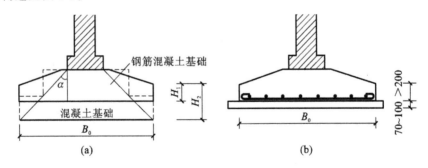

图 3-8　钢筋混凝土基础

(a)混凝土基础与钢筋混凝土基础比较;(b)基础构造

(二)按构造形式分类

1.条形基础

当建筑物上部结构采用墙承重时,基础沿墙身设置,多做成长条形,这类基础称为条形基础或带形基础;当结构柱的间距较小或者基础平面尺寸较大时,常将柱的基础连接成长方形,也属于条形基础。条形基础既可以用刚性材料制作,又可以用钢筋混凝土制作,因此条形基础既可以用于墙下,又可以用于柱下(图 3-9)。

2.独立基础

当建筑物上部结构采用框架结构或单层排架结构承重时,基础常采用方形或矩形的基础,这类基础称为独立基础或柱式基础。独立基础是柱下基础的基本形式,如图 3-10 所示。

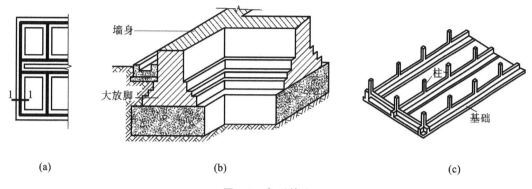

(a)　　　　　　　　　　(b)　　　　　　　　　　(c)

图 3-9　条形基础

(a)刚性条形基础平面图;(b)刚性条形基础1—1剖面图;(c)钢筋混凝土条形基础

当柱采用预制构件时,则基础做成杯口形,然后将柱子插入并嵌固在杯口内,故称杯形基础[图 3-10(a)]。

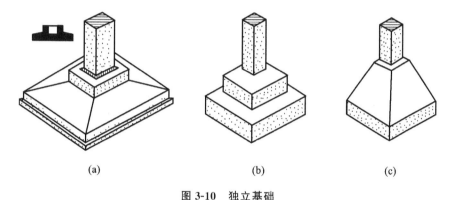

(a)　　　　　　　　　　(b)　　　　　　　　　　(c)

图 3-10　独立基础

(a)独立杯形基础;(b)独立阶梯形基础;(c)独立锥形基础

3.井格基础

当地基条件较差时,为了提高建筑物的整体性,防止柱子之间产生不均匀沉降,常将柱下基础沿纵、横两个方向扩展连接起来,做成十字交叉的井格基础(图 3-11)。

4.筏形基础

当建筑物上部荷载较大,而地基又较软弱时,采用简单的条形基础或井格基础已不能满足地基变形的需要,通常将墙或柱下基础连成一片,使建筑物的荷载承受在一块整板上成为筏形基础。筏形基础有平板式和梁板式两种(图 3-12)。

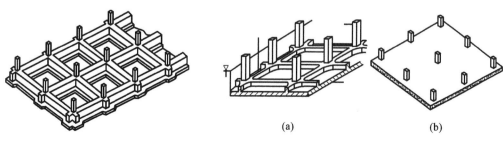

(a)　　　　　　　　　(b)

图 3-11　柱下钢筋混凝土
十字交叉的井格基础

图 3-12　筏形基础
(a)梁板式;(b)平板式

5.箱形基础

当板式基础做得很深时,常将基础改成箱形基础(图 3-13)。箱形基础是由钢筋混凝土底板,顶板和若干纵、横隔墙组成的整体结构,基础的中空部分可用作地下室(单层或多层的)或地下停车库。箱形基础整体空间刚度大,整体性强,能抵抗地基的不均匀沉降,较适用于高层建筑或在软弱地基上建造的重型建筑物。

6.桩基础

当浅层地基上不能满足建筑物对地基承载力和变形的要求,而又不适合采取地基处理措施时,就要考虑以下部坚实土层或岩层作为持力层的深基础,其中,桩基础应用最为广泛。

桩基础一般由设置于土中的桩身和承接上部结构的承台组成,见图 3-14。桩基础按设计的点位将桩身置于土中,桩的上端灌注钢筋混凝土承台梁,承台梁上接柱或墙体,以使建筑荷载均匀地传递给桩基础。在寒冷地区,承台梁下一般铺设 100～200mm 厚的粗砂或焦渣,以防土壤冻胀引起承台的反拱破坏。

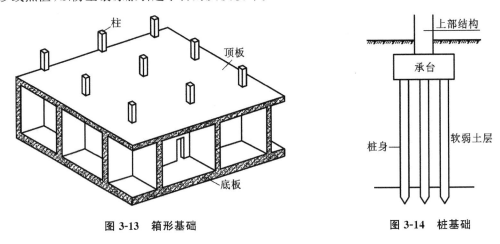

图 3-13 箱形基础   图 3-14 桩基础

学习任务三 地下室构造

一、地下室的组成

建筑物下部的地下使用空间称为地下室。地下室一般由墙体、顶板、底板、门窗、楼梯等部分组成。

(一)墙体

地下室的外墙不仅承受垂直荷载,还承受土、地下水和土壤冻胀的侧压力。因此,地下室的外墙应按挡土墙设计,如用钢筋混凝土或素混凝土墙,其厚度应经计算确定,其最小厚度除应满足结构要求外,还应满足抗渗厚度的要求,一般不小于 300mm,外墙应做防潮或防水处理。如用砖墙(现在较少采用),则其厚度不小于 490mm。

(二)顶板

顶板可用预制板、现浇板或者预制板上做现浇层(装配整体式楼板)。若为防空地下室,必须采用现浇板,并按有关规定确定厚度和混凝土强度等级,在无采暖的地下室顶板上,即首层地板处应设置保温层,以利于提高首层房间的使用舒适度。

(三)底板

当底板处于最高地下水位以上,并且无压力作用时,可按一般地面工程处理,即垫层上现浇 60~80mm 厚混凝土,再做面层;当底板处于最高地下水位以下时,底板不仅承受上部垂直荷载,还承受地下水的浮力荷载,因此应采用钢筋混凝土底板,并双层配筋,底板下垫层上还应设置防水层,以防渗漏。

(四)门窗

普通地下室的门窗与地上房间门窗相同,地下室外窗若在室外地坪以下,应设置采光井和防护篦,以利室内采光、通风和室外行走安全。防空地下室一般不允许设窗,如需开窗,应设置战时堵严措施。防空地下室的外门应按防空等级要求,设置相应的防护构造。

(五)楼梯

可与地面上房间结合设置、层高度低或用作辅助房间的地下室,可设置单跑楼梯,有防空要求的地下室至少要设置两部楼梯通向地面的安全出口,并且必须有一个是独立的安全出口,这个安全出口周围不得有较高建筑物,以防其遭空袭倒塌,堵塞出口,影响人员疏散。

二、地下室的分类

(一)按使用功能分类

(1)普通地下室。其一般用作高层建筑的地下停车库、设备用房,根据用途及结构需要可做成 1 层或 2 层、3 层、多层地下室(图 3-15)。

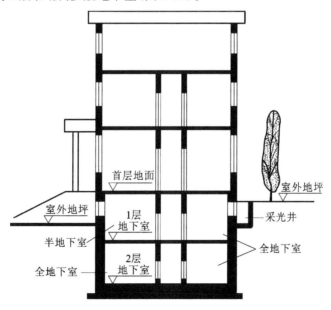

图 3-15 地下室示意图

(2)人防地下室。其是结合人防要求设置的地下空间,用以应对战时人员的隐蔽和疏散,并有具备保障人身安全的各项技术措施。

(二)按埋入地下深度分类

(1)全地下室。全地下室是指地下室地面低于室外地坪的高度超过该房间净高1/2的地下室,一般多用作建筑辅助房间、设备房间。

(2)半地下室。半地下室是指地下室地面低于室外地坪的高度,为该房间净高的1/3~1/2的地下室。这种地下室一部分在地面以上,易于解决采光、通风等问题,普通地下室多采用这种类型。

(三)按结构材料分类

(1)砖混结构地下室。砖混结构地下室指地下室的墙体用砖砌筑。这种地下室适用于上部荷载不大及地下水位较低的情况。

(2)钢筋混凝土结构地下室。钢筋混凝土结构地下室指地下室全部用钢筋混凝土浇筑。这种地下室适用于地下水位较高、上部荷载较大及有人防要求的情况。

三、地下室的防潮与防水构造

地下室经常受到下渗地表水、土壤中的潮气或地下水的侵蚀,因此防潮、防水问题便成了地下室构造设计中需要解决的一个重要问题。

当最高地下水位低于地下室地坪且无滞水可能时,地下水不会直接侵入地下室,地下室的外墙和底板只受到土层中潮气的影响时一般只需做防潮处理。

当最高地下水位高于地下室地坪时,不仅地下水可以侵入地下室,而且地下室外墙和底板还分别受到地下水的侧压力和浮力作用,这时,对地下室必须采取防水处理措施。地下室防潮、防水与地下水位的关系如图 3-16 所示。

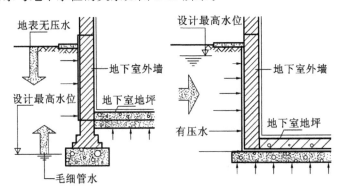

图 3-16 地下室防潮、防水与地下水位的关系

(一)地下室防潮

当地下水的常年水位和最高水位均在地下室地坪标高以下时,须在地下室外墙外面设垂直防潮层(图 3-17)。其做法是在墙体外表面先抹一层 20mm 厚的 1:2.5 水泥砂浆找平,再涂一道冷底子油和两道热沥青,然后在外侧回填低渗透性土壤,如黏土、灰土等,并逐层夯实,土层宽度为 500mm 左右,以防地面雨水或其他地表水的影响。

另外,地下室的所有墙体都应设两道水平防潮层,一道设在地下室地坪附近,另一道设在室外地坪以上 150～200mm 处,使整个地下室防潮层连成整体,以防地潮沿地下墙身或勒脚处进入室内。

（二）地下室防水

当设计最高水位高于地下室地坪时,地下室的外墙和底板都浸泡在水中,应考虑进行防水处理。地下室防水措施有沥青卷材防水、防水混凝土防水、弹性材料防水等。

1.沥青卷材防水

沥青卷材防水是以沥青胶为胶结材料粘贴一层或多层卷材做防水层的防水做法。其根据卷材与墙体的关系可分为内防水和外防水,地下室卷材外防水做法如图 3-18 所示。

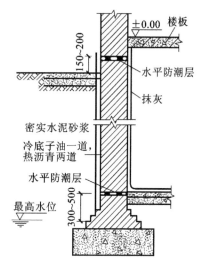

图 3-17　地下室防潮做法

卷材铺贴在地下室墙体外表面的做法称为外防水或外包防水,具体做法是:先在外墙外侧抹 20mm 厚 1:3 水泥砂浆找平层,其上刷冷底子油一道,然后铺贴卷材防水层,并与从地下室地坪底板下留出的卷材防水层逐层搭接。防水层的层数应根据地下室最高水位到地下室地坪的距离来确定。当两者的高度差小于或等于 3m 时用 3 层,为 3～6m 时用 4 层,为 6～12m 时用 5 层,大于 12m 时用 6 层。防水层应高出最高水位 300mm,其上应使一层油毡贴至散水底。防水层外面砌半砖保护墙一道,在保护墙与防水层之间用水泥砂浆填实。砌筑保护墙时,先在底部干铺油毡一层,并沿保护墙长度每 5～8m 设一通高断缝,以使保护墙在土的侧压力作用下能紧紧压住卷材防水层。最后在保护墙外0.5m的范围内回填2:8灰土或炉渣。

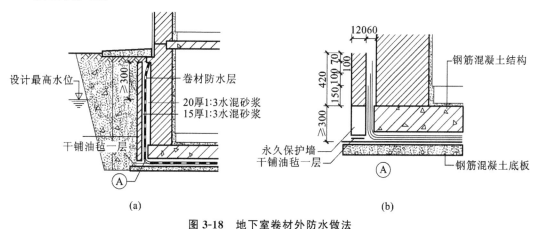

图 3-18　地下室卷材外防水做法

(a)外防水；(b)内防水

此外,还有将防水卷材铺贴在地下室外墙内表面的内防水做法(又称内包防水),如图 3-19 所示。这种防水方案对防水不太有利,但施工方便,易于维修,多用于修缮工程。

地下室水平防水层的做法:先在垫层做水泥砂浆找平层,然后在找平层上涂冷底子油,再铺贴防水层,最后做基坑回填隔水层(黏土或灰土)和滤水层(砂),并分层夯实。

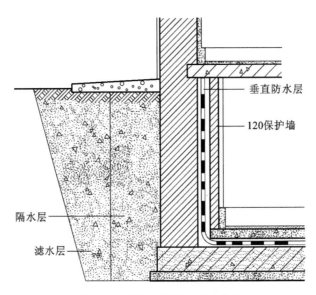

图 3-19　地下室卷材内防水构造

2.防水混凝土防水

采用防水混凝土防水时,地下室的地坪与墙体一般都采用钢筋混凝土材料。其防水以采用防水混凝土为佳。防水混凝土的配制与普通混凝土相同,不同的是采用不同的集料级配,以提高混凝土的密实性;或在混凝土内掺入一定量的外加剂,以提高混凝土自身的防水性能。集料级配主要是采用不同粒径的骨料进行选择,同时提高混凝土中水泥砂浆的含量,使砂浆充满于骨料之间,从而堵塞因骨料直接接触出现的渗水通道,达到防水的目的。

掺外加剂是在混凝土中掺入加气剂或密实剂,以提高其抗渗性能。目前常采用的外加防水剂的主要成分是氯化铝、氯化钙和氯化铁,均为淡黄色的液体。其掺入混凝土中能与水泥水化过程中的氢氧化钙反应,生成氢氧化铝、氢氧化铁等不溶于水的胶体,并与水泥中的硅酸二钙、铝酸三钙化合成复盐晶体,这些胶体与晶体填充于混凝土的孔隙内,从而可以提高其密实性,使混凝土具有良好的防水性能。防水混凝土的外墙、底板均不宜太薄,外墙厚度一般应在 200mm 以上,底板厚度应在 150mm 以上。为防止地下水对混凝土的侵蚀,在墙外侧应抹水泥砂浆,然后涂抹冷底子油(图 3-20)。

3.弹性材料防水

随着新型高分子合成防水材料的不断涌现,地下室的防水构造也在更新,如我国目前使用的三元乙丙橡胶卷材,能充分适应防水基层的伸缩及开裂变形,拉伸强度高,拉断延伸率大,能承受一定的冲击荷载,是耐久性极好的弹性卷材;又如聚氨酯涂膜防水材料,有利于形成

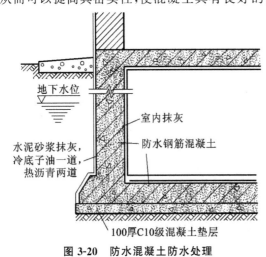

图 3-20　防水混凝土防水处理

完整的防水涂层,对在建筑内有管道、转折和高差等特殊部位的防水处理极为有利。

(三)地下室变形缝

图 3-21 所示为地下室变形缝处的构造做法。变形缝处是地下室最容易发生渗漏的部位,因而地下室应尽量不要做变形缝,如必须做变形缝(一般为沉降缝)应采用止水带、遇水膨胀橡胶腻子止水条等高分子防水材料和接缝密封材料做多道防线。止水带构造有中埋式和可拆卸式两种,对水压大于0.3MPa、变形量为 20～30mm、结构厚度大于或等于 300mm 的变形缝,应采用中埋式橡胶止水带;对环境温度高于 50℃处的变形缝,可采用 2mm 厚的紫铜片或 3mm 厚的不锈钢等金属止水带,其中间呈圆弧形,以适应变形。

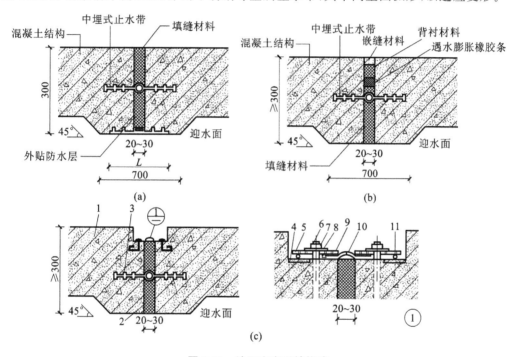

图 3-21　地下室变形缝构造

(a)中埋式止水带与外贴式防水层复合使用(外贴式止水带 L≥300;外贴防水卷材 L≥400;外涂防水层大于或等于 400);
(b)中埋式止水带与遇水膨胀橡胶条、嵌缝材料复合使用;(c)中埋式止水带与可拆卸式止水带复合使用
1—混凝土结构;2—填缝材料;3—中埋式止水带;4—预埋钢板;5—紧固件压板;
6—预埋螺栓;7—螺母;8—垫圈;9—紧固件压块;10—凸形止水带;11—紧固件圆钢

(四)后浇带

当建筑物采用后浇带解决变形问题时,其要求如下。

(1)后浇带应设在受力和变形较小的部位,间距宜为30～60mm,宽度宜为700～1000mm。

(2)后浇带可做成平直缝结构,主筋不宜在缝中断开,如必须断开,则主筋搭接长度应大于 45 倍主筋直径,并应按设计要求加设附加钢筋。后浇带的防水构造如图 3-22～图 3-24 所示。

(3)后浇带需超前止水时,后浇带部位混凝土应局部加厚,并增设外贴式或中埋式止水带,后浇带超前止水构造如图 3-25 所示。

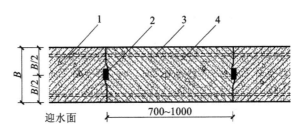

图 3-22　后浇带防水构造（一）

1—先浇混凝土；2—遇水膨胀止水条；3—结构主筋；4—后浇补偿收缩混凝土

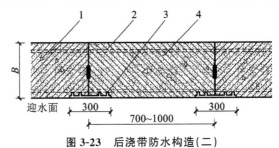

图 3-23　后浇带防水构造（二）

1—先浇混凝土；2—结构主筋；3—外贴式止水带；4—后浇补偿收缩混凝土

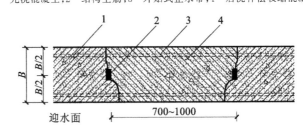

图 3-24　后浇带防水构造（三）

1—先浇混凝土；2—遇水膨胀止水条；3—结构主筋；4—后浇补偿收缩混凝土

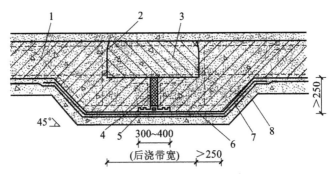

图 3-25　后浇带超前止水构造

1—混凝土结构；2—钢丝网片；3—后浇带；4—填缝材料；
5—外贴式止水带；6—细石混凝土保护层；7—卷材防水层；8—垫层混凝土

(五)后浇带的施工规定

后浇带的施工应符合下列规定：

（1）后浇带应在其两混凝土龄期达到 42d 后再施工，但高层建筑的后浇带应在结构顶板浇筑混凝土14d 后进行施工。

(2)后浇带的接缝处理应符合规范的有关规定。

(3)后浇带混凝土施工前,后浇带部位和外贴式止水带应予以保护,严防落入杂物损伤外贴式止水带。

(4)后浇带应采用补偿收缩混凝土浇筑,其强度等级不应低于两侧混凝土;后浇带混凝土的养护时间不得少于28d。

单 元 小 结

1.基础是建筑物与土壤层直接接触的结构构件,承受着建筑物的全部荷载并均匀地传递给地基。而地基则是承受基础传来的荷载的土壤层。基础是建筑物的组成构件,地基则不属于建筑物的组成部分。

地基有天然地基与人工地基之分。

2.室外设计地面至基础底面的垂直距离称为基础的埋深。当埋深大于4m时为深基础;小于4m时称为浅基础;基础直接做在地表面上的称为不埋基础。

3.基础依所采用材料与受力情况的不同有刚性基础和非刚性基础之分;依其构造形式的不同有条形基础、独立基础、筏形基础、箱形基础和桩基础之分。

4.地下室是建造在地表面以下的使用空间。由于地下室的外墙、底板易受到地下潮气和地下水的侵蚀,因此必须重视地下室的防潮、防水处理。

5.当地下水的常年水位和最高水位处在地下室地面以下,地下水直接侵蚀地下室时,只需对墙体和地坪采取防潮措施。

6.当设计最高地下水位处在地下室表面以上,地下室的墙身、地坪直接受到水的侵蚀时,必须对地下水的墙身和地坪采取防水措施。防水处理措施有柔性防水和防水混凝土防水两类。当前柔性防水以沥青卷材防水应用最多。沥青卷材防水又有外防水和内防水之分。外防水构造必须注意地坪与墙身的接头处理、墙身防水层的保护措施以及上部防水层的收头处理。

防水混凝土的防水措施多采用集料级配混凝土和外加剂混凝土两种。

由于新材料、新技术的不断涌现,地下室的防潮、防水构造也在不断更新,学习时应多参考一些新型构造做法。

能 力 提 升

(一)填空题

1._____是建筑物的组成部分,它承受建筑物的全部荷载并将其传递给_____。

2._____至基础底面的垂直距离称为基础的埋置深度。

3.地基分为_____和_____两大类。

4.地基土质均匀时,基础应尽量_____,但最小埋深应不小于_____。

5.基础按构造类型不同分为_____、_____、_____、_____等。

6.当地下水的常年水位和最高水位_____,且地基范围内无形成滞水可能时,地下室的外墙和底板应做防潮处理。

7.混凝土基础的断面形式可以做成_____、_____和_____。当基础宽度大于 350mm 时,基础断面多为_____。

8.钢筋混凝土基础不受刚性角限制,其截面高度向外逐渐减小,但最薄处的厚度不应小于_____。

9.按防水材料的铺贴位置不同,地下室防水分_____和_____两类,其中_____防水是将防水材料贴在迎水面上。

10.基础的埋置深度除与_____、_____等因素有关外,还需考虑周围环境与具体工程特点。

(二)选择题

1.当地下水位很高,基础不能埋在地下水位以上时,应将基础底面埋置在(　　)以下,从而减少和避免地下水的浮力和影响等。

    A.最高水位 200mm　　　　　　　　B.最低水位 200mm

    C.最高水位 500mm　　　　　　　　D.最高与最低水位之间

2.地下室的外包卷材防水构造中,墙身处防水卷材须从底板上包上来,并在最高设计水位(　　)处收头。

    A.以下 50mm　　　　　　　　　　B.以上 50mm

    C.以下 500～1000m　　　　　　　D.以上 500～1000m

3.当设计最高地下水位(　　)地下室地坪时,一般只做防潮处理。

    A.高于　　　　　B.高于 300mm　　　　　C.低于　　　　　D.高于 100mm

4.下面属于柔性基础的是(　　)。

    A.钢筋混凝土基础　　　B.毛石基础　　　　C.素混凝土基础　　　　D.砖基础

5.刚性基础的受力特点是(　　)。

    A.抗拉强度大、抗压强度小　　　　　B.抗拉、抗压强度均大

    C.抗剪切强度大　　　　　　　　　D.抗压强度大、抗拉强度小

(三)绘图题

1.绘图表示基础的埋深。

2.简要绘出地下室的防潮构造(包括条形基础,370mm 砖地下室墙)。

3.用图示举例说明地下室的外防水做法。

(四)思考题

1.什么是地基?什么是基础?地基和基础有什么区别?

2.地基和基础的设计要求有哪些?

3.地基处理常用的方法有哪些?

4.什么是基础的埋深?其影响因素有哪些?

5.怎样区分刚性基础与柔性基础?

6.砖基础大放脚的构造是怎样的?

7.基础按构造形式分为哪几类?一般适用于什么情况?

8.桩基础由哪几部分组成?

9.地下室由哪几部分组成?

10.如何确定地下室应该采用防潮做法还是防水做法?其构造各有何特点?

学习情境四　墙　　体

【知识目标】
　　了解墙体的类型及设计要求。掌握砖墙、隔墙的构造要求,砖墙材料与组砌方式,砖墙细部构造;墙面装修的构造层次与做法;变形缝的构造处理,墙体、楼地层、屋顶变形缝的构造处理。

【能力目标】
　　理解墙身的构造节点、标注表达,初步具备墙体细部设计的能力;能区分各墙面装饰的构造层次及做法;能区分伸缩缝、沉降缝和防震缝。

学习任务一　墙体的类型及设计要求

一、墙体的类型

根据墙体在建筑物中的位置和布置方向、受力方式、构造方式和施工方法的不同,可将墙体分为不同类型。

(一)按墙体所在位置和布置方向分类

墙体按所在位置不同分为外墙和内墙。外墙作为建筑的围护构件,起着挡风、遮雨、保温、隔热等作用;内墙主要作用是分割室内空间,同时也有一定的隔声、防火等作用。

墙体按布置方向不同又可分为纵墙和横墙。沿建筑物长轴方向布置的墙称为纵墙,沿建筑物短轴方向布置的墙称为横墙。外横墙习惯上称为山墙。另外,窗与窗、窗与门之间的墙称为窗间墙,窗台下面的墙称为窗下墙,屋顶上部的墙称为女儿墙等(图4-1)。

(二)按墙体受力方式分类

在混合结构建筑中,墙体按受力方式分为承重墙和非承重墙。承重墙是指承受上部结构传来荷载的墙;非承重墙是指不承受上部结构传来荷载的墙。

在非承重墙中,不承受外来荷载,仅承受自身重量并将其传至基础的墙称为自承重墙;仅起分隔室内空间的作用,不承受外来荷载,并把自身重量传递给梁或楼板的墙称为隔墙;在框架结构中,填充在柱子之间的墙称为填充墙;内填充墙是隔墙的一种;悬挂在

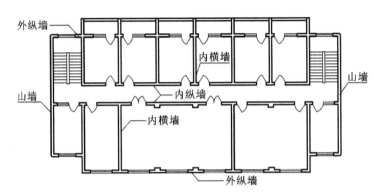

图 4-1　墙体各部分名称

建筑物外部的轻质墙称为幕墙,有金属幕墙、玻璃幕墙等。幕墙和外填充墙,虽不能承受楼板和屋顶的荷载,但承受着风荷载,并把风荷载传递给骨架结构。

(三)按墙体构造方式和施工方法分类

墙体按构造方式可以分为实体墙、空体墙和组合墙。实体墙由单一材料组成,如砖墙、砌块墙等。空体墙也由单一材料组成,既可由单一材料砌成内部空腔,又可用具有孔洞的材料建造墙,如空斗砖墙、空心砌块墙等。组合墙由两种以上材料组合而成,如混凝土、加气混凝土复合板材墙。其中,混凝土起承重作用,加气混凝土起保温、隔热作用。

墙体按施工方法可以分为块材墙、板筑墙及板材墙。块材墙由砂浆等胶结材料和砖石块材等组砌而成,如砖墙、石墙及各种砌块墙等。板筑墙是在现场立模板,现浇而成的墙体,如现浇混凝土墙等。板材墙是预先制成墙板,施工时安装而成的墙,如预制混凝土大板墙、各种轻质条板内隔墙等。

二、墙体的设计要求

(一)结构要求

对以墙体承重为主的结构,常要求各层的承重墙上、下必须对齐,各层的门、窗洞孔也以上、下对齐为佳。此外,还需考虑以下两方面的要求。

1.合理选择墙体结构布置方案

墙体结构布置方案有横墙承重、纵墙承重、双向承重和部分框架承重四种。

(1)横墙承重。

凡以横墙承重的称为横墙承重方案或横向结构系统。这时,楼板、屋顶上的荷载均由横墙承受,纵墙只起纵向稳定和拉结的作用。它的主要特点是横墙间距密,加上纵墙的拉结,使建筑物的整体性好、横向刚度大,对抵抗地震等水平荷载有利。但横墙承重方案的开间尺寸划分不够灵活,适用于房间开间尺寸不大的宿舍、住宅及病房楼等小开间建筑[图 4-2(a)]。

(2)纵墙承重。

凡以纵墙承重的称为纵墙承重方案或纵向结构系统。这时,楼板、屋顶上的荷载均由纵墙承受,横墙只起分隔房间的作用,有的起横向稳定作用。纵墙承重可使房间开间的划分灵活,多适用于需要较大房间的办公楼、商店、教学楼等公共建筑[图 4-2(b)]。

(3)双向承重。

凡由纵墙和横墙共同承受楼板、屋顶荷载的结构布置方案称为双向承重方案,又称纵横墙(混合)承重方案。该方案房间布置较灵活,建筑物的刚度也较大。混合承重方案多用于开间、进深尺寸较大且房间类型较多的建筑(如教学楼、住宅等)和平面复杂的建筑中[图 4-2(c)、(d)]。

(4)部分框架承重。

在结构设计中,有时采用墙体和钢筋混凝土梁、柱组成的框架共同承受楼板和屋顶的荷载,这时,梁的一端支承在柱上,而另一端则搁置在墙上,这种结构布置方案称为部分框架结构或内部框架承重方案。它较适用于室内需要较大使用空间的建筑,如商场等。

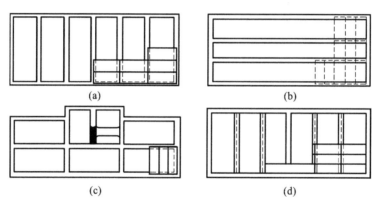

图 4-2　墙体承重方案

(a)横墙承重;(b)纵墙承重;(c)混合承重;(d)混合承重(梁与横墙)

2.具有足够的强度和稳定性

强度是指墙体承受荷载的能力,与所采用的材料以及同一材料的强度等级有关。作为承重墙的墙体,必须具有足够的强度,以确保结构的安全。

墙体的稳定性与墙的高度、长度和厚度有关。高而薄的墙稳定性差,矮而厚的墙稳定性好;长而薄的墙稳定性差,短而厚的墙稳定性好。

(二)保温、隔热等热工方面的要求

我国北方地区,气候寒冷,要求外墙具有较好的保温能力,以减少室内热损失。墙厚应根据热工计算确定,同时应防止外墙内表面与保温材料内部出现凝结水现象,构造上要防止冷桥现象的发生。

我国南方地区气候炎热,设计中除考虑朝阳、通风外,还应使外墙具有一定的隔热性能。

(三)隔声要求

为保证建筑的室内有一个良好的声学环境,墙体必须具有一定的隔声能力。设计中可通过选用容重大的材料、加大墙厚、在墙中设空气间层等措施来提高墙体的隔声能力。

(四)防火要求

在防火方面,应符合防火规范中相应的燃烧性能和耐火极限的规定。当建筑的占地面积或长度较大时,还应按防火规范要求设置防火墙,防止火灾蔓延。

(五)防水、防潮要求

卫生间、厨房、实验室等用水房间的墙体以及地下室的墙体应满足防水、防潮要求。通过选用良好的防水材料及恰当的构造做法,保证墙体坚固、耐久性好,使室内有良好的卫生环境。

(六)建筑工业化要求

在大量性民用建筑中,墙体工程量占有相当的比重,同时劳动力消耗大,施工工期长,因此建筑工业化的关键是墙体改革,通过提高机械化施工程度,提高工效,降低劳动强度,并应采用轻质、高强的墙体材料,以减小自重、降低成本。

学习任务二 砖 墙 构 造

一、砖墙材料

1.砖

砖墙属于砌筑墙体,具有保温、隔热、隔声等许多优点,但也存在着施工速度慢、自重大、劳动强度高等很多不利因素。砖墙由砖和砂浆两种材料组成,砂浆将砖胶结在一起筑成墙体或砌块。

砖的种类很多,从所采用的原材料上看有黏土砖、灰砂砖、页岩砖、煤矸石砖、水泥砖、矿渣砖等,从形状上看有实心砖及多孔砖。当前砖的规格与尺寸也有多种形式,普通黏土砖是全国统一规格的标准尺寸,即 240mm×115mm×53mm,砖的长、宽、厚之比为 4:2:1,但与现行的模数制不协调。有的空心砖尺寸为 190mm×190mm×90mm 或 240mm×115mm×180mm 等。砖的等级强度以抗压强度划分为 MU30、MU25、MU20、MU15、MU10、MU7.5 六级,单位为 N/mm^2。

2.砂浆

砂浆由胶结材料(水泥、石灰、黏土)和填充材料(砂、石屑、矿渣、粉煤灰)用水搅拌而成。目前我们常用的有水泥砂浆、混合砂浆和石灰砂浆,水泥砂浆的强度和防潮性能最好;混合砂浆次之;石灰砂浆最差,但它的和易性好,在墙体要求不高时采用。砂浆的等级也是以抗压强度来进行划分的,从高到低依次为 M15、M10、M7.5、M5、M2.5、M1、M0.4,单位为 N/mm^2。

二、砖墙的砌筑方式

砖墙的砌筑方式是指砖块在砌体中的排列方式,为了保证墙体坚固,砖块的排列应遵循内外搭接、上下错缝的原则。错缝长度不应小于 60mm,且应便于砌筑及少砍砖,否则会影响墙体的强度和稳定性。在墙的组砌中,砖块的长边平行于墙面的砖称为顺砖,砖块的长边垂直于墙面的砖称为丁砖。上、下皮砖之间的水平缝称为横缝,左、右两砖之间的垂直缝称为竖缝,砖砌筑时切忌出现竖直通缝,否则会影响墙的强度和稳定性,如图 4-3 所示。

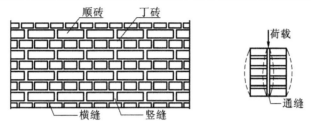

图 4-3 砖的错缝搭接及砖缝名称

砖墙的叠砌方式可分为下列几种:全顺式、一顺一丁式、多顺一丁式、十字式,如图 4-4 所示。

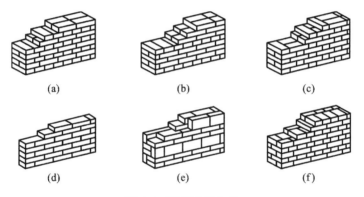

图 4-4 砖的砌筑方式

(a)240 砖墙(一顺一丁式);(b)240 砖墙(多顺一丁式);(c)240 砖墙(十字式);(d)120 砖墙;(e)180 砖墙;(f)370 砖墙

三、砖墙的基本尺寸

砖墙的基本尺寸包括墙厚和墙段两个方向的尺寸,必须在满足结构和功能要求的同时,满足砖的规格。以标准砖为例,根据砖块的规格、数量及灰缝宽度可形成不同的墙厚度和墙段的长度。

(1)墙厚:标准砖的规格(长×宽×高)为 240mm×115mm×53mm,砖块间灰缝宽度为 10mm。砖厚加灰缝宽、砖宽加灰缝宽后与砖长形成 1:2:4 的比例特征,组砌灵活。墙厚与砖规格的关系如图 4-5 所示。

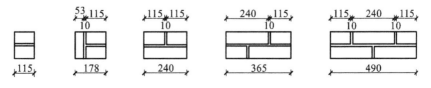

图 4-5 墙厚与砖规格的关系

（2）墙身长度：当墙身过长时，其稳定性就差，故每隔一定距离应有垂直于它的横墙或其他构件来增强其稳定性。横墙间距超过 16m 时，墙身做法则应根据我国砖石结构设计规范的要求进行加强。

（3）墙身高度：墙身高度主要是指房屋的层高，应依据实际要求，即设计要求而定。但墙高与墙厚有一定的比例限制，同时要考虑到水平侧推力的影响，以保证墙体的稳定性。

（4）砖墙洞口与墙段的尺寸：砖墙洞口主要是指门窗洞口，其尺寸应符合模数要求，尽量减少与此不符的门窗规格，以有利于工业化生产。国家及地区的通用标准图集是以扩大模数 3M 为倍数的，故门窗洞口尺寸多为 300mm 的倍数，1000mm 以内的小洞口可采用基本模数 100mm 的倍数。

墙段多指转角墙和窗间墙，其长度取值以砖模 125mm 为基础。墙段由砖块和灰缝组成，即墙段宽等于砖宽加灰缝宽（115mm＋10mm＝125mm），而建筑的进深、开间、门窗都是按扩大模数 300mm 进行设计的，这样一幢建筑中采用两种模数必然给建筑、施工带来很多困难。只有靠调整竖向灰缝大小的方法来解决。竖缝宽度的取值范围为 8～12mm，墙段长，调整余地大；墙段短，调整余地小。

四、墙体细部构造

墙体作为建筑物主要的承重或围护构件，不同部位必须进行不同的处理，才可能保证其耐久、适用。砖墙主要的细部构造包括勒脚、墙角构造、门窗洞口构造、墙身的加固构造以及变形缝构造等。

（一）勒脚的构造及防水、防潮处理

勒脚是外墙的墙脚，即外墙与室外地面接近的部位。它常易遭到雨水的浸溅及受到土壤中水分的侵蚀，而影响房屋的坚固、耐久、美观和使用，因此在此部位要采取一定的防水、防潮措施，如图 4-6 所示。

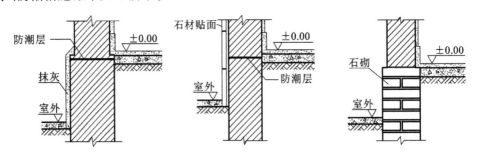

图 4-6　勒脚的构造做法

1. 勒脚的表面处理

（1）勒脚表面抹灰：对勒脚的外表面做水泥砂浆或其他有效的抹面处理。

（2）勒脚贴面：标准较高的建筑可外贴天然石材或人工石材，如花岗岩、水磨石板等，以达到耐久性强、美观的效果。

（3）勒脚墙体：采用条石、混凝土等坚固耐久的材料替代砖勒脚。

2.外墙周围的排水处理

为了防止雨水及室外地面水浸入墙体和基础,沿建筑物四周勒脚与室外地坪相接处设排水沟(明沟、暗沟)或散水,使其附近的地面积水迅速排走。

明沟为有组织排水,其构造做法如图 4-7 所示,可用砖砌、石砌和混凝土浇筑。沟底应设微坡,坡度为 0.5%～1%,使雨水流向窨井。若用砖砌明沟,应根据砖的尺寸来砌筑,槽内需用水泥砂浆抹面。

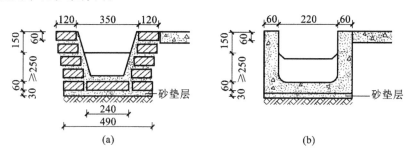

图 4-7 明沟构造做法

(a)砖砌明沟;(b)混凝土明沟

3.散水

散水为无组织排水,散水的宽度应比屋檐挑出的宽度大 150mm 以上,一般为 700～1500mm,并设向外不小于 3% 的排水坡度。散水的外延应设滴水砖(石)带,散水与外墙交接处应设分隔缝,并以弹性材料嵌缝,以防墙体下沉时散水与墙体裂开,起不到防水、防潮的作用,散水构造做法如图 4-8 所示。

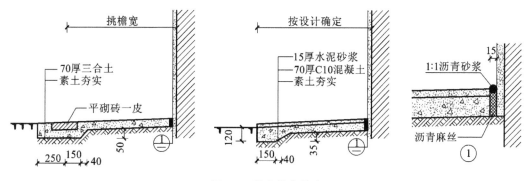

图 4-8 散水构造做法

4.设置防潮层

由于砖或其他砌块基础的毛细管作用,土壤中的水分易从基础墙处上升,腐蚀墙身,因此必须在内、外墙脚部设置连续的防潮层,以隔绝地下水的作用。

(1)防潮层的位置。防潮层的位置首先至少高出人行道或散水表面 150mm,以防止雨溅湿墙面。鉴于室内地面构造的不同,防潮层的标高多为以下几种情况。

① 当地面垫层为混凝土等密实(不透水)材料时,水平防潮层应设在垫层范围内,并低于室内地面 60mm(一皮砖)处[图 4-9(a)]。

② 当室内地面垫层为炉渣、碎石等透水材料时,水平防潮层的位置应平齐或高于室内地面 60mm(一皮砖)处[图 4-9(b)]。

③ 当内墙两侧室内地面有标高差时,防潮层应设在两不同标高的室内地坪以下60mm(一皮砖)的地方,并在两防潮层之间墙的内侧设垂直防潮层[图4-9(c)]。

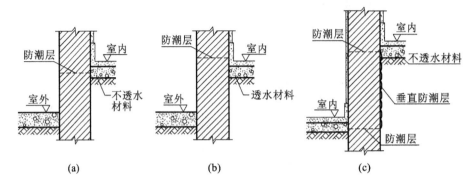

图4-9 墙身防潮层的位置

(a)地面垫层为不透水材料;(b)地面垫层为透水材料;(c)室内地面有标高差

(2)防潮层的材料。墙身水平防潮层主要有以下几种。

①油毡防潮层[图4-10(a)]。在防潮层部位先抹20mm厚砂浆找平,然后用热沥青贴一毡二油。油毡的搭接长度应大于或等于100mm,油毡的宽度比找平层每侧宽10mm。

②防水砂浆防潮层[图4-10(b)]。1:2水泥砂浆加3%~5%的防水剂,厚度为20~25mm,或用防水砂浆砌三皮砖做防潮层。

③细石混凝土防潮层[图4-10(c)]。60mm厚细石混凝土带,内配3根φ6或φ8钢筋做防潮层。

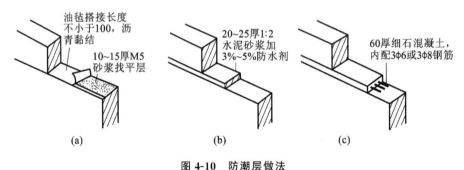

图4-10 防潮层做法

(a)油毡防潮层;(b)防水砂浆防潮层;(c)细石混凝土防潮层

(二)门窗洞口构造

(1)门窗上部承重构件:其作用是承受门窗洞口的上部荷载,并将其传到两侧构件上。砖拱又称砖砌平拱,采用砖侧砌而成。灰缝上宽下窄,宽不得大于20mm,窄不得小于5mm。砖的行数为单,立砖居中,为拱心砖,砌时应将中心提高大约跨度的1/50,以待凝固前的受力沉降,砖砌平拱如图4-11所示。

(2)钢筋砖过梁:即在洞口顶部配置钢筋,其上用砖平砌,形成能承受弯矩的加筋砖砌体。钢筋为φ6,间距小于120mm,伸入墙内1~1.5倍砖长。过梁跨度不超过2m,高度不应小于五皮砖厚,且不小于1/5洞口跨度。该种过梁的砌法是,先在门窗顶支模板,铺M5水泥砂浆20~30mm厚,按要求在其中配置钢筋,然后砌砖,钢筋砖过梁如图4-12所示。

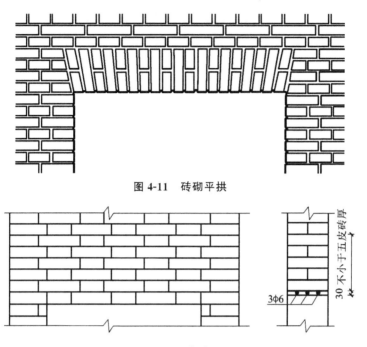

图 4-11　砖砌平拱

图 4-12　钢筋砖过梁

（3）钢筋混凝土过梁：钢筋混凝土过梁承载能力强，跨度大，适应性好。其有现浇和预制两种，现浇钢筋混凝土过梁在现场支模，轧钢筋，浇筑混凝土；预制装配式过梁事先预制好后直接进入现场安装，施工速度快，属最常用的一种方式。钢筋混凝土过梁如图 4-13 所示。

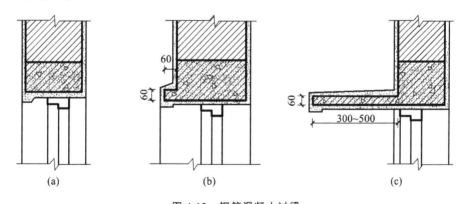

（a）　　　　　　　　　　（b）　　　　　　　　　　（c）

图 4-13　钢筋混凝土过梁
（a）平墙过梁；（b）带窗套过梁；（c）带窗楣过梁

　　常用的钢筋混凝土过梁的断面形式有矩形和 L 形两种。钢筋混凝土过梁断面尺寸主要根据荷载的数量、跨度计算确定。过梁的宽度一般同墙宽，如 115mm、240mm 等（宽度等于半砖厚的倍数）。过梁的高度可做成 60mm、120mm、180mm、240mm 等（高度等于砖厚的倍数）。过梁两端搁入墙内的支撑长度不小于 240mm。矩形断面的过梁用于没有特殊要求的外立面墙或内墙中。L 形断面多用于有窗套的窗、带窗楣板的窗。出挑部分一般厚度为 60mm，长度为 300～500mm，也可按设计确定。由于钢筋混凝土的导热性多大于其他

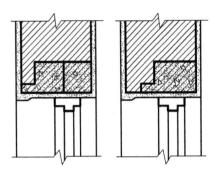

图 4-14　寒冷地区钢筋混凝土过梁

砌块,寒冷地区为了避免过梁内产生凝结水,也多采用 L 形过梁,如图 4-14 所示。

(三)窗台构造

外窗的窗洞下部设窗台,目的是排除窗面流下的雨水,防止其渗入墙身和沿窗缝渗入室内。外墙面材料为面砖时,可不必设窗台。窗台可用砖砌挑出,也可采用钢筋混凝土窗台的形式。砖砌窗台的做法是将砖侧立斜砌或平砌,并挑出外墙面 60mm。然后表面抹水泥砂浆、做贴面处理,或做成水泥砂浆勾缝的清水窗台,稍有坡度。注意抹灰与窗槛下的交接处理必须密实,以防止雨水渗入室内。窗台下必须抹滴水槽避免雨水污染墙面。预制钢筋混凝土窗台构造特点与砖窗台相同,如图 4-15 所示。

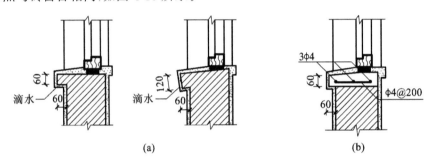

(a)　　　　　　　　(b)

图 4-15　窗台构造做法

(a)砖砌窗台;(b)预制钢筋混凝土窗台

(四)墙身的加固

墙身的尺寸是指墙的高度、长度和厚度。它们要根据设计要求而定,但必须符合一定的比例条件,以保证墙体的稳定性。当其尺寸比例超出限度,墙体稳定性不好,需要加固时,可采用壁柱、门垛、构造柱、圈梁等做法。

1.壁柱和门垛

当墙体的窗间墙上出现集中荷载,而墙厚又不足以承受其荷载,或当墙体的长度和高度超过一定限度并影响到墙体稳定性时,常在墙身局部适当位置处增设凸出墙面的壁柱,以提高墙体刚度。壁柱突出墙面的尺寸一般为 120mm×370mm、240mm×370mm、240mm×490mm,或根据结构计算确定。

当在较薄的墙体上开设门洞时,为便于门框的安置和保证墙体的稳定,须在门靠墙转角处或丁字接头墙体的一边设置门垛,门垛凸出墙面不少于 120mm,宽度同墙厚,如图 4-16 所示。

2.构造柱

为了增加建筑物的整体性和稳定性,在多层砖混结构建筑的墙体中还应设置钢筋混凝土构造柱,并与各层圈梁连接,形成能够抗弯、抗剪的空间框架,这是防止房屋倒塌的一种有效措施。构造柱的设置部位在外墙四角,错层部位横墙与外纵墙交接处,较大洞

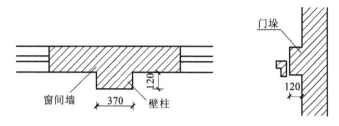

图 4-16　壁柱和门垛

口两侧,大房间内、外墙交接处等。此外,房屋的层数不同、地震烈度不同,构造柱的设置要求也不一致。构造柱的最小截面尺寸为 240mm×180mm,竖向钢筋多用 4φ12,箍筋间距不大于 250mm,随着地震烈度和层数的增加,建筑四角的构造柱可适当加大截面和钢筋等级。构造柱的施工方式是先砌墙,后浇筑混凝土,并沿墙每隔 500mm 设置深入墙体不小于 1m 的 2φ6 拉结筋,构造柱做法如图 4-17、图 4-18 所示。构造柱可不单独设置基础,但应深入室外地面以下 500mm,或锚入浅于 500mm 的基础圈梁内。

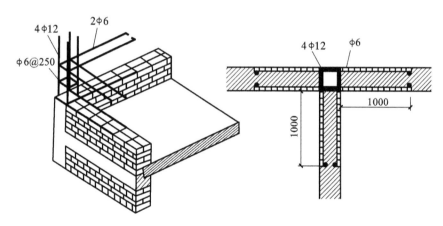

图 4-17　构造柱

3. 圈梁

圈梁是沿墙体布置的钢筋混凝土卧梁,其作用是增加房屋的整体刚度和稳定性,减小地基不均匀沉降及地震力的影响。圈梁设置的方式:3 层或 8m 以下设一道;4 层以上根据横墙数量及地基情况,每隔一层或两层设一道,但屋盖处必须设置。当地基不好时,基础顶面也应设置圈梁。圈梁主要沿纵墙设置,内横墙每 10～15m 设一道,屋顶处横墙间距不大于 7m,圈梁的设置还与抗震设防有关。圈梁应闭合,遇洞口必须断开时,应在洞口上端设附加圈梁,并应上下搭接,附加圈梁如图 4-19 所示。圈梁有钢筋混凝土和钢筋砖两种(图 4-20),钢筋混凝土圈梁按施工方式又分为整体式和装配式两种,圈梁宽度同墙厚,高度一般为 240mm、180mm。钢筋砖圈梁用 M5 砂浆砌筑,高度不小于五皮砖厚;采用 4φ6 通长钢筋,分上、下两层布置,做法同钢筋砖过梁。

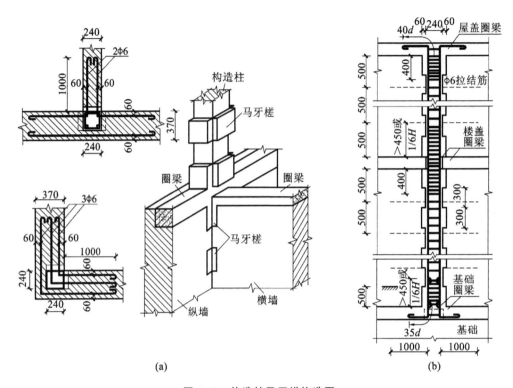

图 4-18　构造柱马牙槎构造图

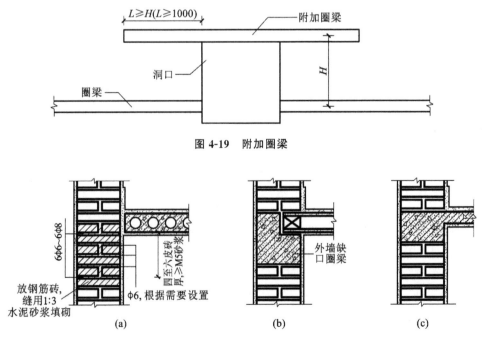

图 4-19　附加圈梁

图 4-20　圈梁构造

学习任务三 砌块墙构造

砌块建筑是由预制好的砌块作为墙体主要材料的建筑。砌块是利用工业废料(煤渣、矿渣等)和地方资源制作而成的,不仅能减少对耕地的破坏,而且施工方便、适应性强、便于就地取材、造价低廉,目前我国许多地区都在提倡采用。一般6层以下的民用建筑及单层厂房均可用砌块替代黏土砖。

一、砌块的类型、规格与尺寸

砌块按其构造方式可分为实心砌块和空心砌块,空心砌块有单排方孔砌块、单排圆孔砌块和多排扁孔砌块三种形式,多排扁孔砌块有利于保温,如图4-21所示。砌块按在组砌中的位置与作用可以分为主砌块和辅助砌块。

| (a) | (b) | (c) | (d) |

图4-21 空心砌块的形式

(a),(b)单排方孔砌块;(c)单排圆孔砌块;(d)多排扁孔砌块

砌块按其重量和尺寸大小分为大、中、小三种规格。重量在20kg以下,系列中主规格高度为115~380mm的称作小型砌块,便于人工砌筑;质量为20~350kg,高度为380~980mm的称作中型砌块;质量大于350kg,高度大于980mm的称作大型砌块。砌块的厚度多为190mm或200mm。大、中型砌块由于体积和重量较大,不便于人工搬运,必须使用起重运输设备施工。目前,我国采用的砌块以中型和小型为主。

二、砌块墙体的构造特点

(一)砌块的主砌原则

砌块的主砌原则为:力求排列整齐、有规律性,以便施工;上、下皮砌块错缝搭接,避免出现通缝;纵横墙交接处和转角处砌块也应彼此搭接,有时还应加筋,以提高墙体的整体性,保证墙体强度和刚度;当采用混凝土空心砌块时,上、下皮砌块应孔对孔、肋对肋,使其间有足够的接触面,增大受压面积;尽可能减少镶砖,必须镶砖时,应分散、对称布置,以保证砌体受力均匀;优先采用大规格的砌块,尽量减小砌块规格,充分利用吊装机械的设备能力。

砌块建筑进行施工前,必须遵循以上原则进行反复排列设计,通过试排来发现和分析设计与施工间的矛盾,并给予解决。

(二)细部构造

1.增加墙体整体性措施

(1)砌块墙的接缝处理。

砌块在厚度方向大多没有搭接,因此对砌块的长向错缝搭接要求比较高。中型砌块上、下皮搭接长度不小于砌块高度的 1/3,且不小于 150mm。小型空心砌块上、下皮搭接长度不小于 90mm。当搭接长度不足时,应在水平灰缝内设置不小于 2Φ4 的钢筋网片,网片每端均应超过该垂直缝至少 300mm,使之拉结成整体,砌块灰缝的处理如图 4-22 所示。

砌筑砌块的砂浆一般采用强度不少于 M5 的水泥砂浆。灰缝的宽度主要根据砌块材料和规格确定,一般情况下,小型砌块为 10~15mm,中型砌块为 15~20mm。当竖缝宽大于 30mm 时,须用 C20 细石混凝土灌实。

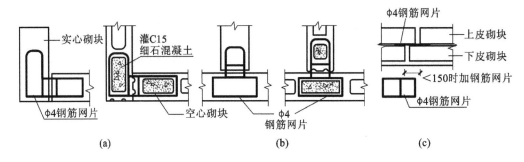

图 4-22 砌块灰缝处理

(a)转角配筋;(b)丁字墙配筋;(c)错缝配筋

(2)设置圈梁。

为加强砌块墙的整体性,砌块建筑应在适当的位置设置圈梁。当圈梁与过梁位置接近时,往往用圈梁代替过梁。圈梁可预制和现浇,通常与窗过梁合用。在抗震设防区,圈梁设置在楼板同一标高处,将楼板与之联牢箍紧,形成闭合的平面框架,对抗震有很大的作用,图 4-23 所示为小型砌块排列及圈梁位置示例。预制圈梁一般采用 U 形预制块代替模板,然后在凹槽内配筋,再现浇混凝土(图 4-24)。

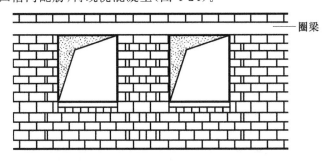

图 4-23 小型砌块排列及圈梁位置示例

(3)砌块墙芯柱构造。

当采用混凝土空心砌块时,应在纵横墙交接处、外墙转角处、楼梯间四角设置墙芯柱,墙芯柱用混凝土填入砌块孔中,并在孔中插入通长钢筋。

墙芯柱截面不宜小于 120mm×120mm,混凝土强度等级不应低于 C20。墙芯柱的竖向插筋应贯通墙身且与圈梁相连,插筋不应小于 2Φ12,设防烈度为 7 度的楼层超过 5 层、设防烈度为 8 度的楼层超过 4 层,以及设防烈度为 9 度时,插筋不应小于 2Φ14。空心砌块墙芯柱构造如图 4-25 所示。

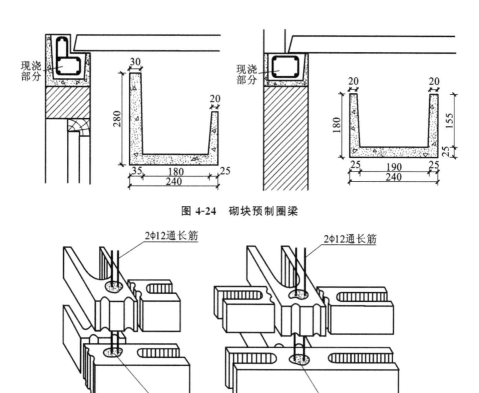

图 4-24　砌块预制圈梁

图 4-25　空心砌块墙芯柱构造

2.门窗框与墙体的连接

由于砌块的块体较大且不宜砍切,或因空心砌块边壁较薄,门窗框与墙体的连接方式,除采用在砌块内预埋木砖的做法外,还有利用膨胀木楔、膨胀螺栓、铁件锚固以及利用砌块凹槽固定等做法。图 4-26 所示为根据砌块种类选用的相应门窗框与墙体的连接方法。

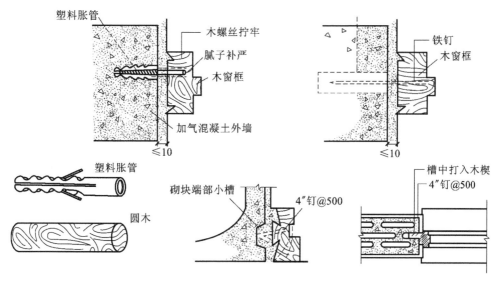

图 4-26　门窗框与墙体的连接

3.勒脚防潮构造

砌块建筑在室内地坪以下部分的墙体,应做好防潮处理。除了应设防潮层以外,对砌块材料也有一定的要求,通常应选用密实而耐久的材料,不能选用吸水性强的砌块材料。图4-27所示为砌块墙勒脚的防潮处理。

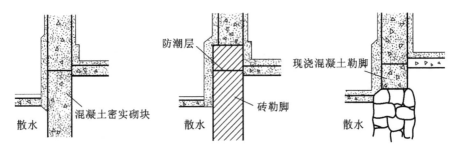

图 4-27 勒脚防潮构造

学习任务四 隔墙的分类和构造

在建筑中,用于分隔室内空间的非承重内墙统称为隔墙。由于隔墙布置灵活,可以适应建筑使用功能的变化,在现代建筑中应用广泛。

隔墙为非承重墙,其自身重量由楼板或墙下小梁承受,因此设计时要求隔墙重量小、厚度薄,便于安装和拆卸,同时还要具备隔声、防火、防水和防潮等性能特点,以满足建筑的使用功能。

常见的隔墙有块材隔墙、骨架隔墙和板材隔墙。

一、块材隔墙

块材隔墙是指用普通砖、空心砖、加气混凝土砌块等块材砌筑的墙。常用的有普通砖隔墙和砌块隔墙。

(一)普通砖隔墙

普通砖隔墙一般采用半砖隔墙。

半砖隔墙(图 4-28)的标志尺寸为 120mm,采用普通砖顺砌而成。当砌筑砂浆为M2.5 时,墙的高度不宜超过 3.6m,长度不宜超过 5m;当砌筑砂浆为 M5 时,墙的高度不宜超过 4m,长度不宜超过 6m。墙的高度超过 4m 时,应在门过梁处设通长钢筋混凝土带;长度超过 6m 时,应设砖壁柱。

由于墙体轻而薄,稳定性较差,因此构造上要求隔墙与承重墙或柱之间连接牢固,一般沿高度方向每隔 0.5m 砌入 2Φ6 钢筋,伸入隔墙长度为 1m,内、外墙之间不能留直槎。还应沿隔墙高度方向每隔 1.2m 设一道 30mm 厚水泥砂浆层,内放 2Φ6 钢筋。在隔墙顶部与楼板相接处,应将砖斜砌一皮,或留约 30mm 的空隙塞木楔打紧,然后用砂浆填缝,使墙和楼板挤紧。隔墙上有门时,需预埋防腐木砖、铁件,或将带有木楔的混凝土预制块砌入隔墙中,以便固定门框。

半砖隔墙坚固、耐久,隔声性能较好,但自重大,湿作业工作量大,不易拆装。

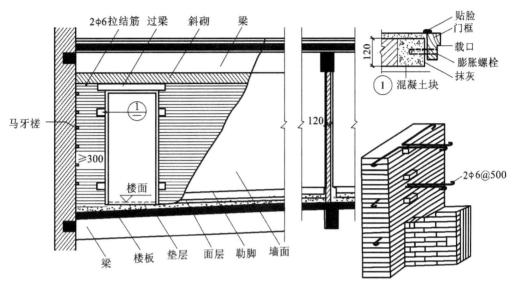

图 4-28 半砖隔墙

(二)砌块隔墙

为了减小隔墙自重和节约用砖,可采用轻质砌块,目前常采用加气混凝土砌块、粉煤灰硅酸盐砌块,以及水泥炉渣空心砖等砌筑隔墙。

砌块隔墙厚由砌块尺寸决定,一般为 90～120mm。砌块墙吸水性强,故在砌筑时应先在墙下部实砌三至五皮黏土砖,再砌砌块。砌块不足整块时,宜用普通黏土砖填补。砌块隔墙的其他加固构造方法同普通砖隔墙(图 4-29)。

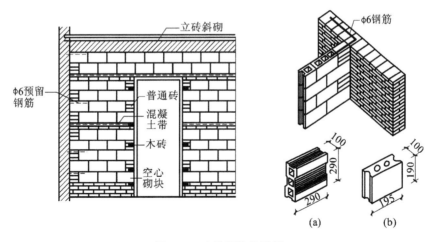

图 4-29 砌块隔墙构造图

二、骨架隔墙

骨架隔墙又称立筋隔墙,是以木材、钢材或其他材料构成骨架,把面层钉结、涂抹或粘贴在骨架上形成的隔墙,因此隔墙由骨架和面层两部分组成。

(一)骨架

骨架有木骨架、轻钢骨架、石膏骨架、石棉水泥骨架和铝合金骨架等。木骨架自重小、构造简单、便于拆装,但防水、防潮、防火、隔声性能较差。轻钢骨架常采用0.8~1mm厚的槽钢或工字钢,其具有强度高、刚度大、重量小、整体性好,易于加工和大批量生产及防火、防潮性能好等优点。石膏骨架、石棉水泥骨架和铝合金骨架,是利用工业废料和地方材料及轻金属制成的,具有良好的使用性能,同时可以节约木材和钢材,应推广采用。

骨架由上槛、下槛、墙筋、横撑或斜撑组成。墙筋的间距取决于面板的尺寸,一般为400~600mm。当饰面为抹灰时取400mm,当饰面为板材时取500mm或600mm。骨架的安装过程是先用射钉将上槛、下槛(也称导向骨架)固定在楼板上,然后安装龙骨(墙筋和横撑)。

(二)面层

骨架隔墙的面层有人造板面层和抹灰面层。根据不同的面板和骨架材料,可分别采用钉子、自攻螺钉、膨胀铆钉或金属夹子等,将面板固定于立筋骨架上。隔墙的名称是根据不同的面层材料而定的,如板条抹灰隔墙和人造板面层骨架隔墙等。

1.板条抹灰隔墙

它是先在木骨架的两侧钉灰板条,然后抹灰。灰板条尺寸一般为1200mm×30mm×6mm,板条间留缝7~10mm,便于抹灰层咬住灰板条;同时为避免灰板条在一根墙筋上接缝过长而导致抹灰层产生裂缝,板条的接头连续高度一般不应超过500mm,如图4-30所示。

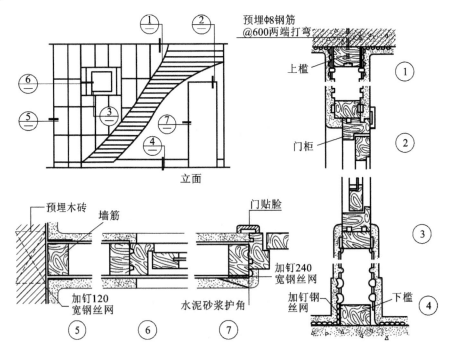

图4-30 板条抹灰隔墙构造图

2.人造板面层骨架隔墙

常用的人造板面层(面板)有胶合板、纤维板、石膏板等。胶合板、硬质纤维板以木材为原料,多采用木骨架。石膏板多采用石膏或轻金属骨架。面板可用镀锌螺钉、自攻螺钉或金属夹子固定在骨架上(图 4-31)。

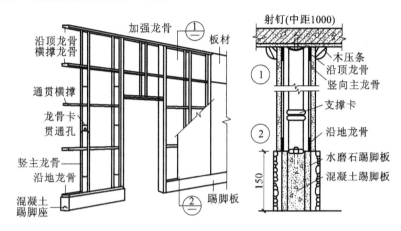

图 4-31　人造板材面层骨架隔墙

三、板材隔墙

板材隔墙是指单块轻质板材的高度相当于房间净高的隔墙,它不依赖骨架,可直接装配而成。由于板材隔墙是用轻质材料制成的大型板材,施工中直接拼装而不依赖骨架,因此具有自重小、安装方便、施工速度快、工业化程度高的特点。目前其多采用条板,如加气混凝土条板、石膏条板、炭化石灰板、石膏珍珠岩板,以及各种复合板。条板厚度大多为 60～100mm,宽度为 600～1000mm,长度略小于房间净高。安装时,先将条板下部用一对对口木楔顶紧,然后用细石混凝土堵严,板缝用黏结砂浆或黏结剂进行黏结,并用胶泥刮缝,平整后再做表面装修(图 4-32)。

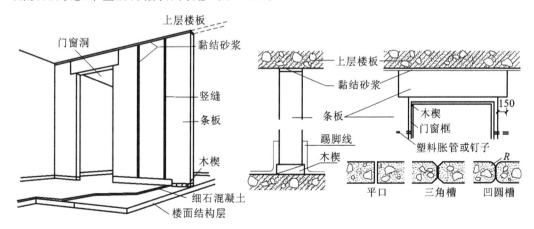

图 4-32　板材隔墙构造

学习任务五 墙面装修

一、墙面装修的作用及分类

墙面装修是建筑装修中的重要内容。对墙面进行装修,可以保护墙体,提高墙体的耐久性;改善墙体的热工性能、光环境、卫生条件等;同时,可以美化环境,丰富建筑的艺术形象。

墙面装修按其所处的部位不同,可分为室外装修和室内装修。室外装修应选择强度高、耐水性好、抗冻性强、抗腐蚀、耐风化的建筑材料,室内装修应根据房间的功能要求及装修标准来确定。

按材料及施工方式的不同,常见的墙面装修可分为抹灰类、贴面类、涂料类、裱糊类和铺钉类五大类,见表 4-1。

表 4-1   墙面装修分类

类别	室外装修	室内装修
抹灰类	水泥砂浆、混合砂浆、聚合物水泥砂浆、拉毛、水刷石、干粘石、斩假石、假面砖、喷涂、滚涂等	纸筋灰、麻刀灰粉面、石膏粉面、膨胀珍珠岩灰浆、混合砂浆、拉毛、拉条等
贴面类	外墙面砖、马赛克、水磨石板、天然石板等	釉面砖、人造石板、天然石板等
涂料类	石灰浆、水泥浆、溶剂型涂料、乳液涂料、彩色胶砂涂料、彩色弹涂等	大白浆、石灰浆、油漆、乳胶漆、水溶性涂料、弹涂等
裱糊类		塑料墙纸、金属面墙纸、木纹壁纸、花纹玻璃纤维布、纺织面墙纸及锦缎等
铺钉类	各种金属饰面板、石棉水泥板、玻璃	各种木夹板、木纤维板、石膏板及各种装饰面板等

二、墙面装修构造

(一)抹灰类墙面装修

抹灰又称粉刷,是我国传统的饰面做法。其材料来源广泛,施工操作简便,造价低廉,通过改变工艺可获得不同的装饰效果,因此在墙面装修中应用广泛。

为了避免出现裂缝,保证抹灰层牢固和表面平整,施工时须分层操作。抹灰装饰层由底层、中层和面层三个层次组成(图 4-33)。

普通抹灰分底层和面层。对一些标准较高的中级抹灰和高级抹灰,在底层和面层之间还要增加一层或数层中间层。各层抹灰不宜过厚,总厚度一般为 15～20mm。

底层抹灰的作用是与基层(墙体表面)黏结及初步找平,厚度为 5～15mm。底层灰浆用料因基层材料而异:普通砖墙常用石灰砂浆和混合砂浆,混凝土墙应采用混合砂浆和水泥砂浆,板条墙的底灰用麻刀石灰浆或纸筋石灰砂浆。另外,对湿度较大的房间或有防水、防潮要求的墙体,底灰应选用水泥砂浆或水泥混合砂浆。

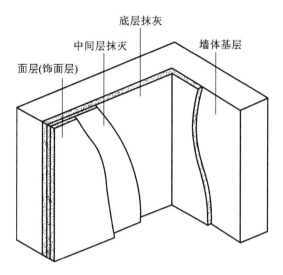

底层抹灰

中间层抹灰

面层(饰面层)

墙体基层

图 4-33 墙面抹灰分层

注:可根据需要设多层中间层。

中层抹灰主要起找平作用,所用材料与底层基本相同,也可以根据装修要求选用其他材料,厚度一般为 5～10mm。

面层抹灰主要起装修作用,要求表面平整、色彩均匀、无裂纹,可以做成光滑、粗糙等不同质感的表面。根据面层所用材料,抹灰装修有很多类型,常见抹灰的具体构造做法见表 4-2。

表 4-2   **墙面抹灰做法举例**

抹灰名称	做法说明	适用范围
水泥砂浆墙(1)	8 厚 1:2.5 水泥砂浆抹面 12 厚 1:3 水泥砂浆打底扫毛 刷界面处理剂一道(随刷随抹底灰)	混凝土基层的外墙
水刷石墙面(1)	8 厚 1:1.5 水泥石子(小八厘)罩面,水刷露出石子 刷素水泥浆一道 12 厚 1:3 水泥砂浆打底扫毛 刷界面处理剂一道(随刷随抹底灰)	混凝土基层的外墙
水刷石墙面(2)	8 厚 1:1.5 水泥石子(小八厘)罩面,水刷露出石子 刷素水泥浆一道 6 厚 1:1:6 水泥石灰膏砂浆抹平扫毛 6 厚 1:0.5:4 水泥石灰膏砂浆打底扫毛,刷加气混凝土界面处理剂一道	加气混凝土等轻型外墙
斩假石(剁斧石)墙面	剁斧斩毛两遍成活 10 厚 1:1.25 水泥石子抹平(米粒石内掺 30% 石屑) 刷素水泥浆一道 10 厚 1:3 水泥砂浆打底扫毛 清扫集灰,适量洇水	砖基层的外墙
水泥砂浆墙(2)	刷(喷)内墙涂料 5 厚 1:2.5 水泥砂浆抹面,压实赶光 13 厚 1:3 水泥砂浆打底	砖基层的内墙

抹灰名称	做法说明	适用范围
水泥砂浆墙(3)	刷(喷)内墙涂料 5厚1:2.5水泥砂浆抹面,压实赶光 5厚1:1:6水泥石灰膏砂浆扫毛 6厚1:0.5:4水泥石灰膏砂浆打底扫毛,刷界面处理剂一道	加气混凝土等轻型内墙
纸筋(麻刀)灰墙面(1)	刷(喷)内墙涂料 2厚纸筋(麻刀)灰抹面 6厚1:3石灰膏砂浆 10厚1:3:9水泥石灰膏砂浆打底	砖基层的内墙
纸筋(麻刀)灰墙面(2)	刷(喷)内墙涂料 2厚纸筋(麻刀)灰抹面 9厚1:3石灰膏砂浆 5厚1:3:9水泥石灰膏砂浆打底划出纹理 刷加气混凝土界面处理剂一道	加气混凝土等轻型内墙

(二)贴面类墙面装修

贴面类装修是指将各种天然石材或人造板、块,通过绑、挂或直接粘贴于基层表面的装修做法。它具有耐久性好、装饰性强、容易清洗等优点。常用的贴面材料有花岗岩板和大理石板等天然石板,水磨石板、水刷石板、剁斧石板等人造石板,以及面砖、瓷砖、锦砖等陶瓷和玻璃制品。质地细腻、耐久性差的各种大理石、瓷砖等一般适用于内墙面的装修,而质感粗犷、耐久性好的材料,如面砖、锦砖、花岗岩板等适用于外墙装修。

1.天然石板及人造石板墙面装修

常见的天然石板有花岗岩板、大理石板两类。它们具有强度高、结构密实、不易被污染、装修效果好等优点。但由于其加工复杂、价格昂贵,故多用于高级墙面装修中。

人造石板一般由白水泥、彩色石子、颜料等配合而成,具有天然石材的花纹和质感且具有重量小、表面光洁、色彩多样、造价较低等优点,常见的有水磨石板、仿大理石板等。

(1)石材拴挂法(湿法挂贴)。

天然石板和人造石板的安装方法相同,由于石板面积大,重量大,为保证石板饰面的坚固和耐久性,一般应先在墙身或柱内预埋Φ6铁箍,在铁箍内立Φ8～Φ10竖筋和横筋,形成钢筋网,再用双股铜丝或镀锌铁丝穿过事先在石板上钻好的孔眼(人造石板则利用预埋在板中的安装环),将石板绑扎在钢筋网上。上、下两块石板用不锈钢卡销固定。石板与墙之间一般留30mm缝隙,上部用定位活动木楔做临时固定,校正无误后,在板与墙之间分层浇筑1:2.5水泥砂浆,每次灌入高度不应超过200mm。待砂浆初凝后,取掉定位活动木楔,继续进行上层石板的安装(图4-34)。

(2)干挂石材法(连接件挂法)。

干挂石材的施工方法是在铺贴饰面石材的部位预留木砖、金属型材或者直接在饰面石材上用电钻钻孔,打入膨胀螺栓,然后用螺栓固定,或用金属型材卡紧固定,最后进行勾缝和压缝处理(图4-35)。

2.陶瓷面砖、陶瓷锦砖墙面装修

面砖多数是以陶土和瓷土为原料,压制成型后煅烧而成的饰面块,由于面砖不仅可

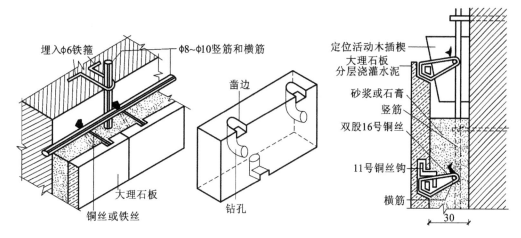

图 4-34 石材拴挂法构造

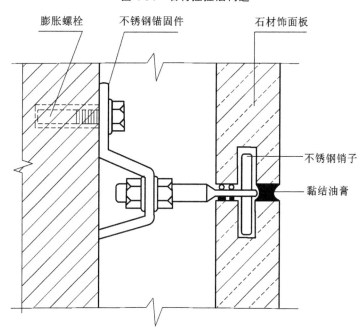

图 4-35 干挂石材法构造

以用于墙面,还可用于地面,因此也被称为墙地砖。面砖分挂釉和不挂釉、平滑和有一定纹理质感等不同类型。无釉面砖主要用于高级建筑外墙面装修,釉面砖主要用于高级建筑内、外墙面及厨房、卫生间的墙裙贴面。面砖质地坚固、防冻、耐蚀、色彩多样。陶土面砖常用的规格有 113mm×77mm×17mm、145mm×113mm×17mm、233mm×113mm×17mm 和 265mm×113mm×17mm 等多种,瓷土面砖常用的规格有 108mm×108mm×5mm、152mm×152mm×5mm、100mm×200mm×7mm、200mm×200mm×7mm 等。

陶瓷锦砖又称马赛克,是用优质陶土烧制而成的小块瓷砖,有挂釉和不挂釉之分。其常用规格有 18.5mm×18.5mm×5mm、39mm×39mm×5mm、39mm×18.5mm×5mm 等,包括方形、长方形和其他不规则形状。陶瓷锦砖一般用于内墙面装修,也可用于外墙面装修。与面砖相比,陶瓷锦砖造价较低。与陶瓷锦砖相似的玻璃锦砖是透明的玻璃质饰面材料,质地坚硬、色泽柔和,具有耐热、耐蚀、不龟裂、不褪色、造价低的特点。

面砖等类型贴面材料通常是直接用水泥砂浆粘于墙上。一般将墙面清洗干净后,先抹15mm厚1:3水泥砂浆打底找平,再抹5mm厚1:1水泥细砂砂浆粘贴面层制品。镶贴面砖须留出缝隙,面砖的排列方式和接缝大小对立面效果有一定影响,通常有横铺、竖铺、错开排列等几种方式。锦砖一般按设计图纸要求,在工厂反贴在标准尺寸为325mm×325mm的牛皮纸上,施工时将纸面朝外整块粘贴在1:1水泥细砂砂浆上,用木板压平,待砂浆硬结后,洗去牛皮纸即可。面砖、锦砖饰面构造分别如图4-36、图4-37所示。

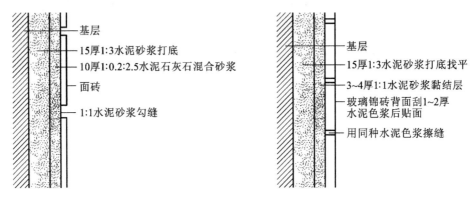

图4-36　面砖饰面构造　　　　　　图4-37　玻璃锦砖饰面构造

此外,严寒地区选择贴面类外墙饰面砖时应注意其抗冻性能。根据规范,外墙饰面砖的吸水率不得大于10%,否则因其吸水率过大,易造成饰面砖冻裂脱落而影响美观。凡镶贴于室外突出的檐口、窗口、雨篷等处的面砖饰面,均应做流水坡度和滴水线(槽)。粘贴于外墙的饰面砖在同一墙面上的横竖排列,均不得有一行以上的非整砖。非整砖行应排在次要部位或阴角处。

(三)涂料类墙面装修

1.材料特点

涂料类墙面装修是指利用各种涂料敷于基层表面而形成完整牢固的膜层,从而起到保护和装饰墙面作用的一种装修做法。它具有造价低、装饰性好、工期短、工效高、自重小,以及操作简单、维修方便、更新快等特点,因而在建筑上得到了广泛的应用和发展。

涂料按其成膜物的不同可分为无机涂料和有机涂料两大类。

(1)无机涂料。无机涂料有普通无机涂料和无机高分子涂料。普通无机涂料,如石灰浆、大白浆、可赛银浆等,多用于一般标准的室内装修。无机高分子涂料有JH80-1型、JH80-2型、JHN84-1型、F832型、LH-82型、HT-1型等。无机高分子涂料有耐水、耐酸碱、耐冻融、装修效果好、价格较高等特点,多用于外墙面装修和有耐擦洗要求的内墙面装修。

(2)有机涂料。有机涂料依其主要成膜物质与稀释剂不同,分为溶剂型涂料、水溶性涂料和乳液涂料三类。

溶剂型涂料有传统的油漆涂料、苯乙烯内墙涂料、聚乙烯醇缩丁醛内(外)墙涂料、过氯乙烯内墙涂料等;常见的水溶性涂料有聚乙烯醇水玻璃内墙涂料(106涂料)、聚合物水泥砂浆饰面涂料、改性水玻璃内墙涂料、108 内墙涂料、ST-803 内墙涂料、JGY-821 内墙涂料、801 内墙涂料等;乳液涂料又称乳胶漆,常见的有乙丙乳胶涂料、苯丙乳胶涂料等,多用于内墙装修。

2. 构造做法

建筑涂料的施涂方法一般分刷涂、滚涂和喷涂。施涂溶剂型涂料时,后一遍涂料的施涂必须在前一遍涂料干燥后进行,否则易发生皱皮、开裂等质量问题。施涂水溶性涂料时,要求与做法同溶剂型涂料。每遍涂料均应均匀施涂,各层结合牢固。当采用双组分和多组分涂料时,应严格按产品说明书规定的配合比使用,根据使用情况可分批混合,并在规定的时间内用完。

在湿度较大,特别是遇明水部位的外墙和厨房、厕所、浴室等房间内施涂涂料时,为确保涂层质量,应选用耐洗刷性较好的涂料和耐水性能较好的腻子材料(如聚醋酸乙烯乳液水泥腻子等)。涂料工程使用的腻子,应坚实牢固,不得粉化、起皮和产生裂纹。待腻子干燥后,还应将其打磨平整光滑,并清理干净。

用于外墙的涂料,考虑其长期直接暴露于自然界中,经受日晒雨淋,因此要求其除应具有良好的耐水性、耐碱性外,还应具有良好的耐洗刷性、耐冻融循环性、耐久性和耐玷污性。当外墙施涂涂料面积过大时,可以外墙的分格缝、墙的阴角处或雨水管等处为分界线,在同一墙面应用同一批号的涂料,涂料不宜施涂过厚,涂料要均匀,颜色应一致。

(四)裱糊类墙面装修

裱糊类墙面装修是将各种装饰性的墙纸、墙布、织锦等卷材类的装饰材料裱糊在墙面上的一种装修做法。常用的装饰材料有 PVC 塑料壁纸、复合壁纸、玻璃纤维墙布等。裱糊类墙体饰面装饰性强、造价较经济、施工方法简捷高效、材料更换方便,并且在曲面和墙面转折处粘贴,可以顺应基层,获得连续的饰面效果。

在裱糊工程中,基层涂抹的腻子应坚实牢固,不得有粉化、起皮和产生裂缝的现象。当有铁帽等凸现时,应先将其嵌入基层表面并涂防锈涂料,钉眼接缝处用油性腻子填平,干后用砂纸磨平。为达到基层平整效果,通常在清洁的基层上用胶皮刮板刮腻子数遍。刮腻子的遍数视基层的情况不同而定,抹完最后一遍腻子时应打磨,待光滑后再用软布擦净。对有防水或防潮要求的墙体,应对基层做防潮处理,在基层涂刷均匀的防潮底漆。

墙面应采用整幅裱糊,并统一预排对花拼缝。不足一幅的应裱糊在较暗或不明显的部位。裱糊的顺序为先上后下、先高后低,应使饰面材料的长边对准基层上弹出的垂直准线,用刮板或胶辊赶平压实。阴阳转角应垂直,棱角分明。阴角处墙纸(布)搭接顺光,阳面处不得有接缝,并应包角压实。

裱糊工程的质量标准是粘贴牢固,表面色泽一致,无气泡、空鼓、翘边、皱褶和斑污,斜视无胶痕,正视(距墙面 1.5m 处)不显拼缝。

(五)铺钉类墙面装修

铺钉类墙面装修是将各种天然或人造薄板镶钉在墙面上的装修做法,其构造与骨架隔墙相似,由骨架和面板两部分组成。施工时,先在墙面上立骨架(墙筋),然后在骨架上铺钉装饰面板。

骨架分为木骨架和金属骨架两种,采用木骨架时,为考虑防火安全,应在木骨架表面涂刷防火涂料。骨架间及横档间的距离一般根据面板的尺寸而定。为防止因墙面受潮而损坏骨架和面板,常在立筋前先于墙面抹一层 10mm 厚的混合砂浆,并涂刷热沥青两道,或粘贴油毡一层。

室内墙面装修用面板,一般采用硬木条板、胶合板、纤维板、石膏板及各种吸声板等。硬木条板装修是将各种截面形式的条板密排竖直镶钉在横撑上,其构造见图 4-38。胶合板、纤维板等人造薄板可用圆钉或木螺钉直接固定在木骨架上,板间留有 5～8mm 缝隙,以保证面板有微小伸缩的可能,也可用木压条或铜、铝等金属压条盖缝。石膏板与金属骨架的连接一般用自攻螺钉或电钻钻孔后再用镀锌螺钉。

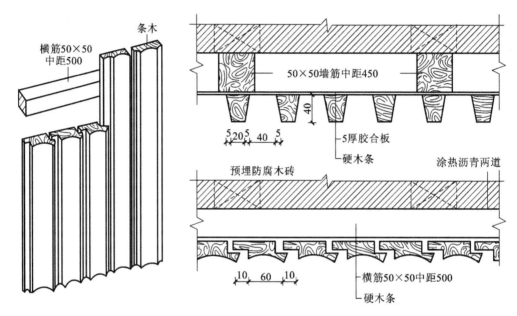

图 4-38　硬木条板墙面装修构造

学习任务六　变形缝的设置与构造

当建筑物的长度过大、平面形式曲折变化,或一幢建筑物不同部分的高度或荷载有较大差别时,建筑构件会因温度变化、地基不均匀沉降和地震等原因产生变形,导致建筑物产生裂缝,因此须设变形缝解决这些问题。变形缝分为温度伸缩缝、沉降缝和抗震缝三种基本形式。

一、温度伸缩缝

由于受冬夏之间温度变化的影响,建筑构件会因热胀冷缩而产生裂缝或受到破坏,为了防止这类情况的发生,应沿建筑物长度方向相隔一定距离预留垂直缝隙,该距离与材料结构有关,《砌体结构设计规范》(GB 50003—2001)和《混凝土结构设计规范》

(GB 50010—2010)对砖石墙体、钢筋混凝土结构墙体温度伸缩缝的最大距离作了规定，分别见表4-3、表4-4。

表 4-3　　　　　　　　　　　**砖石墙体温度伸缩缝的最大间距**　　　　　　（单位：m）

砌体类别	屋盖或楼盖类别		间距
各种砌体	整体式或装配整体式钢筋混凝土结构	有保温层或隔热层的屋盖、楼盖	50
		无保温层或隔热层的屋盖	40
	装配式无檩体系钢筋混凝土结构	有保温层或隔热层的屋盖、楼盖	60
		无保温层或隔热层的屋盖	50
	装配式有檩体系钢筋混凝土结构	有保温层或隔热层的屋盖、楼盖	75
		无保温层或隔热层的屋盖	60
普通黏土砖、空心砖砌体、石砌体、混凝土块砌体	黏土瓦和石棉水泥瓦屋面		150
	木屋顶或楼板层		100
	砖石屋顶或楼板层		75

注：1.层高大于5m的混合结构单层厂房房屋伸缩缝的间距可按表中数值乘以1.3后采用。但当墙体采用硅酸盐砖和混凝土砌块砌筑时，其不得大于75m。

2.严寒地区，不采暖的温差较大且变化频繁的地区，墙体伸缩缝的间距应按表中数值予以适当减小后采用。

3.墙体的伸缩缝内应嵌以轻质可塑材料，在进行立面处理时，必须使缝隙能起伸缩作用。

表 4-4　　　　　　　**钢筋混凝土结构墙体温度伸缩缝最大间距**　　　　　（单位：m）

结构类型		室内或土中	露天
框架结构	装配式	75	50
	现浇式	55	35
剪力墙结构	装配式	65	40
	现浇式	45	30
挡土墙、地下室墙等类结构	装配式	40	30
	现浇式	30	20

从表4-3和表4-4可以看出，伸缩缝宽窄与墙体的类别、屋顶和楼板的类型有关。整体式或装配整体式钢筋混凝土结构，因屋顶和楼板本身没有自由伸缩的余地，当温度变化时，结构内部产生的温度应力大，因而伸缩缝间距比其他结构形式小。伸缩缝从基础顶面开始，将墙体、楼板、屋顶构件全部断开，由于基础埋于地下，受温度影响小，因此不必断开。

（一）墙体伸缩缝构造

伸缩缝的宽度一般为20～30mm。墙体伸缩缝视墙体厚度、材料及施工条件不同，有平缝、错口缝、企口缝等截面形式（图4-39）。

为了防止透风和透蒸汽，在外墙两侧缝口采用有弹性而又不渗水的材料，如沥青麻丝填塞，当伸缩缝较宽时，缝口可采用镀锌铁皮或铝皮进行盖封调节，外墙伸缩缝构造如图4-40所示。

内墙伸缩缝可采用木压条或金属盖缝条，一边固定在一面墙上，另一边允许左右移动，如图4-41所示。

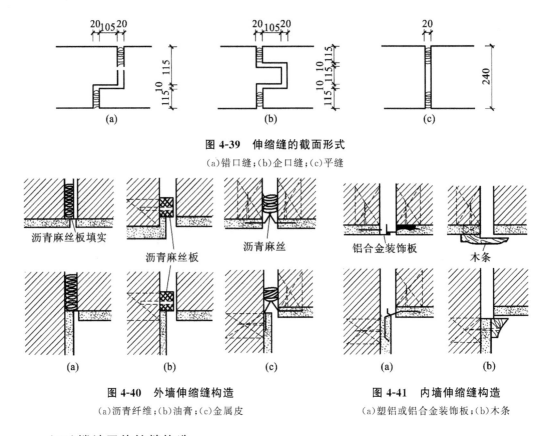

图 4-39 伸缩缝的截面形式

(a)错口缝;(b)企口缝;(c)平缝

图 4-40 外墙伸缩缝构造

(a)沥青纤维;(b)油膏;(c)金属皮

图 4-41 内墙伸缩缝构造

(a)塑铝或铝合金装饰板;(b)木条

(二)楼地层伸缩缝构造

楼地层伸缩缝的位置和缝宽大小应与墙体、屋顶变形缝一致,缝内常用可压缩变形的材料(如油膏、沥青麻丝、橡胶、金属或塑料调节片等)做封缝处理,上铺活动盖板或橡、塑地板等地面材料,以满足地面平整、光洁、防滑、防水、防尘等功能要求。顶棚的盖缝条只能固定于一端,以保证两端构件能自由伸缩变形(图 4-42)。

伸缩缝在屋顶部分,其构造处理原则既不能影响屋面的变形,又要防止雨水从变形缝渗入室内。变形缝主要有等高屋面变形缝和高低屋面变形缝两种类型。

等高屋面变形缝,在缝两边的屋面板上砌筑矮墙,以挡住屋面雨水。矮墙高度大于或等于 250mm,半砖墙厚。矮墙与屋面交界处做泛水构造,缝内嵌填沥青麻丝,顶部用镀锌铁皮盖缝[图 4-43(a)],也可铺一层卷材后用混凝土盖板压顶[图 4-43(b)]。高低屋面变形缝则是在低侧屋顶板上砌筑矮墙。当变形缝宽度较小时,可用镀锌铁皮盖缝并固定在高侧墙上[图 4-43(c)],也可以从高侧墙上悬挑钢筋混凝土板盖缝[图 4-43(d)]。

刚性防水屋面伸缩缝构造如图 4-44 所示。

二、沉降缝

为了防止建筑物各部分由于地基不均匀沉降而引起建筑物的破坏,必须设置沉降缝。沉降缝设置主要与竖向变形有关,当建筑物具有下列情况时应设置沉降缝:

(1)同一建筑物的两部分建造在不同的地基土上。

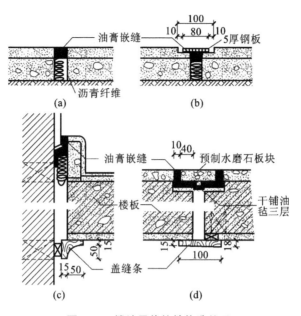

图 4-42　楼地层伸缩缝构造处理

(a)地面油膏嵌缝;(b)地面钢板盖缝;(c)楼板靠墙处变形缝;(d)楼板变形缝

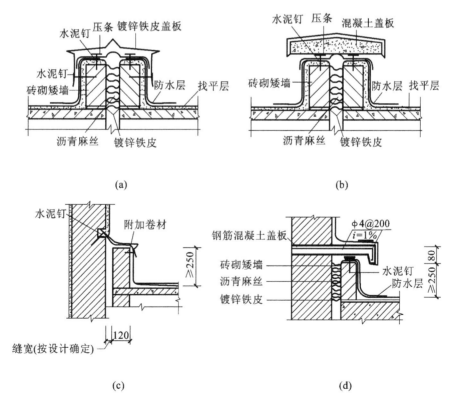

图 4-43　卷材防水屋面伸缩缝构造

(a),(b)等高屋面变形缝;(c),(d)高低屋面变形缝

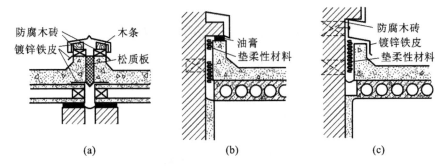

图 4-44　刚性防水屋面伸缩缝构造

(a)刚性屋面变形缝;(b),(c)高低缝处变形缝

(2)同一建筑物的相邻部分高度或荷载差别较大。

(3)原有建筑与扩建建筑之间。

(4)平面形状复杂的建筑物。

(5)同一建筑不同部分结构类型或基础埋深不同。

沉降缝的设置位置如图 4-45 所示。

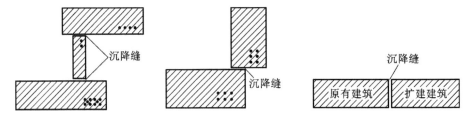

图 4-45　沉降缝的设置位置示意图

沉降缝处的屋顶、楼板、墙体以及基础必须全部分离,两侧的建筑成为独立单元,两单元在垂直方向上才可以自由沉降,最大限度地减少对相邻部分的影响。沉降缝宽度(表 4-5)与地基情况及建筑高度有关,地基越软弱,建筑产生沉陷的可能性越大;建筑越高,沉陷后产生的倾斜越大。

表 4-5　　　　　　　　　　　　　　　　　沉降缝宽度

地基情况	建筑物的高度	沉降缝的宽度/mm
一般地基	<5m	30
	5~10m	50
	10~15m	70
软弱地基	2~3 层	50~80
	4~5 层	80~120
	5 层以上	>120
湿陷性黄土地基	—	≥30~70

沉降缝一般宽度为 30~70mm。内、外墙体沉降缝构造做法如图 4-46 所示。沉降缝

同时起伸缩缝的作用,但伸缩缝不能代替沉降缝。

(一)墙体处的沉降缝

沉降缝要同时满足伸缩缝的要求,即墙体的沉降缝盖缝条要满足水平伸缩和垂直沉降变形的要求,如图 4-47 所示。

(二)屋顶处的沉降缝

屋顶沉降缝应充分考虑不均匀沉降对屋面防水和泛水带来的影响,泛水金属皮或其他构件应考虑沉降变形与维修余地,如图 4-47 所示。

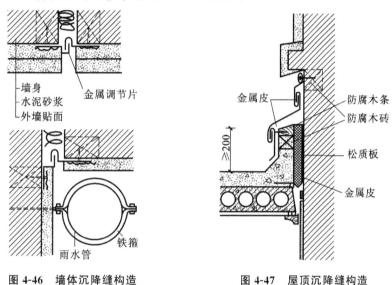

图 4-46　墙体沉降缝构造　　　　　　图 4-47　屋顶沉降缝构造

(三)基础处的沉降缝

基础处的沉降缝也应断开,并应避免不均匀沉降造成的相互干扰,常见的基础处理形式有以下三种(图 4-48)。

1.双墙偏心基础沉降缝

双墙偏心基础沉降缝是将双墙下的基础放脚断开留缝,此时基础处于偏心受压状态,地基受力不均匀,有可能向中间倾斜。这种基础沉降缝处理形式只适用于低层、耐久年限短且地质条件较好的情况。

2.悬挑梁基础沉降缝

当沉降缝两侧基础埋深相差较大或新建建筑与原有建筑相毗邻时,可采用此方案,即将沉降缝一侧的基础和墙按一般基础和墙处理,而另一侧采用挑梁支承基础梁,墙砌筑在基础梁上。墙体的荷载由挑梁承受,因此应尽量选择轻质墙,以减少挑梁承受的荷载。

3.双墙交叉排列基础沉降缝

双墙交叉排列基础沉降缝是指沉降缝两侧墙下均设置基础墙,基础放脚分别深入另一侧基础墙下,两侧基础各自独立沉降,互不影响。这种做法使地基受力大大改善,但施工难度大、工程造价高。

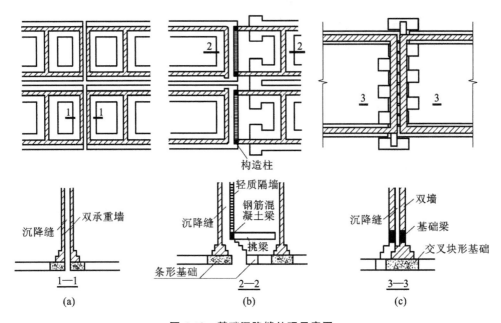

图 4-48 基础沉降缝处理示意图

(a)双墙偏心基础沉降缝；(b)悬挑梁基础沉降缝；(c)双墙交叉排列基础沉降缝

三、抗震缝

抗震工作必须贯彻以预防为主的方针，保障人民生命、财产和设备的安全。震级是表示地震强度大小的等级。地震烈度是表示地面及建筑物受到破坏的程度。震中区的烈度最大，称为震中烈度。一次地震只有一个震级，但不同地区烈度大小是不一样的。世界上大多数国家把烈度划分为 12 度，在 1～6 度时，一般建筑物的损失很小，而烈度在 10 度以上时，即使采取重大抗震措施也难以确保建筑物安全，因此建筑工程设防重点放在 7～9 度地区。一般情况下，基础内可不设抗震缝，但当抗震缝与沉降缝结合设置时，基础要分开。建筑物高差在 6m 以上，建筑构造形式不同，承重结构材料不同，在水平方向具有不同的刚度，建筑物楼板有较大高差错层的情况下均应预先设置抗震缝。

抗震缝的宽度 B 应根据建筑高度 H 以及设计烈度的不同而定。对于多层砖混结构，按设计烈度不同，其 B 值取 50～70mm；对于多层钢筋混凝土框架建筑，建筑高度在 15m 及 15m 以下时，防震缝宽度 B 取 70mm。当建筑高度超过 15m 时：

设防烈度为 7 度，建筑物每增高 4m，缝宽在 70mm 基础上增加 20mm；

设防烈度为 8 度，建筑物每增高 3m，缝宽在 70mm 基础上增加 20mm；

设防烈度为 9 度，建筑物每增高 2m，缝宽在 70mm 基础上增加 20mm。

抗震缝在墙身的构造如图 4-49 所示。

不要将抗震缝做成企口、错口砌筑，外墙面处缝内应用松软有弹性的材料填充。

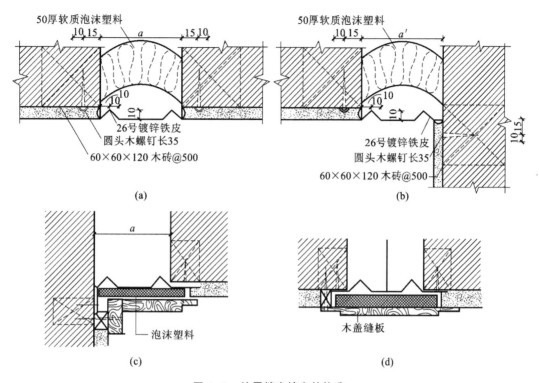

图 4-49 抗震缝在墙身的构造

(a)外墙平缝处;(b)外墙转角处;(c)内墙转角处;(d)内墙平缝处

● 单元小结

1.墙是建筑物空间的垂直分隔构件,起着承重和围护作用。其依受力性质的不同有承重墙和非承重墙之分;依材料及构造的不同有实体墙、空体墙和组合墙之分;依施工方式不同有块材墙、板筑墙和装配式版材墙之分。

因此,作为墙体必须满足结构、保温、隔热、节能、隔声、防火以及适应工业化生产的要求。

2.砖墙和砌块墙都是块材墙,均是以砂浆为胶结料,按一定规律将砌块进行有机组合的砌体。砖墙若用黏土砖应严加控制。为节约土地资源,国家已作出规定,在一些大城市停止使用黏土砖。

墙身的细部构造重点在门窗过梁、窗台、勒脚、防水层、明沟与散水、变形缝、墙身加固以及防火墙等。

3.骨架墙是指填充或悬挂于框架或排架柱间的非承重墙体,有砌体填充墙、波形瓦材墙和开敞式外墙之分。

4.墙面装修是保护墙体,改善墙体使用功能,增加建筑物美观的一种有效措施。其依部位的不同,可分为室外装修和室内装修两类;依材料和施工方式不同,又可分为抹灰类、贴面类、涂料类、裱糊类、铺钉类五大类。

⇒ 能 力 提 升

（一）填空题

1.墙体按其受力状况不同,分为_____和_____两类。其中,_____包括自重墙体、隔墙、填充墙等。

2.我国标准黏土砖的规格为_____,砌筑砖墙时应遵循_____的原则,砖缝横平竖直,砂浆饱满,厚薄均匀。

3.墙体按其构造及施工方式不同有_____、_____和组合墙等。

4.当墙身两侧室内地面标高有高差时,为避免墙身受潮,常在室内地面处设_____,并在靠土的垂直墙面设_____。

5.散水的宽度一般为_____,当屋面挑檐时,散水宽度应为_____。

6.常用的过梁构造形式有_____、_____和_____三种。

7.钢筋混凝土圈梁的宽度宜与_____相同,高度不小于_____。

8.隔墙按其构造方式不同常分为_____、_____和_____三类。

9.空心砖隔墙质量小,但吸湿性大,常在墙下部砌_____黏土砖。

10.变形缝包括_____、_____和_____。

11.伸缩缝要求将建筑物从_____分开,沉降缝要求从_____分开。当既设伸缩缝又设防震缝时,缝宽按_____处理。

12.伸缩缝的缝宽一般为_____,沉降缝的缝宽一般为_____,防震缝的缝宽一般为_____。

（二）选择题

1.18砖墙和半砖墙的实际厚度分别为（ ）。

　　A.180mm 和 120mm　　　　　B.180mm 和 115mm

　　C.178mm 和 115mm　　　　　D.178mm 和 125mm

2.下列（ ）既有较高的强度又有较好的塑性、保水性。

　　A.水泥砂浆　　　B.石灰砂浆　　　C.混合砂浆　　　D.黏土砂浆

3.当门窗洞口上部有集中荷载作用时,其过梁可选用（ ）。

　　A.平拱砖过梁　　B.弧拱砖过梁　　C.钢筋砖过梁　　D.钢筋混凝土过梁

4.当室内地面垫层为碎砖或灰土材料时,其水平防潮层的位置应设在（ ）。

　　A.垫层高度范围内　　　　　B.室内地面以下 0.06m 处

　　C.垫层标高以下　　　　　　D.平齐或高于室内地面面层

5.圈梁遇洞口中断,所设的附加圈梁与原圈梁的搭接长度应满足（ ）。

　　A.≤2h 且≤1000h　　　　　B.≤4h 且≤1500h

　　C.≥2h 且≥1000h　　　　　D.≥4h 且≥1500h

6.墙体设计中,构造柱的最小尺寸为（ ）。

　　A.180mm×180mm　　　　　B.180mm×240mm

　　C.240mm×240mm　　　　　D.370mm×370mm

7.半砖隔墙的顶部与楼板相接处为连接紧密,其顶部常采用( )或预留 30mm 左右的缝隙,每隔 1m 用木楔打紧。

A.嵌水泥砂浆 B.立砖倾斜 C.半砖顺砌 D.浇细石混凝土

8.图 4-50 中砖墙的砌筑方式是( )。

A.梅花丁 B.两平一侧 C.三顺一丁 D.全顺式

9.钢筋砖过梁两端的砖伸进墙内的搭接长度应不小于( )。

A.20mm

B.60mm

C.120mm

D.240mm

图 4-50 选择题 8 图

10.隔墙自重由( )承受(①柱;②墙;③楼板;④小梁;⑤基础)。

A.①③ B.③④ C.③ D.①⑤

11.关于踢脚构造,下列说法错误的是( )。

A.踢脚设置在外墙内侧或内墙两侧

B.踢脚的高度一般为 120～150mm,有时为了突出墙面效果或防潮,也可将其延伸,设置成墙裙的形式

C.踢脚可以增强建筑物外墙的立面美观

D.踢脚在设计施工时应尽量选用与地面材料相一致的面层材料

12.关于圈梁,下列说法错误的是( )。

A.一般情况下,圈梁必须封闭 B.过梁可以兼作圈梁

C.圈梁可以兼作过梁 D.当遇有门窗洞口时,需增设附加圈梁

13.关于构造柱,下列说法错误的是( )。

A.构造柱的作用是增强建筑物的整体刚度和稳定性

B.构造柱可以不与圈梁相接

C.构造柱的最小截面尺寸是 240mm×180mm

D.加强构造柱与墙体的连接,连接处的墙体宜砌成马牙槎

14.在墙体中设置构造柱时,构造柱中的拉结钢筋每边伸入墙内应不小于( )。

A.0.5m B.1m C.1.2m D.1.5m

(三)绘图题

1.绘图表示外墙墙身水平防潮层和垂直防潮层的位置。

2.用图示举例说明散水与勒脚间的节点处理,并用材料引出线注明其做法。

3.用图示说明钢筋砖过梁的构造要点。

(四)思考题

1.简述墙体类型的分类方式及类别。

2.墙体在设计上有哪些要求?

3.砖墙组砌的要点是什么?

4.什么是砖模?它与建筑模数如何协调?

5.常见勒脚的构造做法有哪些?

6.墙体中为什么要设水平防潮层?它应设在什么位置?一般有哪些做法?

7.什么情况下要设垂直防潮层?

8.常见的散水和明沟做法有哪几种?

9.常见的过梁有哪几种?它们的适用范围和构造特点各是什么?

10.窗台构造中应考虑哪些问题?

11.墙身加固措施有哪些?有什么设计要求?

12.常见隔墙有哪些?简述各种隔墙的构造做法。

13.砌块墙的组砌要求有哪些?

14 试述墙面装修的作用和基本类型。

15.变形缝分为哪几类?简述其构造做法。

➡ 实 训 任 务

墙体构造设计。

1.目的及要求

通过本设计题掌握除屋顶窗口外的墙身剖面结构,训练绘制和识读施工图的能力。

2.设计条件

今有一幢两层楼的建筑物,外墙采用砖墙(墙厚由学生根据各地区的特点自定),墙上有窗。室内外高差为450mm。室内地坪层次分别为素土夯实,3:7灰土厚100mm,C10素混凝土层厚80mm,水泥砂浆面层厚20mm。采用钢筋混凝土楼板,楼板层构造参考教材内容由学生自定。

3.设计要求

要求沿外墙窗纵剖,直至基础以上,绘制墙身剖面(图4-51)。重点绘制以下大样图(比例为1:10)。

(1)楼板和砖墙结合节点;

(2)过梁;

(3)窗台;

(4)勒脚及其防潮处理;

(5)明沟或散水。

4.图纸要求

用一张3号图纸完成。图中线条、材料符号等,一律按建筑制图标准表示。

5.作业要求及深度

(1)本作业包括三个节点:墙的下部结构、内外窗台与楼板层。三个节点的定位轴线对齐,形成外

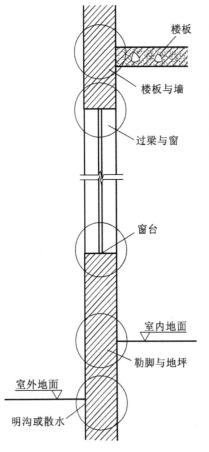

图 4-51 墙体设计示意图

楼板

楼板与墙

过梁与窗

窗台

室内地面

勒脚与地坪

室外地面

明沟或散水

墙剖面详图的主要部分。

（2）比例：1:5 或 1:10。

（3）用 3 号图纸一张以铅笔绘成，应使用绘图纸，不能用描图纸。

（4）深度：

①绘定位轴线及编号圆圈。

②绘墙身、勒脚、内外装修厚度，绘出材料符号。

③绘水平防潮层，注明材料和做法，并注明防潮层的标高。

④绘散水（或明沟）和室外地面，用多层构造引出线标注其材料、做法、强度等级和尺寸；标注散水宽度、坡度方向和坡度值；标注室外地面标高。注意标出散水与勒脚之间的构造处理。

⑤绘室外首层地面构造，用多层构造引出线标注，绘踢脚板，标注室内地面标高。

⑥绘室内外窗台，表明形状和饰面，标注窗台的厚度、宽度、坡度方向和坡度值，标注窗台顶面标高。

⑦绘窗框轮廓线，不绘细部（也可参考图集绘窗框），其位置应正确，断面形状应准确，与内外窗台的连接应清楚）。

⑧绘窗过梁，注明尺寸和下皮标高。

⑨绘楼板、楼层地面、顶棚，并用多层构造引出线标注，标注楼面标高。

学习情境五 楼 地 层

【知识目标】
　　了解顶棚的种类和构造做法；熟悉楼地层的基本组成和设计要求，阳台和雨篷的构造；掌握钢筋混凝土楼板的主要类型及其特点和构造、楼地面装修。

【能力目标】
　　在理解楼地层受力特点及其设计要求的基础上，重点掌握钢筋混凝土楼板和阳台的结构布置及构造；了解地面防水、隔声的做法。

学习任务一　楼地层的构造组成和设计要求

一、楼地层的构造组成

(一)楼板层的构造组成

楼板层是多层建筑中楼层间的水平分隔构件。它一方面承受着楼板层上的全部静、活荷载，并将这些荷载连同自重传给墙或柱；另一方面还对墙身起着水平支撑作用，帮助墙身抵抗由于风或地震所产生的水平力，以增强建筑的整体刚度。楼板层主要由三部分组成：面层、结构层和顶棚。其根据使用的实际需要可在楼板层里设置附加层，如图 5-1(a)所示。

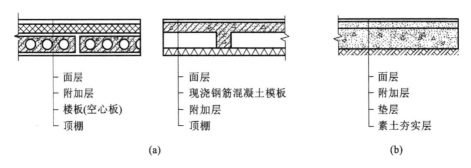

(a)　　　　　　　　　　　　　　　　(b)

图 5-1　楼板层、地坪层的构造组成

1.面层

面层又称楼面,位于楼板层的最上层,起着保护楼板层、分布荷载和绝缘的作用,同时对室内起美化装饰的作用。

2.结构层

结构层的主要功能在于承受楼板层上的全部荷载,并将这些荷载传递给墙或柱;同时还对墙身起水平支撑作用,以增加建筑物的整体刚度。

3.附加层

附加层又称功能层,根据楼板层的具体要求而设置,主要作用是隔声、隔热、保温、防水、防潮、防腐蚀、防静电等。根据需要,有时和面层合二为一,有时又和吊顶合为一体。

4.顶棚

顶棚位于楼板层最下层,主要作用是保护楼板,安装灯具,遮挡各种水平管线,改善使用功能,装饰美化室内空间。

(二)地坪层的构造组成

地坪层指建筑物底层房间与土层的交接处,所起作用为承受地坪上的荷载,并将其均匀地传给地坪以下土层。

地坪层的基本组成部分有面层、基层和垫层三部分,对有特殊要求的地坪,常在面层和地层之间增设附加层,如图 5-1(b)所示。

1.面层

地坪的面层又称地面,起着保护结构层和美化室内的作用。地面的做法和楼面相同。

2.素土夯实层

素土夯实层是地坪的基层,材料为不含杂质的砂石黏土,通常是将 300mm 的素土夯实成 200mm 厚,使之均匀传力。

3.垫层

垫层是将力传递给结构层的构件,有时垫层也与结构层合二为一。垫层又分为刚性垫层和非刚性垫层,刚性垫层采用 C10 混凝土,厚度 80~100mm,多用于地面要求较高、薄而脆的面层;非刚性垫层有 50mm 厚砂垫层、80~100mm 厚碎石灌浆、50~70mm 厚石灰炉渣、70~120mm 厚三合土等,常用于不易断裂的面层。

4.附加层

附加层主要满足某些因特殊使用要求而设置的构造层次,如防水层、防潮层、保温层、隔热层、隔声层和管道敷设层等。

二、楼板的类型

根据所用材料不同,楼板可分为木楼板、钢筋混凝土楼板和压型钢板组合楼板等多种类型,如图 5-2 所示。

(一)木楼板

木楼板自重小,保温、隔热性能好,舒适、有弹性,只在木材产地使用较多,但耐火性

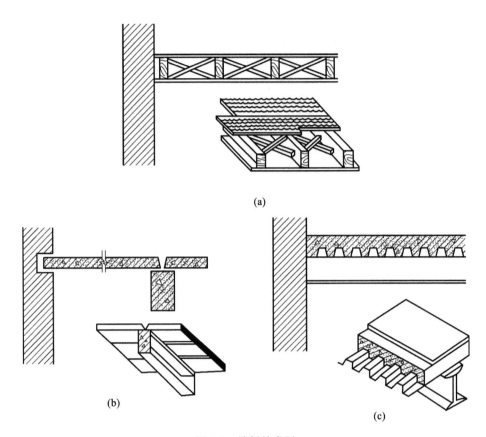

图 5-2　楼板的类型

(a)木楼板；(b)钢筋混凝土楼板；(c)压型钢板组合楼板

和耐久性均较差，且造价偏高，为节约木材和满足防火要求，现使用较少。

(二)钢筋混凝土楼板

钢筋混凝土楼板具有强度高、刚度好、耐火性和耐久性好，以及可塑性良好的特点，在我国便于工业化生产，应用最广泛。按施工方法不同，其可分为现浇式、预制装配式和装配整体式三种。

(三)压型钢板组合楼板

压型钢板组合楼板是在钢筋混凝土基础上发展起来的，利用压型钢板作为楼板的受弯构件和底模，既提高了楼板的强度和刚度，又加快了施工进度，是目前正大力推广的一种新型楼板。

三、楼板层的设计要求

(一)足够的强度和刚度

强度要求是指楼板层应保证在自重和活荷载作用下安全可靠，不发生任何破坏，这主要通过结构设计来满足。刚度要求是指楼板层在一定荷载作用下不发生过大变形，以保证其处于正常使用状况。

(二)一定的隔声能力

使用性质不同的房间对隔声的要求不同,如我国对住宅楼板的隔声标准中规定,一级隔声标准为 65dB,二级隔声标准为 75dB 等。对一些特殊性质的房间,如广播室、录音室、演播室等的隔声要求则更高。楼板主要是隔绝固体传声,如人走路、拖动家具、敲击楼板等都属于固体传声,防止固体传声可采取以下措施。

(1)在楼板表面铺设地毯、橡胶、塑料毡等柔性材料。

(2)在楼板与面层之间加设弹性垫层以减小楼板的振动,即采用"浮筑式楼板"。

(3)在楼板下加设吊顶,使固体噪声不直接传入下层空间。

(三)一定的防火能力

保证在火灾发生时,在一定时间内不至于因楼板塌陷而给生命和财产带来损失。

(四)防潮、防水能力

对有水的房间,都应该进行防潮、防水处理。

此外,其还应满足各种管线的设置和建筑经济的要求。

学习任务二　钢筋混凝土楼板

钢筋混凝土楼板按其施工方法不同,可分为现浇式、预制装配式和装配整体式三种。

一、现浇钢筋混凝土楼板

现浇钢筋混凝土楼板整体性好,特别适用于有抗震设防要求的多层房屋和对整体性要求较高的其他建筑,有管道穿过的房间、平面形状不规整的房间、尺度不符合模数要求的房间和防水要求较高的房间,都适合采用现浇钢筋混凝土楼板。

(一)板式楼板

楼板内不设置梁,将板直接搁置在墙上的称为板式楼板。楼板根据受力特点和支承情况,分为单向板和双向板。当板的长边与短边之比大于 2 时,板基本上沿短边方向传递荷载,这种板称为单向板,板内受力钢筋沿短边方向布置。双向板长边与短边之比不大于 2,荷载沿双向传递,短边方向内力较大,长边方向内力较小,受力主筋平行于短边,并置于底部。为满足施工要求和经济要求,对各种板式楼板的最小厚度和最大厚度,一般作如下规定。

1.单向板

屋面板板厚 60~80mm;

民用建筑楼板厚 70~100mm;

工业建筑楼板厚 80~180mm。

2.双向板

板厚为 80~160mm。

此外,对板的支承长度有如下规定:当板支承在砖石墙体上时,其支承长度应不小于120mm或板厚;当板支承在钢筋混凝土梁上时,其支承长度应不小于60mm;当板支承在钢梁或钢屋架上时,其支承长度应不小于50mm。

(二)肋梁楼板

肋梁楼板是最常见的楼板形式之一,当板为单向板时,称为单向板肋梁楼板;当板为双向板时,称为双向板肋梁楼板。

1.单向板肋梁楼板

单向板肋梁楼板由板、次梁和主梁组成,如图5-3所示。其荷载传递路线为:板→次梁→主梁→柱(或墙)。主梁的经济跨度为5～8m,主梁高为主梁跨度的1/14～1/8,主梁宽为主梁高的1/3～1/2;次梁的经济跨度为4～6m,次梁高为次梁跨度的1/18～1/12,次梁宽为次梁高的1/3～1/2,次梁跨度即为主梁间距。板厚度的确定方法同板式楼板,由于板的混凝土用量占整个肋梁楼板混凝土用量的50%～70%,板宜取薄些,通常板跨不大于3m,其经济跨度为1.7～2.5m。

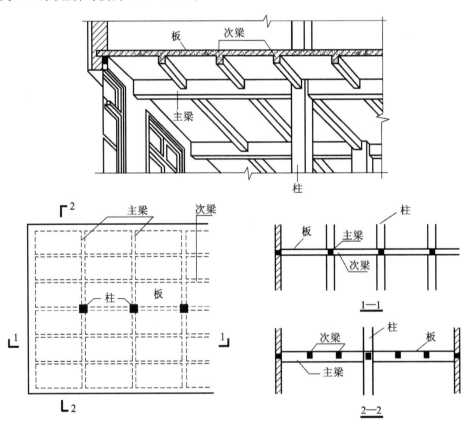

图5-3 单向板肋梁楼板布置图

2.双向板肋梁楼板(井式楼板)

双向板肋梁楼板又称井式楼板,常无主次梁之分,由板和梁组成如图5-4所示。其荷载传递路线为:板→梁→柱(或墙)。当双向板肋梁楼板的板跨相同,且两个方向的梁截面也相同时,就形成了井式楼板。井式楼板适用于长宽比不大于1.5的矩形平面,如门厅、大厅。井式楼板中板的跨度为 3.5～6m,梁的跨度可达 20～30m,梁截面高度不小于梁跨的 1/15,宽度为梁高的 1/4～1/2,且不小于 120mm。井式楼板可与墙体正交放置或斜交放置。由于井式楼板可以用于较大的无柱空间,而且楼板底部的井格整齐划一,富有韵律,稍加处理就可形成艺术效果很好的顶棚。

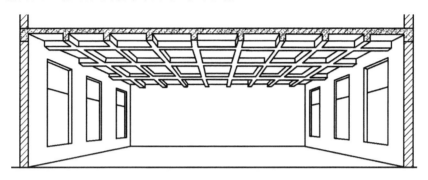

图 5-4 井式楼板

(三)无梁楼板

无梁楼板是由等厚的平板直接支承在柱上的,分为有柱帽楼板和无柱帽楼板两种。当楼面荷载比较小时,可采用无柱帽楼板;当楼面荷载较大时,必须在柱顶加设柱帽。无梁楼板的柱一般可设计成方形、矩形、多边形和圆形;柱帽可根据室内空间要求和柱截面形式进行设计。板的最小厚度不小于 150mm,且不小于板跨的 1/35～1/32。无梁楼板的柱网一般为正方形或矩形,间跨一般不超过 6m,如图 5-5 所示。

无梁楼板楼层净空较大,顶棚平整,采光通风和卫生条件较好,适宜于承受的活荷载较大的商店、仓库和展览馆等建筑。

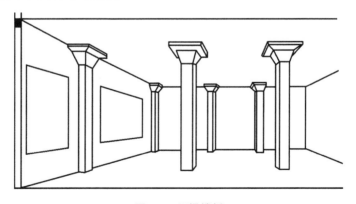

图 5-5 无梁楼板

(四)压型钢板组合楼板

压型钢板组合楼板是利用截面为凹凸相间的压型钢板做衬板与现浇混凝土面层浇筑在一起支承在钢梁上,构成整体性很强的一种楼板,如图 5-6 所示。压型钢板既起到现浇混凝土的永久模板作用,同时板上的肋条又能与混凝土共同作用,简化施工程序,加快施工速度,并且具有刚度大、整体性好的优点,同时还可利用压型钢板肋间空间敷设电力或通信管线。它适用于需有较大空间的高(多)层民用建筑及大跨度工业厂房。

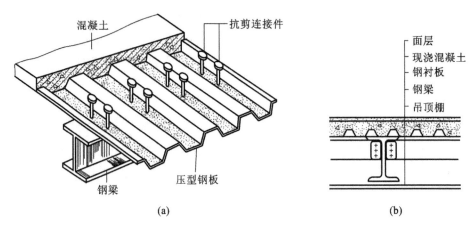

图 5-6　压型钢板组合楼板

二、预制装配式钢筋混凝土楼板

预制装配式钢筋混凝土楼板是指在构件预制加工厂或施工现场外预先制作,然后运到工地现场进行安装的钢筋混凝土楼板。预制板的长度一般与房屋的开间或进深一致,为 3M 的倍数;板的宽度一般为 1M 的倍数;板的截面尺寸须经结构计算确定。

(一)预制钢筋混凝土楼板的类型

预制钢筋混凝土楼板有预应力和非预应力两种。预应力钢筋混凝土构件是通过张拉构件受拉部位的钢筋,使钢筋放张回缩时挤压混凝土,从而在构件受拉部位的混凝土中建立预压应力,由此产生的预压应力可减小或抵消使用阶段外荷载所引起的混凝土拉应力,从而提高构件的抗裂能力和刚度的。同时预应力钢筋混凝土构件能节约钢材、减小自重,克服普通混凝土的主要缺点,也为采用高强度材料创造了条件,因此应优先选用预应力构件。

常用的预制钢筋混凝土楼板,根据其截面形式可分为实心平板、空心板、槽形板三种类型。

1. 实心平板

实心平板上、下板面平整,制作简单,宜用于跨度小的走廊板、楼梯平台板、阳台板、管沟盖板等处。板的两端支承在墙或梁上,板厚一般为 50~80mm,跨度一般在 2.4m 以内,板宽为 500~900mm,如图 5-7(a)所示。

2. 空心板

空心板是一种梁、板结合的预制构件,其结构计算理论与槽形板相似,两者的材料消耗也相近,但空心板上、下板面平整,且隔声效果优于槽形板,因此是目前广泛采用的一种形式。

空心板孔洞形状有矩形、方形、圆形、椭圆形等。圆形成孔方便,应用最广,如图 5-7(b)所示。

目前,我国预应力空心板的跨度可达到 6m、6.6m、7.2m 等,板的厚度为 120~300mm。空心板板面不能随意开洞。安装前,应在板孔的两端填塞 C15 混凝土和砖,以避免浇筑混凝土时端缝漏浆,并保证板端的局部抗压能力。

3.槽形板

槽形板是一种肋、板结合的预制构件,即在实心板的两侧设有纵肋,作用在板上的荷载都由纵肋来承担,板宽为 500～1200mm,非预应力槽形板跨长通常为 3～6m。板肋高为 120～240mm,板厚仅 30mm。槽形板减轻了板的自重,具有节省材料,便于在板上开洞等优点,但隔声效果差。其依板的槽口向下和向上分别称为正槽形板和反槽形板,如图 5-7(c)、(d)所示。

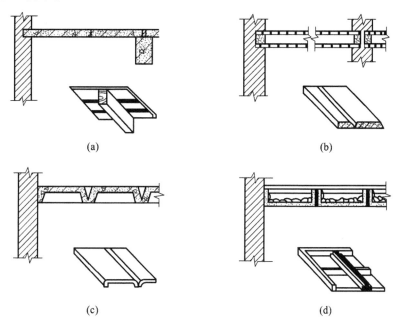

(a)　　　　　　　　　　　(b)

(c)　　　　　　　　　　　(d)

图 5-7　预制钢筋混凝土楼板

(a)平板;(b)空心板;(c)正槽形板;(d)反槽形板

(二)板的结构布置方式和连接构造

1.板的结构布置方式

板的布置方式会受到空间大小、布板范围、板的规格、经济合理等因素的制约,因此在进行楼板结构布置时,应先根据房间的开间、进深的尺寸确定构件的支承方式,然后选择板的规格,进行合理的安排。板的支撑方式有板式和梁板式两种。预制板直接搁置在墙上的布板方式称为板式布置;楼板支撑在梁上,梁再搁置在墙上的布板方式称为梁板式布置,如图 5-8 所示。板的布置大多以房间短边为跨进行,狭长空间最好沿横向铺板。

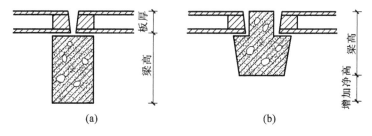

(a)　　　　　　　　　　　(b)

图 5-8　梁板式布置方式

(a)板搁置在矩形梁上;(b)板搁置在花篮梁上

2.楼板的细部构造

(1)梁、板的搁置及锚固：梁、板的搁置一定要注意保证其搁置长度。构件在墙上的搁置长度不小于100mm；搁置在钢筋混凝土梁上时，不得小于80mm，搁置于钢梁上时也应大于50mm。至于梁支撑在墙上时，必须设梁垫；板搁置在墙或梁上时，板下应铺M5、10mm厚的坐浆。所有梁、板边缘(纵向)均不宜搁入墙内，避免板破裂。多孔板孔端内必须填实。为了增加楼层的整体性刚度，无论板间、板与纵墙还是板与横墙等处，均应加设钢筋锚固，或利用吊环拉固钢筋。锚固的具体做法如图5-9所示。

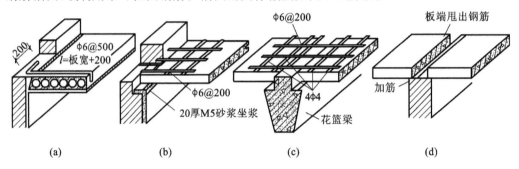

图 5-9　板的锚固

(a)板侧锚固；(b)板端锚固；(c)花篮梁上锚固；(d)甩出筋锚固

(2)板缝的处理：板与板相拼，纵缝允许有宽为10～20mm的缝隙，缝内灌入细石混凝土。板间侧缝的形式有V形、U形和槽形。由于受板宽的限制，在排列过程中常会出现较大的缝隙，根据板数和缝隙的大小，可采取调整板缝的方式将板缝控制在30mm内，用细石混凝土灌实来解决；当板缝宽大于50mm时，在缝中加钢筋网片，再灌实细石混凝土；当缝宽为120mm时，可将缝留在靠墙处沿墙挑砖填缝；当板缝宽大于120mm时，必须另行现浇混凝土，并配置钢筋，形成现浇板带，如楼板为空心板，可将穿越的管道设在现浇板带处，图5-10所示为板缝的处理。

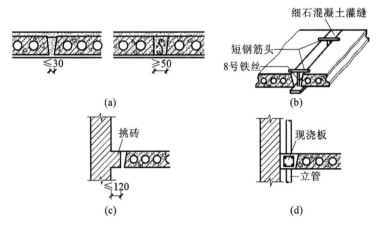

图 5-10　板缝的处理

(3)隔墙等构件及设备等在楼板上的搁置：采用轻质材料制作的隔墙或其他构件、荷载较小的设备可以直接搁置在楼板上，自重较大的隔墙、构件或设备应避免将荷载集中在一块板上。通常设梁支撑着力点，为了使板底平整，可使梁的截面宽度与板的厚度相同,或在板缝内配筋。当楼板为槽形板时,可将隔墙搁置于板的纵肋上,隔墙与楼板的关系如图 5-11 所示。

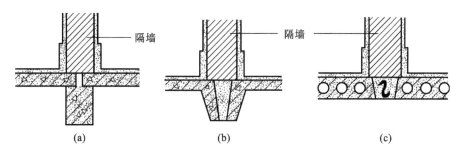

图 5-11 隔墙与楼板的关系

(a)隔墙支承在梁上;(b)隔墙支承在纵肋上;(c)板缝配筋

三、装配整体式钢筋混凝土楼板

装配整体式钢筋混凝土楼板是先预制楼板中部分构件,然后在现场安装,再以整体浇筑的方法将其连成整体的楼板。它综合了现浇式楼板整体性好和装配式楼板施工简单、工期较短的优点,又避免了现浇式楼板湿作业工作量大、施工复杂和装配式楼板整体性较差的缺点。常用的装配整体式钢筋混凝土楼板包括密肋填充块楼板和叠合式楼板两类。

(一)密肋填充块楼板

密肋填充块楼板由密肋楼板和填充块叠合而成。密肋楼板有现浇密肋楼板、预制小梁现浇楼板、带骨架芯板填充块楼板等。密肋楼板肋(梁)的间距与高度要同填充块尺寸相匹配,通常的间距为 700～1000mm,肋宽 60～150mm,肋高 200～300mm;板的厚度不小于 50mm,板的适用跨度为 4～10m。密肋填充块楼板板底平整,保温、隔热、隔声效果好,肋的截面尺寸不大,楼板结构占据的空间较少,是一种较好的结构形式,如图 5-12所示。

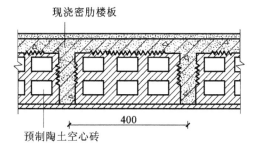
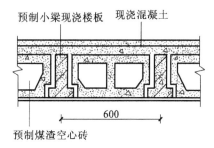

图 5-12 密肋填充块楼板

(a)现浇密肋楼板;(b)预制小梁现浇楼板

(二)叠合式楼板

叠合式楼板是预制薄板与现浇混凝土面层叠合而成的装配整体式楼板。叠合式楼板的钢筋混凝土薄板既是永久性模板,又是整个楼板的组成部分。薄板内配有预应力钢筋,板面现浇混凝土叠合层,并配以少量的支座负弯矩钢筋,所有楼板层中的管线均预先埋在叠合层内。

叠合式楼板跨度一般为4～6m,经济跨度为5.4m,最大跨度可达9m;预制薄板厚度通常为60～70mm,板宽1.1～1.8m,板间留缝10～20mm。预制薄板的表面处理有两种形式,一种是表面刻槽,槽直径为50mm,深20mm,间距为150mm;另一种是板面上留出三角形结合钢筋。现浇叠合层的混凝土标号为C20,厚度为70～120mm。叠合式楼板的总厚度一般为150～250mm,以薄板厚度的2倍为宜。叠合式楼板的形式如图5-13所示。

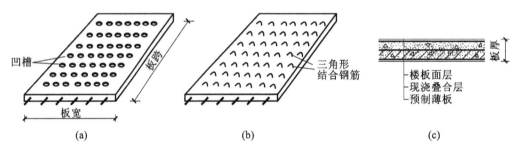

图5-13 预制薄板的表面处理与叠合式楼板形式
(a)板面刻槽;(b)板面留出三角形结合钢筋;(c)叠合式楼板形式

学习任务三 楼地面构造

地坪层指建筑物底层房间与土层的交接处。与楼板层类似,其承受着地坪上的荷载,并均匀地传给地坪以下土层。

根据地坪层与土层间的不同关系,其可分为实铺地层和空铺地层两类。

一、地面设计要求

1.具有足够的坚固性

人直接与地面接触,家具、设备大多也摆放在地面上,因而地面必须耐磨,且要求表面平整、光洁,易清洁和不起灰。

2.保温性能好

由于人们直接与地面接触,地面会直接吸走人体的热量,因此要求地面材料的导热系数小,用以减少地面的吸热,给人以温暖、舒适的感觉,冬季时走在上面不致感到寒冷。

3.具有一定的弹性

地面具有一定的弹性,人们在其上行走时才不致有过硬的感觉,同时有弹性的地面对隔撞击声有利。

4.满足隔声要求

隔声主要通过楼面实现,楼层上、下的噪声一般通过空气或固体传播,其中固体噪声是主要的消除对象,其方法取决于楼地面垫层材料的厚度与材料的类型。

5.满足某些特殊要求

对使用水的房间,地面应防潮、防水;对有火灾隐患的房间,应防火、耐燃烧;对有酸碱作用的房间,则应要求具有耐腐蚀的能力等。

6.满足经济要求

地面在满足使用要求的前提下,应选择经济合理的构造方案,尽量就地取材,以降低整个房屋的造价。

二、地面的构造做法

楼面面层与地面面层构造做法大致相同,根据其材料的不同分为整体地面、块材地面、卷材地面、涂料地面和木地面。

(一)整体地面

用现场浇筑的方法做成整片的地面称为整体地面,常见的有水泥砂浆地面、水磨石地面、水泥石屑地面等现浇地面。

1.水泥砂浆地面

水泥砂浆地面通常用水泥砂浆抹压而成,是目前应用最广泛的一种低档地面做法。其构造简单、坚固耐用、防潮防水、价格低廉,但有易结露、易起灰、无弹性、热传导性高等缺点。

水泥砂浆地面通常有单层和双层两种做法。单层做法是先刷素水泥砂浆结合层一道,再用 15～20mm 厚 1:2水泥砂浆压实抹光。双层做法是先以 15～20mm 厚 1:3水泥砂浆打底、找平,再以 5～10mm 厚 1:2或 1:2.5 水泥砂浆抹面。分层构造虽增加了施工程序,但容易保证质量,减小了表面干缩时产生裂纹的可能性。目前以双层水泥砂浆地面居多,如图 5-14 所示。

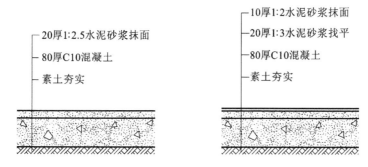

图 5-14 水泥砂浆地面

2.水磨石地面

水磨石地面是在水泥砂浆找平层上面铺水泥白石子,待面层达到一定强度后加水用磨石机磨光、打蜡而成。为了适应地面变形,防止开裂,应注意在做好找平层后,用玻璃、铜条、铝条将地面分隔成若干小块(1000mm×1000mm)或各种图案,然后用水泥砂浆将嵌条固定,固定用水泥砂浆不宜过高,以免嵌条两侧仅有水泥而无石子,影响美观,也可以用白水泥替代普通水泥,并掺入颜料,形成美术水磨石地面,但其造价较高,如图 5-15所示。

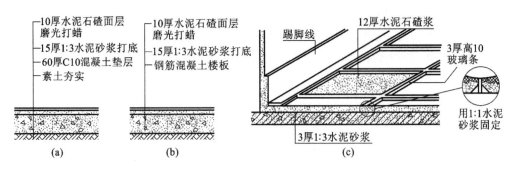

图 5-15　水磨石地面

3.水泥石屑地面

水泥石屑地面是将水泥砂浆里的中粗砂换成 3～6mm 石屑的地面,或称豆石地面或瓜米石地面。在垫层或结构层上直接做 25mm 厚 1:2 水泥石屑,水灰比不大于 0.4,刮平拍实,碾压多遍,出浆后抹光。这种地面耐磨、耐久、防水、防火,表面光洁,不起尘,易清洁,造价是水磨石地面的 50%,但强度高,性能与水磨石地面相近。

(二)块材地面

块材地面是利用各种人造的和天然的预制块材、板材镶铺在基层上面所形成的地面。其分为铺砖地面,缸砖、地面砖及陶瓷锦砖地面,天然石板地面。

1.铺砖地面

铺砖地面有黏土砖地面、水泥砖地面、预制混凝土块地面等。其铺设方式有干铺和湿铺两种。干铺是在基层上铺一层 20～40mm 厚砂子,将砖块等直接铺设在砂上,板块间用砂或砂浆填缝。湿铺是在基层上铺 12～20mm 厚 1:3 水泥砂浆,用 1:1 水泥砂浆灌缝。

2.缸砖、地面砖及陶瓷锦砖地面

缸砖是陶土加矿物颜料烧制而成的一种无釉砖块,主要有红棕色和深米黄色两种。缸砖质地细密、坚硬,强度较高,耐磨、耐水、耐油、耐酸碱,易于清洁,不起灰,施工简单,因此广泛应用于卫生间、盥洗室、浴室、厨房、实验室及有腐蚀性液体的房间地面。

地面砖的各项性能都优于缸砖,且色彩、图案丰富,装饰效果好,但造价较高,因此多用于装修标准较高的建筑物地面。

陶瓷锦砖质地坚硬,经久耐用,色泽多样,耐磨、防水、耐腐蚀、易清洁,适用于有水、有腐蚀性物质的地面。

缸砖、地面砖的构造做法为 20mm 厚 1:3 水泥砂浆找平,3～4mm 厚水泥胶(水泥:107 胶:水为 1:0.1:0.2)粘贴缸砖,用素水泥浆擦缝[图 5-16(a)]。陶瓷锦砖地面做法与缸砖类似,先用滚筒压平,使水泥胶挤入缝隙,然后水洗去牛皮纸,最后用白水泥浆擦缝[图 5-16(b)]。

3.天然石板地面

常用的天然石板地面指大理石和花岗石板地面,其质地坚硬,色彩丰富艳丽,属高档地面装饰材料,一般多用于高级宾馆、会堂、公共建筑的大厅和门厅等处(图 5-17)。

其做法是在基层上刷素水泥浆一道后用 30mm 厚 1:3 干硬性水泥砂浆找平,面上撒

2mm厚素水泥(洒适量清水),再粘贴石板。

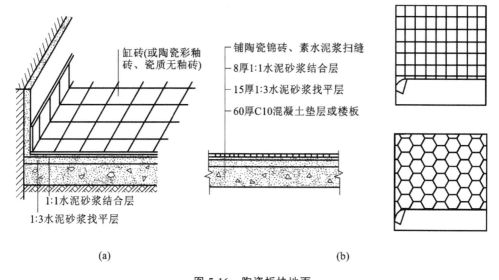

(a)　　　　　　　　　　　　　　　(b)

图5-16　陶瓷板块地面

(a)缸砖或瓷砖地面;(b)陶瓷锦砖地面

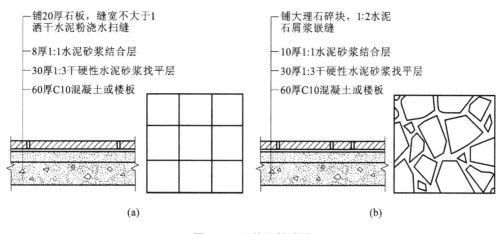

(a)　　　　　　　　　　　　　　　(b)

图5-17　天然石板地面

(a)方整石板地面;(b)碎大理石板地面

(三)卷材地面

卷材地面是指将卷材[如塑料地毡(俗称地板革)、橡胶地毡、化纤地毯、纯毛地毯等]直接铺在平整的基层上形成的面层,卷材可满铺、局部铺,也可干铺、粘贴等。

卷材地面厚度小,自重轻,柔韧、耐磨,外表美观,施工灵活,维修保养方便,脚感舒适、有弹性,可缓解固体传声。下面介绍两种人造卷材地面。

1.塑料地面

塑料地面是在选用的人造合成树脂(如聚氯乙烯等塑化剂)中加入适量填充料,掺入颜料,经热压而成,底面衬布的地面。聚氯乙烯地面品种多样,有卷材和块材、软质和半硬质、单层和多层,以及单色和复色之分。常用的聚氯乙烯塑料地面有聚氯乙烯石棉地砖、软质和半硬质聚氯乙烯地面。前一种可由不同形状和色彩拼成各种图案,施工时在清理基层后根据房间大小设计图案、排料编号,在基层上弹线定位后,由中间向四周铺贴;后一种则是按设计弹线在塑料板底满涂胶粘剂 1～2 遍后进行铺贴。塑料地面的铺贴方法是先将板缝切成 V 形,然后用三角形塑料焊条、电热焊枪焊接,并均匀加压 24h,塑料地面施工如图 5-18 所示。

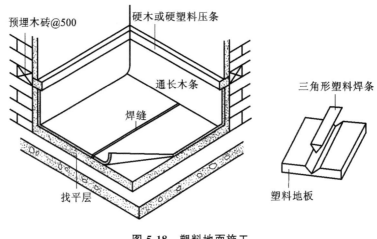

图 5-18 塑料地面施工

2.橡胶地面

橡胶地面是指在橡胶中掺入一些填充料而制成的地面。橡胶地面表面可做成光滑的或带肋的,也可制成单层的或双层的。双层橡胶地面的底层若改用海绵橡胶,其弹性会更好。橡胶地面有良好的弹性,耐磨、保温、隔声性能也很好,人在其上行走感觉舒适。其适用于很多公共建筑中,如阅览室、展馆和实验室。

(四)涂料地面和涂布地面

涂料地面的区别在于:前者以涂刷方法施工,涂层较薄;后者以刮涂方式施工,涂层较厚。用于地面的涂料有过氯乙烯地面涂料、苯乙烯地面涂料等,这些涂料施工方便、造价低,能提高地面的耐磨性和不透水性,故多适用于民用建筑中,但涂料地面涂层较薄,不适用于人流较多的公共场所。

(五)木地面

木地面具有较好的弹性、蓄热性和接触感,目前常应用于住宅、宾馆、体育馆、舞台等建筑中。木地面可采用单层地板或双层地板。按板材排列形式,木地面有长条地板地面和拼花地板地面之分。长条地板地面应顺房间采光方向铺设,在走道处应沿行走方向铺设。为了防止木板的开裂,木板底面应开槽;为了加强板与板之间的连接,板的侧面应开企口或截口。木地面按其构造方法可分为粘贴、实铺木地面和架空木地面两种。

1.粘贴、实铺木地面

粘贴木地面的做法是先在钢筋混凝土基层上采用沥青砂浆找平,然后刷冷底子油一道、热沥青一道,最后用 2mm 厚沥青胶、环氧树脂、乳胶等随涂随铺贴 20mm 厚硬木长条地板。实铺木地面是将木地板直接钉在钢筋混凝土基层的木搁栅上,木搁栅为50mm×

60mm 方木,中距为 400mm。横撑尺寸为 40mm×50mm,中距为 1000mm,与木搁栅钉牢。为了防腐,可在基层上刷冷底子油和热沥青,木搁栅及地板背面满涂防腐油或煤焦油,粘贴材料常用沥青胶、环氧树脂、乳胶等,如图 5-19 所示。

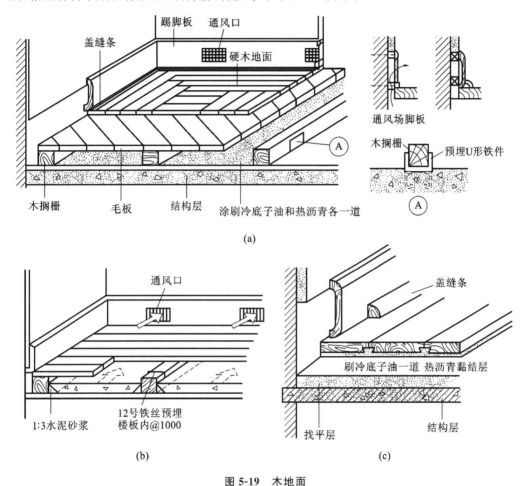

图 5-19　木地面

(a)双层木地面;(b)单层木地面;(c)粘贴木地面

2.架空木地面

架空木地面有单层架空木地面和双层架空木地面两种。单层架空木地面是在找平层上固定梯形截面的小搁栅,再在搁栅上钉长条木地板的地面形式。双层架空木地面是在搁栅上铺设毛板,再铺地板的地面形式,毛板与面板最好呈 45°或 90°交叉铺钉,毛板与面板之间可衬一层油纸,作为缓冲层。为了防潮,应在结构层上刷冷底子油和热沥青各一道,并组织好板下架空层的通风。通常在木地板与墙面之间,留有 10～20mm 的空隙,踢脚板或地板上可设通风篦子,以保持地板干燥。木搁栅间可填以松散材料,如经过防腐处理的木屑,经过干燥处理的木渣、矿渣等,均能起到隔声的作用,其主要用于舞台、运动场等有弹性要求的地面。架空木地板做法如图 5-20 所示。

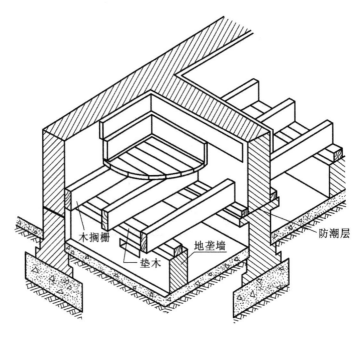

图 5-20　架空木地板做法

学习任务四　顶 棚 构 造

顶棚是楼层下面的装修层。对顶棚的基本要求是光洁、美观,能通过反射光照来改善室内采光和卫生状况。对某些房间还要求具有防火、隔声、保温、隐蔽管线等功能。

顶棚按构造方式不同分为直接式顶棚和悬吊式顶棚两种类型。

一、直接式顶棚

直接式顶棚是指在钢筋混凝土屋面板或楼板的下表面直接喷浆、抹灰或粘贴装修材料的一种构造方法。

当室内要求不高或楼板底面平整时,可在板底嵌缝后喷(刷)石灰浆或涂料两道;若板底不够平整或为室内要求较高的房间,则在板底抹灰,如纸筋石灰浆顶棚、混合砂浆顶棚、水泥砂浆顶棚、麻刀石灰浆顶棚、石膏灰浆顶棚等;当室内要求标准较高,或房间有保温、吸声要求时,可在板底直接粘贴装饰吸声板、石膏板、塑胶板等(图 5-21)。

板底抹灰　　　　　　　　　　　　　　泡沫塑胶板贴面
(a)　　　　　　　　　　　　　　　　　　(b)

图 5-21　直接式顶棚
(a)抹灰装修;(b)粘贴装修

二、悬吊式顶棚

悬吊式顶棚又称吊顶,它离屋顶或楼板的下表面有一定的距离,通过悬挂物与主体结构联结在一起。

(一)吊顶的构造组成

吊顶一般由龙骨和面层两部分组成。

1. 吊顶龙骨

吊顶龙骨分为主龙骨与次龙骨,主龙骨为吊顶的承重结构,次龙骨则是吊顶的基层。主龙骨通过吊筋或吊件固定在楼板结构上,次龙骨用同样的方法固定在主龙骨上。龙骨可用木材、轻钢、铝合金等材料制作,其断面大小视其材料品种、是否上人和面层构造做法等因素而定。主龙骨断面比次龙骨大,间距约为 2m。悬吊主龙骨的吊筋为 $\phi 8 \sim \phi 10$ 钢筋,间距不超过 2m。次龙骨间距视面层材料而定,间距一般不超过 600mm。

2. 吊顶面层

吊顶面层分为抹灰面层和板材面层两大类。抹灰面层为湿作业施工,费工、费时;板材面层既可加快施工速度,又容易保证施工质量。吊顶用板材有植物板材、矿物板材和金属板材等。

(二)抹灰吊顶构造

抹灰吊顶的龙骨可用木或型钢。当采用木龙骨时,主龙骨断面宽为 $60 \sim 80mm$,高 $120 \sim 150mm$,中距约 1m。次龙骨断面大小一般为 $40mm \times 60mm$,中距为 $400 \sim 500mm$,并用吊木固定于主龙骨上。当采用型钢龙骨时,主龙骨应选用槽钢,次龙骨为角钢 $(20mm \times 20mm \times 3mm)$,间距同上。

抹灰面层有板条抹灰、板条钢板网抹灰、钢板网抹灰等做法。

板条抹灰吊顶一般采用木龙骨,其构造做法如图 5-22(a)所示,这种做法构造简单,造价低,但抹灰层由于受干缩或结构变形的影响,很容易脱落,且不防火,故通常用于装修要求较低的建筑。

板条钢板网抹灰吊顶的做法是在板条抹灰吊顶的基础上加钉一层钢板网,以防止抹灰层开裂脱落,这种做法适用于对装修质量要求较高的建筑。

钢板网抹灰吊顶一般采用钢龙骨,钢板网固定在钢筋上,如图 5-22(b)所示。这种做法未使用木材,可以提高顶棚的防火性、耐久性和抗裂性,多用于公共建筑的大厅顶棚和防火要求较高的建筑。

(三)木质(植物)板材吊顶构造

木质(植物)板材的品种甚多,如胶合板、硬质纤维板、软质纤维板、装饰吸声板、木丝板、刨花板等,其中用得最多的是胶合板和纤维板。木质(植物)板材吊顶的优点是施工速度快,可干作业,故比抹灰吊顶应用更广。

吊顶龙骨一般用木材制作,龙骨布置成格子状,如图 5-23(a)所示,分格大小应与板材规格相协调。为了防止木质(植物)板材因吸湿而产生凹凸变形,面板宜锯成小块板铺钉在次龙骨上,板块接头必须留 $3 \sim 6mm$ 的间隙以预防板面翘曲。板缝缝形根据设计要

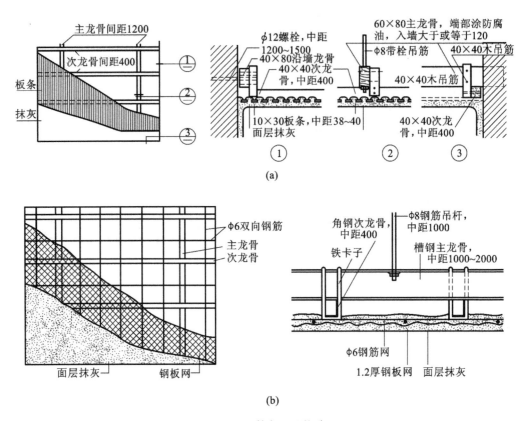

图 5-22 抹灰吊顶构造

(a)板条抹灰吊顶;(b)钢板网抹灰吊顶

求可做成密缝、斜槽缝、立缝等形式,分别如图 5-23(b)、(c)、(d)所示。

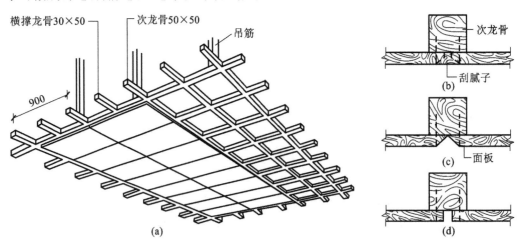

图 5-23 木质(植物)板材吊顶构造

(四)矿物板材吊顶构造

矿物板材吊顶常用石膏板、石棉水泥板、矿棉板等板材做面层,轻钢或铝合金型材做龙骨。这类吊顶的优点是自重轻、施工安装快、无湿作业,耐火性能优于木质(植物)板材吊顶和抹灰吊顶,故在公共建筑或高级工程中应用较广。

轻钢和铝合金龙骨的布置方式有以下两种。

1.龙骨外露的布置方式

龙骨外露布置方式的主龙骨采用槽形断面的轻钢型材,次龙骨为 T 形断面的铝合金型材。次龙骨双向布置,矿物板材置于次龙骨翼缘上,次龙骨露在顶棚表面呈方格形,方格大小为 600mm×600mm 左右,如图 5-24(a)所示。悬挂主龙骨的吊挂件为槽形断面,吊挂间距为 0.9~1.2m,最大不超过 1.5m。次龙骨与主龙骨的连接件采用 U 形连接吊钩,如图 5-24(b)所示。

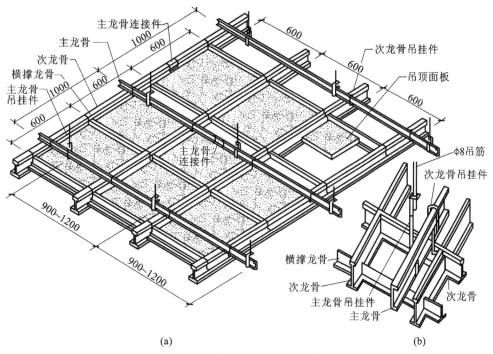

图 5-24　龙骨外露吊顶的构造

2.不露龙骨的布置方式

不露龙骨布置方式的主龙骨仍采用断面为槽形的轻钢型材,但次龙骨采用 U 形断面轻钢型材,用专门的吊挂件将次龙骨固定在主龙骨上,面板用自攻螺钉固定于次龙骨上,如图 5-25 所示。

(五)金属板材吊顶构造

金属板材吊顶最常用的是以铝合金条板做面层,轻钢型材做龙骨,当吊顶无吸声要求时,条板采取密铺方式,不留间隙,如图 5-26 所示;当有吸声要求时,条板上需加铺吸音材料,条板之间应留出一定的间隙,以便投射到顶棚的声音能从间隙处被吸音材料所吸收,如图 5-27 所示。

1.密铺铝合金条板吊顶

密铺铝合金条板吊顶如图 5-26 所示。

2.开敞式铝合金条板吊顶

开敞式铝合金条板吊顶如图 5-27 所示。

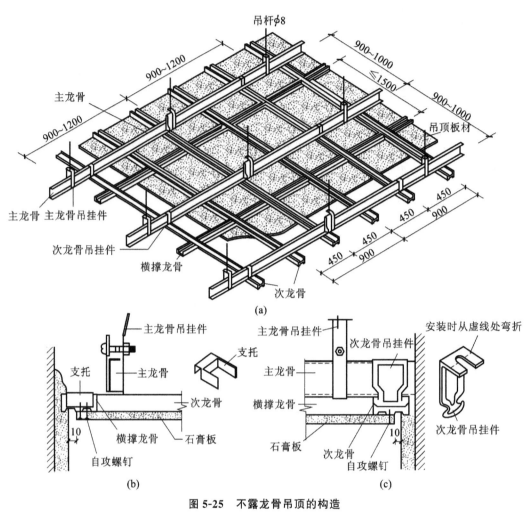

图 5-25 不露龙骨吊顶的构造

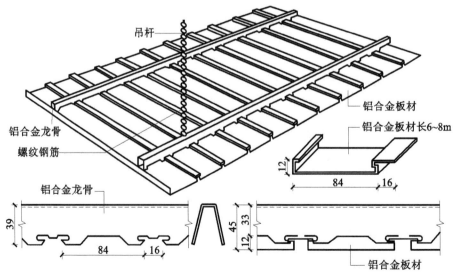

图 5-26 密铺铝合金条板吊顶

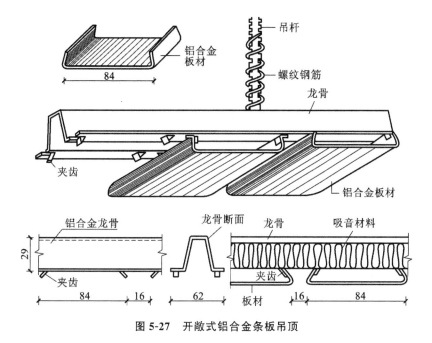

图 5-27　开敞式铝合金条板吊顶

学习任务五　阳台与雨篷构造

阳台是连接室内的室外平台,给居住在室内的人们提供一个舒适的室外活动空间,是多层住宅、高层住宅和旅馆等建筑中不可缺少的一部分。

雨篷位于建筑物出入口的上方,用来遮挡雨雪,保护外门免受侵蚀,给人们提供一个从室外到室内的过渡空间,并起到保护门和丰富建筑立面的作用。

一、阳台

(一)阳台的类型和设计要求

1.类型

阳台按其与外墙面的关系可分为凸阳台、凹阳台、半凸半凹阳台(图 5-28);按其在建筑中所处的位置可分为中间阳台和转角阳台。

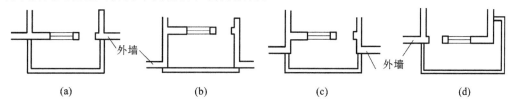

图 5-28　阳台类型

(a)凸阳台;(b)凹阳台;(c)半凸半凹阳台;(d)转角阳台

阳台按使用功能不同又可分为生活阳台(靠近卧室或客厅)和服务阳台(靠近厨房)。

2. 设计要求

(1)安全适用。

悬挑阳台的挑出长度不宜过大,应保证在荷载作用下不发生倾覆现象,以 1.2~1.8m 为宜。低层、多层住宅阳台栏杆净高不低于 1.05m;中高层住宅阳台栏杆净高不低于1.1m,但也不高于 1.2m。阳台栏杆形式应防坠落(垂直栏杆间净距不应大于 110mm)、防攀爬(不设水平栏杆),以免导致安全事故。放置花盆处,也应采取防坠落措施。

(2)坚固耐久。

阳台所用材料和构造措施应经久耐用,承重结构宜采用钢筋混凝土,金属构件应做防锈处理,表面装修应注意色彩的耐久性和抗污染性。

(3)排水顺畅。

为防止阳台上的雨水流入室内,设计时要求使阳台地面标高低于室内地面标高60mm 左右,并将地面抹出 0.5% 的排水坡能使水导入排水孔,让雨水顺利排出。此外,其还应考虑地区气候特点。南方地区宜采用有助于空气流通的空透式栏杆,而北方寒冷地区应采用实体栏杆,以满足立面美观的要求,为建筑物的形象增添风采。

(二)阳台结构布置方式

1. 挑板式

当楼板为现浇楼板时,可选择挑板式,悬挑长度一般为 1.2m 左右,即从楼板外延挑出平板。板底应平整美观而且阳台平面形式可做成半圆形、弧形、梯形、斜三角形等各种形状。挑板厚度不小于挑出长度的 1/12,如图 5-29(a)所示。

2. 压梁式

采用压梁式时,阳台板与墙梁现浇在一起,墙梁的截面应比圈梁大,以保证阳台的稳定,而且阳台悬挑不宜过长,长度一般为 1.2m 左右,并在墙梁两端设拖梁压入墙内,如图 5-29(b) 所示。

3. 挑梁式

挑梁式阳台从横墙内外伸挑梁,其上搁置预制楼板,这种结构布置简单,传力直接明确,阳台长度与房间开间一致。挑梁根部截面高度 H 为 $(1/6 \sim 1/5)L$,L 为悬挑净长,截面宽度为 $(1/3 \sim 1/2)H$。为保证美观,可在挑梁端头设置面梁,既可以遮挡挑梁头,又可以承受阳台栏杆重量,还可以加强阳台的整体性,如图 5-29(c)所示。

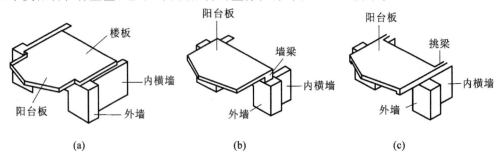

| (a) | (b) | (c) |

图 5-29 阳台的结构布置形式

(a)挑板式;(b)压梁式;(c)挑梁式

(三)阳台细部构造

1.阳台栏杆

阳台栏杆是在阳台的外围设置的垂直构件,其作用有两方面:一方面是承担人们推倚的侧向力,以保证人的安全;另一方面对建筑物起装饰作用。

栏杆根据其构造可分为空花式、混合式和实体式(图 5-30),根据材料可分为砖砌栏杆、钢筋混凝土栏杆和金属栏杆(图 5-31)。

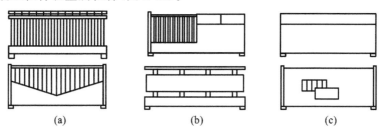

图 5-30 阳台栏杆根据构造分类

(a)空花式;(b)混合式;(c)实体式

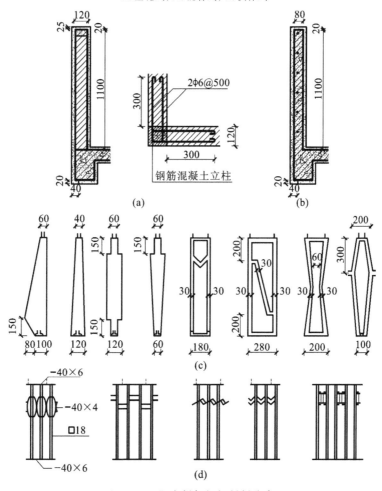

图 5-31 阳台栏杆根据材料分类

(a)砖砌栏杆;(b),(c)钢筋混凝土栏杆;(d)金属栏杆

2.栏杆扶手

栏杆扶手有金属扶手和钢筋混凝土扶手两种。金属扶手一般为 ϕ50mm 钢管与金属栏杆焊接。钢筋混凝土扶手用途广泛,形式多样,有不带花台、带花台、带花池等形式(图 5-32)。其一般直接用作栏杆压顶,宽度有 80mm、120mm、160mm 几种。当扶手上需放置花盆时,须在其外侧设保护栏杆,一般高 180~200mm,花台净宽为 240mm。

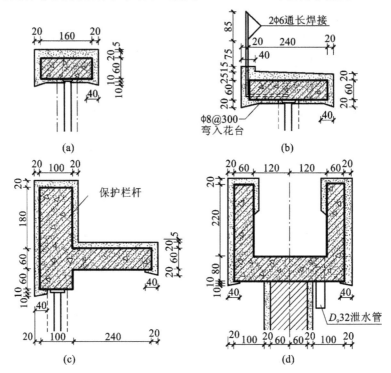

图 5-32　阳台栏杆扶手构造形式
(a)不带花台;(b)、(c)带花台;(d)带花池

3.细部构造

阳台细部构造主要包括栏杆与扶手的连接、栏杆与阳台板的连接、栏杆与墙体的连接等。

(1)栏杆与扶手的连接。

钢筋混凝土栏杆通常设置钢筋混凝土压顶,压顶可采用现浇的方式,也可采用预制的方式。预制压顶与下部的连接可采用预埋铁件焊接和榫接坐浆的方式,即在压顶底面留槽,将栏杆插入槽内,并用 M10 水泥砂浆坐浆填实的方式。金属扶手可采用焊接、铆接的方式连接。木扶手及塑料制品往往采用铆接的方式连接,如图 5-33 所示。

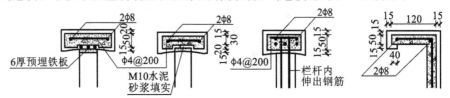

图 5-33　栏杆与扶手的连接

（2）栏杆与阳台板的连接。

为了提防儿童穿越、攀登镂空栏杆,应注意栏杆空格大小,最好不用横条。为了阳台排水和防止物品坠落,栏杆与阳台板的连接处需采用 C20 混凝土设置挡水带。栏杆与挡水带采用预埋铁件焊接、榫接坐浆,或插筋连接,如图 5-34 所示。

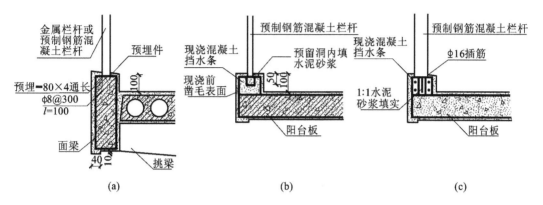

图 5-34 栏杆与阳台板的连接
(a)预埋铁件焊接;(b)榫接坐浆;(c)插筋连接

（3）栏杆与墙体的连接。

栏杆与墙体连接时,应将扶手或扶手中的钢筋伸入外墙的预留洞中,用细石混凝土或水泥砂浆填实固牢;现浇钢筋混凝土栏杆与墙连接时,应在墙体内预埋 240mm×240mm×120mm C20 细石混凝土块,从中伸出 2φ6、长 300mm 的钢筋,与扶手中的钢筋绑扎后再进行现浇,如图 5-35 所示。

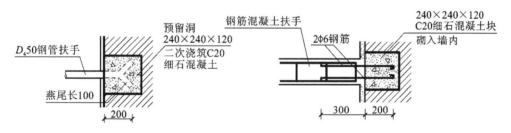

图 5-35 栏杆与墙体的连接

4.阳台隔板

阳台隔板用于连接双阳台,有砖砌隔板和钢筋混凝土隔板两种。砖砌隔板一般采用 60mm 厚和 120mm 厚两种,因为荷载较大且整体性较差,所以现多采用钢筋混凝土隔板。隔板采用 60mm 厚 C20 细石混凝土预制,下部预埋铁件与阳台预埋铁件焊接,其余各边伸出 φ6 钢筋与墙体、挑梁和阳台栏杆、扶手相连,如图 5-36 所示。

5.阳台排水

阳台排水有外排水和内排水两种。外排水适用于低层和多层建筑,即在阳台外侧设置泄水管将水排出。内排水适用于高层建筑和高标准建筑,即在阳台内侧设置排水立管和地漏,将雨水直接排入地下管网,以保证建筑立面美观,如图 5-37 所示。

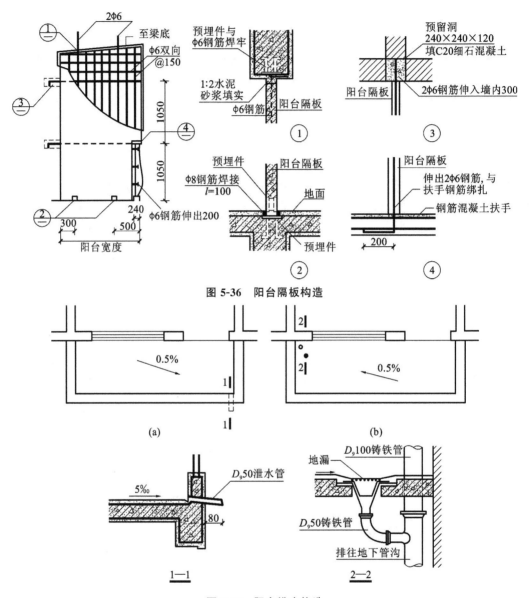

图 5-36 阳台隔板构造

图 5-37 阳台排水构造

二、雨篷

雨篷多设在房屋出入口的上部,起遮挡风雨和防太阳照射、保护大门、使入口更显眼、丰富建筑立面等作用。雨篷的形式多种多样,根据建筑的风格、当地气候状况选择而定。

雨篷的受力作用与阳台相似,为悬臂结构或悬吊结构,只承受雪荷载与自重。雨篷多为钢筋混凝土悬挑构件,根据雨篷板的支承方式不同,分为悬板式和梁板式两种。

(一)悬板式

悬板式雨篷外挑长度一般为 700～1500mm,板根部厚度不小于挑出长度的 1/12 且不小于 70mm,端部不小于 50mm;雨篷宽度比门洞每边大 250mm,雨篷排水方式可采用无组织排水和有组织排水两种。雨篷顶面距过梁顶面 250mm 高,板底可抹 1:2 水泥砂浆内掺 5%防水剂的防水砂浆 15mm 厚,多用于次要出入口。悬板式雨篷构造如图 5-38 所示。

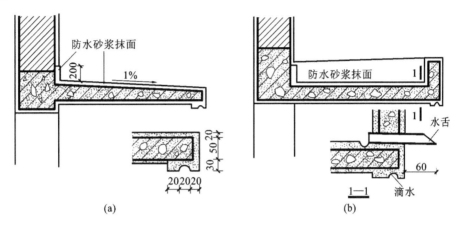

图 5-38 雨篷构造
(a)悬板式;(b)梁板式

(二)梁板式

梁板式雨篷多用在宽度较大的入口处,悬挑梁从建筑物的柱上挑出,为使板底平整,多做成倒梁式。

雨篷在构造上须解决好两个问题:一是防倾覆,保证雨篷梁上有足够的压重;二是板面上要做好排水和防水。通常沿板四周用砖砌或现浇混凝土做凸檐挡水,板面用防水砂浆抹面,并向排水口做出 1%的坡度。防水砂浆应顺墙上卷至少 300mm。

➡ 单 元 小 结

1.楼板层是多层建筑中分隔楼层的水平构件。它承受并传递楼板上的荷载,同时对墙体起着水平支撑的作用。它由楼面、结构层和顶棚等部分组成。楼板按所用材料可分为木楼板、钢筋混凝土楼板和压型钢板组合楼板等,其中钢筋混凝土楼板得到了广泛的应用。

2.钢筋混凝土楼板按施工方式可分为现浇式钢筋混凝土楼板、预制装配式钢筋混凝土楼板和装配整体式钢筋混凝土楼板。现浇式钢筋混凝土楼板有肋梁楼板、板式楼板、无梁楼板和压型钢板组合楼板;预制装配式钢筋混凝土楼板有实心平板、空心板、槽形板等类型。板的结构布置方式有板式布置和梁式布置。在铺设预制板时,要求板的规格、类型愈少愈好,并应避免三面支撑的板。当出现板缝差时,一般采用调整板缝、挑砖或现浇板带的办法解决。为了增加建筑的整体刚度,应对楼板的支座部分用钢筋予以锚固,并对板的端缝与侧缝进行处理。

3.装配整体式钢筋混凝土楼板兼有现浇式与预制装配式钢筋混凝土楼板的优点。近年发展起来的叠合式楼板具有良好的整体性和连续性,对结构有利,楼板跨度大、厚度小,结构自重亦可减小。

4.楼板层构造主要包括面层处理、隔墙的搁置、顶棚以及楼板的隔声处理。隔墙在楼板上的搁置应以对楼板受力有利的方式处理为佳。地坪层是建筑物底层房间与土层的交接处,它将房间内的荷载传给地基。地坪由面层、基层和垫层组成。地坪的面层是楼板层和地坪的面层部分。作为面层应具有坚固、耐磨、不起灰、易清洁、有弹性、防火、保温、防潮、防水、防腐蚀等性能。地面依采用材料和施工方式的不同,可分为整体地面、块材地面、卷材地面、涂料地面和木块面;按是否接触土壤可分为不直接接触土壤的地面和直接接触土壤的地面两大类。

5.顶棚有直接式顶棚和悬吊式顶棚之分。直接式顶棚又有直接喷、刷涂料或做抹灰粉面或粘贴饰面材料等多种方式。吊顶按材料的不同分为板材吊顶、轻钢龙骨吊顶和金属吊顶等。

6.阳台有凸阳台、凹阳台、半凸半凹阳台以及转角阳台等形式。阳台栏杆有空花式、混合式和实体式之分。阳台细部构造主要包括栏杆、隔墙、扶手以及阳台排水等部分的细部处理。雨篷有悬板式和梁板式之分。构造重点在于楼板面和雨篷与墙体的防水处理。

⊃ 能 力 提 升

(一)填空题

1.楼板按其所用的材料不同,可分为_____、_____、_____等。

2.钢筋混凝土楼板按施工方式不同分为_____、_____和_____三类。

3.阳台按其与外墙的相对位置不同分为_____、_____、_____和转角阳台等。

4.顶棚按其构造方式不同有_____和_____两大类。

5.吊顶主要由三个部分组成,即_____、_____和_____。

(二)选择题

1.商店、仓库及书库等荷载较大的建筑,一般宜布置成(　　)楼板。

    A.板式　　　　　　B.梁板式　　　　　　C.井式　　　　　　D.无梁

2.下列关于楼板层的隔声构造措施不正确的是(　　)。

    A.楼板上铺设地毯　　　　　　　　B.设置矿棉毡垫层

    C.做楼板吊顶处理　　　　　　　　D.设置混凝土垫层

3.下列关于楼板层的构造说法正确的是(　　)。

    A.楼板应有足够的强度,可不考虑变形问题

    B.槽形板上不可打洞

    C.空心板保温隔热效果好,且可打洞,故常采用

    D.采用花篮梁可适当提高室内净空高度

4.楼板层通常由(　　)组成。

    A.面层、楼板、地坪　　　　　　　　B.面层、楼板、顶棚

    C.支撑、楼板、顶棚　　　　　　　　D.垫层、梁、楼板

5.现浇肋梁楼板由(　　)现浇而成。

  A.混凝土、砂浆、钢筋   B.柱、次梁、主梁

  C.板、次梁、主梁   D.砂浆、次梁、主梁

6.根据受力状况的不同,现浇肋梁楼板可分为(　　)。

  A.单向肋梁楼板、多向肋梁楼板 B.单向肋梁楼板、双向肋梁楼板

  C.双向肋梁楼板、三向肋梁楼板 D.有梁楼板、无梁楼板

7.地平层由(　　)构成。

  A.面层、垫层、素土夯实层   B.面层、找平层、素土夯实层

  C.面层、垫层、组合层   D.结构层、垫层、素土夯实层

8.阳台按使用要求不同可分为(　　)。

  A.凹阳台和凸阳台   B.生活阳台和服务阳台

  C.封闭阳台和开敞阳台   D.生活阳台和工作阳台

9.阳台由(　　)组成。

  A.栏杆、扶手 B.挑梁、扶手 C.栏杆、承重结构 D.栏杆、栏板

(三)绘图题

1.绘图表示悬板式雨篷的构造。

2.绘图表示阳台的排水构造。

(四)思考题

1.楼地层的设计要求有哪些?

2.楼层和地层的基本组成是什么? 各组成部分有何作用?

3.现浇钢筋混凝土楼板主要有哪几种类型?

4.预制装配式钢筋混凝土楼板的结构布置原则有哪些?

5.装配整体式钢筋混凝土楼板有何特点? 什么是叠合式楼板? 有何优点?

6.水泥砂浆地面和水磨石地面构造是什么?

7.常用块材地面的种类、优缺点及适用范围是什么?

8.有水房间的楼地层如何防水?

9.顶棚的作用是什么? 有哪两种基本形式?

10.阳台有哪些类型? 阳台板的结构布置形式有哪些?

学习情境六　楼梯及其他垂直交通设施

　　在建筑物中,为了解决垂直方向的交通问题,一般采用的设施有楼梯、电梯、自动扶梯、爬梯以及坡道等。电梯多用于层数较多或有特种需要的建筑物中,并且即使设有电梯或自动扶梯的建筑物,也必须设置楼梯,以便在紧急情况下使用。楼梯作为建筑空间竖向联系的主要部件,除了应起到提示、引导人流的作用外,还应充分考虑其造型美观的要求和上下通行方便、结构坚固、防火安全的作用,同时还应满足施工和经济条件。

　　在建筑物入口处,因室内、外地面的高差而设置的踏步段,称为台阶。为方便车辆、轮椅通行,也可增设坡道。

学习任务一　楼梯的组成和类型

一、楼梯的组成

楼梯一般由楼梯段、平台及栏杆(或栏板)和扶手三部分组成(图 6-1)。

1. 楼梯段

楼梯段又称楼梯跑,是楼梯的主要使用和承重部分。它由若干个踏步组成。踏步又分为踏面(供行走时踏脚的水平部分)和踢面(形成踏步高差的垂直部分)。楼梯的坡度大小就是由踏步尺寸决定的。为减少人们上下楼梯时的疲劳和适应人们行走的习惯,一个楼梯段的踏步数要求最多不超过 18 级,最少不少于 3 级。

2.平台

楼梯平台按其所处位置,分为中间平台和楼层平台。与楼层地面标高平齐的平台称为楼层平台,用来分配从楼梯到达各楼层的人流。两楼层之间的平台称为中间平台,其作用是供人们行走时调节体力和改变行进方向。

3.栏杆(或栏板)和扶手

栏杆(或栏板)是楼梯段的安全设施,一般设置在梯段的边缘和平台临空的一边,要求其必须坚固可靠,并保证有足够的安全高度。扶手一般附设于栏杆(或栏板)顶部,用于依扶。扶手也可附设于墙上,称为靠墙扶手。

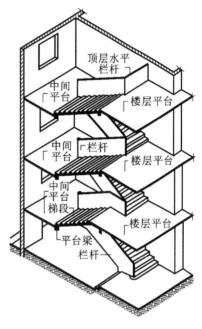

图 6-1　楼梯的组成

二、楼梯的类型

楼梯按其所在位置可分为室内楼梯和室外楼梯。按其使用性质,室内楼梯可分为主要楼梯和辅助楼梯;室外楼梯可分为疏散楼梯和消防楼梯。楼梯按其材料可分为木楼梯、钢楼梯和钢筋混凝土楼梯等。

按楼层间梯段的数量和上下楼层方式的不同,楼梯可分为直跑式、双跑式、三跑式、多跑式及弧线形和螺旋形等多种形式。一般建筑物中最常采用的是双跑式楼梯。楼梯的平面类型与建筑平面有关,当楼梯的平面为矩形时,可以做成双跑式;接近正方形的平面,适合做成三跑式;圆形的平面可以做成螺旋形。有时,综合考虑建筑物内部的装饰效果,还常常做成双分式和双合式等形式的楼梯。

1.直跑式楼梯

直跑式楼梯是指沿着一个方向上楼的楼梯,它有单跑和双跑之分(图 6-2)。直跑式楼梯所占楼梯间的宽度较小,长度较大,常用于住宅等层高较小的房屋。

2.双跑式楼梯

双跑式楼梯是指第二跑楼梯段折回和第一跑楼梯段平行的楼梯[图 6-3(a)]。双跑式楼梯所占楼梯间长度较小,面积紧凑,使用方便,是建筑物中采用较多的一种形式。

3.折角式楼梯

折角式楼梯是指第二跑楼梯段变向同第一跑楼梯段方向垂直的楼梯[图 6-3(b)],适合布置在房间的一角。

4.双分式楼梯

双分式楼梯是指第一跑为一个较宽的梯段,经过平台后分成两个较窄的楼梯段且与上一楼层相连的楼梯[图 6-4(a)],常用于公共建筑的门厅中。

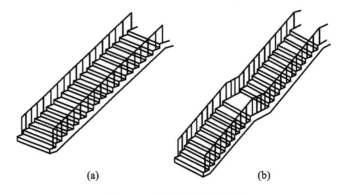

图 6-2 直跑式楼梯示意图

(a)单跑;(b)双跑

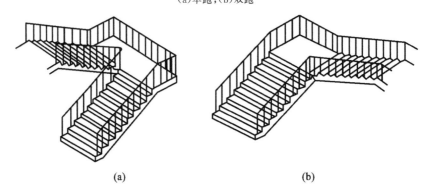

图 6-3 双跑式楼梯和折角式楼梯示意图

(a)双跑式楼梯;(b)折角式楼梯

5. 双合式楼梯

双合式楼梯是指第一跑为两个较窄的楼梯段,经过平台后合成一个较宽的楼梯段且与上一楼层相连的楼梯[图 6-4(b)]。双合式楼梯和双分式楼梯一样,适合布置在公共建筑的门厅中。

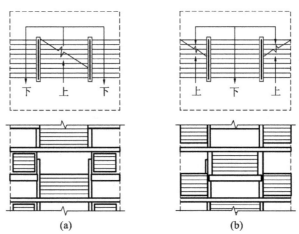

图 6-4 双分式楼梯和双合式楼梯示意图

(a)双分式楼梯;(b)双合式楼梯

6.多跑式楼梯

多跑式楼梯是指楼梯梯段较多的楼梯,常指三跑式、四跑式楼梯(图 6-5)。多跑式楼梯的梯段围绕的中间部分形成较大的楼梯井,因而不能用于幼儿园、中小学校等儿童经常使用楼梯的建筑,否则应有可靠的安全措施。其通常由于布置双跑式楼梯长度不够,或者为了楼梯井顶部采光、布置电梯、美观等要求而采用。

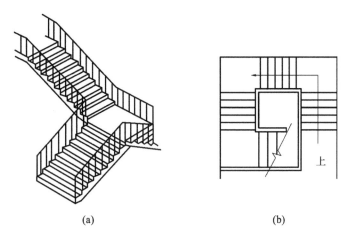

(a) (b)

图 6-5 多跑式楼梯示意图

(a)三跑式楼梯;(b)四跑式楼梯

7.剪刀式楼梯

剪刀式楼梯相当于双跑式楼梯对接(图 6-6),多用于人流较大的公共建筑。

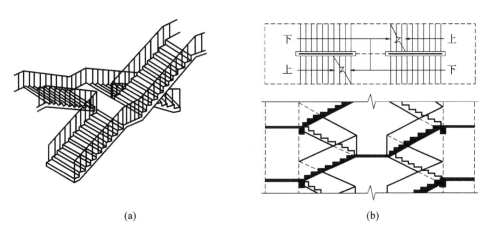

(a) (b)

图 6-6 剪刀式楼梯示意图

8.曲线式楼梯

曲线式楼梯有弧线形、螺旋形等形式(图 6-7)。曲线式楼梯造型比较美观,有较强的装饰效果,多用于公共建筑的大厅中。

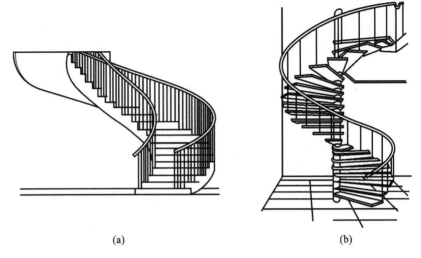

图 6-7　曲线式楼梯示意图

(a)弧线形楼梯;(b)螺旋形楼梯

学习任务二　楼梯的尺度及设计要求

一、楼梯的尺度

1.楼梯的坡度

楼梯的坡度是指楼梯段的坡度。它有两种表示方法:一种是用斜面和水平面所夹角度表示;另一种是用斜面的垂直投影高度与斜面的水平投影长度之比表示。楼梯常见坡度范围为 20°～45°,即 1/2.75～1/1,其中 30°左右较为常用。坡度小于 20°时,应采用坡道形式;坡度大于 45°时,则采用爬梯。楼梯、坡道、爬梯的坡度范围如图 6-8 所示。

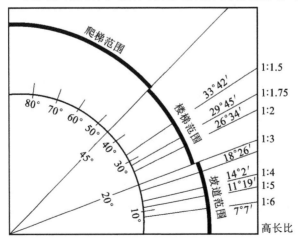

图 6-8　楼梯、坡道、爬梯的坡度范围

　　楼梯的坡度应根据使用情况合理选择。楼梯的坡度越小越平缓,行走越舒适,同时扩大了楼梯间的进深,增加了建筑面积和造价;楼梯坡度越大越陡,行走越吃力,但却减小了楼梯间的进深,降低了建筑面积和造价。因此,在坡度选择上,要注意协调使用和经济两者之间的矛盾。一般来讲,公共建筑中的楼梯使用人数较多,坡度应平缓些;住宅建筑中的楼梯使用人数较少,坡度可稍陡些;专供老年人或幼儿使用的楼梯,坡度须平缓些。

　　2.楼梯踏步尺寸

　　楼梯梯段是由若干踏步组成的,每个踏步由踏面和踢面组成(图6-9)。楼梯梯段是供人通行的,因此踏步尺寸要与人行走有关,即踏面宽度与人的脚长和上下楼梯时脚与踏面接触状态有关。踏面宽300mm时,人的脚可以完全落在踏面上,行走舒适。当踏面宽度减小时,人行走时脚跟部分会悬空,行走就不方便。一般踏面宽度不宜小于240mm。踢面高度的确定与踏面宽度有关:①踢面高度和踏面宽度之比决定楼梯坡度;②踢面高度和踏面宽度之和要与人的跨步长度相吻合。可按下列经验公式计算踏步尺寸。

$$2h + b = 600 \sim 620\text{mm}$$

或

$$h + b = 450\text{mm}$$

式中　h——踏步踢面高度;

　　　　b——踏步踏面宽度;

　　　　$600 \sim 620\text{mm}$——一般人的步距。

　　常用适宜踏步尺寸见表6-1。

表6-1　　　　　　　　　　　　　　常用适宜踏步尺寸

名称	住宅	学校、办公楼	剧院、会堂	医院(病人用)	幼儿园
踏步高度/mm	150～175	140～160	120～150	150	120～150
踏步宽度/mm	250～300	280～340	300～350	300	260～300

　　当踏步尺寸较小时,可以采取加做踏口或使踢面倾斜的方式加宽踏面。踏口的挑出尺寸为20～25mm,这个尺寸过大时行走不方便。踏步尺寸见图6-9。

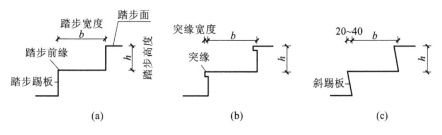

图6-9　踏步尺寸
(a)踏步;(b)加做踏口;(c)踢面倾斜

　　3.栏杆(或栏板)扶手高度

　　栏杆(或栏板)是楼梯梯段的安全设施,一般设在楼梯段的边缘和平台临空的一边,要求其坚固可靠,并具有足够的安全高度。栏杆(或栏板)上要安装扶手,供人们依扶着上下楼梯。有时在楼梯段宽度大于1400mm时,还要设靠墙扶手。楼梯段宽度超过

2200mm 时,还应设中间扶手。扶手高度是指踏面中心到扶手顶面的垂直距离。扶手高度的确定要考虑人们通行楼梯段时依扶的方便。一般室内扶手高度取 900mm;托幼建筑中楼梯扶手高度应适合儿童身高,一般取 600mm,但注意在 600mm 处设一道扶手,900mm 处仍应设扶手,此时楼梯是双道扶手(图 6-10)。顶层平台的水平安全栏杆(或栏板)扶手高度应适当加大一些,一般不宜小于 1000mm,为防止儿童穿过栏杆(或栏板)空当而发生危险,栏杆(或栏板)之间的水平距离不应大于 120mm。室外楼梯扶手高度也应适当加大一些,不小于 1050mm。

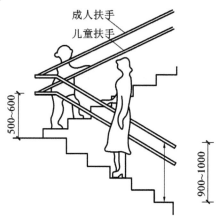

图 6-10 栏杆(或栏板)扶手高度

4.楼梯段的宽度

楼梯段是楼梯的主要组成部分之一,它是供人们上下通行的,因此楼梯段的宽度必须满足上下人流及搬运物品的需要。楼梯段宽度的确定要考虑同时通过人流的股数及是否需通过尺寸较大的家具或设备等特殊的需要。一般楼梯段需考虑同时至少通过两股人流,即上行与下行人流在楼梯段中间相遇能通过。根据人体尺度,每股人流宽可考虑取 550mm+(0～150mm),这里 0～150mm 是人流在行进中人体的摆幅。双人通行时,其为 1100～1400mm,以此类推。表 6-2 提供了楼梯段宽度的设计依据。同时,还需满足各类建筑设计规范中对楼梯段宽度的限定,如住宅大于或等于 1100mm,公共建筑大于或等于 1300mm 等。楼梯两梯段的间隙称楼梯井,楼梯井的宽度一般取 60～200mm。住宅共用楼梯段净宽不应小于 1.1m。楼层为 6 层及以下,一边设有栏杆时,梯段净宽不应小于 1.0m。

表 6-2   **楼梯段宽度**   (单位:mm)

计算依据:每股人流宽度为 550+(0～150)		
类别	梯段宽度	备注
单人通过	＞900	满足单人携物通过
双人通过	1100～1400	
三人通过	1650～2100	

5.楼梯平台的宽度

楼梯平台是楼梯段的连接,有供行人稍加休息之用。因此,楼梯平台宽度应大于或至少等于楼梯段的宽度,即规定了楼梯平台宽度取值的下限。在实际楼梯设计中,平台宽度的确定还要根据具体情况来分析。住宅共用楼梯平台净宽不小于梯段净宽,且不得小于1.2m。

6.楼梯的净空高度

楼梯的净空高度包括楼梯段的净高和平台过道处的净高。楼梯段的净高是指自踏步前缘线(包括最低和最高一级踏步前缘线以外0.3m范围内)至正上方突出物下缘的垂直距离。平台过道处净高是指平台梁底至平台梁正下方踏步或楼地面上边缘的垂直距离。为保证在这些部位通行或搬运物件时不受影响,其净空高度在平台过道处应大于2m,在楼梯段处应大于2.2m(图6-11)。

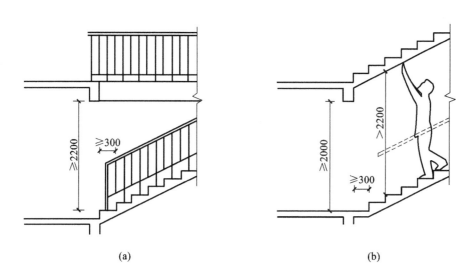

图 6-11 楼梯下面净空高度控制

(a)平台梁下净高;(b)梯段下净高

在一双跑式楼梯中,当首层平台下所做通道不能满足2m的净高要求时,可以采取以下方法解决:

①将底层第一梯段增长,形成级数不等的梯段[图6-12(a)],这种方法必须加大进深。

②楼梯段长度不变,降低梯间底层的室内地面标高[图6-12(b)],若采用这种方法处理,梯段构件要统一,且室内外地坪高差要满足使用要求。

③将上述两种方法结合,既利用部分室内外高差,又做成不等跑梯段,以满足楼梯净空高度要求[图6-12(c)],这种方法较常用。

④底层用直跑式楼梯,直达2层[图6-12(d)],采用这种方法处理,楼梯段需较长,楼梯间也需较长。

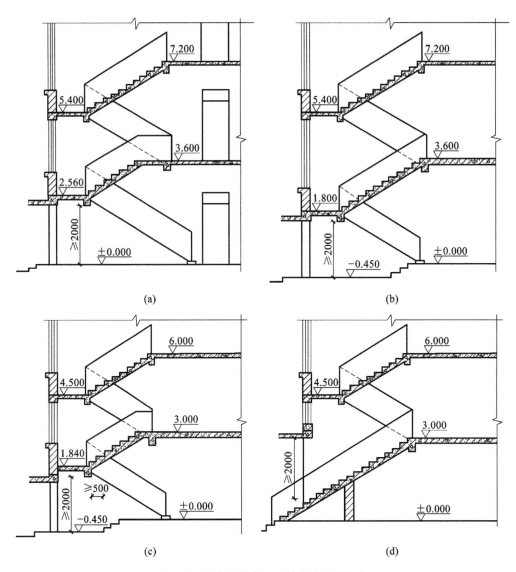

图6-12 平台下做出入口的几种处理方式

(a)底层设计成"长短跑";(b)增加室内外高差;
(c)底层设计成"长短跑"和增加室内外高差相结合;(d)底层采用直跑式梯段

二、楼梯的表达方式

楼梯主要是依靠楼梯平面和与其对应的剖面来表达的。

(一)楼梯平面的表达

楼梯平面因其所处楼层的不同而有不同的表达。所谓平面图,其实是水平的剖面图,剖切的位置在楼层以上1m左右,因此在楼梯的平面图中会出现折断线。无论是底层、中间层还是顶层楼梯平面图,都必须用箭头标明上下行的方向,而且必须从正平台(楼层)开始标注。这里以双跑式楼梯为例来说明其平面的表示方法。

在双跑式楼梯底层平面中,只能看到部分楼梯段,折断线将梯段在1m左右切断。双跑式楼梯的平面表示方法如图6-13所示。楼梯底层平面中一般只有上行梯段;顶层平面(不上屋顶的楼梯)的剖切位置在栏杆之上,因此图中没有折断线,但会出现两段完整的梯段和平台。中间层平面既要画出被切断的上行梯段,又应画出该层下行的梯段,其中有部分下行梯段被上行梯段遮住(投影重合),以45°折断线为分界线。

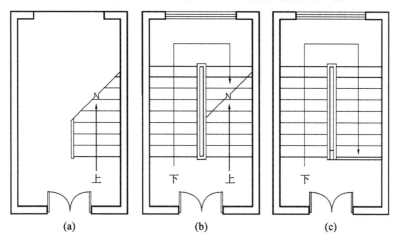

图6-13　楼梯平面表示方法

(a)底层平面;(b)中间层平面;(c)顶层平面

(二)楼梯剖面的表达

楼梯剖面能完整、清晰地表达出房屋的层数、梯段数、步级数以及楼梯类型及其结构形式。楼梯剖面图中应标注楼梯垂直方向的各种尺寸,如楼梯平台下净空高度、栏杆扶手高度等,楼梯剖面的表示方法如图6-14所示。剖面图还必须符合结构、构造的要求,如平台梁的位置、圈梁的设置及门窗洞口的合理选择等。

三、楼梯设计

楼梯是房屋各楼层间的垂直交通联系部分,是楼层人流疏散必经的通路。楼梯设计应根据使用要求,选择合适的形式和恰当的位置,根据使用性质、人流通行情况及防火规范综合确定楼梯的宽度及数量,并根据使用对象和使用场合选择最合适的坡度。这里只介绍在已知楼梯间的层高、开间、进深的前提下楼梯的设计。楼梯尺寸的确定如图6-15所示。

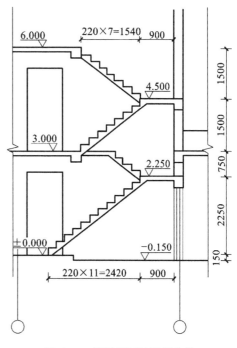

图6-14　楼梯剖面的表示方法

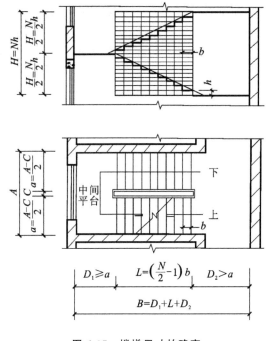

图 6-15　楼梯尺寸的确定

1.设计步骤

(1)根据建筑物的类别和楼梯在平面中的位置,确定楼梯的形式。

(2)根据楼梯的性质和用途,确定楼梯的适宜坡度,选择踏步高度 h,踏步宽度 b。

(3)根据通过的人数和楼梯间的尺寸,确定楼梯间的梯段宽度 a。

$$a = \frac{A-C}{2}$$

式中　A——开间净宽;

　　　C——两梯段之间的缝隙宽,考虑消防、安全和施工的要求,$C=60\sim200\text{mm}$。

(4)确定踏步级数。用房屋的层高 H 除以踏步高度 h,得出踏步级数 $N=H/h$。踏步应为整数。结合楼梯的形式,确定每个楼梯段的级数。

(5)由初定的踏步宽度 b 确定楼梯段的水平投影长度 L,$L=(0.5N-1)b$。注意楼梯段的踏面数比踏步级数少 1,最后一个踏步宽并入了平台宽。

(6)根据初选中间平台宽度 D_1($D_1 \geq a$)和楼层平台宽度 D_2($D_2 \geq a$)以及水平投影长度 L 检验楼梯间进深净长度 B,$B=D_1+L+D_2$。如不能满足,可对 L 值进行调整,即调整 b 值。

(7)进行楼梯净空高度的计算,使之符合净空的要求。

(8)绘制楼梯平面图及剖面图。

2.设计实例

【例 6-1】　某六层学生宿舍楼的层高 3300m,楼梯间开间 4000m,进深 6600m。楼梯平台下作出入口,室内外高差 600mm。试设计楼梯。

【解】　(1)根据题意,楼梯为双跑式楼梯。

(2)该建筑为学生宿舍楼,楼梯通行人数较多,楼梯的坡度应平缓些,初选踏步高150mm,踏步宽300mm。

(3)根据开间4.0m,减去两个半墙厚(120×2)mm和楼梯井宽60mm,计算出楼梯段的宽度,即

$$a=\frac{4000-120\times2-60}{2}=1850(\text{mm})>550\times2=1100(\text{mm})$$

楼梯段宽度满足通行两股人流的要求。

(4)确定踏步级数。

房屋的层高除以踏步高:

$$\frac{3300}{150}=22(\text{级})$$

初步确定为等跑楼梯,每个楼梯段的级数为

$$\frac{22}{2}=11(\text{级})$$

(5)确定平台宽度。

平台宽度要大于或等于楼梯段宽度。即楼梯平台宽度

$$D'=D_1+D_2\geqslant1850\text{mm}$$

(6)确定楼梯段的水平投影长度,验算楼梯间进深是否够用。

此时注意第一级踏步起跑位置,距走廊或门口边要有规定的过渡空间(550mm)。

$$300\times10+1850+550=5400(\text{mm})<6600-120\times2=6360(\text{mm})$$

故满足过渡空间的规定。

(7)进行楼梯净空高度计算。

首层平台下净空高度等于平台标高减去平台梁高,考虑平台梁高为350mm左右。

$$150\times11-350=1300(\text{mm})$$

故不满足2000mm的净空要求。采取两种措施:一是将首层楼梯做成不等跑楼梯,第一跑为13级,第二跑为9级;二是利用室内外高差,室内外高差为600mm,由于楼梯间地坪和室外地面还必须有至少100mm的高差,故利用450mm的高差,设3个踏步高为150mm的踏步。此时平台梁下净空高度为

$$150\times13+450-350=2050(\text{mm})$$

故满足净空要求。

下面进一步验算进深是否满足要求。

$$300\times12+1850+550=6000(\text{mm})<6600-120\times2=6360(\text{mm})$$

故进深满足要求。

(8)将上述设计结果绘制成图6-16。

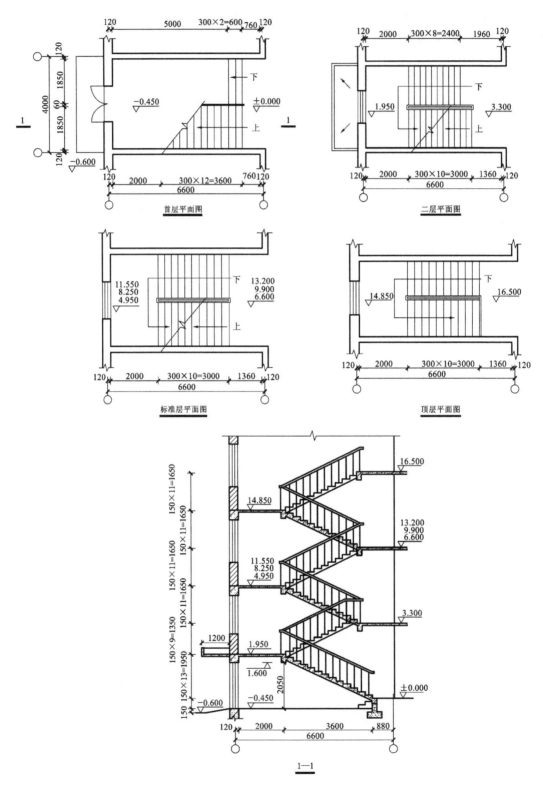

首层平面图

二层平面图

标准层平面图

顶层平面图

1—1

图 6-16　学生宿舍楼楼梯设计图

学习任务三　钢筋混凝土楼梯构造

构成楼梯的材料可以是木材、钢筋混凝土、型钢，也可以是多种材料混合使用。因为楼梯在紧急疏散时起着重要的作用，所以防火性能较差的木材现今较少用于楼梯的结构部分，尤其较少用于公共部位的楼梯上。型钢作为楼梯构件，也必须经过特殊的防火处理。由于钢筋混凝土楼梯具有坚固耐久、节约木材、防火性能好、可塑性强等优点，因此得到了广泛应用。

按施工方法不同，钢筋混凝土楼梯主要有现浇（又称整体式）楼梯和预制装配式楼梯两类。

一、现浇钢筋混凝土楼梯构造

(一)现浇钢筋混凝土楼梯的特点

现浇钢筋混凝土楼梯是指楼梯段、楼梯平台等整浇在一起的楼梯。其整体性好，刚度大，坚固耐久，抗震较为有利。但是在施工过程中，要经过支模板、绑扎钢筋、浇灌混凝土、振捣、养护、拆模等作业，受外界环境因素影响较大，工人劳动强度大。在拆模之前，不能利用它进行垂直运输。因此，其较适合用于较小且抗震设防要求较高的建筑中。螺旋形楼梯、弧线形楼梯等形状复杂的楼梯，也宜采用现浇钢筋混凝土楼梯构造。

(二)现浇钢筋混凝土楼梯的分类及其构造

现浇钢筋混凝土楼梯按照楼梯段的传力特点，分为板式楼梯和梁板式楼梯两种。

1.板式楼梯

板式楼梯的楼梯段作为一块整浇板，斜向搁置在平台梁上，楼梯段相当于一块斜放的板，平台梁之间的距离即为板的跨度[图 6-17(a)]。楼梯段应沿跨度方向布置受力钢筋，也有带平台板的板式楼梯，即把两个或一个平台板和一个梯段组合成一块折形板。这样处理使得平台下净空扩大了，但斜板跨度增加了[图 6-17(b)]。当楼梯荷载较大，楼梯段斜板跨度较大时，斜板的截面高度也将很大，钢筋和混凝土用量增加，经济性下降。因此，板式楼梯常用于楼梯荷载较小、楼梯段的跨度也较小的住宅等。板式楼梯段的底面应平齐，便于装修。

板式楼梯的传力路径是荷载通过斜板传给两端平台梁，平台梁进一步将荷载传给两端的墙或柱，最后传给基础。

2.梁板式楼梯

当梯段较宽或楼梯负载较大时，采用板式楼梯往往不经济，需增加梯段斜梁（简称梯梁）以承受板的荷载，并将荷载传给平台梁，这种梯段称为梁板式梯段。

梁板式楼梯由踏步板、楼梯斜梁、平台梁和平台板组成。荷载由踏步板传给斜梁，再经斜梁传给平台梁，最后传到墙或柱上。梁板式楼梯在结构布置上有双梁式和单梁式之分。

(1)双梁式楼梯。

双梁式楼梯是将梯段斜梁布置在踏步的两端，这时踏步板的跨度便是梯段的宽度，

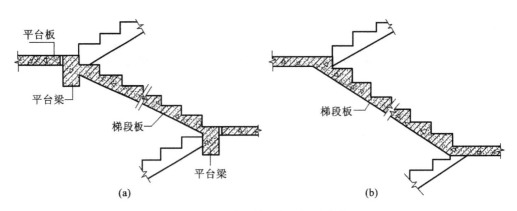

图 6-17 现浇钢筋混凝土板式楼梯

也就是楼梯段斜梁间的距离。梁板式楼梯与板式楼梯相比,板的跨度小,故在板厚相同的情况下,梁板式楼梯可以承受较大的荷载。反之,荷载相同的情况下,梁板式楼梯的板厚可以比板式楼梯的板厚小。

梁板式楼梯按其斜梁所在位置不同,分为正梁式楼梯(明步楼梯)和反梁式楼梯(暗步楼梯)两种。

①正梁式楼梯。正梁式楼梯指斜梁在踏步板之下,踏步板外露的楼梯,又称明步楼梯[图 6-18(a)]。明步楼梯形式较为明快,但在板下漏出的梁的阴角容易积灰。

②反梁式楼梯。反梁式楼梯指斜梁在踏步板之下,形成反梁,踏步包在里面的楼梯,又称暗步楼梯[图 6-18(b)]。暗步楼梯底面平整,洗刷楼梯时污水不致污染楼梯底面。但由于斜梁占去了一部分楼梯的宽度,所以应尽量将边梁做得窄一些,必要时可以与栏

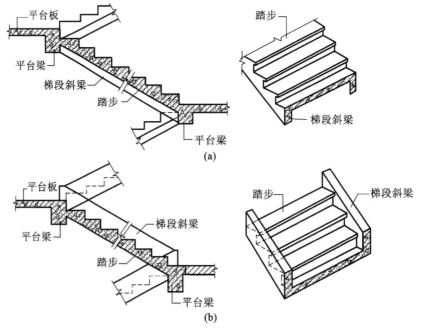

图 6-18 现浇钢筋混凝土梁板式楼梯

(a)正梁式楼梯;(b)反梁式楼梯

杆结合。

（2）单梁式楼梯。

单梁式楼梯是近年来公共建筑中采用较多的一种结构形式。这种楼梯的每个梯段由一根梯梁支承踏步。其梯梁布置有两种方式：一种是单梁悬臂式楼梯［图 6-19(a)］，另一种是单梁挑板式楼梯［图 6-19(b)］。单梁式楼梯受力复杂，梯梁不仅受弯，而且受扭。但这种楼梯外形轻巧、美观，常为建筑空间造型所采用。

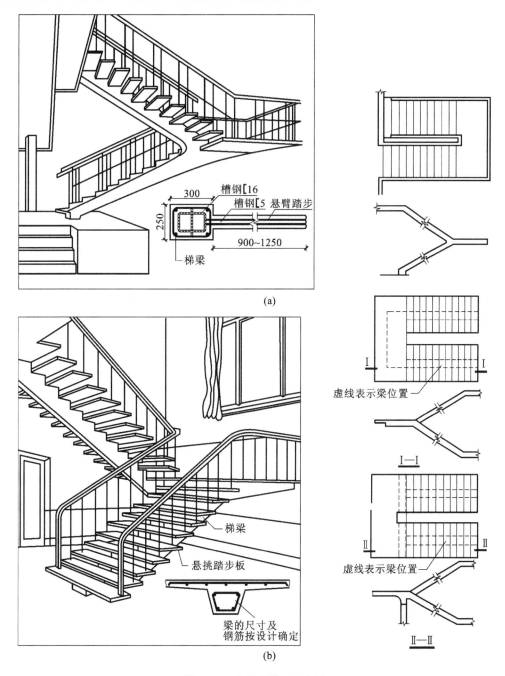

图 6-19　单梁式楼梯示意图

(a)单梁悬臂式楼梯；(b)单梁挑板式楼梯

二、预制装配式钢筋混凝土楼梯构造

(一)预制装配式钢筋混凝土楼梯的特点

在建筑工程中,随着预制装配式钢筋混凝土楼板的大量使用,一些建筑也开始采用预制装配式钢筋混凝土楼梯。预制装配式钢筋混凝土楼梯是指用预制厂生产或现场制作的构件安装拼合而成的楼梯。采用预制装配式楼梯较现浇钢筋混凝土楼梯可提高工业化施工水平,节约模板,简化操作程序,较大幅度地缩短工期。但预制装配式钢筋混凝土楼梯的整体性、抗震性、灵活性等不及现浇钢筋混凝土楼梯。

(二)预制装配式钢筋混凝土楼梯的分类及其构造

预制装配式钢筋混凝土楼梯有多种不同的构造形式。按楼梯构件的合并程度,其一般可分为小型、中型和大型构件装配式楼梯。

1.小型预制构件装配式楼梯

小型预制构件装配式楼梯是将楼梯按组成分解为若干小构件,如将梁板式楼梯分解成预制踏步板、预制斜梁、预制平台梁和预制平台板。每一构件体积小、重量轻,易于制作,便于运输和安装。但安装次数多,安装节点多,安装速度慢,安装湿作业工作量大,需要较多的人力且工人劳动强度也较大。这种小型构件装配式楼梯适用于施工现场机械化程度低的工地。

(1)预制踏步。

钢筋混凝土预制踏步从断面形式看,一般有一字形、正反 L 形(L 形和倒 L 形)和三角形三种(图 6-20)。

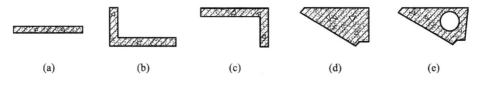

(a)   (b)   (c)   (d)   (e)

图 6-20　预制踏步的形式
(a)一字形;(b)L 形;(c)倒 L 形;(d)三角形;(e)抽孔三角形

①一字形踏步制作方便,简支和悬挑均可。

②L 形踏步有正反两种,即 L 形和倒 L 形。L 形踏步的肋向上,每两个踏步接缝在踢面上、踏面下,踏面板端部可突出于下面踏步的肋边,形成踏口,同时下面的肋可做上面板的支承[图 6-21(a)]。倒 L 形踏步的肋向下,每两个踏步接缝在踢面下、踏面上,踏面和踢面上部交接处看上去较完整[图 6-21(b)]。踏步稍有高差,便可在拼缝处调整。此种接缝须处理严密,否则在楼梯段清扫时污水或灰尘可能下落,影响下面楼梯段的正常使用。不管是 L 形踏步还是倒 L 形踏步,均可简支或悬挑。悬挑时须将压入墙的一端做成矩形截面。

③三角形踏步的最大特点是安装后底面严整。为减小踏步自重,踏步内可抽孔。预制三角形踏步多采用简支的方式。

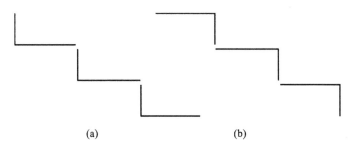

(a)　　　　　　　　　　(b)

图 6-21　L 形与倒 L 形踏步板的拼接示意图

(2)预制踏步的支承结构。

预制踏步的支承有梁承式、墙承式和悬挑式三种形式。

①梁承式。梁承式支承的构件是斜向的梯梁。预制梯梁的外形随支承的踏步形式变化。当梯梁支承三角形踏步时,梯梁为上表面平齐的等截面矩形梁[图 6-22(a)]。如果梯梁支承一字形或 L 形踏步,梯梁上表面须做成锯齿形[图 6-22(b)]。

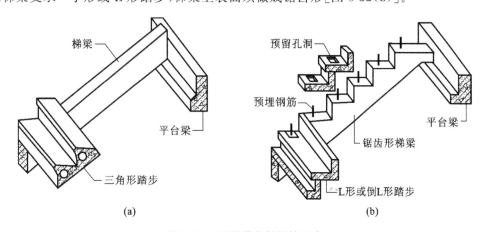

(a)　　　　　　　　　　(b)

图 6-22　预制梯段斜梁的形式

②墙承式。预制装配墙承式钢筋混凝土楼梯是把预制踏步搁置在两面墙上,而省去梯段上的斜梁,其踏步板一般采用一字形、L 形断面。这种楼梯由于在梯段之间有墙,使得视线、光线被阻挡,空间狭窄,对搬运家具及较多人流上下均不便。通常在中间墙上开设观察口,以使上下人流视线畅通(图 6-23),也可将中间墙两端靠平台部分局部收进,以使空间通透,有利于改善视线和方便搬运家具物品。但这种方式对抗震不利,施工也较麻烦。

③悬挑式。预制装配悬挑式钢筋混凝土楼梯是指预制钢筋混凝土踏步板一端嵌固于楼梯间侧墙上,另一端是悬挑的楼梯形式(图 6-24)。

这种楼梯构造简单,只要预制一种悬挑的踏步构件,按楼梯的尺寸要求,依次砌入砖墙内即可,在住宅建筑中使用较多,但其楼梯间整体刚度差,不能用于有抗震设防要求的地区。

悬挑式楼梯用于嵌固踏步板的墙体厚度不应小于 240mm,踏步板悬挑长度一般不大于 1500mm。踏步板一般采用 L 形或倒 L 形带肋断面形式。

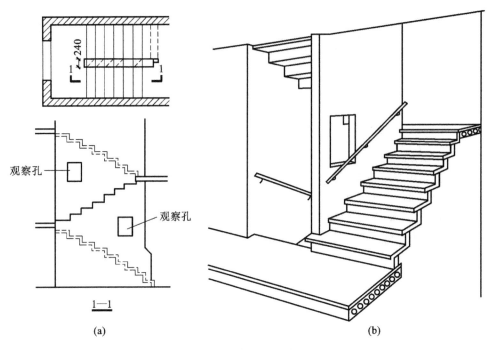

观察孔

观察孔

1—1

(a)

(b)

图 6-23　预制装配墙承式钢筋混凝土楼梯

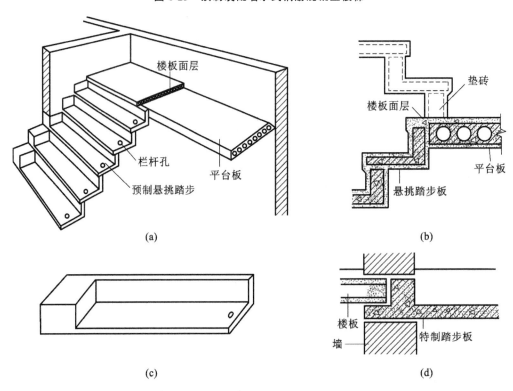

楼板面层

栏杆孔

平台板

预制悬挑踏步

(a)

垫砖

楼板面层

平台板

悬挑踏步板

(b)

楼板

墙

特制踏步板

(c)

(d)

图 6-24　预制装配悬挑式钢筋混凝土楼梯

(a)悬挑踏步式楼梯;(b)平台转换处剖面;(c)踏步构件;(d)遇楼板处构件

2.中型预制构件装配式楼梯

中型构件装配式楼梯一般由楼梯段和带梁平台板两个构件组成。带梁平台板将平台板和平台梁合并成一个构件。当起重能力有限时,可将平台梁和平台板分开,这种构造做法的平台板可以与小型构件装配式楼梯的平台板一样,采用预制钢筋混凝土槽形板或将空心板两端直接支承在楼梯间的横墙上;或采用小型预制钢筋混凝土平板,直接支承在平台梁和楼梯间的纵墙上。

3.大型预制构件装配式楼梯

大型预制构件装配式楼梯是把整个梯段和平台预制成一个构件。按结构形式不同,其有板式楼梯和梁板式楼梯两种(图6-25)。为减轻构件的重量,可以采用空心楼梯段。楼梯段和平台这一整体构件支承在钢支托或钢筋混凝土支托上。

大型构件装配式楼梯构件数量少,装配化程度高,施工速度快,但施工时需要大型的起重运输设备,因此主要用于大型装配式建筑中。

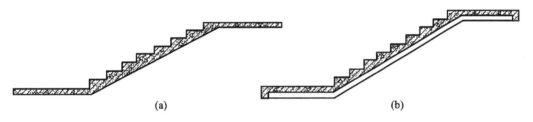

图6-25　大型构件装配式楼梯形式
(a)板式楼梯;(b)梁板式楼梯

学习任务四　楼梯细部构造

一、踏步面层及防滑处理

楼梯是供人行走的,因此楼梯的踏步面层应便于行走,耐磨、防滑,便于清洁,也要求美观。现浇楼梯拆模后一般表面粗糙,不仅影响美观,还不利于行走,因此需做面层。踏步面层的材料视装修要求而定,常与门厅或走道的楼地面面层材料一致,常用的有水泥砂浆、水磨石、天然石或人造石和缸砖等(图6-26)。

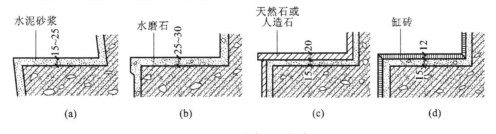

图6-26　踏步面层构造
(a)水泥砂浆面层;(b)水磨石面层;(c)天然石或人造石面层;(d)缸砖面层

对于通行人流量大或踏步表面光滑的楼梯,为防止行人在其上行走时滑跌,踏步表面应采取防滑和耐磨措施,通常是在踏步踏口处做防滑条。防滑材料可采用铁屑水泥、金刚砂、塑料条、橡胶条、金属条、马赛克等。最简单的做法是在做踏步面层时,留两三道凹槽,但其使用中易被灰尘填满,导致防滑效果不够理想,且易破损。防滑条或防滑凹槽长度一般按踏步长度每边减去150mm计。还可采用耐磨防滑材料,如利用缸砖、铸铁等做防滑包口,既防滑又起保护作用(图6-27)。对于标准较高的建筑,可铺地毯或防滑塑料或用橡胶贴面,采用这种方法处理,人行走起来有一定的弹性,而且舒适。

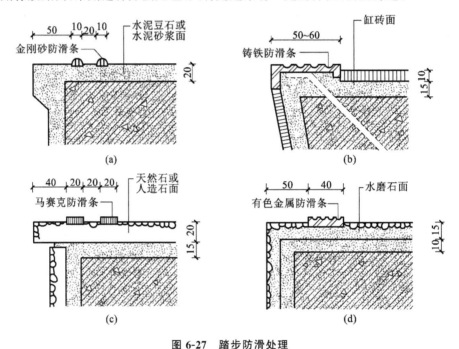

图 6-27 踏步防滑处理

(a)做金刚砂防滑条;(b)做多面铸铁防滑条;(c)做马赛克防滑条;(d)做有色金属防滑条

二、栏杆和扶手构造

楼梯栏杆和扶手是上下楼梯的安全设施,也是建筑中装饰性较强的构件,设计时应考虑坚固、安全、适用、美观的要求。

1.栏杆的构造

栏杆的构造形式可分为空花式栏杆、栏板式栏杆和组合式栏杆三种。

(1)空花式栏杆。

空花式栏杆一般采用圆钢、方钢、扁钢和钢管等金属材料做成。断面分为实心和空心两种。

实心竖杆圆形断面尺寸一般为 $\phi16\sim\phi30$mm,方形断面尺寸为 20mm×20mm～30mm×30mm。

在儿童活动场所,如幼儿园、住宅等建筑,为防止儿童穿过栏杆空挡发生危险事故,栏杆垂直杆件间的间距不应大于 110mm,且不应采用易于攀登的花饰。图 6-28 所示为空花式栏杆示例。

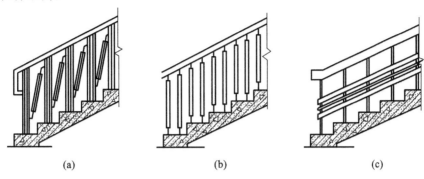

图 6-28　空花式栏杆

栏杆竖杆与梯段、平台的连接分为焊接和插接两种，即在梯段和平台上预埋钢板焊接或预留孔插接。为了保护栏杆免锈蚀和增强美观，常在竖杆下部装设套环，覆盖住栏杆梯段或平台的接头处。栏杆与梯段、平台的连接如图 6-29 所示。

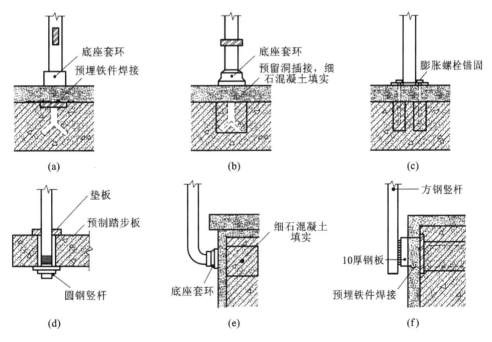

图 6-29　栏杆与梯段、平台的连接

（2）栏板式栏杆。

栏板式栏杆是以栏板取代空花式栏杆。其节约钢材，无锈蚀问题，比较安全。栏板通常采用现浇或预制钢筋混凝土栏板、钢丝网水泥栏板或砖砌栏板。

钢丝网水泥栏板是在钢筋骨架的侧面先铺钢丝网，再抹水泥砂浆而成，如图 6-30（a）所示。

砖砌栏板通常采用高标号水泥砂浆砌筑 1/2 或 1/4 标准砖，在砌体中应加拉结筋，两侧铺钢丝网，采用高标号水泥砂浆抹面，并在栏板顶部现浇钢筋混凝土通长扶手，以加强其抗侧向冲击的能力，如图 6-30（b）所示。

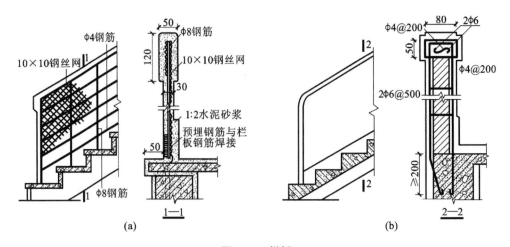

图 6-30　栏板

(a)钢丝网水泥栏板；(b)砖砌栏板

（3）组合式栏杆。

组合式栏杆是将空花式栏杆和栏板组合而形成的一种栏杆形式。栏杆为防护和美观装饰构件，通常采用木板、塑料贴面板、铝板、有机玻璃板和钢化玻璃板等材料。栏杆竖杆为主要抗侧力构件，常采用钢材或不锈钢等材料，如图 6-31 所示。

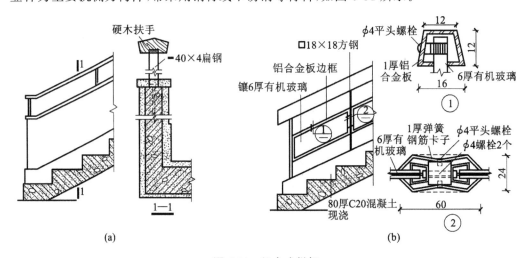

图 6-31　组合式栏杆

(a)金属栏杆与钢筋混凝土栏板组合；(b)金属栏杆与有机玻璃板组合

2.扶手的构造

扶手位于栏杆或栏板的顶部，通常用木材、塑料、钢管等材料制成。扶手的断面应该考虑人的手掌尺寸，并注意断面的美观，扶手形式如图 6-32 所示。

（1）扶手与栏杆的连接。

扶手与栏杆的连接方法视扶手和栏杆的材料而定。硬木扶手与金属栏杆的连接，通常是在金属栏杆的顶端先焊接一根通长扁钢，然后再用木螺钉将扁钢与扶手连接在一起。塑料扶手与金属栏杆的连接与硬木扶手相似。金属扶手与金属栏杆常用焊接连接，如图 6-33 所示。

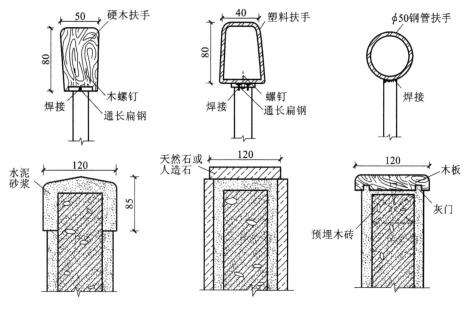

图 6-32　扶手的形式

（2）扶手端部与墙的连接。

在楼梯间的顶层，应设置水平栏杆扶手，使扶手端部与墙固定在一起。其方法为在墙上预留孔洞，将扶手和栏杆插入洞内，用水泥砂浆或细石混凝土填实。也可将扁钢用木螺钉固定于墙内预埋的防腐木砖上。若为钢筋混凝土墙或柱，则可采用预埋铁件焊接，扶手端部与墙的连接如图 6-33 所示。

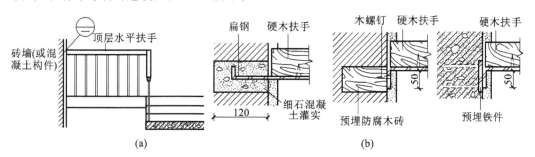

图 6-33　扶手端部与墙的连接

（a）立面图；（b）剖面图

靠墙扶手通过连接件固定于墙上。连接件通常直接埋入墙上的预留孔内，也可以预埋螺栓连接，如图 6-34 所示。

（3）扶手的细部处理。

梯段转折处扶手细部按如下方式处理：①当上下梯段齐步时，上下扶手在转折处同时向平台延伸半步，使两扶手高度相等，连接自然，但缩小了平台的有效深度；②如扶手在转折处不伸入平台，下跑梯段扶手在转折处需上弯形成鹤颈扶手，也可采用直线转折的硬接方式；③当上下梯段错一步时，扶手在转折处不需向平台延伸即可自然连接。当长短跑梯段错开几步时，将出现一段水平栏杆，如图 6-35 所示。

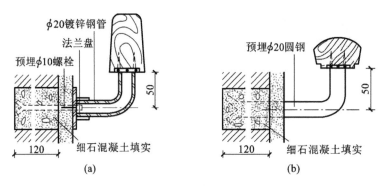

图 6-34　靠墙扶手

(a)预埋螺栓；(b)预埋连接件

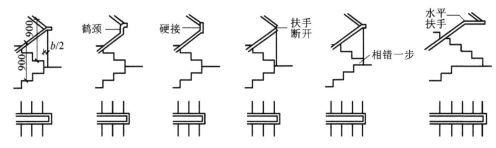

图 6-35　梯段转折处扶手的处理

3.楼梯的基础

楼梯的基础简称梯基。梯基的做法有两种(图 6-36)：一是楼梯直接设砖、石或混凝土基础；另一种是楼梯支承在钢筋混凝土地基梁上。

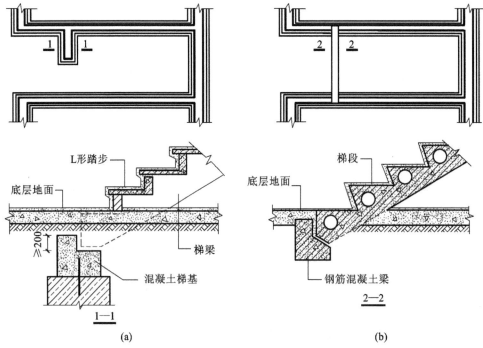

图 6-36　楼梯的基础形式

学习任务五　台阶与坡道

室外台阶和坡道是建筑物入口处连接室内外不同标高地面的构件。一般多采用台阶,当有车辆通行或室内外地面高差较小时,可采用坡道。台阶和坡道还可以一起使用。

台阶和坡道在入口处对建筑物的立面还具有一定的装饰作用,设计时既要考虑实用性,又要注重美观。

一、台阶与坡道的形式

台阶由踏步和平台组成。台阶的坡度应比楼梯小,踏步的高宽比一般为 1∶4～1∶2,通常踏步高度为 100mm,宽度为 300～400mm。平台设置在出入口与踏步之间,起缓冲作用。平台深度一般不小于 900mm,为防止雨水积聚或溢水室内,平台面宜比室内地面低 20～60mm,并向外找坡 1%～3%,以利于排水。室外台阶的形式有单面踏步式,三面踏步式,单面踏步带垂带石、方形石、花池等。坡道多为单面形式,极少有三面坡的。大型公共建筑还常将可通行汽车的坡道与踏步结合,形成壮观的大台阶。台阶与坡道的形式见图 6-37。

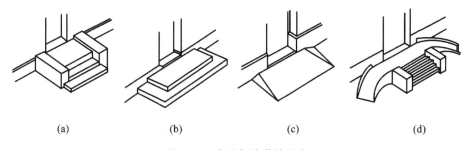

| (a) | (b) | (c) | (d) |

图 6-37　台阶与坡道的形式

(a)单面踏步式;(b)三面踏步式;(c)坡道式;(d)踏步、坡道结合式

二、台阶构造

室外台阶应坚固耐磨,具有较好的耐久性、抗冻性和抗水性。台阶按材料不同,分为混凝土台阶、石台阶和钢筋混凝土台阶等。其中,混凝土台阶应用最普遍。混凝土台阶由面层、混凝土结构层和垫层组成。面层可采用水泥砂浆或水磨石面层,也可采用缸砖、马赛克、天然石或人造石等块材,垫层可采用灰土、三合土或碎石等。

台阶在构造上要注意对变形的处理。房屋主体沉降、热胀冷缩、冰冻等因素都有可能造成台阶的变形,常见的变形如平台向主体倾斜,造成平台的倒泛水;台阶某些部位开裂等。其解决方法包括加强房屋主体与台阶之间的联系等,以形成整体沉降;或将台阶和主体完全断开,加强缝隙节点处理。在严寒地区,若台阶地基为冻胀土,为保证台阶稳定,减轻冻胀影响,可改换保水性差的砂、石类土或混砂土做垫层,以减少冰冻影响。台阶构造见图 6-38。

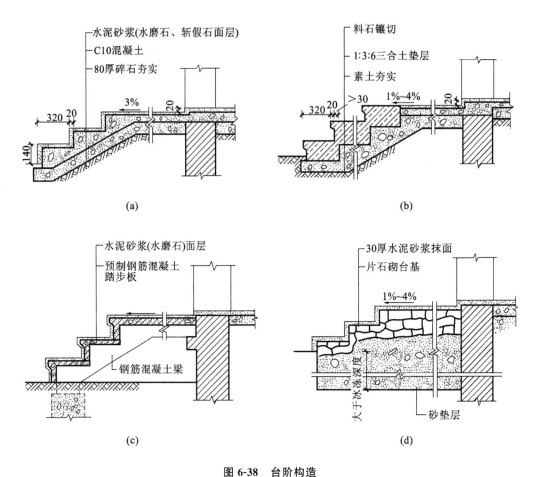

图 6-38 台阶构造

(a)混凝土台阶;(b)石台阶;(c)预制钢筋混凝土架空台阶;(d)换土地基台阶

三、坡道构造

室外门前为了便于车辆上下,常做坡道。坡道的坡度与使用要求、面层材料和做法有关。坡度大,使用不便;坡度小,占地面积大,不经济。坡道的坡度一般为 1:12～1:6,面层光滑的坡道,坡度不宜大于 1:10;粗糙材料和设防滑条的坡道,坡度可稍大,但不应大于 1:6;锯齿形坡道的坡度可加大至 1:4。

坡道与台阶一样,也应采用耐久、耐磨和抗冻性好的材料,一般多采用混凝土坡道,也可采用天然石坡道等。坡道的构造要求和做法与台阶相似,但由于坡道平缓,故对其防滑要求较高。混凝土坡道可在水泥砂浆面层上划格,以增加摩擦力,也可设防滑条,或做成锯齿形;天然石坡道可对表面做粗糙处理。坡道构造见图 6-39。

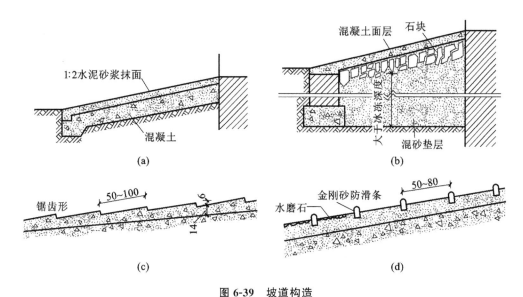

图 6-39 坡道构造

(a)混凝土坡道;(b)换土地基坡道;(c)锯齿形坡道;(d)防滑条坡道

学习任务六 电梯与自动扶梯

当房屋的层数较多(如住宅 7 层及 7 层以上),或房屋最高楼面的高度在 16mm 以上时,通过楼梯上楼或下楼不仅耗费时间,而且人的体力消耗也较大。在这种情况下应该设电梯。一些公共建筑虽然层数不多,但当建筑等级较高(如宾馆)或有特殊需要(如医院)时,也应设电梯。多层仓库及多层商店要设电梯;高层建筑应该设消防电梯;交通建筑、大型商业建筑、科教展览建筑等,人流量大,为了加快人流疏导,可设自动扶梯。

一、电梯

电梯是建筑物内部解决垂直交通的另一种措施。它运行速度快,可以节省时间和人力,在宾馆、医院、商店、机关办公楼等建筑中被广泛应用。

(一)电梯的类型

1.按使用性质分类

(1)客梯:主要用于人们在建筑物中的垂直联系。

(2)货梯:主要用于运送货物及设备。

(3)消防电梯:在发生火灾、爆炸等紧急情况下作人员安全疏散和消防人员紧急救援使用。

2.按电梯行驶速度分类

(1)高速电梯:速度大于 2m/s,梯速随层数增加而提高,消防电梯常用高速电梯。

(2)中速电梯:速度在 2m/s 之内,一般货梯按中速电梯考虑。

(3)低速电梯:速度在 1.5m/s 以内,运送食物的电梯常用低速电梯。

3.其他分类

电梯还可按单台、双台分,按交流电梯、直流电梯分,按轿厢容量分,按电梯门开启方向分等。

4.观光电梯

观光电梯是将竖向交通工具和登高流动观景相结合的电梯,透明的轿厢使电梯内外景观相互连通。

电梯的平面类型如图 6-40 所示。

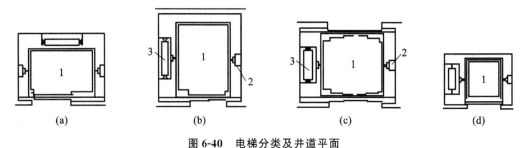

(a)   (b)   (c)   (d)

图 6-40 电梯分类及井道平面

(a)客梯(双扇推拉门);(b)病床梯(双扇推拉门);(c)货梯(中分双扇推拉门);(d)小型杂货梯

1—电梯厢;2—轨道及撑架;3—平衡重

(二)电梯的组成

电梯由井道、机房和地坑三大构造部分组成。井道内部如图 6-41 所示。

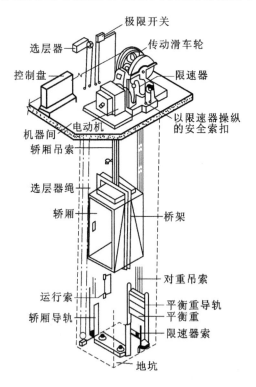

图 6-41 电梯井道内部透视示意图

1.电梯井道

电梯井道是电梯运行的通道,井道内包括出入口、电梯轿厢、导轨、导轨撑架、平衡重及缓冲器等。不同用途的电梯,井道的平面形式不同(图6-40)。

2.电梯机房

电梯机房一般设在井道的顶部。机房和井道的平面相对位置允许机房向任意一个或两个相邻方向伸出,并满足机房有关设备安装的要求。机房楼板应按机器设备要求的部位预留孔洞。

3.井道地坑

井道地坑在最底层平面标高下不小于1.4m处,考虑电梯停靠时的冲力,作为轿厢下降时所需的缓冲器的安装空间。

4.组成电梯的有关部件

(1)轿厢:是直接载人、运货的厢体。电梯轿厢应造型美观,经久耐用,现今轿厢采用金属框架结构,内部用光洁有色钢板壁面或有色有孔钢板壁面、花格钢板地面、荧光灯局部照明以及不锈钢操纵板等。入口处则采用钢材或坚硬铝材制成的电梯门槛。

(2)井壁导轨和导轨支架:是支承、固定轿厢上下升降的轨道。

(3)牵引轮及其钢支架、钢丝绳、平衡重、轿厢开关门、检修起重吊钩等。

(4)有关电器部件:包括交流电动机、直流电动机、控制柜、继电器、选层器、动力装置、照明装置、电源开关、厅外层数指示灯和厅外上下召唤盒开关等。

(三)电梯与建筑物相关部位的构造

1.井道、机房建筑的一般要求

(1)通向机房的通道和楼梯宽度不小于1.2m,楼梯坡度不大于45°。

(2)机房楼板应平坦、整洁,能承受6kPa的均布荷载。

(3)井道壁多为钢筋混凝土井壁或框架填充墙井壁。

(4)框架(圈梁)上应预埋铁板,铁板后面的焊件与梁中钢筋焊牢。每层中间加圈梁一道,并需设置预埋铁板。

(5)电梯为两台并列时,中间可不用隔墙而按一定的间隔放置钢筋混凝土梁或型钢过梁,以便安装支架。

2.电梯导轨支架的安装

安装导轨支架分预留孔插入式和预埋铁件焊接式。

(四)电梯井道构造

1.电梯井道的设计应满足的要求

(1)井道的防火。

井道是建筑中的垂直通道,极易引起火灾的蔓延,因此井道四周应为防火结构。井道壁一般采用现浇钢筋混凝土井壁或框架填充墙井壁。同时,当井道内电梯超过两部时,需用防火围护结构加以隔开。

（2）井道的隔振与隔声。

电梯运行时会产生振动和噪声。一般在机房机座下设弹性垫层隔振，在机房与井道间设高 1.5m 左右的隔声层（图 6-42）。

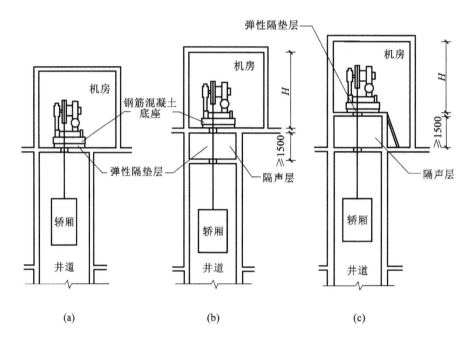

图 6-42　电梯机房隔声、隔振处理

(a)设弹性垫层；(b)设弹性垫层和隔声层；(c)设弹性垫层和凸出机房地面的隔声层

（3）井道的通风。

为使井道内空气流通，火警时能迅速排除烟和热气，应在井道肩部和中部适当位置（高层时）及地坑等处设置不小于 300mm×600mm 的通风口，上部可以和排烟口结合，排烟口面积不小于井道面积的 3.5%。通风口总面积的 1/3 应经常开启。通风管道可在井道顶板上或井道壁上直接通往室外。

（4）其他。

地坑应注意防水、防潮处理，坑壁应设爬梯和检修灯槽。

2.电梯井道细部构造

电梯井道的细部构造包括厅门的门套装修及厅门的牛腿处理，导轨撑架与井壁的固结处理等。

电梯井道可用砖砌加钢筋混凝土圈梁，但大多为钢筋混凝土结构。井道各层的出入口即为电梯间的厅门，在出入口处的地面应向井道内挑出一牛腿（图 6-43）。

由于厅门是人流或货流频繁经过的部位，故不仅要求做到坚固适用，还要满足一定的美观要求。具体的措施是在厅门洞口上部和两侧装上门套。门套装修可采用多种做法，如水泥砂浆抹面、贴水磨石板、大理石板以及硬木板或金属板贴面（图 6-44）。除金属板为电梯厂定型产品外，其余材料均为现场制作或预制。

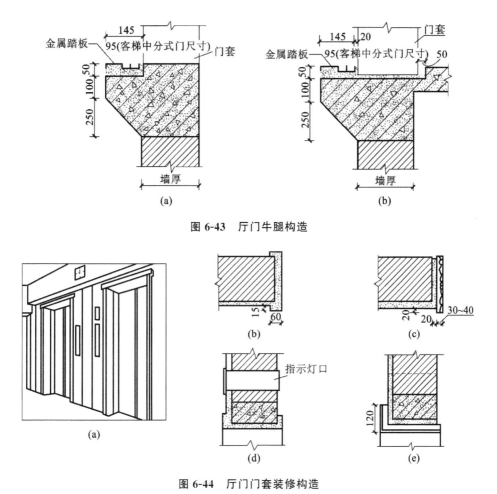

图 6-43　厅门牛腿构造

图 6-44　厅门门套装修构造

(a)电梯厅门外视图;(b)厅门两侧门套(水泥砂浆门套);(c)厅门两侧门套(水磨石门套);
(d)厅门顶部门套(水泥砂浆门套);(e)厅门顶部门套(水磨石门套)

二、自动扶梯

自动扶梯适用于有大量人流上下的公共场所,如车站、超市、商场、地铁站等。自动扶梯是建筑物层间连续运输效率最高的载客设备。自动扶梯可正、逆两个方向运行,可作提升及下降使用,机器停转时可作普通楼梯使用。

自动扶梯的坡度比较平缓,一般采用 $30°$,运行速度为 $0.5\sim0.7\mathrm{m/s}$。其按输送能力有单人楼和双人楼之分(图 6-45),其型号规格见表 6-3。自动扶梯的栏板分为全透明型、透明型、半透明型、不透明型四种。前三种内装照明灯具,最后一种靠室内照明。

自动扶梯的机械装置悬在楼板下面,楼层下做装饰处理,底层则做地坑,自动扶梯基本尺寸如图 6-46 所示。在其机房上部自动扶梯口处应做活动地板,以利于检修。地坑也应做防水处理。

自动扶梯由电动机械牵动梯段踏步连同栏杆扶手带一起运转,机房悬挂在楼板下面。

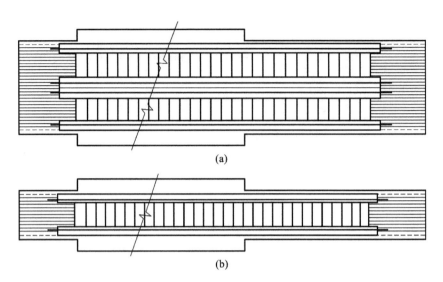

图 6-45　自动扶梯平面图

(a)双台并列；(b)单台设置

表 6-3　　　　　　　　　　　　　　　自动扶梯型号规格

电梯类型	输送能力/(人/h)	提升高度 H/m	速度/(m/s)	扶梯宽度	
				净宽 B/mm	外宽 B_1/mm
单人梯	5000	3～10	0.5	600	1350
双人梯	8000	3～8.5	0.5	1000	1750

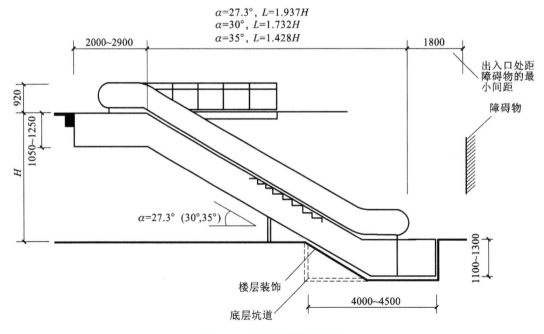

图 6-46　自动扶梯基本尺寸

➡ 单元小结

1.楼梯是建筑物中重要的结构构件,布置在楼梯间内,由楼梯段、平台及栏杆(或栏板)和扶手构成。常见的楼梯平面形式有直跑式、双跑式、多跑式、剪刀式等。楼梯的位置应明显易找,光线充足,避免交通拥挤、堵塞,同时必须满足防火要求。

2.楼梯设计时,楼梯的宽度应按人流股数确定,且应保证人流和货物的顺利通行;楼梯段坡度应根据建筑物的使用对象和使用场合确定。楼梯坡度与楼梯踏步密切相关,而踏步尺寸又与人行步距有关。

3.钢筋混凝土楼梯有现浇(整体式)和预制装配式之分,现浇楼梯可分为板式楼梯和梁板式楼梯两种结构形式,而梁板式楼梯又有双梁式和单梁式之分;小型预制构件(装配式)楼梯可分解为预制踏步和预制斜梁等。预制踏步有一字形、正反L形和三角形三种形式。预制的支承有墙承式、梁承式和悬挑式三种。

4.楼梯的细部构造包括踏步面层及防滑处理、栏杆与踏步的连接以及扶手与栏杆的连接等。

5.室外台阶与坡道是建筑物入口处连接室内外不同标高地面的构件,其平面布置形式有单面踏步式,三面踏步式,坡道式和踏步、坡道结合式。构造方式又因其所采用材料而异。

6.电梯是高层建筑的主要交通工具,由井道及机房、地坑三部分构成。其细部构造包括厅门的门套装修、厅门牛腿的处理、导轨撑架与井壁的固结处理等。自动扶梯适用于有大量人流上下的公共场所,机器停转时可以作普通楼梯使用。

➡ 能力提升

(一)填空题

1.楼梯主要由_____、_____和_____三部分组成。

2.每个楼梯段的踏步数量一般不应超过_____级,也不应少于_____级。

3.楼梯平台按位置不同分_____平台和_____平台。

4.楼梯的净高在平台处不应小于_____,在梯段处不应小于_____。

5.钢筋混凝土楼梯按施工方式不同,主要有_____和_____两类。

6.现浇钢筋混凝土楼梯的结构形式不同,有_____和_____两种类型。

7.楼梯栏杆有_____、_____和_____三种。

8.栏杆与梯段的连接方法主要有_____、_____和_____等。

9.栏杆扶手在平行楼梯的平台转弯处最常用的处理方法是_____。

10.通常室外台阶的踏步高度为_____,踏步宽度为_____。

11.在不增加梯段长度的情况下,为了增加踏步面的宽度,常用的方法是_____和_____。

12.坡道的防滑处理方法主要有_____、_____等。

13.中间平台的主要作用是_____和_____。

14.楼梯平台深度不应小于_____的宽度。

15.楼梯栏杆扶手的高度是指从_____至扶手上表面的垂直距离,一般室内楼梯的栏杆扶手高度不应小于_____。

(二)选择题

1.楼梯踏步的面宽 b 及踢面高 h ,参考经验公式为(　　)。

A. $b+2h=600\sim630mm$　　　　　　B. $2b+h=600\sim630mm$

C. $b+2h=580+620mm$　　　　　　D. $2b+h=580\sim620mm$

2.在楼梯形式中,不宜用于疏散人群的是(　　)。

A. 直跑式楼梯　　　　　　　　　B. 双跑式楼梯

C. 剪刀式楼梯　　　　　　　　　D. 螺旋形楼梯

3.单股人流的楼梯宽度为(　　),建筑规范对楼梯梯段宽度的限定对于住宅为(　　),对于公共建筑为(　　)。

A. 600~700mm,≥1200mm,≥3000mm

B. 500~600mm,≥1100mm,≥1300mm

C. 600~700mm,≥1200mm,≥1500mm

D. 550~650mm,≥1100mm,≥1300mm

4.梯井宽度以(　　)为宜。

A. 60~150mm　　　　　　　　　B. 100~200mm

C. 60~200mm　　　　　　　　　D. 60~100mm

5.楼梯下要通行,一般其净高不小于(　　)。

A. 2.4m　　　　B. 1.9m　　　　C. 2.0m　　　　D. 2.1m

6.楼梯栏杆扶手的高度一般为(　　),供儿童使用的楼梯应在(　　)高度处增设扶手。

A. 1000mm,400mm　　　　　　　B. 900mm,500~700mm

C. 900mm,500~600mm　　　　　　D. 900mm,400mm

7.防滑条应凸出踏步面(　　)。

A. 1~2mm　　　B. 5mm　　　　C. 3~5mm　　　D. 2~3mm

8.台阶与建筑出入口之间的平台一般不应(　　)且平台需做(　　)的排水坡度。

A. 小于800mm,1%　　　　　　　B. 小于1500mm,2%

C. 小于2500mm,5%　　　　　　　D. 小于1000mm,3%

9.电梯由(　　)部分组成。

A. 井道、机房、地坑、设备等　　　B. 井道、机房、平台梁、设备等

C. 井道、梯段板、地坑、设备等　　D. 井道、机房、地坑、栏杆等

10.住宅通常采用的楼梯形式为(　　)。

A. 单跑式楼梯　　　　　　　　　B. 平行双跑式楼梯

C. 弧线形楼梯　　　　　　　　　D. 螺旋形楼梯

11.梁板式楼梯由(　　)两个部分组成。

A. 平台、栏杆　　　　　　　　　B. 栏杆、梯斜梁

C. 梯斜梁、踏步板　　　　　　　D. 踏步板、栏杆

12.关于楼梯构造,下列说法不正确的是(　　)。

　　A.楼梯踏步的踏面应光洁、耐磨、易于清扫

　　B.踏步宽度不应小于280mm

　　C.一个梯段的踏面数与踢面数相等

　　D.楼梯各部位的净空高度均不应小于2m

13.关于楼梯设计规范,下列说法正确的是(　　)。

　　A.通常情况下,楼梯平台的净宽应不小于梯段的净宽

　　B.楼梯、电梯、自动楼梯是各楼层间的上下交通设施,有了电梯和自动楼梯的建筑就可以不设楼梯

　　C.高层建筑中设置了电梯,就可以不设置楼梯

　　D.楼梯梯段净高和楼梯平台部分的净高都不小于200m

(三)绘图题

1.绘制局部剖面详图表示金属栏杆与梯段连接的一种做法。

2.绘制局部剖面详图表示踏步面层、防滑和突缘的一种构造做法。

(四)思考题

1.楼梯的功能和设计要求是什么?

2.楼梯由哪几部分组成?各组成部分起何作用?

3.常见楼梯的形式有哪些?

4.关于楼梯段的最小净宽有何规定?平台宽度和梯段宽度的关系是怎样的?

5.楼梯的坡度如何确定?与楼梯踏步有何关系?确定踏步尺寸的经验公式如何使用?

6.楼梯平台下做通道时有何要求?当不能满足时可采取哪些方法予以解决?

7.楼梯为什么要设栏杆扶手?栏杆扶手的高度一般为多少?

8.现浇钢筋混凝土楼梯常见的结构形式有哪几种?各有何特点?

9.小型预制构件装配式楼梯的支承方式有哪几种?预制踏步板的形式有哪几种?各对应何种截面的梁?减轻自重的方法有哪些?

10.楼梯踏面防滑构造是怎样的?

11.识读构造图说明栏杆与扶手、梯段如何连接。

12.栏杆扶手在平行双跑式楼梯平台转弯处应如何处理?

13.简述室外台阶的组成、形式、构造要求及做法。

14.如何进行坡道防滑?

15.电梯井道的构造要求是什么?

➥ 实 训 任 务

楼梯构造设计。

依据下列条件和要求,设计某住宅的钢筋混凝土双跑式楼梯。

1.设计条件

该住宅为6层砖混结构,层高2.8m,楼梯间平面见图6-47。墙体均为240砖墙,轴

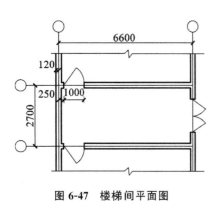

图 6-47 楼梯间平面图

线居中,底层设有住宅出入口,室内外高差为 600mm。

2.设计内容及深度要求

用一张 A2 图纸完成以下内容:

(1)楼梯间底层、标准层和顶层三个平面图,比例 1:50。

①绘出楼梯间墙、门窗、踏步、平台及栏杆扶手等。底层平面图还应绘出室外台阶或坡道、部分散水的投影等。

②标注两道尺寸线。

开间方向。

第一道:细部尺寸,包括梯段宽、梯井宽和墙内缘至轴线尺寸;

第二道:轴线尺寸。

进深方向。

第一道:细部尺寸,包括梯段长度、平台深度和墙内缘至轴线尺寸;

第二道:轴线尺寸。

③内部标注楼层和中间平台标高、室内外地面标高,标注楼梯上下行指示线,并注明该层楼梯的踏步数和踏步尺寸。

④注写图名、比例,底层平面图还应标注剖切符号。

(2)楼梯间剖面图,比例 1:30。

①绘出梯段、平台、栏杆扶手、室内外地面、室外台阶或坡道、雨篷,以及剖切到投影所见的门窗、楼梯间墙等,剖切到部分用材料图例表示。

②标注两道尺寸线

水平方向。

第一道:细部尺寸,包括梯段长度、平台宽度和墙内缘至轴线尺寸;

第二道:轴线尺寸。

垂直方向。

第一道:各梯段的级数及高度;

第二道:层高尺寸。

③标注各楼层和中间平台标高、室内外地面标高、底层平台梁底标高、栏杆扶手高度等。注写图名和比例。

(3)楼梯构造节点详图(2~5 个),比例 1:10。

要求把各细部构造、标高有关尺寸和做法说明表示清楚。

学习情境七 屋 顶

【知识目标】

熟悉屋顶的作用功能、设计要求及分类,平瓦屋面的构造做法。掌握平屋顶的排水方式、排水坡度及形成方式,屋顶排水设计方法;柔性与刚性屋面的概念、构造做法、适用范围及保证其工程质量的措施;平屋顶的保温与隔热构造做法,防水的构造及屋面排水的构造做法;坡屋面的承重方案。

【能力目标】

熟悉平屋顶屋面排水系统的组织和排水做法,能绘制屋顶平面图;能区分各类屋面防水的构造层次及做法;了解屋面保温、隔热的做法。

学习任务一 屋顶的类型和设计要求

屋顶是建筑最上层的覆盖构件。它主要有两个作用:一是承受作用于屋顶上的风荷载、雪荷载和屋顶自重等,起承重作用;二是防御自然界的风、雨、雪、太阳辐射热和冬季低温等的影响,起围护作用。因此,屋顶具有不同的类型和相应的设计要求。

一、屋顶的类型

屋顶按屋面坡度及结构选型的不同,可分为平屋顶、坡屋顶及其他形式的屋顶三大类。

(一)平屋顶

平屋顶通常是指屋面坡度小于5%的屋顶,常用坡度范围为2%～3%。其一般是用现浇或预制钢筋混凝土屋面板做基层,上面铺设卷材防水层或其他类型防水层。这种屋顶是目前应用最为广泛的一种屋顶形式,其主要优点是可以节约建筑空间,提高预制安装程度,加快施工速度。另外,平屋顶还可用作上人屋面,给人们提供一个休闲活动场所。图7-1所示为平屋顶常见的几种形式。

图 7-1　常见的平屋顶形式

(a)挑檐；(b)女儿墙；(c)挑檐女儿墙；(d)盝顶

(二)坡屋顶

坡屋顶通常是指屋顶坡度在 10％以上的屋顶，常用坡度范围为 10％～60％。坡屋顶是我国传统的建筑屋顶形式，有着悠久的历史。根据构造不同，常见形式有单坡、双坡屋顶，硬山及悬山屋顶，歇山及庑殿屋顶，圆形或多角形攒尖屋顶等。即使是一些现代的建筑，考虑到景观环境或建筑风格的要求，也常采用坡屋顶。图 7-2 所示为坡屋顶常见的几种形式。

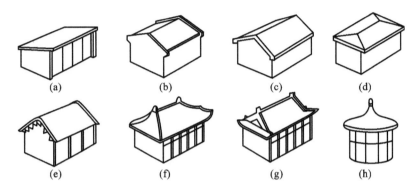

图 7-2　常见的坡屋顶形式

(a)单坡屋顶；(b)硬山两坡屋顶；(c)悬山两坡屋顶；(d)四坡屋顶；

(e)卷棚屋顶；(f)庑殿屋顶；(g)歇山屋顶；(h)圆攒尖屋顶

(三)其他形式的屋顶

随着建筑科学技术的发展，出现了许多新型的空间结构形式，也相应地出现了许多新型的屋顶形式，如拱结构、薄壳结构、悬索结构和网架结构等。这类屋顶一般用于较大体量的公共建筑，如图 7-3 所示。

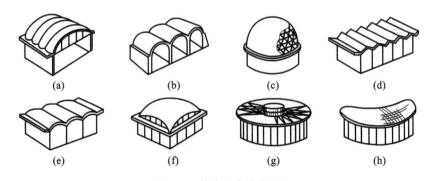

图 7-3　其他形式的屋顶

(a)双曲拱屋顶；(b)砖石拱屋顶；(c)球形网壳屋顶；(d)Ｖ形网壳屋顶；

(e)筒壳屋顶；(f)扁壳屋顶；(g)车轮形悬索屋顶；(h)鞍形悬索屋顶

二、屋顶的设计要求

屋顶作为建筑物必不可少的组成部分,具有多重功能。屋顶构造设计须满足以下设计要求。

(一)强度和刚度要求

屋顶既是房屋的围护结构,又是房屋的承重结构,因此要求其首先要有足够的强度,以承受作用于其上的各种荷载的作用;其次要有足够的刚度,防止因过大的变形导致屋面防水层开裂而渗水。

(二)防水排水要求

屋顶防水排水是屋顶构造设计应满足的基本要求。在屋顶的构造设计中,主要是依靠"防"和"排"的共同作用来完成防水要求的。"防"即用不透水的材料相互搭接而铺满整个屋面,形成一个水无法通过的覆盖层,防止水的渗漏;"排"即利用屋面适宜的较大坡度,使降于屋面的水能顺势快速地撤离屋面。无论是平屋面还是坡屋面,都是利用"防"与"排"之间相互依赖又相互补充的辩证关系,来作为屋面防水排水的构造设计原理。现行《屋面工程质量验收规范》(GB 50207—2012)中,根据建筑物的性质、重要程度、使用功能要求、防水层耐用年限、防水层选用材料和设防要求等,将屋面防水分为四个等级,如表7-1所示。

表7-1 **屋面防水等级和设防要求**

项目	屋面防水等级			
	I	II	III	IV
建筑物类别	特别重要的民用建筑和对防水有特殊要求的工业建筑	重要的工业与民用建筑、高层建筑	一般的工业与民用建筑	非永久性建筑
防水层耐用年限	25 年	15 年	10 年	5 年
防水层选用材料	宜选用合成高分子防水卷材、高聚物改性沥青防水卷材、合成高分子防水涂料、细石防水混凝土等材料	宜选用高聚物改性沥青防水卷材、合成高分子防水卷材、合成高分子防水涂料、高聚物改性沥青防水涂料、细石防水混凝土、平瓦等材料	应选用三毡四油沥青防水卷材、高聚物改性沥青防水卷材、合成高分子防水涂料、高聚物改性沥青防水涂料、沥青基防水涂料、刚性防水层、平瓦、油毡瓦等材料	可选用二毡三油沥青防水卷材、高聚物改性沥青防水材料、沥青基防水涂料、波形瓦等材料
设防要求	三道或三道以上防水设防,其中应有一道合成高分子防水卷材,且只能有一道厚度不小于2mm的合成高分子防水涂膜	二道防水设防,其中应有一道卷材。也可用压型钢板进行一道设防	一道防水设防,或两种防水材料复合使用	一道防水设防

(三)保温、隔热要求

屋顶作为建筑物最上层的外围护结构,应具有良好的保温、隔热的性能。在寒冷和严寒地区,屋顶构造设计应主要满足冬季保温的要求,尽量减少室内热量的散失;在温暖和炎热地区,屋顶构造设计应主要满足夏季隔热的要求,避免室外高温及强烈的太阳辐射对室内生活和工作的不利影响。随着地球大气温度逐渐升高,在我国有许多地区冬冷夏热,在屋顶构造设计中,应兼顾冬季保温和夏季隔热的双重要求。

(四)美观要求

屋顶是建筑物组成中最上面的部分,它的外形直接影响到建筑物的整体造型,因此在屋顶的构造设计中,应仔细推敲它的形式及细部处理。在中国的古建筑中,各类不同建筑物的特征就是主要体现在变化多样的屋顶外形和装修精美的屋顶细部构造上。在建筑技术日益先进的今天,如何应用新型的建筑结构和种类繁多的装修材料来处理好屋顶的形式和细部,并提高建筑物的整体美观效果,是建筑设计中不容忽视的问题。

学习任务二　屋顶排水设计

为了迅速排除屋顶雨水,保证水流畅通,首先要选择合理的屋顶坡度、恰当的排水方式,再进行周密的排水设计。

一、屋顶坡度选择

(一)屋顶排水坡度的表示方法

常见的屋顶坡度表示方法有百分比法、斜率比法和角度法三种,见表 7-2。百分比法以屋顶高度与坡面的水平投影长度的百分比表示;斜率比法以屋顶高度与坡面的水平投影之比表示;角度法以坡面与水平面所构成的夹角表示。百分比法多用于平屋顶,斜率比法多用于坡屋顶,角度法在实际工程中较少采用。

表 7-2　　　　　　　　　　　屋顶坡度的表示方法

屋顶类型	平屋顶	坡屋顶	
常用排水坡度	<5%,即 2%～3%	一般大于 10%	
屋顶坡度表示方法	屋面坡度为 $i=h/l\times100\%$ 百分比法	屋面坡度为 $h:l$ 斜率比法	屋面坡度角为 θ 角度法
应用情况	普遍	普遍	较少采用

(二)影响屋顶坡度的因素

屋顶坡度的确定与屋顶防水材料、地区降雨量、屋顶结构形式、建筑造型要求以及经济条件等因素有关。对于一般民用建筑,其主要由以下两方面因素来确定。

1.屋面防水材料与排水坡度的关系

防水材料的性能及尺寸直接影响屋顶坡度。防水材料的防水性能越好,屋顶的坡度就越小。对于尺寸小的屋顶防水材料,屋顶接缝越多,漏水的可能性会越大,其坡度也应越大,以便迅速排除雨水,减少漏水的机会。构造处理的方法根据不同情况应有所区别。而卷材屋顶和混凝土防水屋顶的防水性能好,基本上是整体的防水层,因此坡度可以小一些。

2.降雨量与坡度的关系

降雨量对屋顶防水有直接影响,降雨量大,漏水的可能性大,屋顶坡度应适当增加;反之,屋顶排水坡度则宜小一些。我国南方地区年降雨量和每小时最大降雨量都高于北方地区,因此即使采用同样的屋顶防水材料,一般南方地区的屋顶坡度都要大于北方地区。

（三）屋顶坡度的形成方法

1.材料找坡

材料找坡如图 7-4(a)所示,是指屋顶结构层的楼板水平搁置,利用轻质材料垫置坡度,因此材料找坡又称垫置坡度,常用找坡材料有水泥炉渣、石灰炉渣等,找坡材料最薄处以不小于 30mm 厚为宜。平屋顶材料找坡的坡度宜为 2%。这种做法可获得平整的室内顶棚,空间完整,但找坡材料增加了屋顶荷载,且多费材料和人工。当屋顶坡度不大或需设保温层时广泛采用这种做法。

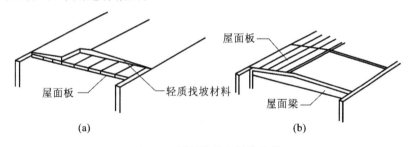

图 7-4　材料找坡与结构找坡

(a)材料找坡;(b)结构找坡

2.结构找坡

结构找坡如图 7-4(b)所示,是指将屋顶楼板倾斜搁置在下部的墙体或屋顶梁及屋架上的一种做法,因此结构找坡又称搁置坡度。这种做法不需在屋顶上另加找坡层,具有构造简单、施工方便、节省人工和材料、减轻屋顶自重的优点,但室内顶棚面是倾斜的,空间不够完整。因此,结构找坡常用于设有吊顶棚或室内美观要求不高的建筑工程中。

二、屋顶排水方式

屋顶排水方式分为无组织排水和有组织排水两大类。

（一）无组织排水

无组织排水又称自由落水,是指屋顶雨水直接从檐口落到室外地面的一种排水方式,如图 7-5 所示。这种做法具有构造简单、造价低廉的优点,但屋顶雨水自由落下会溅湿墙面,外墙墙脚常被飞溅的雨水侵蚀,影响外墙的坚固耐久,并可能影响人行道的交通。无组织排水方式主要适用于少雨地区或一般低层建筑(相邻屋面高差小于4m),不宜用于临街建筑和高度较大的建筑。

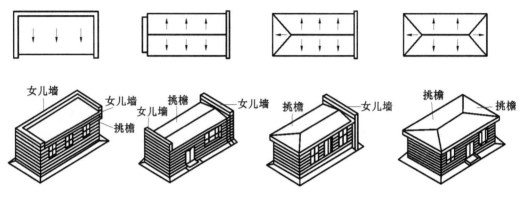

图 7-5 无组织排水

(二)有组织排水

有组织排水是指屋顶雨水通过排水系统的天沟、雨水口、雨水管等,有组织地将雨水排至地面或地下管沟的一种排水方式。这种排水方式构造较复杂,造价相对较高,但是减小了雨水对建筑物的不利影响,因此在建筑工程中应用广泛。有组织排水方式根据具体条件不同可分为外排水和内排水两种类型。

1.外排水

外排水是建筑中优先考虑选用的一种排水方式,是雨水管装在建筑外墙以外的一种排水方式。其构造简单,雨水管不进入室内,有利于室内美观和减少渗漏,应用广泛,尤其适用于湿陷性黄土地区,可以避免雨水管渗漏造成地基沉陷,南方地区多优先采用。外排水有挑檐沟外排水、女儿墙外排水、女儿墙挑檐沟外排水、暗管外排水等多种形式。挑檐沟的纵向排水坡度一般为1%。

(1)挑檐沟外排水。

屋顶雨水汇集到悬挑在墙外的檐沟内,再由雨水管排出。当建筑物出现高低屋顶时,可先将高处屋顶的雨水排至低处屋顶,再从低处屋顶的挑檐沟引入地下。采用挑檐沟外排水方式[图 7-6(a)]时,水流路线的水平距离不应超过24m,以免造成屋顶渗漏。

(2)女儿墙外排水。

当因建筑造型需要最好不出现挑檐时,通常将外墙升起封住屋顶,高于屋顶的这部分外墙称为女儿墙,如图 7-6(b)所示。此排水方式的特点是屋顶雨水在屋顶汇集后需穿过女儿墙流入室外的雨水管。

(3)女儿墙挑檐沟外排水。

女儿墙挑檐沟外排水方式如图 7-6(c)所示,其特点是在屋顶檐口部位既有女儿墙,又有挑檐沟。上人屋顶、蓄水屋顶常采用这种形式,利用女儿墙作为围护,利用挑檐沟汇集雨水。

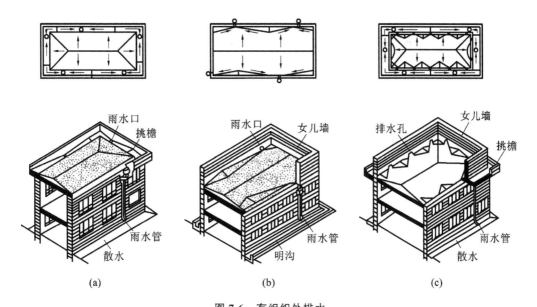

图 7-6　有组织外排水

(a)挑檐沟外排水;(b)女儿墙外排水;(c)女儿墙挑檐沟外排水

(4)暗管外排水。

明装雨水管对建筑立面的美观有所影响,故在一些重要的公共建筑中,常采用暗装雨水管的方式,将雨水管隐藏在装饰柱或空心墙中。

2.内排水

外排水构造简单,雨水管不占用室内空间,故在南方应优先采用。而有些情况下采用外排水就不一定恰当,如高层建筑不宜采用外排水,因为维修室外雨水管既不方便又不安全;又如严寒地区的建筑不宜采用外排水,因为低温会使室外雨水管中的雨水冻结;再如某些屋顶宽度较大的建筑,无法完全依靠外排水排除屋顶雨水,自然要采用内排水方式,如图 7-7 所示。

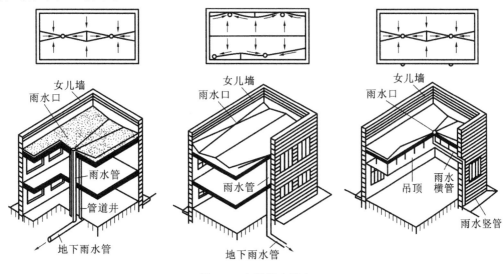

图 7-7　有组织内排水

三、屋顶排水组织设计

屋顶排水组织设计的主要任务是将屋面划分成若干排水区,分别将雨水引向雨水管,做到排水线路简捷、雨水口负荷均匀、排水顺畅,并避免屋顶积水而引起渗漏。因此,屋顶须有适当的排水坡度,设置必要的天沟、雨水管和雨水口,并合理地确定这些排水装置的规格、数量和位置,最后将它们标绘在屋顶平面图上,这一系列的工作就是屋顶排水组织设计。

(一)划分排水区域

划分排水区域的目的在于合理地布置雨水管。排水区的面积是指屋面水平投影的面积,每一根雨水管的屋面最大汇水面积不宜大于 $200m^2$。雨水口的间距为 $18\sim24m$。

(二)确定排水坡面的数目

一般情况下,平屋顶深度小于 12m 时,可采用单坡排水,或临街建筑常采用单坡排水;进深较大时,为了不使水流的路线过长,宜采用双坡排水。坡屋顶则应结合造型要求选择单坡、双坡或四坡排水。

(三)确定天沟断面大小和天沟纵坡的坡度值

天沟即屋顶上的排水沟,位于外檐边的天沟又称檐沟。天沟的功能是汇集和迅速排除屋顶雨水,故其断面大小应合适,沟底沿长度方向应设纵向排水坡,简称天沟纵坡。天沟纵坡的坡度通常为 $0.5\%\sim1\%$。无论是平屋顶还是坡屋顶,大多采用钢筋混凝土天沟。天沟的净断面尺寸应根据降雨量和汇水面积来确定。一般建筑的天沟净宽不应小于 200mm,天沟上口至分水线的距离不应小于 120mm。图 7-8 所示为挑檐沟外排水的剖面图和平面图中天沟断面尺寸和天沟纵坡坡度。

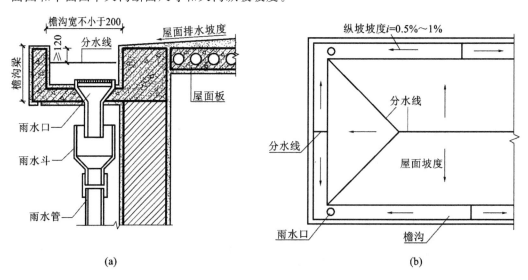

(a)   (b)

图 7-8　平屋顶挑檐沟外排水矩形天沟

(a)挑檐沟剖面图;(b)屋顶平面图

(四)确定雨水管的规格及间距

雨水管根据材料分为铸铁雨水管、塑料雨水管、镀锌铁皮雨水管、石棉水泥雨水管、PVC 雨水管和陶土雨水管等,应根据建筑物的耐久等级加以选用。最常采用的是塑料雨水管,其管径有 50mm、75mm、100mm、125mm、150mm、200mm 等规格。一般民用建筑常用 75~100mm 的雨水管,面积较小的露台或阳台可采用 50mm 或 75mm 的雨水管。雨水管的数量与雨水口一致,雨水管的最大间距应同时予以控制。雨水管的间距过大,会导致天沟纵坡过长,沟内垫坡材料加厚,使天沟的容积减小,大雨时雨水易溢向屋顶引起渗漏或从檐沟外侧涌出,一般情况下雨水口间距为 18m,最大间距不宜超过 24m。考虑上述各事项后,即可较为顺利地绘制屋顶平面图。图 7-9 所示为女儿墙外排水的剖面图和平面图中雨水管的排列。

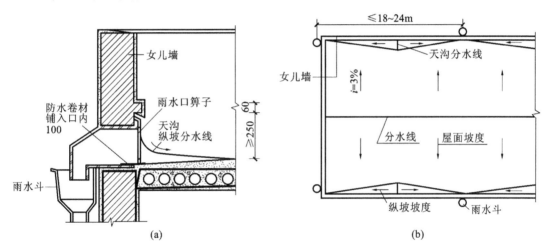

图 7-9　平屋顶女儿墙外排水三角形天沟

(a)女儿墙剖面图;(b)屋顶平面图

学习任务三　平屋顶构造

一、平屋顶的防水处理

平屋顶防水屋面按其防水层做法的不同可分为柔性防水屋面、刚性防水屋面、涂膜防水屋面和粉剂防水屋面等多种类型。

(一)柔性防水屋面

柔性防水屋面是利用防水卷材与黏合剂结合,形成连续致密的构造层来防水的一种屋面。卷材防水屋面由于其防水层具有一定的延伸性和适应变形的能力,称为柔性防水屋面。卷材防水屋面较能适应温度、振动、不均匀沉陷等因素变化所产生的作用,整体性好,不易渗漏,但施工操作较为复杂,技术要求较高。

1.柔性防水屋面的材料

(1)防水卷材的类型。

防水卷材主要类型有沥青类防水卷材、高聚物改性沥青类防水卷材、合成高分子类防水卷材等。

①沥青类防水卷材。沥青类防水卷材是用原纸、纤维织物、纤维毡等胎体材料浸涂沥青,表面散布粉状、粒状或片状材料后制成的可卷曲片状材料,传统上用得最多的是纸胎石油沥青油毡。纸胎石油沥青油毡是将纸胎在热沥青中渗透浸泡两次后制成的。沥青油毡防水屋面的防水层容易产生起鼓、沥青流淌、油毡开裂等问题,从而导致防水质量下降和使用寿命缩短,近年来在实际工程中已较少采用。

②高聚物改性沥青类防水卷材。高聚物改性沥青类防水卷材是以高分子聚合物改性沥青为涂盖层,纤维织物或纤维毡为胎体,粉状、粒状、片状或薄膜材料为覆面材料制成的可卷曲片状防水材料,如 SBS 改性沥青油毡、再生胶改性沥青聚酯油毡、铝箔塑胶聚酯油毡、丁苯橡胶改性沥青油毡等。

③合成高分子类防水卷材。凡是以各种合成橡胶、合成树脂或两者的混合物为主要原料,加入适量化学辅助剂和填充料加工制成的弹性或弹塑性卷材,均称为合成高分子类防水卷材。其常见的有三元乙丙橡胶防水卷材、氯化聚乙烯防水卷材、聚氯乙烯防水卷材、氯丁橡胶防水卷材、聚乙烯橡胶防水卷材等。合成高分子类防水卷材具有重量轻、适用温度范围宽($-20\sim80℃$)、耐候性好、抗拉强度高($2\sim18.2$MPa)、延伸率大($>45\%$)等优点,近年来已越来越多地用于各种防水工程中。

(2)卷材的黏合剂。

用于沥青卷材的黏合剂主要有冷底子油、沥青胶和溶剂型胶黏剂等。

①冷底子油。冷底子油是将沥青稀释溶解在煤油、轻柴油或汽油中制成的,涂刷在水泥砂浆或混凝土基层面作打底用。

②沥青胶。沥青胶又称玛碲脂,是在沥青中加入填充料如滑石粉、云母粉、石棉粉、粉煤灰等加工制成的。沥青胶分为冷、热两种,每种又可分为石油沥青胶及煤沥青胶两类。石油沥青胶适用于黏结石油沥青类卷材,煤沥青胶则适用于黏结煤沥青类卷材。

③溶剂型胶黏剂。溶剂型胶黏剂是用于高聚物改性沥青防水卷材和高分子防水卷材的黏合剂,主要为与卷材配套使用的各种溶剂型胶黏剂。如适用于改性沥青类防水卷材的 RA-86 型氯丁胶黏剂、SBS 改性沥青黏合剂等;三元乙丙橡胶防水卷材所用的聚氨酯底胶基层处理剂、CX-404 氯丁橡胶黏合剂;氯化聚乙烯防水卷材所用的 LYX-603 胶黏剂等。

2.柔性防水屋面的构造

(1)柔性防水屋面的基本构造。

柔性防水屋面由多层材料叠合而成,按构造要求,其基本构造层次由结构层、找平层、结合层、防水层和保护层组成。柔性防水屋面的构造如图 7-10 所示。

①结构层。

柔性防水屋面的结构层通常为预制或现浇钢筋混凝土屋面板。对结构层的要求是必须具有足够的强度和刚度。

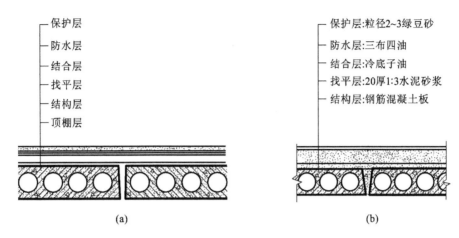

图 7-10 柔性防水屋面构造做法

（a）柔性防水屋面的构造组成；（b）油毡防水屋面做法

②找平层。

防水卷材要求铺贴在坚固而平整的基层上，以防止卷材凹陷或断裂，在松软材料及预制屋面板上铺设卷材以前，须先做找平层。找平层一般采用 1:3 水泥砂浆或 1:8 沥青砂浆，整体混凝土结构可以做较薄的找平层（15～20mm），表面平整度较差的装配式结构或散料宜做较厚的找平层（20～30mm）。为防止找平层变形开裂而使卷材防水层破坏，在找平层中应留设分格缝。分格缝的宽度一般为 20mm，纵横间距不大于 6m，屋面板为预制装配式时，分格缝应设在预制板的端缝处。分格缝上面应覆盖一层 200～300mm 宽的附加卷材，用黏合剂单边点贴（图 7-11），使分格缝处的卷材有较大的伸缩余地，以免开裂。

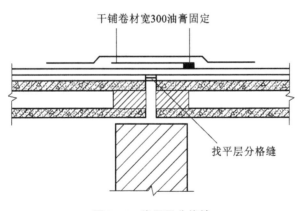

图 7-11 找平层分格缝

③结合层。

结合层的作用是在卷材与基层间形成一层胶质薄膜，使卷材与基层胶结牢固。结合层所用材料应根据防水卷材的不同来选择，但对这一层的共同要求是既能与上面的防水卷材紧密结合，又容易渗入下面的找平层内。以油毡卷材为例，为了使第一层热沥青能和找平层牢固结合，须涂刷一层既能和热沥青黏合，又容易渗入水泥砂浆找平层的稀释沥青溶液，俗称冷底子油。另外，为了避免防水层由于内部空气或湿气在太阳辐射下膨胀形成的鼓泡导致油毡皱折或破裂，应在油毡防水层与基层之间设蒸汽扩散通道，故在工程实践中,常将第一层热沥青涂成点状(俗称花油法)或条状,然后铺贴首层油毡,如图 7-12 所示。

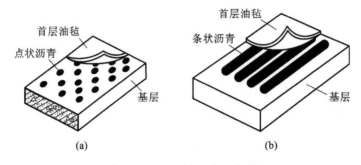

图 7-12 基层油毡的蒸汽扩散

(a)沥青点状粘贴;(b)沥青条状粘贴

④防水层。

防水层是用防水卷材和胶结材料交替黏合,且上下、左右可靠搭接而形成的整体不透水层。防水卷材有沥青类防水卷材、高聚物改性沥青类防水卷材和合成高分子类防水卷材等。当屋面坡度小于3%时,沥青类防水卷材宜平行于屋脊,从檐口到屋脊层层向上铺贴,如图 7-13(a)所示;当屋面坡度为 3%～15%时,卷材可平行或垂直于屋脊铺贴;当屋面坡度大于 15%或屋顶受震动时,卷材应垂直于屋脊铺贴,如图 7-13(b)所示。铺贴油毡时应采用搭接的方法,一般由檐口到屋脊一层层向上铺设,上下搭接 80～120mm,左右搭接100～150mm,多层铺法的上下卷材层的接缝应错开,如图 7-13(c)、(d)所示。一种逐层搭接半张的铺设方法如图 7-13(e)所示,施工较为方便。黏合剂所采用的沥青玛碲脂的厚度应控制为 1～1.5mm,若过厚易使沥青产生凝聚现象而致龟裂。

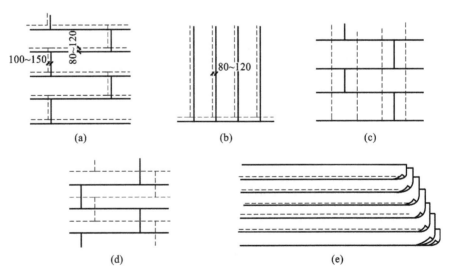

图 7-13 卷材防水层的铺设

(a)平行于屋脊铺设;(b)垂直于屋脊铺设;(c)底层垂直、面层平行于屋脊铺设;

(d)双层平行于屋脊铺设;(e)层叠搭接半张平行于屋脊铺设

油毡屋面在我国已有几十年的使用历史,具有较好的防水性能,对屋面基层变形有一定的适应能力,但这种屋面施工复杂、劳动强度大,且容易出现油毡鼓泡、沥青流淌、油毡老化等方面的问题,使油毡屋面的寿命大大缩短,平均10年左右就要进行大修。

目前所用的新型防水卷材,主要有三元乙丙橡胶防水卷材、自黏型彩色三元乙丙复合防水卷材、聚氯乙烯防水卷材、氯化聚乙烯防水卷材、氯丁橡胶防水卷材及改性沥青油毡防水卷材等,这些材料一般为单层卷材防水构造,防水要求较高时可采用双层卷材防水构造。这些防水材料的共同优点是自重轻,适用温度范围广,耐候性好,使用寿命长,抗拉强度高,延伸率大,可冷作业施工,操作简便,可大大改善劳动条件,减少环境污染。

⑤保护层。

设置保护层的目的是使卷材不致因光照和气候等的作用而迅速老化,防止沥青类卷材的沥青过热流淌或受到暴雨的冲刷。保护层的构造做法根据屋面的使用情况而定。

不上人屋面的构造做法如图 7-14(a)所示,沥青防水屋面一般在防水层撒粒径 3～5mm 的小石子作为保护层,称为绿豆砂或豆石保护层,其作用是防止暴风雨的冲刷使砂粒流失而裸露。粒径增大到 15～25mm 的小石子和增加厚度至 30～100mm,可使太阳辐射温度明显下降,对提高卷材防水屋面的使用寿命有利,但是增大了屋面的自重。高分子类防水卷材如三元乙丙橡胶防水屋面等通常是在卷材面上涂刷水溶型或溶剂型的浅色保护着色剂,如氯丁银粉胶等。上人屋面的构造做法如图 7-14(b)所示,其既是保护层又是楼面面层。要求保护层平整耐磨,一般可在防水层上浇筑 30～40mm 厚的细石混凝土面层,每 2m 左右设一分格缝,保护层分格缝应尽量与找平层分格缝错开,缝内用防水油膏嵌封;也可用砂填层或水泥砂浆铺预制混凝土块或大阶砖;还可将预制板或大阶砖架空铺设,以利于通风。上人屋面做屋面花园时,水池、花台等构造均应在屋顶保护层上设置。

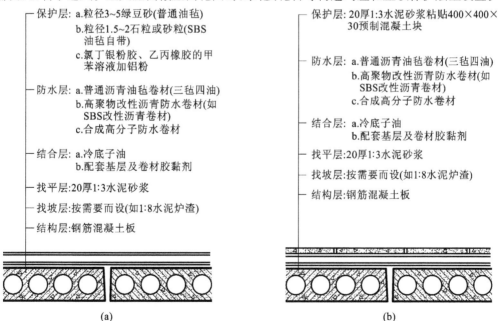

图 7-14 屋面构造

(a)不上人屋面;(b)上人屋面

⑥找坡层。

为确保防水性,减少雨水在屋面的滞留时间,结构层水平时可用材料找坡形成所需的屋面排水坡度。找坡的材料可结合辅助构造层设置。

⑦辅助构造层。

辅助构造层是为了满足房屋的使用要求,或提高屋面的性能而补充设置的构造层,如保温层是为防止冬季室内过冷,隔热层是为防止室内过热,隔蒸汽层是为防止潮气侵入屋面保温层等。

(2)柔性防水屋面的细部构造。

柔性防水屋面的细部构造是为保证柔性防水屋面的防水性能,对可能造成的防水薄弱环节所采取的加强措施。其主要包括屋面上的泛水、天沟、雨水口、檐口、变形缝等处的细部构造。

①泛水构造。

泛水构造指屋面上沿所有垂直面所设的防水构造。突出于屋面之上的女儿墙、烟囱、楼梯间、变形缝、检修孔、立管等的壁面与屋面的交接处是最容易漏水的地方。必须将屋面防水层延伸到这些垂直面上,形成垂直铺设的防水层,称为泛水。

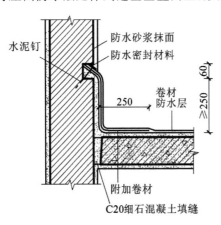

图 7-15　柔性防水屋面泛水构造

在屋面与垂直面交接处的水泥砂浆找平层应做成弧形 $R=50\sim100mm$ 或 $45°$ 斜面,上刷卷材黏合剂。屋面的卷材防水层继续铺至垂直面上,在弧线处将卷材铺贴牢实,以免卷材架空或折断,直至泛水高度不小于 250mm 处形成卷材泛水,其上再加铺一层附加卷材(图 7-15)。做好泛水上口的卷材收头固定,防止卷材在垂直墙面上下滑动渗水。可在垂直墙中预留凹槽或凿出通长凹槽,将卷材的收头压入槽内,用防水压条钉压后再用密封材料嵌填封严,外抹水泥砂浆保护。凹槽上部的墙体则用防水砂浆抹面,通常采用钉木条、压镀锌铁皮、嵌砂浆、嵌油膏、压砖块、

压混凝土和盖镀锌铁皮等方式处理,除盖铁皮外一般在泛水上口均需挑出 1/4 砖,抹水泥砂浆斜口和滴水,施工均较复杂,还可用新的防水胶结材料把卷材直接粘贴在抹灰层上,也是有效的一种泛水处理方法。卷材泛水收头构造如图 7-16 所示。

②檐口构造。

柔性防水屋面的檐口构造可分为无组织排水挑檐口和有组织排水挑檐口及女儿墙檐口等。做檐口构造处理时应注意以下几个方面。

a.无组织排水挑檐口不宜直接采用屋面楼板外悬挑,因其温度变形大,易使檐口抹灰砂浆开裂,可采用与圈梁整浇的混凝土挑板。在檐口 800mm 范围内的卷材应采取满贴法,为防止因卷材收头处粘贴不牢而出现漏水,应在混凝土檐口上用细石混凝土或水泥砂浆先做一凹槽,然后将卷材贴在槽内,同时卷材收头用水泥钉钉牢,上面用防水油膏嵌填,挑檐口构造如图 7-17 所示。

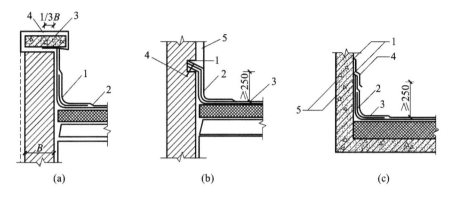

图 7-16　卷材泛水收头构造

(a)卷材泛水收头;(b)砖墙卷材泛水收头;(c)混凝土墙卷材泛水收头

(a):1—附加层;2—防水层;3—压顶;4—防水处理

(b):1—密封材料;2—附加层;3—防水层;4—水泥钉;5—防水处理

(c):1—密封材料;2—附加层;3—防水层;4—金属、合成高分子盖板;5—水泥钉

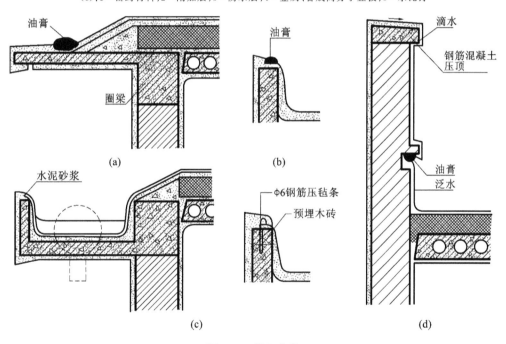

图 7-17　檐口构造

b.有组织排水挑檐口常常将檐沟布置在出挑部位,现浇钢筋混凝土檐沟板可与圈梁连成整体,如图 7-17 所示。沟内转角部位的找平层应做成圆弧形或 45°斜面。檐沟加铺 1～2 层附加卷材。当屋面坡度大于或等于 1∶5 时,应将檐沟板靠屋面板一侧的沟壁外侧做成斜面,以免接缝处出现上窄下宽的缝隙,这种缝隙容易使填缝材料不密实,温度变化时极易脱落,以致檐口漏水。为了防止檐沟壁面上的卷材下滑,通常在檐沟边缘用水泥钉钉压条或钢筋压卷材,将卷材的收头处压牢,再用油膏或砂浆盖缝。

③有组织排水天沟。

屋面上的排水沟称为天沟,有两种设置方式:一种是利用屋面倾斜坡面的低洼部位做成三角形断面天沟,另一种是用专门的槽形板做成矩形天沟。采用女儿墙外排水的民用建筑一般进深不大,采用三角形天沟的较为普遍。沿天沟长度方向需用轻质材料垫成0.5%~1%的纵坡,使天沟内的雨水迅速排入雨水口。多雨地区或跨度大的房屋,为了增加天沟的汇水量,常采用断面为矩形的天沟(钢筋混凝土预制天沟板)取代屋面板,天沟内也需设纵向排水坡。防水层应铺到高处的墙上形成泛水。

④雨水口构造。

雨水口构造如图7-18所示,其是用来将屋面雨水排至雨水管而在檐口处或檐沟内开设的洞口,目的是使排水通畅,不易堵塞和渗漏。雨水口处应尽可能比屋面或檐沟面低一些,有垫坡层或保温层的屋面,可在雨水口直径500mm周围减薄,形成漏斗形,使排水通畅、避免积水。有组织外排水最常用的有檐沟及女儿墙雨水口两种形式,雨水口通常分为直管式[图7-18(a)]和弯管式[图7-18(b)]两类。直管式适用于中间天沟、挑檐沟和女儿墙内排水天沟;弯管式适用于女儿墙外排水天沟。雨水口的材质过去多为铸铁,管壁较厚,强度较高,但易生锈。近年来越来越多地采用塑料雨水口,其质轻,不易锈蚀,色彩丰富。

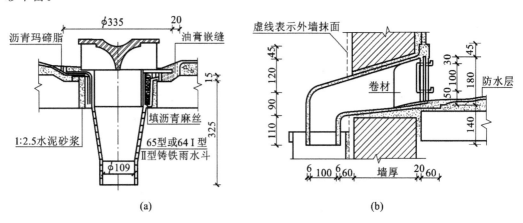

图7-18　雨水口构造

(a)直管式雨水口;(b)弯管式雨水口

a.直管式雨水口有多种型号,根据降雨量和汇水面积加以选用。民用建筑常用的雨水口由套管、环形筒、顶盖底座和顶盖几部分组成,如图7-19(a)所示。套管呈漏斗形,安装在天沟底板或屋面板上,用水泥砂浆埋嵌牢固。各层卷材(包括附加卷材)均粘贴在套管内壁上,表面涂防水油膏,再用环形筒嵌入套管,将卷材压紧,嵌入的深度至少为100mm。环形筒与底座的接缝等薄弱环节须用油膏嵌封。顶盖底座有隔栅,以遮挡杂物。汇水面积不大的一般民用建筑,可选用较简单的铁丝罩雨水口。上人屋面可选择铁算子雨水口,如图7-19(b)所示。

b.弯管式雨水口呈90°弯曲状,如图7-20所示,由弯曲套管和铁算子两部分组成。弯曲套管置于女儿墙预留孔洞中,屋面防水层及泛水的卷材应铺贴到套管内壁四周,铺入深度不小于100mm,套管口用铁算子遮盖,以防污物堵塞雨水口。

⑤屋面变形缝构造。

屋面变形缝的构造处理原则是既不能影响屋面的变形,又要防止雨水从变形缝处渗入室内。屋顶变形缝构造可分为等高屋面变形缝和高低屋面变形缝两种。

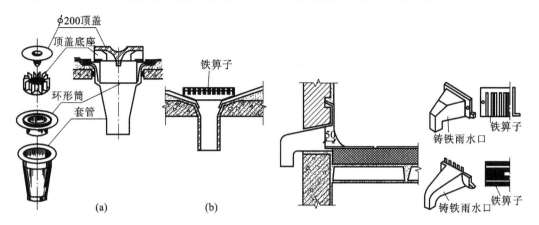

图 7-19 直管式雨水口

(a)直管式雨水口构造;(b)铁箅子雨水口

图 7-20 弯管式雨水口

　　a.等高屋面变形缝的做法是在缝两边的屋面板上砌筑矮墙,以挡住屋顶雨水。矮墙的高度不小于 250mm,半砖墙厚。屋顶卷材防水层与矮墙面的连接处理类似于泛水构造,缝内嵌填沥青麻丝。矮墙顶部可用镀锌铁皮盖缝,如图 7-21(a)所示;也可铺一层卷材后用混凝土盖板压顶,如图 7-21(b)所示。

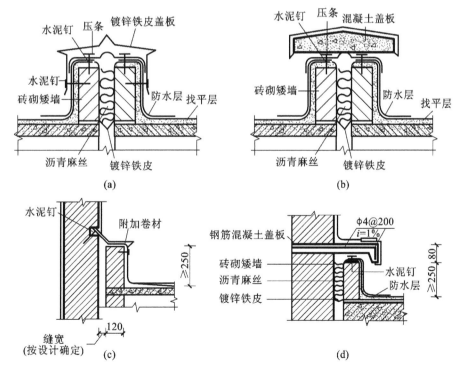

图 7-21 变形缝

(a),(b)横向变形缝泛水;(c)女儿墙泛水;(d)高低屋面变形缝泛水

　　b.高低屋面变形缝则是在低侧屋面板上砌筑矮墙。当变形缝宽度较小时,可用镀锌

铁皮盖缝并固定在高侧墙上,如图 7-21(c)所示;也可以从高侧墙上悬挑钢筋混凝土板盖缝,如图 7-21(d)所示。

⑥屋面检修孔、屋面出入口构造。

不上人屋顶须设屋面检修孔。检修孔四周的孔壁可用砖立砌,在现浇屋面板上时可由混凝土翻制而成,其高度一般为 300mm,壁外侧的防水层应做成泛水并将卷材用镀锌铁皮盖缝钉压牢固,如图 7-22 所示。直达屋顶的楼梯间,室内地面应高于屋面,若不满足时应设门槛,屋面与门槛交接处的构造可参考泛水构造,屋面出入口构造如图 7-23 所示。

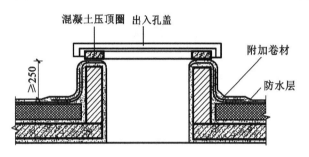

图 7-22　屋面检修孔

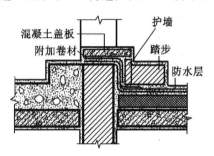

图 7-23　屋面出入口构造

(二)刚性防水屋面

刚性防水屋面是指以刚性材料作为防水层的屋面,如防水砂浆防水屋面、细石混凝土防水屋面、配筋细石混凝土防水屋面等。这种屋面的主要优点是构造简单,施工方便,造价经济和维修较为方便。其主要缺点是对温度变化和结构变形较为敏感,对屋面基层变形的适应性较差,施工技术要求较高,较易产生裂缝而渗漏水,需采取防止渗漏的构造措施。刚性防水多用于我国南方等日温差较小地区、防水等级为Ⅲ级的屋面防水,也可用作防水等级为Ⅰ、Ⅱ级的屋面多道设防中的一道防水层;刚性防水屋面一般不适用于保温、高温、有振动、基础有较大不均匀沉降的建筑。

1.刚性防水屋面的材料

刚性防水屋面的材料是以防水砂浆抹面或密实混凝土浇捣而成的刚性防水材料。普通水泥砂浆和混凝土在施工时,当用水量超过水泥水凝过程所需的用水量时,多余的水在混凝土硬化过程中,会逐渐蒸发形成许多空隙和互相连贯的毛细管网;另外,过多的水分在砂石骨料表面形成一层游离的水,相互之间也会形成毛细通道。这些毛细通道都是使砂浆或混凝土收水干缩时表面开裂和屋面渗水的通道。因此,普通的水泥砂浆和混凝土是不能作为刚性屋面防水层的,通常须采用以下几种防水措施。

(1)增加防水剂。

由化学原料配制的防水剂,通常为憎水性物质、无机盐或不溶解的肥皂,如硅酸钠(水玻璃)类、氯化物或金属皂类制成的防水粉或浆。掺入砂浆或混凝土后,能与之生成不溶性物质,填塞毛细孔道,形成憎水性壁膜,以提高其密实性。

(2)利用微膨胀效应。

在普通水泥中掺入少量的矾土水泥和二水石粉等所配置的细石混凝土,在混凝土结硬时会产生微膨胀效应,抵消混凝土的原有收缩性,以提高抗裂性。

（3）提高密实性。

控制水灰比,加强浇筑时对砂浆和混凝土的振捣,均可提高砂浆和混凝土的密实性。细石混凝土屋面在初凝前表面用铁滚碾压,使剩余水被压出,初凝后加少量干水泥,待收水后用铁板压平、表面打毛,然后盖席浇水养护,从而提高面层密实性和避免表面的龟裂。

2.刚性防水屋面的构造

（1）刚性防水屋面的基本构造。

刚性防水屋面的基本构造按其作用分为结构层、找平层、隔离层、防水层,如图7-24（a）所示。

①结构层。

刚性防水屋面的结构层要求具有足够的强度和刚度,一般应采用现浇或预制装配式钢筋混凝土屋面板,并在结构层现浇或铺板时形成屋面的排水坡度。

②找平层。

当结构层为预制装配式钢筋混凝土板时,其上应用1∶3水泥砂浆做找平层,厚度为20mm。当结构层为整体现浇钢筋混凝土板时,则可不设找平层。

③隔离层。

隔离层的作用是减小结构变形对防水层的不利影响,结构层在荷载作用下产生挠曲变形,在温度变化作用下产生胀缩变形。由于结构层较防水层厚,刚度相应也较大,当结构层产生上述变形时,刚度较小的防水层容易被拉裂。因此,应在结构层上找平后设一层隔离层与防水层脱离开。隔离层可采用铺纸筋灰、低标号砂浆,或在薄砂层上干铺一层油毡等做法。

④防水层。

防水层常采用不低于C20的防水细石混凝土整体现浇而成,其厚度不小于40mm,并应配置直径为4～6.5mm、间距为100～200mm的双向钢筋网片［图7-24（b）］,以提高其抗裂和应变的能力。由于裂缝易在面层出现,因此钢筋宜置于中层偏上,使其上有15mm厚的保护层。为使细石混凝土更为密实,可在混凝土内掺加外加剂,如膨胀剂、减水剂、防水剂等,以提高其抗渗性能。

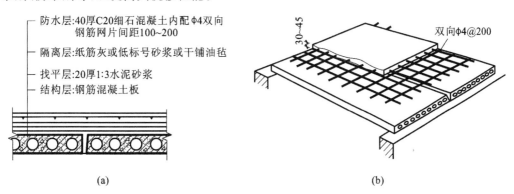

图 7-24　刚性防水屋面的构造

（a）刚性防水屋面的构造；（b）细石混凝土配筋防水屋面

（2）刚性防水屋面的细部构造。

与柔性防水屋面一样，刚性防水屋面也需要处理好泛水、天沟、檐口、雨水口等细部构造，另外还应做好防水层的分格缝构造。

图 7-25　分格缝设置位置

①分格缝（分仓缝）构造。

刚性防水屋面的分格缝应设置在屋面温度年温差变形的许可范围内和结构变形敏感的部位。因此，分格缝的纵横间距一般不宜大于 6m，且应设在屋面板的支承端、屋面转折处、刚性防水层与凸出屋面的交接处，并应与板缝对齐。在横墙承重的民用建筑中，分格缝的设置位置如图 7-25 所示，屋脊是屋面转折的界线，故此处应设一纵向分格缝；横向分格缝每开间设一道，并与装配式屋面板的板缝对齐；沿女儿墙四周的刚性防水层与女儿墙之间也应设分隔缝。其他突出屋面的结构物四周都应设置分格缝。

设置分隔缝有三个作用：一是大面积的整体现浇混凝土防水层受气温影响产生的变形较大，容易导致混凝土开裂，设置一定数量的分格缝将减小单块混凝土防水层的面积，从而可以减少其伸缩变形，有效地防止和限制裂缝的产生；二是在荷载作用下屋面板会产生挠曲变形使支承端翘起，容易引起混凝土防水层开裂，如在这些部位预留分格缝就可避免防水层开裂；三是刚性防水层的变形与女儿墙的变形不一致，因此刚性防水层不能紧贴在女儿墙上，它们之间应做柔性封缝处理，以防女儿墙或刚性防水层开裂引起渗漏。分格缝的构造如图 7-26 所示。防水层内的钢筋在分格缝处应断开；屋面板缝用浸过沥青的麻丝板等密封材料嵌填，缝口用油膏等嵌填；缝口表面用防水卷材铺贴盖缝，卷材的宽度为200～300mm。

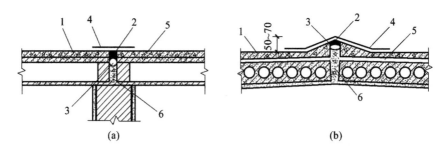

图 7-26　刚性防水屋面分格缝构造
1—刚性防水层；2—密封材料；3—背衬材料；4—防水卷材；5—隔离层；6—细石混凝土

②泛水构造。

刚性防水屋面的泛水构造要点与柔性防水屋面的相同之处是泛水应有足够的高度，一般不小于 250mm；泛水应嵌入立墙上的凹槽内并用压条及水泥钉固定；不同之处是刚性防水层与屋面突出物（女儿墙、烟囱等）间须留分格缝，另铺贴附加卷材盖缝形成泛水。

女儿墙与刚性防水层间留有分格缝，为使混凝土防水层在收缩和温度变形时不受女儿墙的影响，以防止开裂，应在分格缝内嵌入油膏，如图 7-27（a）所示，缝外用附加卷材铺贴至泛水所需高度并做好压缝收头处理,以防止雨水渗进缝内。

变形缝分为高低屋顶变形缝和横向变形缝两种情况。图 7-27(b)所示为高低屋顶变缝构造,类似柔性防水屋顶变形缝泛水。

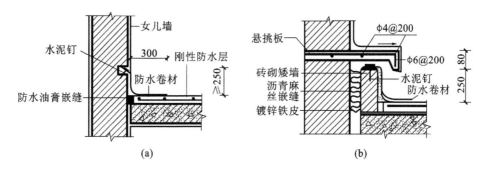

图 7-27 泛水构造

③檐口构造。

刚性防水屋面常用的檐口形式有自由落水挑檐口、挑檐沟外排水檐口、女儿墙外排水檐口、坡檐口等。

a.自由落水挑檐口。

当需挑檐较短时,可将混凝土防水层直接悬挑出去形成挑檐口,如图 7-28(a)所示。当需挑檐较长时,为了保证悬挑结构的强度,应采用与屋面圈梁连为一体的悬臂板形成挑檐,如图 7-28(b)所示。在挑檐板与屋面板上做找平层和隔离层后浇筑混凝土防水层,檐口处注意做好滴水。

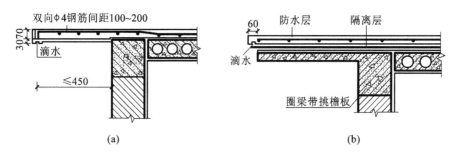

图 7-28 自由落水挑檐口

b.挑檐沟外排水檐口、女儿墙外排水檐口。

挑檐沟外排水、女儿墙外排水都属于有组织排水方式。当挑檐口采用有组织排水时,常将檐部做成排水檐沟板的形式。檐沟板的断面为槽形,并与屋面圈梁连成整体,如图 7-29(a)所示。沟内设纵向排水坡,防水层挑入沟内并做滴水。在跨度不大的平屋顶中,当采用女儿墙外排水时,常利用倾斜的屋面板与女儿墙间的夹角做成三角形断面天沟,如图 7-29(b)所示,防水层端部类似泛水构造。天沟内也需设纵向排水坡。

c.坡檐口。

建筑设计中出于造型方面的考虑,常采用一种平顶坡檐即“平改坡”的处理形式,使较为呆板的平顶建筑具有某种传统的韵味,以丰富城市景观,如图 7-30 所示。

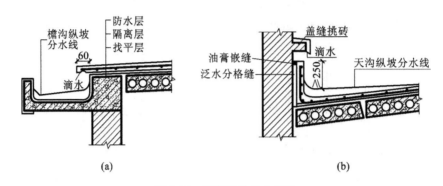

图 7-29　有组织外排水檐口

(a)挑檐沟外排水檐口；(b)女儿墙外排水檐口

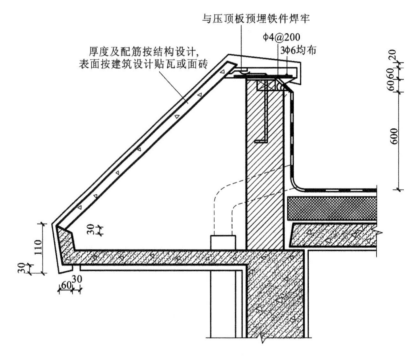

图 7-30　平顶坡檐构造

④雨水口构造。

刚性防水屋面的雨水口做法有直管式和弯管式两种,直管式一般用于挑檐沟外排水的雨水口,弯管式用于女儿墙外排水的雨水口。

直管式雨水口为防止雨水从雨水口套管与沟底接缝处渗漏,应在雨水口周边加铺柔性防水层并铺至套管内壁,檐口处浇筑的混凝土防水层应覆盖于附加的柔性防水层之上,并于防水层与雨水口之间用油膏嵌实,如图 7-31 所示。

弯管式雨水口一般用铸铁做成弯头。雨水口安装时,在雨水口处的屋面应加铺附加卷材与弯头搭接,其搭接长度不小于 100mm,然后浇筑混凝土防水层,防水层与弯头交接处须用油膏嵌缝,如图 7-32 所示。

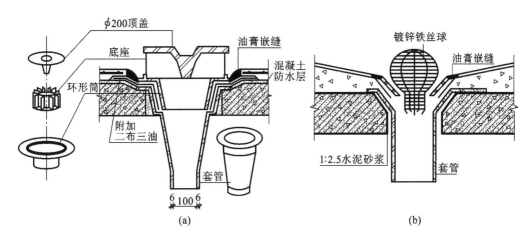

图 7-31　直管式雨水口构造

(a)65 型雨水口;(b)铁丝罩铸铁雨水口

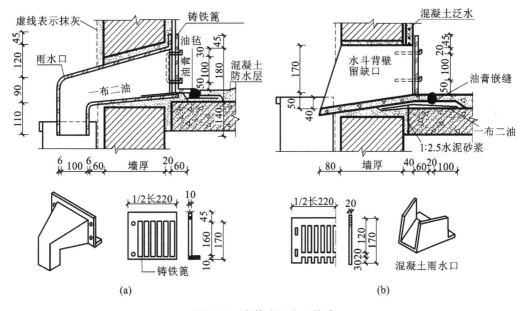

图 7-32　弯管式雨水口构造

(a)铸铁雨水口;(b)预制混凝土排水槽

(三)涂膜防水屋面

涂膜防水屋面又称涂料防水屋面,是指用可塑性和黏结力较强的高分子防水涂料,直接涂刷在屋面基层上形成一层不透水的薄膜层,以达到防水目的的一种屋面。防水涂料有塑料、橡胶和改性沥青三大类,常用的有塑料油膏、氯丁胶乳沥青涂料和焦油聚氨酯防水涂膜等。这些材料多数具有防水性好、黏结力强、延伸性大、耐腐蚀、不易老化、施工方便、容易维修等优点,近年来应用较为广泛。这种屋面通常适用于不设保温层的预制屋面板结构,如单层工业厂房的屋面;有较大震动的建筑物或寒冷地区则不宜采用。

1.涂膜防水屋面的构造层次和做法

涂膜防水屋面的构造层次与柔性防水屋面相同,由结构层、找坡层、找平层、结合层、

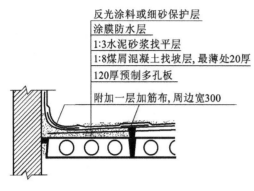

反光涂料或细砂保护层
涂膜防水层
1:3水泥砂浆找平层
1:8煤屑混凝土找坡层,最薄处20厚
120厚预制多孔板
附加一层加筋布,周边宽300

图 7-33　涂膜防水屋面的构造

防水层和保护层组成,如图 7-33 所示。

(1)结构层。

结构层为整体性较强的钢筋混凝土楼板。

(2)找平层。

为使防水层的基层具有足够的强度和平整度,找平层通常为 25mm 厚1∶2.5水泥砂浆,并且为保证防水层与基层黏结牢固,应选用与防水涂料相同的材料经稀释后满刷在找平层上。

(3)防水层。

涂膜防水屋面的防水层涂刷应分多次进行。乳剂性防水材料应采用网状布织层如玻璃布等,可使涂膜均匀,一般手涂 3 次可做成 1.2mm 的厚度;溶剂性防水材料,手涂 1 次可做成 0.2～0.3mm 的厚度,干后重复涂 4～5 次,可做成 1.2mm 以上的厚度。

(4)保护层。

涂膜的表面一般须撒细砂做保护层,为防太阳辐射影响及色泽需要,可适量加入银粉或颜料以起着色加强保护作用。上人屋面一般要在防水层上涂抹一层 5～10mm 厚黏结性好的聚合物水泥砂浆,干燥后再抹水泥砂浆面层。

2. 涂膜防水屋面的细部构造

(1)分格缝构造。

为了避免涂膜防水层由于温度变化和结构变形而引起基层开裂,致使涂膜防水层渗漏,一般应在涂膜防水屋面的找平层上设分格缝,缝宽宜为 20mm,并留设在板的支承处,其间距不宜大于 6m,分格缝内应嵌填密封材料。具体构造见图 7-34。

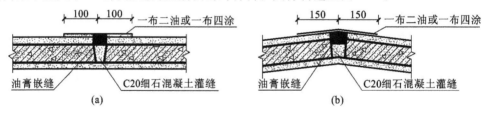

100
100
一布二油或一布四涂
油膏嵌缝
C20细石混凝土灌缝
(a)
150
150
一布二油或一布四涂
油膏嵌缝
C20细石混凝土灌缝
(b)

图 7-34　涂膜防水屋面分格缝构造

(a)屋面分隔缝;(b)屋脊分隔缝

60
20厚1:2.5水泥砂浆
一布二油或一布四涂
60
200
300
油膏嵌缝

图 7-35　涂膜防水屋面的泛水构造

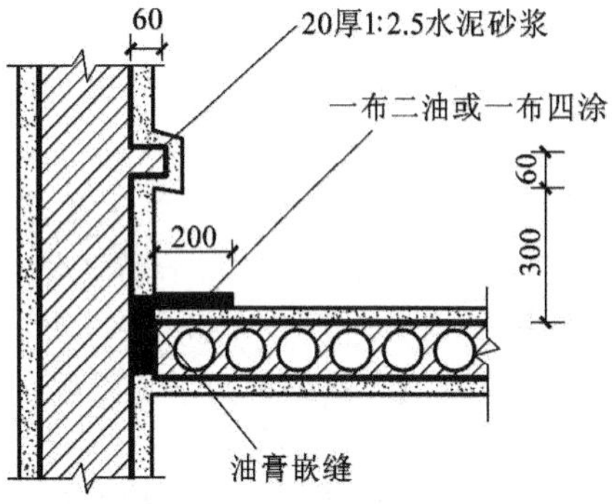

(2)泛水、檐口和雨水口构造。

涂膜防水屋面的泛水、檐口和雨水口构造与柔性防水屋面基本相同,不同之处在于屋面容易渗漏的地方,须根据屋面涂膜防水层的不同再用二布三油、二布六涂等措施加强其防水能力。具体构造分别见图 7-35～图 7-37。

(四)粉剂防水屋面

粉剂防水是以脂肪酸钙为主体,通过特定的化学反应形成的复合型粉状防水材料加保护

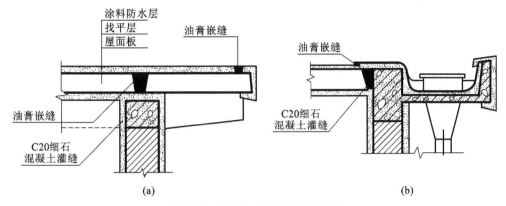

图 7-36　涂膜防水屋面的檐口构造

(a)自由落水挑檐口；(b)挑檐沟外排水檐口

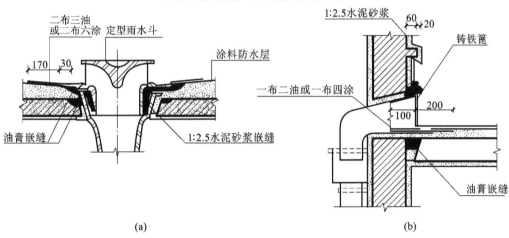

图 7-37　涂膜防水屋面雨水口构造

(a)直管式雨水口；(b)弯管式雨水口

层,来作为屋面防水层的一种做法。其完全打破了传统的防水观念,是一种既不同于柔性防水,又不同于刚性防水的新型防水形式。这种粉剂组成的防水层透气而不透水,有极好的憎水性、耐久性和随动性,并且具有施工简单、快捷,造价低、寿命长等优点。

1.粉剂防水屋面的构造层次和做法

粉剂防水屋面的构造层次有结构层、找平层、防水层、隔离层和保护层,如图 7-38 所示。

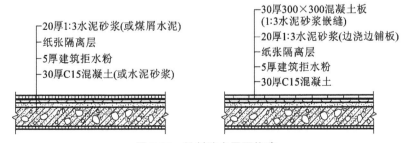

图 7-38　粉剂防水屋面构造

(1)结构层。

与柔性防水屋面相同,粉剂防水屋面的结构层采用预制或现浇钢筋混凝土屋面板。

（2）找平层。

现浇混凝土屋面板应采用 20mm 厚 1:3 水泥砂浆或 1:1:6 混合砂浆找平。对随浇随抹的混凝土屋面板，可不做找平层。预制混凝土屋面板宜采用 30mm 厚 1:3 水泥砂浆或 1:1:6 混合砂浆找平。位于内承重墙（或梁、屋架）处预制混凝土屋面板端缝之上的找平层应设缝，缝宽为 20mm。

（3）防水层。

防水层是由憎水性强的粉状材料构成的，其厚度为 5～7mm。檐口、泛水、变形缝等防水薄弱部位，防水层应适当加厚，以保证防水效果。

（4）隔离层。

隔离层是设置在防水层之上、保护层之下的一道构造层，即用成卷的普通纸或无纺布铺盖于防水层之上，其目的是防止在做保护层时冲散粉状防水层而造成防水层的连续状态被破坏，以致发生渗漏。

（5）保护层。

保护层首先是为了保护粉剂防水层在使用过程中不受外界不利因素的影响，如风吹、雨冲、上人活动、物体碰撞等，其次起着屋面排水和减缓防水层老化的作用。根据屋面使用功能的不同，保护层可分为铺贴类和整浇类。铺贴类保护层通常为水泥砂浆铺贴水泥砖、缸砖、黏土砖或预制混凝土板等。整浇类保护层通常是在防水层上现浇细石混凝土或水泥砂浆面层。

2.粉剂防水屋面的细部构造

（1）分格缝构造。

对于整浇类保护层，应在其温度变形允许的范围内和结构变形敏感的部位设置分格缝，具体构造见图 7-39。

（2）泛水构造。

在粉剂防水屋面与突出屋面的垂直交接处，可用水泥炉渣铺垫或用砖砌成 30°斜坡作为泛水构造，且泛水高度应不小于 250mm，然后用水泥砂浆抹面，其上再做粉剂防水层以及隔离层、保护层，具体构造见图 7-40。

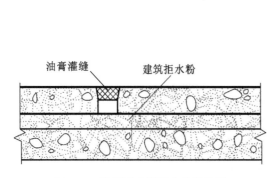

图 7-39 粉剂防水屋面分格缝构造

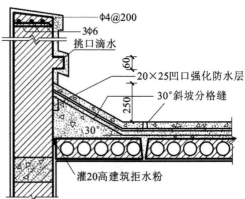

图 7-40 粉剂防水屋面泛水构造

（3）檐口构造。

粉剂防水屋面的檐口形式有自由落水挑檐口和有组织排水挑檐沟两种,构造做法见图 7-41。

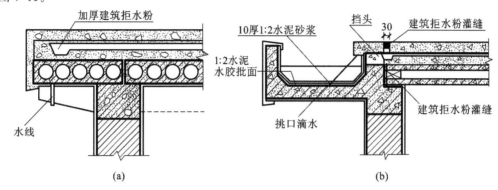

图 7-41 粉剂防水屋面檐口构造
(a)自由落水挑檐口;(b)有组织排水挑檐沟

（4）雨水口构造。

粉剂防水屋面的雨水口类型及构造与刚性防水屋面基本相同。其具体构造见图 7-31、图 7-32。

二、平屋顶的保温与隔热

屋顶属于建筑的外围护部分,不但要有遮风挡雨的功能,还应有保温与隔热的功能。

(一)平屋顶的保温

冬季在北方寒冷地区或装有空调设备的建筑中采暖时,室内温度高于室外,热量通过围护结构向外散失。为了防止室内热量过多、过快地散失,须在围护结构中设置保温层以提高屋顶的热阻,使室内有一个舒适的环境。保温层的材料和构造方案是根据使用要求、气候条件、屋顶的结构形式、防水处理方法、材料种类、施工条件、整体造价等因素,经综合考虑后确定的。

1.保温材料的类型

保温材料一般多选用空隙多、表观密度小、导热系数小的材料,可分为以下三种类型。

（1）散料类。

散料类保温材料包括炉渣、矿渣等工业废料,以及膨胀陶粒、膨胀蛭石和膨胀珍珠岩等。如果在散料类保温层上做卷材防水层,必须先在散状材料上抹一层水泥砂浆找平层,然后再铺卷材防水层。

（2）整体类。

整体类保温材料一般是以散料类保温材料为骨料,掺入一定量的胶结材料,现场浇筑而形成的整体保温层,如水泥炉渣、水泥膨胀珍珠岩及沥青蛭石、沥青膨胀珍珠岩等。同散料类保温材料相同,整体类保温材料也应先做水泥砂浆找平层,再做卷材防水层。

以上两种类型的保温材料均可兼作找坡材料。

(3)板块类。

一般现场浇筑的整体类保温材料都可由工厂预先制作成板块类保温材料,如预制膨胀珍珠岩、膨胀蛭石以及加气混凝土、泡沫塑料等块材或板材。其中最常用的是加气混凝土板和泡沫混凝土板。泡沫塑料板价格较贵,只在高级工程中使用。

保温材料的选择应根据建筑物的使用性质、构造方案、材料来源、经济指标等因素综合考虑确定。

2.保温层的设置

(1)保温层设在防水层的下面。

这种形式构造简单,施工方便,是目前广泛采用的一种形式[图7-42(a)]。

(2)保温层与结构层融为一体。

这种形式是保温层与结构层组合成复合板材,既是结构构件,又是保温构件。其一般有两种做法:一是槽板内设置保温层,这种做法可减少施工工序,提高工业化施工水平,但成本偏高,其中把保温层设在结构层下面者,由于会产生内部凝结水,因此降低了保温效果[图7-42(c)、(d)];另一种为保温材料与结构层融为一体,如加气钢筋混凝土屋面板,这种构件既能承重,又能保证保温效果,构造简单,施工方便,造价低,但其板承载力小,耐久性差,可适用于标准较低的不上人屋面中[图7-42(d)]。

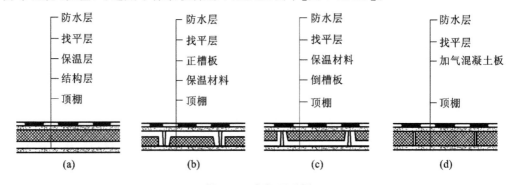

图7-42 保温层设置

(a)在结构层上;(b)嵌入槽板中;(c)嵌入倒槽板中;(d)与结构层融为一体

(3)保温层设在防水层的上面。

保温层设在防水层上面的做法也称倒铺法。其优点是保温层保护防水层不受阳光和室外气候以及自然界中各种因素的直接影响,使保温层耐久性增强。而这对保温层则有一定的要求,应选用吸湿性小和耐候性强的材料,如聚苯乙烯泡沫塑料板、聚氨酯泡沫塑料板等,加气混凝土板和泡沫混凝土板因吸湿性强,不宜选用。保温层需加强保护,应选择有一定荷载的大粒径石子或混凝土做保护层,以保证保温层不因下雨而"漂浮"(图7-43)。

(4)在防水层与保温层之间设空气间层。

由于空气间层的设置,室内采暖的热量不能直接影响屋面防水层,故将其称为"冷屋顶保温体系"。这种做法的保温屋顶,无论是平屋顶还是坡屋顶均可采用。

平屋顶的冷屋面保温做法常用垫块架空预制板,形成空气间层,再在上面做找平层和防水层。其空气间层的主要作用是,带走穿过顶棚和保温层的蒸汽以及保温层散发出来的热量。因此,空气间层必须保证通风流畅,否则会降低保温效果(图7-44)。

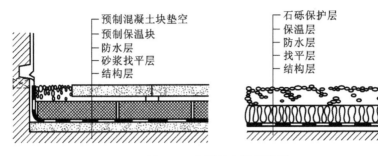

图 7-43　倒铺法保温层设置

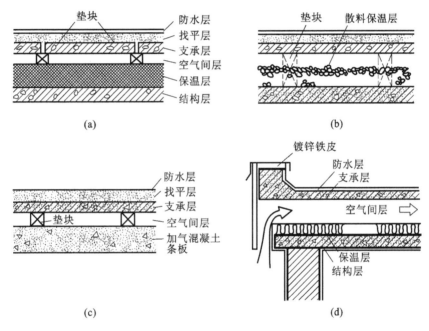

图 7-44　平屋顶冷屋面保温构造

(a)带空气间层平屋顶保温；(b)散料保温；(c)加气混凝土板通风保温；(d)檐口进风口

3.隔蒸汽层的设置

根据规范的要求,在我国纬度 40°以北且室内空气湿度大于 75% 的地区,或室内空气湿度常年大于 80% 的其他地区,保温层下面应设置隔蒸汽层。

保温层设在结构层上面,保温层上直接做防水层时,在保温层下要设置隔汽层。设置隔蒸汽层的目的是防止室内水蒸气透过结构层,渗入保温层内,使保温材料受潮,影响保温效果。隔蒸汽层的做法通常是在结构层上做找平层,再在其上涂热沥青一道或铺一毡二油。

图 7-45 所示为卷材防水保温平屋顶构造。

由于保温层下设隔汽蒸层,上面设置防水层,因此保温层的上、下两面均被油毡封闭住。而在施工中往往出现保温材料或找平层未干透,其中残存一定的蒸汽无法散发。为了解决这个问题,可在保温层上加一层砾石或陶粒作为透气层,或在保温层中间设排气通道(图 7-46)。排气道间距宜为 6m,纵横设置,屋面面积每隔 36m^2 宜设一个排气孔,排气孔应做防水处理。

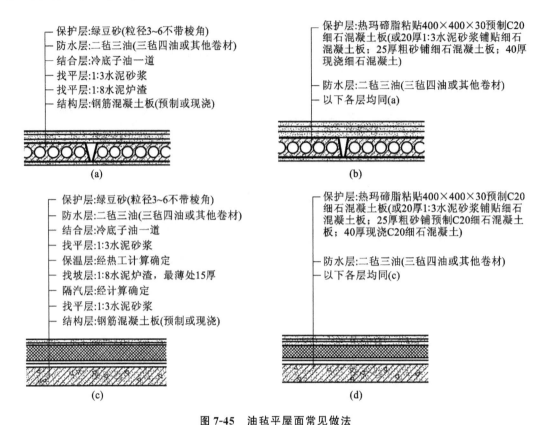

保护层:绿豆砂(粒径3~6不带棱角)
防水层:二毡三油(三毡四油或其他卷材)
结合层:冷底子油一道
找平层:1:3水泥砂浆
找平层:1:8水泥炉渣
结构层:钢筋混凝土板(预制或现浇)

(a)

保护层:热玛碲脂粘贴400×400×30预制C20细石混凝土板(或20厚1:3水泥砂浆铺贴细石混凝土板;25厚粗砂铺细石混凝土;40厚现浇细石混凝土)
防水层:二毡三油(三毡四油或其他卷材)
以下各层均同(a)

(b)

保护层:绿豆砂(粒径3~6不带棱角)
防水层:二毡三油(三毡四油或其他卷材)
结合层:冷底子油一道
找平层:1:3水泥砂浆
保温层:经热工计算确定
找坡层:1:8水泥炉渣,最薄处15厚
隔汽层:经计算确定
找平层:1:3水泥砂浆
结构层:钢筋混凝土板(预制或现浇)

(c)

保护层:热玛碲脂粘贴400×400×30预制C20细石混凝土板(或20厚1:3水泥砂浆铺贴细石混凝土板;25厚粗砂铺预制C20细石混凝土板;40厚现浇C20细石混凝土)
防水层:二毡三油(三毡四油或其他卷材)
以下各层均同(c)

(d)

图 7-45　油毡平屋面常见做法

(a)不保温,不上人;(b)不保温,上人;(c)保温,不上人;(d)保温,上人

(二)平屋顶的隔热

南方炎热地区,在夏季太阳辐射和室外气温的综合作用下,大量热量将从屋顶传入室内,影响室内的热环境。为给人们创造生活和工作的舒适室内条件,应采取适当的构造措施解决屋顶的降温和隔热问题。

屋顶隔热、降温通常有以下几种方式。

1.通风隔热屋面

这类屋面是在屋顶中设置,使屋顶的上表面起遮挡阳光的作用,而中间的空气间层则利用风压原理和热压原理散发掉大部分的热量,以降低传到屋顶下表面的温度,达到隔热、降温的目的。

通风隔热屋面是指在屋顶中设置通风的空气间层,使上层表面起着遮挡阳光的作用,利用风压和热压作用将间层中的热空气不断带走,以减少传到室内的热量,从而达到隔热、降温的目的。通风隔热屋面做法一般有架空通风隔热屋面和顶棚通风隔热屋面两种。

(1)架空通风隔热屋面。

通风层设在防水层之上的做法很多,其中以架空预制板或大阶砖最为常见。预制板块的形状有平面和曲面两种,相应的通风层也有平面和曲面两种(图 7-47)。

架空通风隔热层设计应满足以下要求:架空层应有适当的净高,一般以 180～240mm 为宜;距女儿墙 500mm 范围内不铺架空板;隔热板的支点可做成砖垄墙或砖墩,间距视

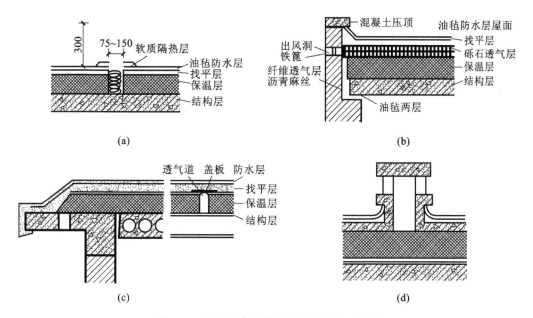

图 7-46 保温层内设置透气层及通风口构造

(a)保温层设透气道及镀锌铁皮通风口;(b)砾石透气层及女儿墙出风口;

(c)保温层设透气道及檐下出风口;(d)中间透气口

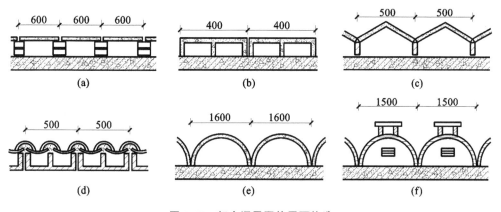

图 7-47 架空通风隔热屋面构造

(a)架空预制板(或大阶砖);(b)架空混凝土山形板;(c)架空钢丝网水泥折板;

(d)倒槽板上铺小青瓦;(e)钢筋混凝土半圆拱;(f)1/4 厚砖拱

隔热板的尺寸而定。

(2)顶棚通风隔热屋面。

这种做法是利用顶棚与屋顶之间的空间做隔热层,同时利用檐墙上的通风口将大部分的热量带走(图 7-48)。

顶棚通风隔热层设计应满足以下要求:顶棚通风层应有足够的净空高度,一般为 500mm 左右;需设置一定数量的通风孔,以利于空气对流,通风孔应考虑防飘雨措施。

2.蓄水隔热屋面

蓄水隔热屋面是指在屋顶蓄积一层水,利用水蒸发时需要大量的汽化热,大量消耗

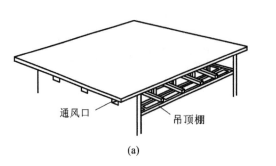
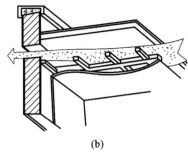

图 7-48 顶棚通风隔热屋面

(a)平屋顶吊顶棚;(b)吊顶剖面图

晒到屋面的太阳辐射热,以减少屋顶吸收的热能,从而达到降温、隔热的目的。蓄水隔热屋面构造与刚性防水屋面基本相同,主要区别是增加了一壁三孔,即蓄水分仓壁、溢水孔、泄水孔和过水孔。

蓄水隔热屋面构造应注意以下几点:(1)合适的蓄水深度,一般为 150～200mm;(2)根据屋面面积划分为若干蓄水区,每区的边长一般不大于 10m;(3)足够的泛水高度,至少高出水面 100mm;(4)合理设置溢水孔和泄水孔,并应与排水檐沟或雨水管连通,以保证多雨季节不超过蓄水深度和检修屋面时能将蓄水排除;(5)做好管道的防水处理。其具体构造见图 7-49。

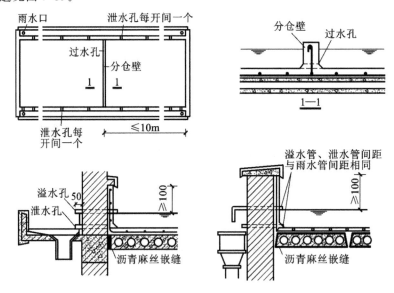

图 7-49 蓄水隔热屋面构造

3.种植隔热屋面

种植隔热屋面是在屋顶上种植植物,利用植被的蒸腾和光合作用,吸收太阳辐射热,从而达到降温、隔热的目的。种植隔热屋面也应采用整体现浇的刚性防水层,并必须对其进行防腐处理,避免水和肥料日久渗入混凝土中,腐蚀钢筋。

种植隔热屋面的设计应满足以下要求:(1)种植介质应尽量选用谷壳、膨胀蛭石等轻质材料,以减轻屋顶自重;(2)屋顶四周须设栏杆或女儿墙作为安全防护措施,以保证上屋面人员的安全;(3)挡墙下部设排水孔和过水网,过水网可采用堆积的砾石,从而保证水通过而种植介质不流失。其具体构造见图7-50。

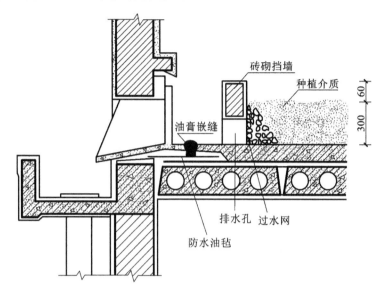

图 7-50　种植隔热屋面构造示意图

4.蓄水种植隔热屋面

蓄水种植隔热屋面是将一般种植屋顶与蓄水屋顶结合起来,从而形成的一种新型的隔热降温屋面,在屋面上用床埂将其分为若干种植床,直接填种植介质,同时蓄水,栽培各种水中植物。其基本构造层次如图7-51所示。蓄水种植隔热屋面应满足下列要求。

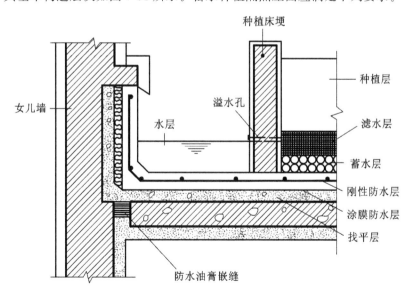

图 7-51　蓄水种植隔热屋面

(1)种植分区床埂。蓄水种植隔热屋面应根据屋顶绿化设计,用床埂进行分区,每区面积不宜大于$100m^2$。床埂宜高于种植层60mm左右,床埂底部每隔$1200\sim1500mm$设一个溢水孔,孔下口与水层面平齐。溢水孔处应铺设粗骨料或安设滤网以防止细骨料流失。

（2）防水层。蓄水种植隔热屋面因有蓄水层，故防水层应采用设置涂膜防水层和配筋细石混凝土防水层的复合防水构造。应先做涂膜防水层，再做刚性防水层。刚性防水层除女儿墙泛水处设分格缝外，屋顶的其余部分可不设分格缝。

（3）种植层。蓄水种植隔热屋面的构造层次较多，为尽量减轻屋顶板的荷载，栽培介质的堆积密度不宜大于 $10kN/m^2$。

（4）蓄水层。种植床内的水层靠轻质多孔粗骨料蓄积，粗骨料的粒径不应小于25mm，蓄水层（包括水和粗骨料）的深度不超过 60mm。种植床以外的屋顶也蓄水，深度与种植床内相同。

（5）滤水层。为保持蓄水层的畅通，不致被杂质堵塞，应在粗骨料的上面铺 60～80mm 厚的细骨料滤水层。细骨料按 5～20mm 粒径级配，下粗上细地铺填。

（6）人行架空通道板。人行架空通道板应具有一定的强度和刚度，设在蓄水层上的种植床之间，起活动和操作管理的作用，兼有给屋顶非种植覆盖部分增加隔热层的功效。

蓄水种植隔热屋面连通整个层面的蓄水层，弥补了一般种植屋顶隔热不完整、对人工补水依赖较多等缺点，又兼有蓄水隔热屋面和一般种植隔热屋面的优点，隔热效果更佳，但相对来说造价也更高。

综上所述，蓄水种植隔热屋面不但在隔热、降温的效果方面有优越性，而且在净化空气、美化环境、改善城市生态、提高建筑物综合利用效益等方面都具有极为重要的作用，是最具有发展前景的屋顶形式。

学习任务四　坡屋顶构造

坡屋顶根据承重部分不同，主要可分为传统的木构架屋顶、钢筋混凝土屋架屋顶、钢结构屋架屋顶以及近年来发展起来的膜结构屋顶。

一、坡屋顶的承重结构

（一）承重结构类型

坡屋顶中常用的承重结构有横墙承重、屋架承重和梁架承重，如图 7-52 所示。

1. 横墙承重

横墙承重是根据所要求的坡度，将屋顶横墙上部砌成三角形，在墙上直接搁置承重构件（如檩条）来承受屋顶荷载的结构方式。横墙承重构造简单，施工方便，节约材料，有利于屋顶的防火和隔声。其适用于开间为 4.5m 以内、房间尺寸较小的建筑，如住宅、宿舍、旅馆客房等。

2. 屋架承重

屋架承重是由一组杆件在同一平面内互相结合成整体构件屋架，于其上搁置承重构件（如檩条）来承受屋顶荷载的结构方式。这种承重方式可以形成较大的内部空间，多用于要求有较大空间的建筑，如食堂、教学楼等。

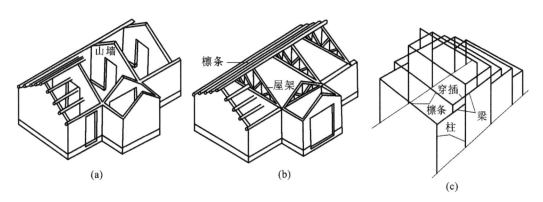

图 7-52　坡屋顶的承重结构类型
(a)横墙承重;(b)屋架承重;(c)梁架承重

3.梁架承重

梁架承重是我国的传统结构形式,用木材作主要材料的柱与梁形成的梁架承重体系,是一个整体承重骨架,墙体只起围护和分隔的作用。

(二)承重结构构件

坡屋顶的承重结构构件主要有屋架和檩条两种。

1.屋架

屋架形式一般多为三角形,由上弦、下弦及垂直腹杆和斜腹杆组成,根据材料不同有木屋架、钢屋架及钢筋混凝土屋架等,如图 7-53 所示。木屋架适应跨度范围小,一般不超过 12m;将木屋架中受拉力的下弦及直腹杆件用钢筋或型钢代替,这种屋架即为钢木组合屋架。钢木组合屋架一般用于跨度不超过 18m 的建筑;当跨度更大时,需采用预应力钢筋混凝土屋架或钢屋架。

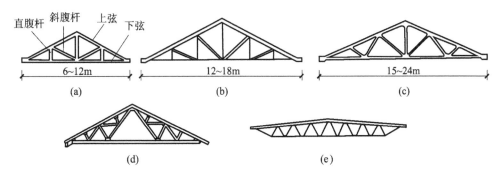

图 7-53　屋架形式
(a)木屋架;(b)钢木组合屋架;(c)预应力钢筋混凝土屋架;(d)芬式钢屋架;(e)梭形轻钢屋架

2.檩条

檩条根据材料不同可分为木檩条、钢檩条及钢筋混凝土檩条,檩条的材料一般与屋架种类相同。檩条的形式如图 7-54 所示。木檩条有矩形和圆形(原木),方木檩条一般为(75~100)mm×(100~180)mm,原木檩条的梢径一般为 100mm 左右,跨度一般在 4m 以内。钢筋混凝土檩条有矩形、L 形和 T 形等,跨度可达 6m;钢檩条有型钢或轻型钢檩条。檩条的断面大小与檩条的间距、屋面板的薄厚及椽子的截面密切相关,由结构计算确定。

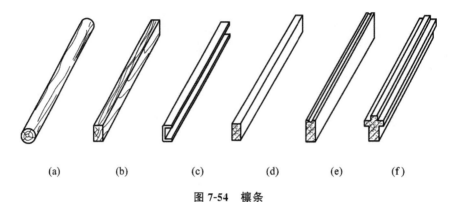

(a)   (b)   (c)   (d)   (e)   (f)

图 7-54　檩条

(a)圆木檩条;(b)方木檩条;(c)槽钢檩条;(d)、(e)、(f)钢筋混凝土檩条

(三)承重结构布置

坡屋顶承重结构布置如图 7-55 所示。其主要是屋架和檩条的布置,根据屋顶形式确定布置方式,双坡屋顶根据开间尺寸等间距布置。四坡屋顶尽端的三个斜面呈 45°相交,采用半屋架,一端支承在外墙上,另一端支承在尽端全屋架上,如图 7-55(a)所示。屋顶 T 形相交处的结构布置有两种,一是把插入屋顶的檩条搁在与其垂直的屋顶檩条上,如图 7-55(b)所示;二是采用斜梁或半屋架,其一端支承在转角的墙上,另一端支承在屋架上,如图 7-55(c)所示。屋顶转角处利用半屋架支承在对角屋架上,如图 7-55(d)所示。

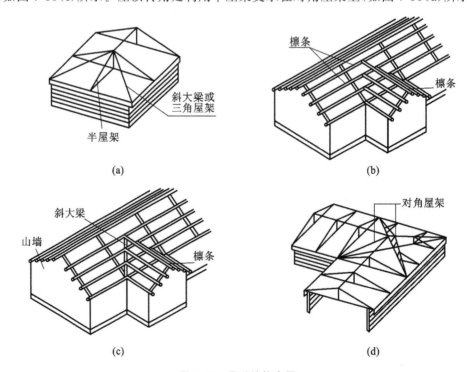

图 7-55　承重结构布置

(a)四坡顶的屋架;(b)T 形交接处屋顶之一;(c)T 形交接处屋顶之二;(d)转角屋顶

二、坡屋顶的构造

坡屋顶是在承重结构上设置保温、防水等构造层。一般是利用各种瓦材,如平瓦、波形瓦、小青瓦、金属瓦、彩色压型钢板等作为屋面防水材料。

(一)平瓦屋面构造

平瓦屋面是目前常用的一种形式。平瓦外形是根据排水要求而设计的,如图 7-56 所示。

瓦的规格尺寸为(380~420)mm×(230~250)mm×(20~25)mm,瓦的两边及上、下均留有槽口,以便瓦的搭接;瓦的背面有凸缘及小孔,用以挂瓦及穿铁丝固定。屋脊部位需专用的脊瓦盖缝。

平瓦屋面做法根据用材不同和构造不同有冷摊瓦屋面、木望板瓦屋面、钢筋混凝土挂瓦板平瓦屋面和钢筋混凝土板瓦屋面四种。

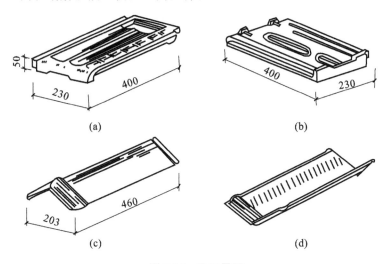

图 7-56 平瓦屋面

(a)平瓦正面;(b)平瓦背面;(c)脊瓦正面;(d)脊瓦背面

1.冷摊瓦屋面

冷摊瓦屋面是在檩条上钉椽条,然后在椽条上钉挂瓦条并直接挂瓦,如图 7-57 所示。木椽截面尺寸一般为 40mm×60mm 或 50mm×50mm,其间距为 400mm 左右。挂瓦条截面尺寸一般为 30mm×30mm,中距为 300~400mm。其构造简单,但雨雪易从瓦缝中飘入室内,保温效果差,通常用于南方地区质量要求不高的建筑。

2.木望板瓦屋面

木望板瓦屋面如图 7-58 所示,是在檩条上铺钉 15~20mm 厚的木望板(也称屋面板),木望板可采取密铺法或稀铺法(望板间留 20mm 左右宽的缝),在木望板上铺设保温材料,再平行于屋脊方向铺卷材,设置截面为 10mm×30mm、中距为 500mm 的顺水条,然后在顺水条上面设挂瓦条并挂瓦,挂瓦条的截面和间距与冷摊瓦屋面相同。木望板瓦屋面的防水、保温、隔热效果较好,但耗用木材多、造价高,多用于质量要求较高的建筑中。

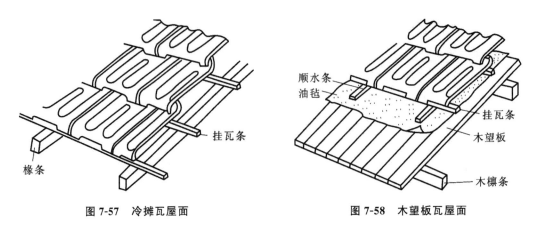

图 7-57　冷摊瓦屋面　　　　　　　　　　图 7-58　木望板瓦屋面

3.钢筋混凝土挂瓦板平瓦屋面

钢筋混凝土挂瓦板平瓦屋面如图 7-59 所示。其挂瓦板为预应力或非预应力混凝土构件,是将檩条、望板、挂瓦板三个构件的功能合为一体。钢筋混凝土挂瓦板基本截面形式有单 T 形、双 T 形、F 形,如图 7-60 所示。在肋根部留泄水孔,以便排除由瓦面渗漏下的雨水。挂瓦板与山墙或屋架的构造连接,用水泥砂浆坐浆,预埋钢筋套接。

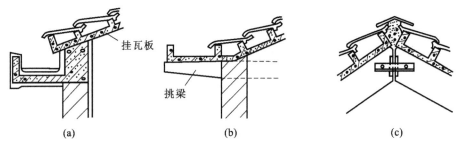

图 7-59　钢筋混凝土挂瓦板平瓦屋面

(a),(b)檐口节点;(c)屋脊节点

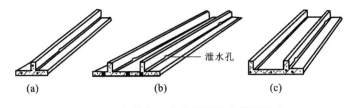

图 7-60　钢筋混凝土挂瓦板基本截面形式

(a)单 T 形;(b)双 T 形;(c)F 形

4.钢筋混凝土板瓦屋面

钢筋混凝土板瓦屋面如图 7-61 所示,主要是满足防火或造型等的需要,在预制钢筋混凝土空心板或现浇平板上面盖瓦。在找平层上铺一层油毡,用压毡条钉在嵌于板缝内的木楔上,再钉挂瓦条挂瓦;或者在屋顶板上直接粉刷防水水泥砂浆并贴瓦。在仿古建筑中也常常采用钢筋混凝土板瓦屋面。

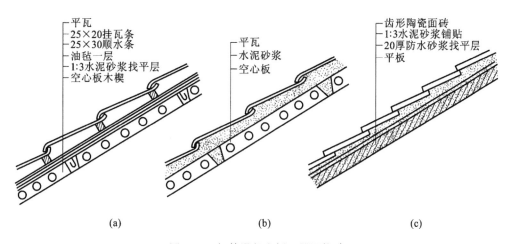

图7-61 钢筋混凝土板瓦屋面构造
(a)木条挂瓦;(b)砂浆贴瓦;(c)砂浆贴面砖

(二)彩板屋面

彩板屋面全称为彩色压型钢板屋面,是近十多年来在大跨度建筑中广泛采用的高效能屋面,其不仅自重轻、强度高,而且施工安装方便。彩板主要采用螺栓连接,不受季节气候的影响。彩板色彩绚丽,质感好,大大增强了建筑的艺术效果。彩板除用于平直坡面的屋顶外,还可根据造型与结构的形式需要,在曲面屋顶上使用。根据功能构造,彩色压型钢板可分为单层彩色压型钢板和保温夹心彩色压型钢板,故彩板屋面可分为单彩板屋面和保温夹心板屋面。

1.单彩板屋面

单层彩色压型钢板(单彩板)只有一层薄钢板,用它做屋面时必须在室内一侧另设保温层。单彩板根据断面形式不同,可分为波形板、梯形板、带肋梯形板。波形板和梯形板的力学性能不够理想,在梯形板的上、下翼和腹板上增加纵向凹凸槽形成纵向带肋梯形板,起加劲肋的作用,同时再增加横向肋,在纵、横两个方向都有加劲肋,提高了彩板的强度和刚度。

单彩板屋面是将彩色压型钢板直接支承于檩条上,檩条一般为槽钢、工字钢或轻钢檩条。檩条间距视屋面板型号而定,一般为1.5～3.0m。屋面板的坡度大小与降雨量、板型、拼缝方式有关,一般不小于3°。

屋面板与檩条的连接采用各种螺钉、螺栓等紧固件,将屋面板固定在檩条上。螺钉一般在屋面板的波峰上。当屋面板波高超过35mm时,屋面板应先连接在铁架上,铁架再与檩条连接,单彩板屋面构造如图7-62所示。不锈钢连接螺钉不易被腐蚀。钉帽均要用带橡胶垫的不锈钢垫圈,防止钉孔处渗水。

2.保温夹心板屋面

保温夹心板是由彩色涂层钢板做表层,聚苯乙烯泡沫塑料或硬质聚氨酯泡沫作芯材,通过加压加热固化制成的夹心板,是具有防寒、保温、体轻、防水、装饰、承力等多种功能的高效结构材料,主要适用于公共建筑、工业厂房的屋顶。

保温夹心板屋面坡度为1/20～1/6,在腐蚀环境中屋面坡度应大于或等于1/12。在

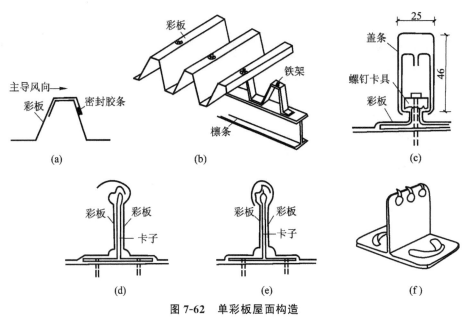

图 7-62 单彩板屋面构造

(a)搭接缝;(b)彩板与檩条的连接;(c)卡扣缝;(d)卷边前;(e)卷边后;(f)卡具

运输、吊装许可条件下,应采用较长尺寸的夹心板,以减小接缝,防止渗漏和提高保温性能,但一般不宜大于 9m。檩条与保温夹心板的连接,在一般情况下,应使每块板至少有 3 个支承檩条,以保证屋面板不发生翘曲。在斜交屋脊线处,必须设置斜向檩条,以保证夹心板的斜端头有支承,保温夹心板屋面构造如图 7-63 所示。夹心板连接构造用铝拉铆钉,钉头用密封胶封死。顺坡连接缝和屋脊缝主要以构造防水,横坡连接缝顺水搭接,并用防水材料密封,上、下板都搭在檩条上。当屋面坡度小于或等于 1/10 时,搭接长度为 300mm;当坡度大于 1/10 时,搭接长度为 200mm。

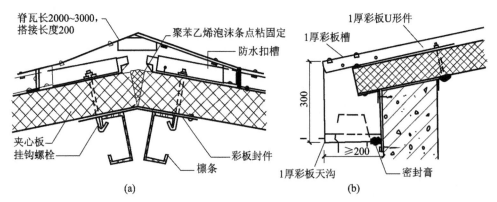

图 7-63 保温夹心板屋面

(a)屋脊;(b)檐沟

三、平瓦屋面细部构造

平瓦屋面应做好檐口、天沟、屋脊等部位的细部处理。

(一)檐口构造

1.纵墙檐口构造

纵墙檐口根据造型要求可做成挑檐或封檐。纵墙檐口的几种构造方式如图 7-64 所示。砖挑檐是在檐口处将砖逐皮外挑,每皮挑出 1/4 砖,挑出总长度不大于墙厚的 1/2,如图 7-64(a)所示。椽条直接外挑如图 7-64(b)所示,适用于较小的出挑长度。当需要出挑长度较大时,应采用挑檐木出挑,如图 7-64(c)所示,挑檐木置于屋架下;也可在承重横墙中设置挑檐木,如图 7-64(d)所示。当需要挑檐长度更大时,可将挑檐木往下移,如图 7-64(e)所示,离开屋架一段距离,这时须在挑檐木与屋架下弦之间加支撑木,以防止挑檐的倾覆。女儿墙包檐口构造如图 7-64(f)所示,在屋架与女儿墙相接处必须设天沟。天沟最好采用混凝土槽形天沟板,沟内铺油毡防水层,并将油毡一直铺到女儿墙上形成泛水。

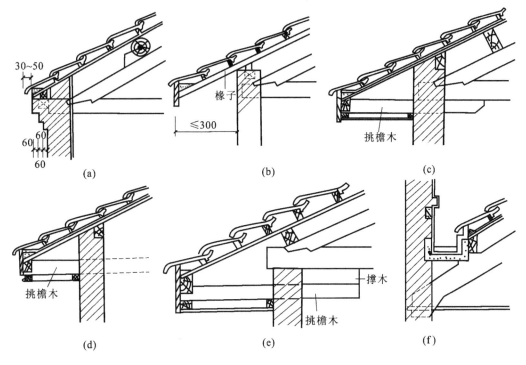

图 7-64 平瓦屋面纵墙檐口构造

(a)砖砌挑檐;(b)椽条外挑;(c)挑檐木出挑;(d)挑檐木置于承重横墙中;(e)挑檐木下移;(f)女儿墙包檐口

2.山墙檐口构造

山墙檐口按屋面形式分为硬山檐口与悬山檐口两种。硬山檐口构造(图 7-65)是将山墙升起,与屋面交接处做泛水处理,如图 7-65(a)所示,采用砂浆粘贴小青瓦做成泛水;图 7-65(b)所示则是用水泥石灰麻刀砂浆抹成的泛水。女儿墙顶应做压顶处理。悬山檐口构造如图 7-66 所示,先将檩条外挑形成悬山,檩条端部钉木封檐板,用水泥砂浆做出拔水线,将瓦封固。

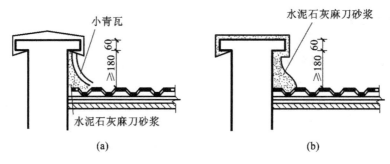

图 7-65 硬山檐口构造

(a)小青瓦泛水；(b)水泥石灰麻刀砂浆泛水

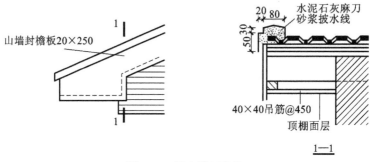

图 7-66 悬山檐口构造

(二)天沟和斜沟构造

在等高跨或高低跨相交处，常常出现天沟，而两个相互垂直的屋面相交处则形成斜沟。沟应有足够的断面积，上口宽度不宜小于 300～500mm，一般用镀锌铁皮铺于木基层上，镀锌铁皮伸入瓦片下面至少 150mm。高低跨和包檐天沟若采用镀锌铁皮防水层，应从天沟内延伸至立墙（女儿墙）上形成泛水（图 7-67）。

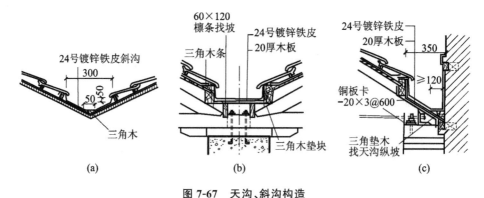

图 7-67 天沟、斜沟构造

(a)三角形天沟（双跨屋面）；(b)矩形天沟（双跨屋面）；(c)高低跨屋面天沟

四、坡屋顶的保温和隔热

(一)坡屋顶的保温

坡屋顶的保温有屋面层保温和顶棚层保温两种做法。当采用屋面层保温时，其保温层可设置在瓦材下面或檩条之间。当屋顶为顶棚层保温时,通常须在吊顶龙骨上铺板,板上设保温层,可以达到保温和隔热双重效果。坡屋顶保温材料可根据工程的具体要求,选用散料类、整体类或板材类材料。坡屋顶的保温构造见图7-68。

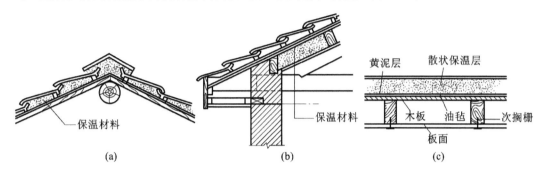

图 7-68 坡屋顶保温构造

(a)瓦材下面设保温层;(b)檩条之间设保温层;(c)吊顶上设保温层

(二)坡屋顶的隔热

对炎热地区的坡屋面应采取一定的构造处理来满足隔热的要求,一般是在坡屋顶中设进风口和出气口,利用屋顶内外的热压差和迎风面的风压差,组织空气对流,形成屋顶内的自然通风,以减少由屋顶传入室内的辐射热,从而达到隔热、降温的目的。进风口一般设在檐墙上、屋檐上或室内顶棚上,出气口最好设在屋脊处,以增大高差,加速空气流通。图7-69所示为几种屋顶通风的示意图。

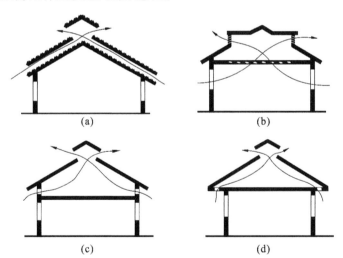

图 7-69 坡屋顶通风示意图

(a)、(c)在外墙和天窗设通风孔;(b)在顶棚和天窗设通风孔;(d)在山墙及檐口设通风孔

➡ 单元小结

1.屋顶按外形分为坡屋顶、平屋顶和其他形式的屋顶。坡屋顶的屋面坡度一般大于10‰,平屋顶的屋面坡度小于5‰,其他形式屋顶多样,坡度随外形变化。平屋顶防水屋

面按其防水层做法的不同分为柔性防水屋面、刚性防水屋面、涂膜防水屋面和粉剂防水屋面等多种类型。卷材防水屋面、混凝土刚性防水屋面和瓦屋面最常用。

2. 屋顶设计的主要任务是解决好防水、保温隔热、坚固耐久、造型美观等问题。

3. 屋顶排水设计的主要内容是：确定屋面坡度大小和坡度形成的方法，选择排水方式和屋顶剖面轮廓线，绘制屋顶排水平面图。单坡排水的屋面宽度控制为 12～15m。每根雨水管可排除约 200m² 的屋面雨水，其间距控制在 30m 以内。矩形天沟净宽不应小于 200mm，天沟纵坡最高处离天沟上口的距离不小于 120mm，天沟纵向坡度取 0.5‰～1‰。

4. 卷材防水屋面的防水层下面须做找平层，上面应做保护层，不上人屋面用绿豆砂保护，上人屋面用地面构成保护层。保温层铺在防水层之下须在其下加隔蒸汽层，铺在防水层之上时则不加，但必须选用不透水的保温材料。油毡屋面的细部构造是防水的薄弱部位，包括泛水、天沟、雨水口、檐口、变形缝等。油毡屋面存在的主要问题是起鼓、流淌、开裂，应采取构造措施加以防止。

5. 混凝土刚性防水屋面主要适用于我国南方地区。为了防止防水层开裂，应在防水层中加钢筋网片、设置分格缝、在防水层与结构层之间加铺隔离层。分格缝应设在层面板的支承端、层面坡度的转折处，泛水与立墙的交接处。分格缝之间的距离不超过 6m。泛水、分格缝、变形缝、檐口、雨水口等部位的细部构造须有可靠的防水措施。

6. 涂膜防水屋面的主要防水措施：加大屋面板刚度，防止板缝开裂，板面刷涂料和贴玻璃丝布。其构造要点与卷材防水屋面类同。

7. 坡屋顶的承重结构有横墙承重、屋架承重和梁架承重三种形式。平瓦屋面做法有冷摊瓦屋面、木望板瓦屋面、钢筋混凝土挂瓦板平瓦屋面和钢筋混凝土板瓦屋面。金属瓦屋面、彩色压型钢板瓦屋面自重轻、强度高，可用于各种屋面。

8. 屋面节能构造设计内容为屋面保温节能设计要点，几种节能屋面构造做法绘图说明。屋顶隔热、降温的主要方法有架设通风隔热屋面、蓄水隔热屋面、种植隔热屋面、蓄水种植隔热屋面。

➡ 能力提升

(一)填空题

1. 屋顶按支撑结构类型和建筑平面的不同可分为_____、_____和_____等多种形式。

2. 屋顶的屋面坡度的表示方法有_____、_____和_____三种。

3. 平屋顶排水坡度的形成方法有_____和_____两种。

4. 屋顶排水方式为_____和有组织排水两大类,有组织排水又分为_____和_____两类。

5. 选择有组织排水时,每根雨水管可排除大约_____ m² 的屋面雨水,其间距控制在_____ m 以内。

6. 屋面泛水时应有足够的高度,最小为_____ mm。

7. 平屋顶的隔热做法通常有_____、_____、_____和_____等;通风隔热屋面通风层的设置方法通常有_____和_____两种。

(二)选择题

1. 屋顶的屋面坡度形成中材料找坡是指( )来形成。

　　A. 利用预制板的搁置　　　　　　B. 利用轻质材料找坡

　　C. 利用油毡的厚度　　　　　　　D. 利用结构层

2. 当采用檐沟外排水时,卷材面层沟底沿长度方向设置的纵向排水坡度一般应不小于( )。

　　A. 0.5%　　　　　　B. 1%　　　　　　C. 1.5%　　　　　　D. 2%

3. 混凝土刚性防水屋面的防水层应采用不低于( )级的细石混凝土整体现浇。

　　A. C15　　　　　　B. C20　　　　　　C. C25　　　　　　D. C30

4. 混凝土刚性防水屋面中,为减少结构变形对防水层的不利影响,常在防水层与结构层之间设置( )。

　　A. 隔蒸汽层　　　　B. 隔离层　　　　C. 隔热层　　　　D. 隔声层

5. 下列( )应采用有组织排水方式。

　　A. 高度较小的简单建筑屋面　　　　B. 积灰多的屋面

　　C. 有腐蚀介质的屋面　　　　　　　D. 降雨量较大地区的屋面

6. 平屋顶卷材防水屋面油毡铺贴正确的是( )。

　　A. 油毡平行于屋脊时,从檐口到屋脊方向铺设

　　B. 油毡平行于屋脊时,从屋脊到檐口方向铺设

　　C. 油毡铺设时,应顺常年主导风向铺设

　　D. 油毡接头处,短边搭接应不小于 70mm

7. 屋面防水中泛水高度最小值为( )。

　　A. 150mm　　　　B. 200mm　　　　C. 250mm　　　　D. 300mm

8. 平屋顶的排水坡度一般不超过( ),最常用的坡度为( )。

　　A. 10%,5%　　　B. 5%,1%　　　C. 3%,5%　　　D. 5%,2%~3%

9. 一般民用建筑常采用直径为( )的雨水管。

　　A. 50~75mm　　B. 75~100mm　　C. 100~150mm　　D. 150~200mm

10. 下列说法中( )是正确的。

　　A. 刚性防水屋面的女儿墙泛水构造与卷材屋面构造是相同的

　　B. 刚性防水屋面的女儿墙与防水层之间不应有缝,并加铺附加卷材形成泛水

　　C. 泛水应有足够高度,一般不小于 250mm

　　D. 刚性防水层内的钢筋在分格缝处应连通,以保持防水层的整体性

11. 屋顶具有的功能有( )。

　　①遮风;②避雨;③保温;④隔热。

　　A. ①②　　　　　B. ①②④　　　　C. ③④　　　　　D. ①②③④

12. 涂刷冷底子油的作用是( )。

　　A. 防止油毡鼓泡　　　　　　　　　B. 防水

　　C. 气密性、隔热性较好　　　　　　D. 黏结防水层

13. 卷材防水屋面的基本构造层次按其作用分别为(   )。

    A. 结构层、找平层、结合层、防水层、保护层

    B. 结构层、找坡层、结合层、防水层、保护层

    C. 结构层、找坡层、保温层、防水层、保护层

    D. 结构层、找平层、隔热层、防水层

14. 下列有关刚性屋面防水层分格缝的叙述中,正确的是(   )。

    A. 分格缝应设置在装配式结构屋面板的非支撑端、屋面转折处的位置,且纵横间距不大于 6m

    B. 分格缝可以减少刚性防水层的伸缩变形,限制和防止裂缝的产生

    C. 刚性防水层与女儿墙之间不应设分格缝,以利于防水

    D. 防水层内的钢筋在分格缝处也应连通,以保持防水层的整体性

15. 以下说法正确的是(   )。

    ①泛水应有足够高度,一般大于或等于 250mm;

    ②女儿墙与刚性防水层间留分格缝,可有效地防止其开裂;

    ③泛水应嵌入立墙上的凹槽内并用水泥钉固定;

    ④刚性防水层内的钢筋在分格缝处应断开。

    A. ①②③   B. ②③④   C. ①③④   D. ①②③④

(三)绘图题

试绘制局部剖面图表示卷材防水屋面的泛水构造。要求注明卷材防水屋面的构造层次和泛水构造做法,并标注有关尺寸。

(四)思考题

1. 屋顶由哪几部分组成? 它们的主要功能分别是什么?

2. 屋顶设计应满足哪些要求?

3. 影响屋顶坡度的因素有哪些? 如何形成屋顶的排水坡度?

4. 屋顶的排水方式有哪几种? 简述各自的优缺点和适用范围。

5. 屋顶排水组织设计主要包括哪些内容? 具体要求是什么?

6. 什么是柔性防水屋面? 其基本构造层次有哪些? 各层次的作用是什么?

7. 柔性防水屋面的细部构造有哪些? 各自的设计要点是什么?

8. 什么是刚性防水屋面? 其基本构造层次有哪些? 各层次的作用是什么?

9. 刚性防水屋面的细部构造有哪些? 各自的设计要点是什么?

10. 什么是涂料防水屋面? 其基本构造层次有哪些?

11. 什么是粉剂防水屋面? 其基本构造层次有哪些?

12. 平屋顶的保温材料有哪几类? 其保温构造有哪几种做法?

13. 平屋顶的隔热构造处理有哪几种做法?

14. 坡屋顶的承重结构有哪几种? 各自的适用范围是什么?

15. 平瓦屋面的檐口构造有哪些形式?

16. 平瓦屋面的常见做法有哪几种? 简述各自的优缺点。

17. 坡屋顶的保温和隔热分别有哪些构造处理方法?

实训任务

平屋顶构造设计。

1.目的要求

通过本次作业,学生应掌握屋顶有组织排水的设计方法和屋顶构造节点详图设计,获得绘制和识读施工图的能力。

2.设计资料

(1)图 7-70 所示为某小学教学楼平面图和剖面图。该教学楼为 4 层,教学区层高为 3.6m,办公区层高为 3.3m,教学区与办公区的交界处做错层处理。

(2)结构类型:砖混结构。

(3)屋顶类型:平屋顶。

(4)屋顶排水方式:有组织排水,檐口形式由学生自定。

(5)屋面防水方式:卷材防水或刚性防水。

(6)屋顶有保温或隔热要求。

3.设计内容及图纸要求

用一张 A3 图纸,按建筑制图标准的规定,绘制该小学教学楼屋顶平面图和屋顶节点详图。

(1)屋顶平面图(比例 1:200)。

①画出各坡面交线、檐沟或女儿墙和天沟、雨水口和屋面上人孔等,刚性防水屋面还应画出纵、横分格缝。

②标注屋面和檐沟或天沟内的排水方向和坡度,标注屋面上人孔等突出屋面部分的有关尺寸,标注屋面标高(结构上表面标高)。

③标注各转角处的定位轴线和编号。

④外部标注两道尺寸(轴线尺寸和雨水口到邻近轴线的距离或雨水口的间距)。

⑤标注详图索引符号,并注明图名和比例。

(2)屋顶节点详图(比例 1:10 或 1:20)。

①檐口构造。

当采用檐沟外排水时,表示清楚檐沟板的形式、屋顶各层构造、檐口处的防水处理,以及檐沟板与圈梁、墙、屋面板之间的相互关系,标注檐沟尺寸,注明檐沟饰面层的做法和防水层的收头构造做法。

当采用女儿墙外排水或内排水时,表示清楚女儿墙压顶构造、泛水构造、屋顶各层构造和天沟形式等,注明女儿墙压顶和泛水的构造做法,标注女儿墙的高度、泛水的高度等尺寸。

当采用檐沟女儿墙外排水时,要求同上。用多层构造引出线注明屋顶各层做法,标注屋面排水方向和坡度大小,标注详图符号和比例,剖切到的部分用材料图例表示。

②泛水构造。

画出高、低屋面之间的立墙与低屋面交接处的泛水构造,表示清楚泛水构造和屋面各层构造,注明泛水构造做法,标注有关尺寸,标注详图符号和比例。

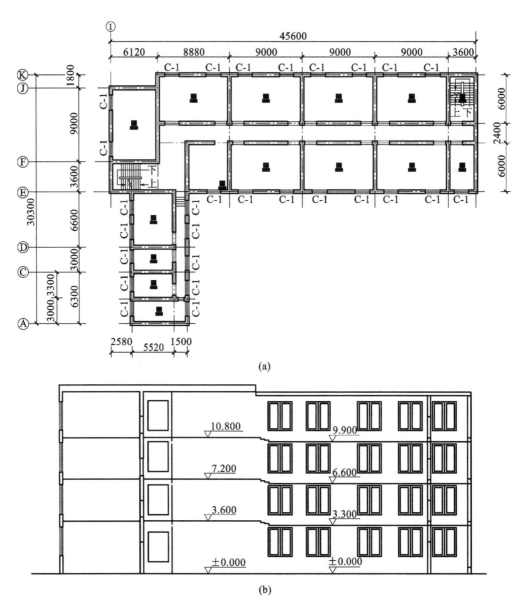

图 7-70　某小学教学楼平面图和剖面图

(a)平面图；(b)剖面图

③雨水口构造。

表示清楚雨水口的形式、雨水口处的防水处理,注明细部做法,标注有关尺寸,标注详图符号和比例。

④刚性防水屋面分格缝构造:若选用刚性防水屋面,则应做分格缝,表示清楚各部分的构造关系,标注细部尺寸、标高、详图符号和比例。

学习情境八　门窗与遮阳

【知识目标】

熟悉门窗的作用、形式和尺度,门窗的构造和安装方法,钢门窗、铝合金门窗、塑钢门窗、玻璃钢门窗等的选型和连接构造。

【能力目标】

能根据门窗特点和使用要求选择合适的形式和开启方式;能根据门窗的使用功能和实际需要,按照《建筑门窗洞口尺寸系列》(GB/T 5824—2008)确定合适的门窗尺寸;能区分门窗的构造和安装方法。

门和窗均是建筑物的重要组成部分。门在建筑中的作用主要是交通联系,兼有采光、通风的作用;窗在建筑物中主要是采光兼通风的作用。它们均属于建筑的围护构件。同时门窗的形状、尺度、排列组合及材料,对建筑的整体造型和立面效果影响很大。因此要求其构造紧密、坚固耐久、便于擦洗,且满足《建筑模数协调标准》(GB/T 50002—2013)的要求,以降低成本和适应建筑工业化生产的需要。在实际工程中,门窗的制作生产已具有标准化、规格化和商品化的特点,各地都有标准图供设计者选用。

学习任务一　门窗的形式与尺度

一、门的形式与尺度

(一)门的形式

门的形式可根据使用材料、开启方式等不同进行分类。

1.根据使用材料不同分类

根据门的使用材料不同,其可分为木门、钢门、铝合金门、塑钢门、彩板门等。

2.根据开启方式不同分类

根据门的开启方式不同,其可分为平开门、弹簧门、推拉门、折叠门、转门、上翻门、升降门、卷帘门等。

（1）平开门。平开门具有构造简单、开启灵活、制作安装和维修方便等特点。其有单扇、双扇和多扇，内开和外开等形式，是建筑中使用最广泛的门，如图 8-1(a)所示。

（2）弹簧门。弹簧门的形式与普通平开门基本相同，不同之处在于要用弹簧铰链或弹簧代替普通铰链，开启后能自动关闭。单向弹簧门常用于有自动关闭要求的房间，如卫生间的门、纱门等。双向弹簧门多用于人流出入频繁或有自动关闭要求的公共场所，如公共建筑门厅等。双向弹簧门的门扇上通常应安装玻璃，供出入的人相互观察，以免碰撞，如图 8-1(b)所示。

（3）推拉门。推拉门开启时门扇沿上下设置的轨道左右滑行，通常为单扇和双扇，开启后门扇可隐藏于墙内或悬于墙外。其开启时不占空间，受力合理，不易变形，但难以严密关闭，构造也较复杂，较多用作工业建筑中的仓库和车间大门。在民用建筑中，一般采用轻便推拉门分隔居室内部空间，如图 8-1(c)所示。

（4）折叠门。折叠门门扇可拼合，折叠推移到门洞口的一侧或两侧，占房间的使用面积较小。一侧两扇的折叠门可以只在侧边安装铰链，一侧三扇以上的折叠门还要在门的上边或下边装导轨及转动五金配件，如图 8-1(d)所示。

（5）转门。转门是三扇或四扇门用同一竖轴组合成夹角相等、在弧形门套内水平旋转的门，对防止内、外空气对流有一定的作用。其可以作为人员进出频繁，且有采暖或空调设备的公共建筑的外门，但不能作为疏散门。在转门的两旁还应设平开门或弹簧门，用于不需要对空气进行调节的季节，或作大量人流疏散之用。转门构造复杂，造价较高，一般情况下不宜采用，如图 8-1(e)所示。

（6）上翻门。上翻门的特点是充分利用上部空间，门扇不占用面积，五金及安装要求高。它适宜用作不经常开关的门，如图 8-1(f)所示。

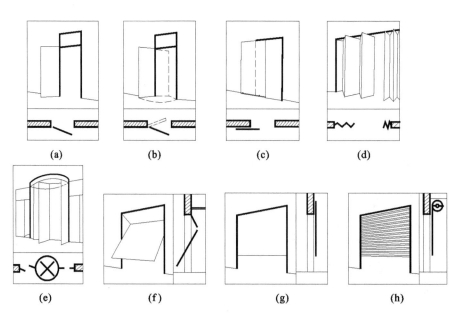

图 8-1　门的开启形式

(a)平开门；(b)弹簧门；(c)推拉门；(d)折叠门；(e)转门；(f)上翻门；(g)升降门；(h)卷帘门

（7）升降门。升降门的特点是开启时门扇沿轨道上升，不占使用面积，常用于空间较高的民用建筑与工业建筑，如图 8-1(g)所示。

（8）卷帘门。卷帘门是由很多金属页片连接而成的门，开启时，门洞上部的转轴将金属页片向上卷起。它的特点是开启时不占使用面积，但加工复杂，造价高，常用作经常开关的商业建筑的大门，如图 8-1(h)所示。

（二）门的尺度

门的尺度通常是指门洞的高、宽尺寸。作为交通疏散通道，其尺度取决于人的通行要求、家具器械的搬运及与建筑物的比例关系等，并要符合现行《建筑模数协调标准》(GB/T 50002—2013)的规定。

（1）门的高度。门的高度不宜小于 2100mm。如门设有亮子，亮子高度一般为 300～600mm，门洞高度则为门扇高加亮子高，再加门框及门框与墙间的构造缝隙尺寸，即门洞高度一般为 2400～3000mm。公共建筑大门高度可根据美观需求适当增加。

（2）门的宽度。单扇门宽为 700～1000mm，双扇门宽为 1200～1800mm。宽度在 2100mm 以上时，则宜做成三扇、四扇门或双扇带固定扇的门，因为门扇过宽易产生翘曲变形，同时也不利于开启。辅助房间（如浴厕、贮藏室等）门的宽度可窄些，一般为 700～800mm。

二、窗的形式与尺度

（一）窗的形式

窗的形式可根据框料、开启方式不同进行分类。

1. 根据框料不同分类

根据框料不同，窗可分为木窗、钢窗、铝合金窗及塑钢窗等。

（1）木窗。木窗加工制作方便，价格较低，应用较广，但防火能力差，木材耗量大。

（2）钢窗。钢窗强度高，防火性能好，挡光少，在建筑上应用很广，但钢窗易锈蚀，并且保温性较差。

（3）铝合金窗。铝合金窗美观，有良好的装饰性和密闭性，但保温性差，成本较高。

（4）塑钢窗。塑钢窗同时具有木窗的保温性和铝合金窗的装饰性，是近年来为节约木材和有色金属发展起来的新品种，但成本较高。

2. 根据开启方式不同分类

根据开启方式不同，窗可分为固定窗、平开窗、悬窗、立转窗、推拉窗、百叶窗等，如图 8-2 所示。

（1）固定窗。无窗扇、不能开启的窗为固定窗。固定窗的玻璃直接嵌固在窗框上，主要用于采光，玻璃尺寸可以较大，如图 8-2(a)所示。

（2）平开窗。铰链安装在窗扇一侧与窗框相连，向外或向内水平开启的窗称为平开窗。其构造简单，制作、安装、维修、开启等都比较方便，在建筑中应用较广泛，如图 8-2(b)所示。

（3）悬窗。悬窗根据旋转轴的位置不同,分为上悬窗、中悬窗和下悬窗。上悬窗和中悬窗向外开,防雨效果好,且有利于通风,尤其适用于高窗,开启较为方便;下悬窗应用较少,如图 8-2(c)~(e)所示。

（4）立转窗。立转窗的窗扇可沿竖轴转动。竖轴可设在窗扇中心,也可以略偏于窗扇一侧。引导风进入室内效果较好,防雨及密封性较差,多用于单层厂房的低侧窗。因其密闭性较差,所以不宜用于寒冷和多风沙的地区,如图 8-2(f)所示。

（5）推拉窗。推拉窗分水平推拉窗和垂直推拉窗两种形式。水平推拉窗需要在窗扇上下设轨槽,垂直推拉窗要有滑轮及采用平衡措施。推拉窗开启时不占室内外空间,窗扇和玻璃的尺寸可以较大,但不能全部开启,故通风效果受到影响。铝合金窗和塑钢窗常选用推拉方式,如图 8-2(g)、(h)所示。

（6）百叶窗。百叶窗主要用于遮阳、防雨及通风,但采光差。百叶窗可用金属、木材、钢筋混凝土等制作,有固定式和活动式两种形式,如图 8-2(i)所示。

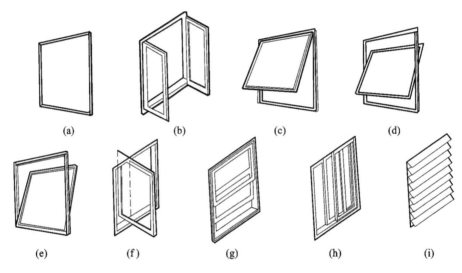

图 8-2 窗的开启方式

(a)固定窗;(b)平开窗;(c)上悬窗;(d)中悬窗;(e)下悬窗;(f)立转窗;(g)垂直推拉窗;(h)水平推拉窗;(i)百叶窗

(二)窗的尺度

窗的尺度主要取决于房间的采光、通风、构造做法和建筑造型等要求,并要符合现行《建筑模数协调标准》(GB/T 50002—2013)的规定。为使窗坚固耐久,一般平开木窗的窗扇高度为 800~1200mm,宽度不宜大于 500mm;上、下悬窗的窗扇高度为 300~600mm;中悬窗窗扇高度不宜大于 1200mm,宽度不宜大于 1000mm;推拉窗高宽均不宜大于 1500mm。对一般民用建筑用窗,各地均有通用图,各类窗的高度与宽度尺寸通常采用扩大模数 3M 数列作为洞口的标志尺寸,需要时只要按所需类型及尺度大小直接选用即可。

学习任务二　门 窗 构 造

一、平开门的构造

(一)平开门的组成

一般门主要由门框和门扇两部分组成。门框又称门樘,由上槛、中槛和边框等部分组成,多扇门还有中竖框。门扇由上冒头、中冒头、下冒头和边梃等组成。为了通风采光,可在门的上部设腰窗(俗称亮子),亮子有固定、平开及上、中、下悬等形式。门框与墙间的缝隙常用木条盖缝,称门头线,俗称贴脸。门上还有五金零件,常见的有铰链、门锁、插销、拉手、停门器等,附件有贴脸、筒子板、木压条等,如图 8-3 所示。

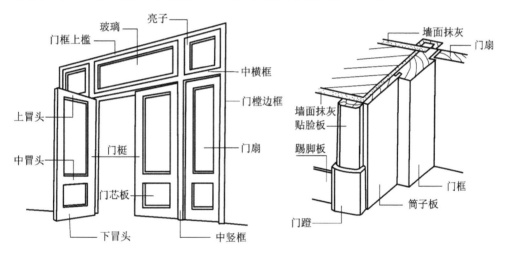

图 8-3　平开门的组成

(二)平开门的构造

1.门框

(1)门框的断面形状和尺寸。

门框的断面形状与门的类型和层数有关,同时要利于安装和满足使用要求(如密闭等),如图 8-4 所示。门框的断面尺寸主要考虑接榫牢固,还要考虑制作时刨光损耗。门框的尺寸为:双裁口的木门框(安装两层门扇的门框)尺寸(厚度×宽度)为(60~70)mm×(130~150)mm,单裁口的木门框(只安装一层门扇的门框)尺寸为(50~70)mm×(100~120)mm。

为便于门扇密闭,门框上要有裁口(或铲口)。根据门扇数与开启方式的不同,裁口的形式和尺寸有单裁口与双裁口两种。单裁口用于单层门,双裁口用于双层门或弹簧门。裁口宽度要比门扇宽度大 1~2mm,以利于门扇安装和开启。裁口深度一般为 8~10mm。

由于门框靠墙一面易受潮变形,故常在该面开 1~2 道背槽,以免产生翘曲变形,同时也利于门框的嵌固。背槽的形状可为矩形或三角形,深 8～10mm,宽 12～20mm。

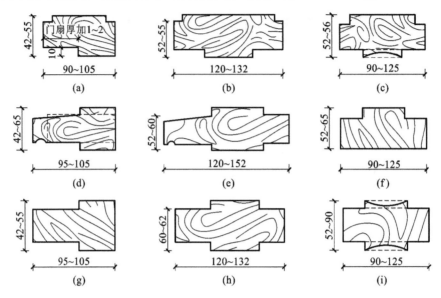

图 8-4　门框的断面形式与尺寸

(a)单层门边框;(b)双层门边框;(c)弹簧门边框;(d)单层门中横框;(e)双层门中横框;

(f)弹簧门中横框;(g)单层门中竖框;(e)双层门中竖框;(f)弹簧门中竖框

(2)门框与墙体的连接构造。

门框与墙体的连接构造分立口和塞口两种。

塞口(又称塞樘子)是在墙砌好后再安装门框。采用此法,洞口的宽度应比门框大 20～30mm,高度比门框大 10～20mm。门洞两侧砖墙上每隔 500～600mm 预埋木砖或预留缺口,以使用圆钉或水泥砂浆将门框固定。门框与墙间的缝隙需用沥青麻丝嵌填,如图 8-5、图 8-6 所示。

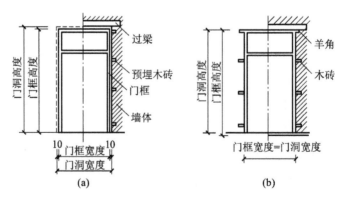

图 8-5　门框的安装方式

(a)塞口;(b)立口

(3)门框与墙的相对位置。

门框在墙洞中的位置,有门框内平、门框居中和门框外平三种情况,一般多设在开门方向一边,与抹灰面平齐,使门的开启角度较大。对于较大尺寸的门,为牢固地安装,多

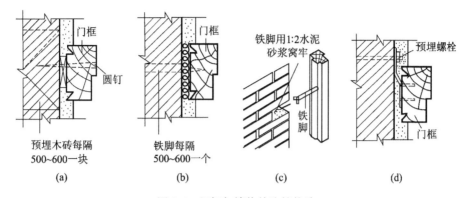

图 8-6　门框与墙体的连接构造

(a)墙内预埋木砖,用圆钉钉固门框;(b)门框中置铁脚;

(c)墙上留洞口,铁脚伸入后用砂浆窝牢;(d)墙内预埋螺栓,以固定门框铁脚

居中设置,如图 8-7(a)所示。

　　为防止门框受潮变形,应在门框与墙的缝隙处开背槽,并做防潮处理,门框外侧的内外角做灰口,缝内填弹性密封材料。表面做贴脸板和木压条盖缝,贴脸板一般厚 15～20mm,宽 30～75mm。木压条厚与宽为 10～15mm,对于装修标准较高的建筑,还可在门洞两侧和上方设置筒子板,如图 8-7(b)所示。

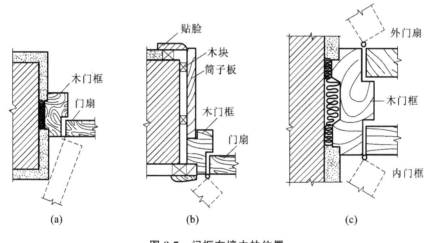

图 8-7　门框在墙中的位置

(a)门框居中;(b)门框内平;(c)门框外平

2.门扇

根据门扇的构造不同,民用建筑中常见的门有夹板门、镶板门、弹簧门等形式。

(1)夹板门。

夹板门的门扇由骨架和面板组成,用断面较小的方木做成骨架,用胶合板、硬质纤维板或塑料板等做面板,与骨架形成一个整体,共同抵抗变形。骨架边框截面通常为(30～35)mm×(33～60)mm,肋条截面通常为(10～25)mm×(33～60)mm,间距一般为200～400mm,也可用浸塑蜂窝纸板代替肋条,以节约木材。为了使夹板内的湿气易于排出,减少面板变形,骨架内的空气应畅通,可在上部设小通气孔。另外,门的四周可用15～

20mm厚的木条镶边,以达到整齐、美观的效果。

根据功能的需要,夹板门上也可以局部加玻璃或百叶,一般在装玻璃或百叶处做一个木框,用压条镶嵌。

夹板门构造简单,如图8-8所示,可利用小料、短料制作。其自重轻,外形简单,便于工业化生产,在一般民用建筑中广泛用作内门。若用于外门,面板应做防水处理,并提高面板与骨架的胶结质量。

(2)镶板门。

镶板门的门扇由骨架和门芯板组成。骨架一般由上冒头、下冒头及边梃组成,有时中间还有一道或几道横冒头或一条竖向中梃。门芯板通常采用木板、胶合板、硬质纤维板、塑料板等。门芯板有时可部分或全部采用玻璃,则称为半玻璃(镶板)门或全玻璃(镶板)门。构造上与镶板门基本相同的还有纱门、百叶门等。

镶板门的门扇骨架厚度一般为40~45mm,纱门的厚度可薄一些,多为30~35mm。上冒头、中冒头和边梃的宽度一般为75~120mm,下冒头的宽度通常等于踢脚高度,一般为200mm左右,较大的下冒头可减少门扇变形并保护门芯板,中冒头为了便于开槽装锁,其宽度可适当增加,以弥补开槽对中冒头材料的削弱。

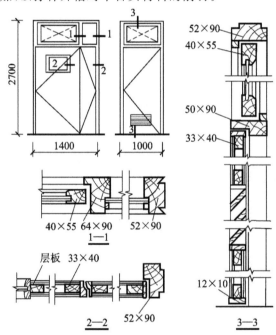

图 8-8 夹板门构造

木制门芯板一般用10~15mm厚的木板拼装成整块,镶入边梃和冒头中,板缝应结合紧密,不能因木材干缩变形而产生裂缝。门芯板的拼接方式有四种,分别为平缝胶合、木键拼缝、高低缝和企口缝,如图8-9所示。工程中常用的为高低缝和企口缝。

门芯板在边梃和冒头中的镶嵌方式有暗槽、单面槽及双边压条三种,如图8-10所示。其中,暗槽结合最牢,工程中用得较多,其他两种方法比较省料和简单,多用于玻璃、纱网及百叶的安装。

(a)　　　　　　(b)　　　　　　(c)　　　　　　(d)

图 8-9　门芯板的拼接方式

(a)平缝胶合;(b)木键拼缝;(c)高低缝;(d)企口缝

(a)　　　　　　　(b)　　　　　　　(c)

图 8-10　门芯板镶嵌方式

(a)暗槽;(b)单面槽;(c)双边压条

镶板门构造如图 8-11 所示,是常用的半玻璃镶板门的实例。门芯板连接采用暗槽结合,玻璃采用单面槽加小木条固定。

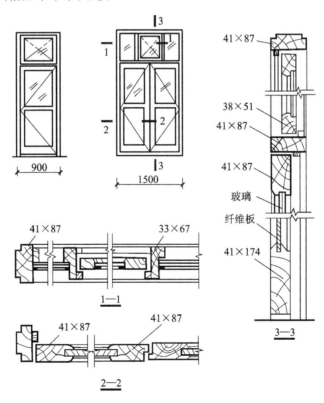

图 8-11　镶板门构造

(3)弹簧门。

弹簧门是指利用弹簧铰链,开启后能自动关闭的门。弹簧铰链有单面弹簧、双面弹簧和地弹簧等形式。

单面弹簧门多为单扇门,与普通平开门基本相同,只是铰链不同。

双面弹簧门通常都为双扇门,其门扇在双向可自由开关,门框不需裁口,一般做成与门扇侧边对应的弧形对缝,为避免两门扇相互碰撞,又不使缝过大,通常上、下冒头做平缝,两扇门的中缝做成圆弧形,其弧面半径为门厚 d 的 $1\sim1.2$ 倍。

地弹簧门的构造与双面弹簧门基本相同,只是铰轴的位置不同,地弹簧装在地板上。

弹簧门的门扇一般要用硬木,用料尺寸应比普通镶板门大一些,弹簧门门扇的厚度一般为 $42\sim50$mm,上冒头、中冒头和边梃的宽度一般为 $100\sim120$mm,下冒头的宽度一般为 $200\sim300$mm。弹簧门的构造实例如图 8-12 所示。

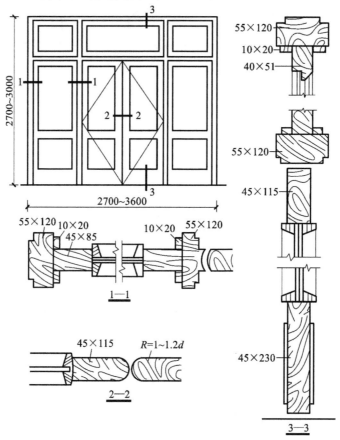

图 8-12 地弹簧门的构造

二、平开木窗的构造

(一)木窗的组成

木窗主要由窗框、窗扇和五金零件及附件组成。窗框又称窗樘,一般由上框、下框、中横框、中竖框及边框等组成。窗扇由上冒头、中冒头(窗芯)、下冒头及边梃组成。根据镶嵌材料的不同,其可分为玻璃窗扇、纱窗扇和百叶窗扇等。平开窗的窗扇宽度一般为 $400\sim600$mm,高度为 $800\sim1500$mm,窗扇与窗框用五金零件连接,常用的五金零件有铰链、风钩、插销、拉手及导轨、滑轮等。窗框与墙的连接处,为满足不同的要求,有时加贴

脸、窗台板、窗帘盒等,窗的构造组成如图 8-13
所示。

(二)平开木窗的构造

1.窗框

(1)窗框的断面形状与尺寸。

窗框的断面尺寸主要根据材料的强度和接榫的
需要确定,一般多为经验尺寸,如图 8-14 所示。
图 8-14 中虚线为毛料尺寸,粗实线为刨光后的设计
尺寸(净尺寸),中横框若加披水板,其宽度还需增加
20mm 左右。

(2)窗框与墙体的构造连接方式。

窗框的构造连接方式有立口和塞口。立口是施
工时先将窗框立好,后砌窗间墙,窗框与墙体结合紧

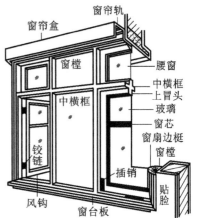

图 8-13 窗的构造组成

密、牢固,若施工组织不当,会影响施工进度。塞口是在砌墙时先留出洞口,预留洞口尺
寸应比窗框外缘尺寸多出 20～30mm,框与墙间的缝隙较大,为增强窗框与墙的连接,应
用长钉将窗框固定于砌墙时预埋的木砖上,或用铁脚或膨胀螺栓将窗框直接固定到墙
上,每边的固定点不少于 2 个,其间距不应大于 1.2m。

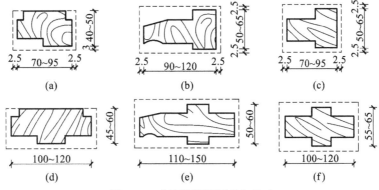

图 8-14 木窗框断面形状和尺寸

(a)单层窗外框;(b)单层窗中横框;(c)单层窗中竖框;
(d)双层窗外框;(e)双层窗中横框;(f)双层窗中竖框

(3)窗框与墙体的构造缝处理。

窗框与墙体间的缝隙应填塞密实,以满足防风、挡雨、保温、隔声等要求。一般情况
下,洞口边缘可采用平口,用砂浆或油膏嵌缝。通常为保证嵌缝牢固,在窗框外侧开槽,
俗称背槽,并做防腐处理嵌灰口,如图 8-15(a)所示。为增加其防风、保温性能,可在窗框
侧面做贴脸[图 8-15(b)]或作进一步改进,设置筒子板和贴脸[图 8-15(c)]。另一种构造
措施是在洞口侧边做错口,缝内填弹性密封材料,以增强密闭效果[图 8-15(d)],但这种
措施增加了建筑构造的复杂性。

(4)窗框在墙中的位置。

窗框在墙洞中的位置要根据房间的使用要求、墙身的材料及墙体的厚度确定,可分

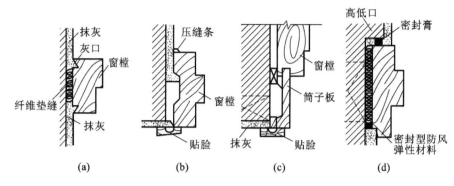

图 8-15 窗框与墙体的构造缝处理

(a)开槽嵌灰口;(b)做贴脸;(c)设筒子板、贴脸;(d)做错口、填缝

为窗框内平、窗框居中和窗框外平,如图 8-16 所示。窗框内平时,窗扇可贴在内墙面,外窗台空间较大。当墙体较厚时,窗框居中布置,外侧可设窗台,内侧也可做窗台板。窗框与外墙面平齐或出挑是近年来出现的一种形式,称为飘窗。

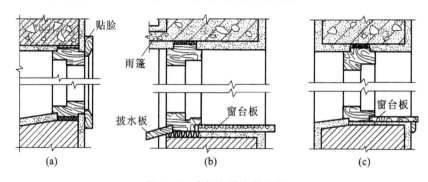

图 8-16 窗框在墙中的位置

(a)窗框内平;(b)窗框外平;(c)窗框居中

2.窗扇

(1)玻璃窗扇的断面形状和尺寸。

窗扇的上、下冒头及边梃的截面尺寸均为(35~42)mm×(50~60)mm。下冒头若加披水板,应比上冒头加宽 10~25mm,如图 8-17 所示。为镶嵌玻璃,在窗扇侧要做裁口,其深度应为 8~12mm,但不超过窗扇厚的 1/3。各构件的内侧常做装饰性线脚,既少挡光又美观。两窗扇之间的接缝处常做高低缝的盖口,也可以一面或两面加钉盖缝条,既提高防风雨能力又减少冷风渗透。

(2)玻璃的选用和构造连接。

窗扇玻璃可选用平板玻璃、压花玻璃、磨砂玻璃、中空玻璃、夹丝玻璃、钢化玻璃等,普通窗扇大多数采用 3~5mm 厚、无色透明的平板玻璃。其可根据使用要求选用不同类型,如卫生间可选用压花玻璃、磨砂玻璃,以遮挡视线。若需要保温、隔声,可选用中空玻璃;若需要增加强度,可选用夹丝玻璃、钢化玻璃等。一般先用小铁钉将玻璃固定在窗扇上,然后用油灰(桐油石灰)或玻璃密封膏嵌固斜面,或采用木线脚嵌钉,如图 8-17 所示。

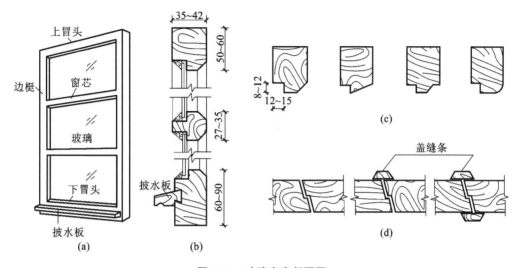

图 8-17　玻璃窗扇断面图

(a),(b)窗扇立面图;(c)线脚示例;(d)盖缝处理

3.窗扇与窗框的关系

窗扇与窗框之间既要满足开启方便,又要满足关闭紧密。通常在窗框上做裁口(也称铲口),深度为 10~12mm,也可以钉小木条形成裁口,以节约木料。为了提高防风挡雨能力,可以在裁口处设回风槽,以减小风压和风渗透量,或在裁口处装密封条。在窗框接触面处窗扇一侧做斜面,可以保证扇、框外表面接口处缝隙最小,窗扇与竖框的关系如图 8-18 所示。外开窗的上口和内开窗的下口是防雨水的薄弱部位,常做披水板和滴水槽,以防雨水渗透,窗扇与横框的关系如图 8-19 所示。

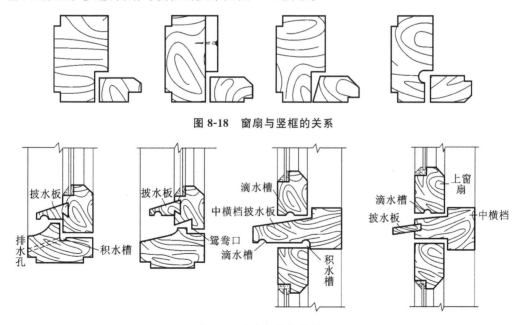

图 8-18　窗扇与竖框的关系

图 8-19　窗扇与横框的关系

三、金属门窗的构造

(一)钢门窗

钢门窗是用型钢或薄壁空腹型钢在工厂制作而成的。其符合工业化、定型化与标准化的要求。其在强度、刚度、防火、密闭等性能方面,均优于木门窗,但在潮湿环境下易锈蚀,耐久性差。

1.钢门窗料的类型

钢门窗料有实腹式和空腹式两大类型。实腹式钢门窗料有多种断面和规格,多用断面高为 32mm 和 40mm 的两种系列。空腹式钢门窗料通常是 25mm 和 32mm 的断面,其厚度为 1.5~2.5mm。

2.钢门窗的基本形式

为了适应不同尺寸门窗洞的需要,便于门窗的组合和运输,钢门窗都以标准化的系列门窗规格作为基本单元。其高度和宽度为 3M(300mm),常用钢门的宽度有 900mm、1200mm、1500mm、1800mm,高度有 2100mm、2400mm、2700mm。

3.钢门窗的组合与拼接构造

窗洞口尺寸不大时,可采用基本钢门窗,直接连接在洞口上。较大的门窗洞口则需要用标准的基本单元拼接组合而成。其基本单元的组合方式有三种,即竖向组合、横向组合和横竖向组合。拼接件之间用螺栓牢固连接,钢门的组合与拼接构造以实腹式为例,如图 8-20 所示。

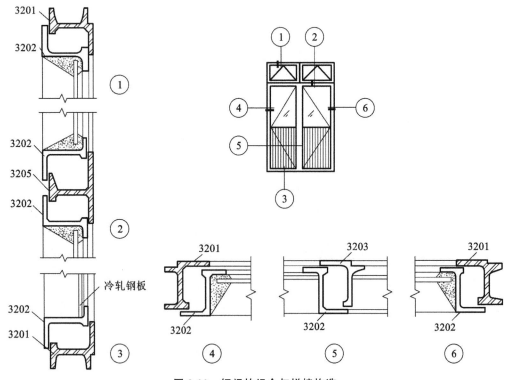

图 8-20 钢门的组合与拼接构造

4. 钢门窗与墙体的连接

钢门窗与墙体的连接方法为塞口法,门窗框与洞口四周通过预埋铁件用螺钉牢固连接。固定点的间距为 500～700mm。在砖墙上安装时多预留孔洞,将燕尾形铁脚插入洞口,并用砂浆嵌牢。在钢筋混凝土梁或墙柱上则先预埋铁件,将钢门窗的 Z 形铁脚焊接在预埋铁板上,如图 8-21 所示。

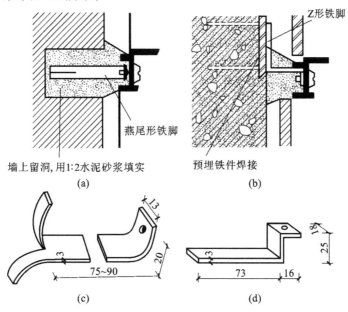

图 8-21 钢门窗与墙体的连接
(a)与砖墙连接;(b)与混凝土连接;(c)燕尾形铁脚;(d)Z 形铁脚

(二)塑钢门窗构造

以改性硬质聚氯乙烯(UPVC)为主要原料,加上一定比例的稳定剂、着色剂、填充剂、紫外线吸收剂等辅助剂,挤出成型的各种断面中空异型材经切割后,在其内腔衬以型钢加强筋,用热熔焊接机焊接成型为门窗框扇,配装上橡胶密封条、压条、五金零件等附件而制成的门窗即为塑钢门窗。它较全塑门窗刚度更强,自重更轻。

1. 塑钢门窗的特点

塑钢门窗强度高、耐冲击、抗风压、防盗性能好;保温、隔热、隔声性好;防水、气密性能优良;防火、耐老化、耐腐蚀、使用寿命长;易保养、外观精美、清洗容易;价格适中。它适用于各类建筑物。

2. 塑钢门窗的常用开启方式

塑钢门窗的开启与铝合金门窗相似,可采用平开、推拉、旋转等形式。

3. 塑钢门的组成构件和截面形式

塑钢门的组成构件和截面形式如图 8-22 所示。

4. 塑钢门的连接构造

塑钢平开门连接构造如图 8-23 所示。塑钢推拉门连接构造如图 8-24 所示。

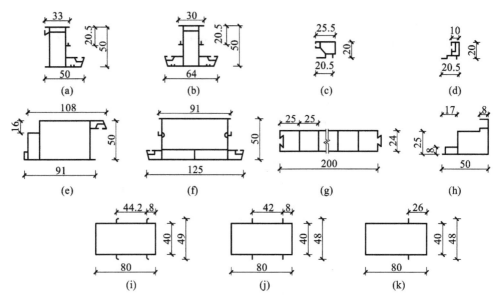

图 8-22 塑钢门的组成构件和截面形式

(a)平开门,SP50-01;(b)平开门,SP50-02;(c)单玻压条,SP50-03;(d)双玻压条,SP50-04;(e)门扇,SP50-05;
(f)门扇横芯,SP50-06;(g)槽板,SP50-07;(h)纱扇,SS50-01;(i)拼条,SP40-01;(j)拼条,SP40-02;(k)拼条,SP40-03

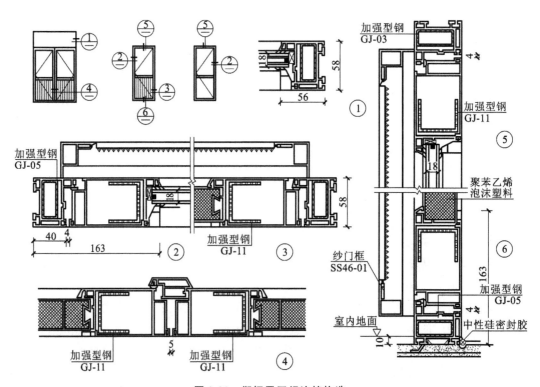

图 8-23 塑钢平开门连接构造

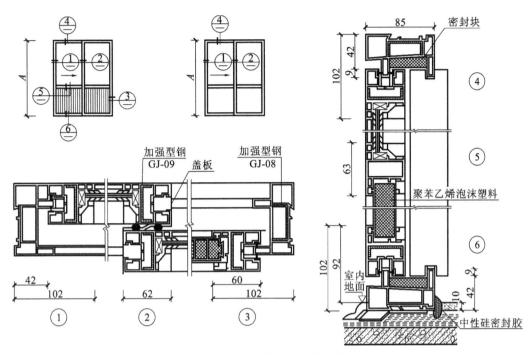

图 8-24　塑钢推拉门连接构造

(三)铝合金门窗构造

1.铝合金门窗的特点

(1)质量轻。铝合金门窗用料省、质量轻,每平方米耗用铝材重量平均只有 80～120N(钢门窗为 170～200N),较木门窗轻 50% 左右。

(2)性能好。铝合金门窗在气密性、水密性、隔声和隔热性能方面较钢、木门窗都有显著的提高。因此,它适用于装设采暖空调设备及对防水、防尘、隔声、保温、隔热有特殊要求的建筑。

(3)坚固耐用。铝合金门窗耐腐蚀,不需涂任何涂料,其氧化层不褪色、不脱落。这种门窗强度高、刚度大、坚固耐用,开闭轻便灵活,安装速度快。

(4)色泽美观。铝合金门窗框料型材表面经过氧化着色处理,既可以保持铝材的银白色,也可以制成各种柔和的颜色或带色的花纹,如古铜色、暗红色、黑色等;还可以在铝材表面涂刷一层聚丙烯酸树脂保护装饰膜,制成的铝合金门窗造型新颖大方、表面光洁、外观美丽、色泽牢固,增加了建筑物立面和室内的美观。

基于铝合金门窗的这些优点,使用时应针对不同地区、不同气候和环境、不同使用要求和构造处理,选择不同的门窗形式。

2.铝合金门窗的开启方式

铝合金门窗的开启方式中水平推拉式采用最多,也可采用平开、旋转等开启方式。

3.铝合金门窗的连接构造

门窗框与墙体的连接构造如图 8-25 所示,一般先在门框外侧用螺钉固定钢质锚固件,并与洞口四周墙中预埋铁件焊接或锚固在一起。铝合金门的门扇玻璃嵌固在铝合金门料中的凹槽内,并加密封条。铝合金平开门的连接构造如图 8-26 所示。

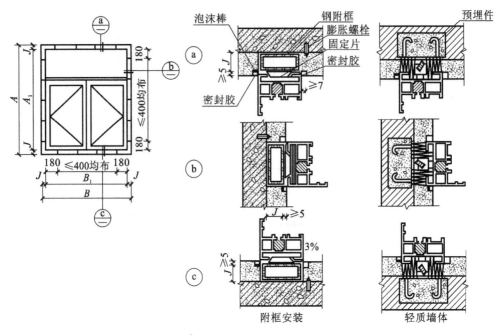

图 8-25　门窗框与墙体的连接构造

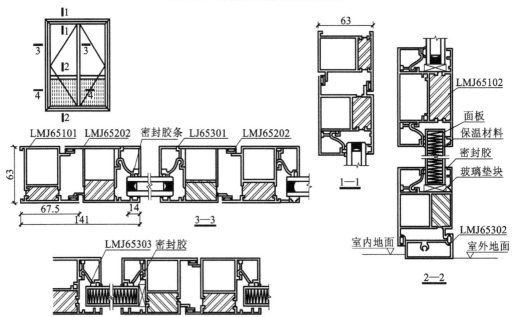

图 8-26　铝合金平开门的连接构造

(四)彩板门窗

彩板钢门窗是以彩色镀锌钢板经机械加工而成的门窗。它具有自重轻、硬度高、采光面积大、防尘、隔声、保温密封性好、造型美观、色彩绚丽、耐腐蚀等特点。

彩板平开窗目前有带副框和不带副框两种类型。当外墙面为花岗石、大理石等贴面材料时,常采用带副框的平开窗,如图 8-27 所示。当外墙装修为普通粉刷时,常采用不带副框的平开窗,如图 8-28 所示。

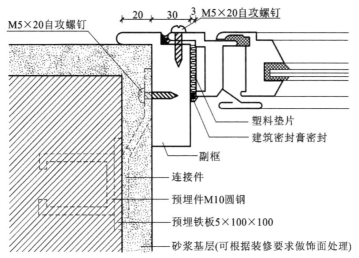

图 8-27　带副框彩板平开窗安装构造

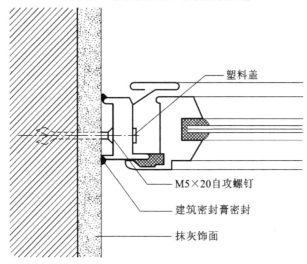

图 8-28　不带副框彩板平开窗安装构造

(五)特殊门窗

1.防火门窗

防火门窗多用于加工易燃品的车间或仓库。

门窗框应与墙体固定牢固、垂直通角。通常用电弧焊或射钉枪将门窗框固定。甲、乙级防火门框上铲有防烟条槽,固定后涂油漆前用钉和树脂胶镶嵌固定防烟条。

根据车间对防火门耐火等级的要求,门扇可以采用钢板、木板外贴石棉板再包镀锌铁皮或木板外直接包镀锌铁皮等构造措施,并在门扇上设泄气孔。防火门的开启方向必须面向易于人员疏散的地方。防火门常采用自重下滑关闭门,火灾发生时,易熔合金片熔断后,重锤落地,门扇依靠自重下滑关闭。当洞口尺寸较大时,可做成两个门扇相对下滑。

2.保温门、隔声门

保温门要求门扇具有一定的热阻值和进行门缝密闭处理,故常在门扇两层面板间填以轻质、疏松的材料(如玻璃棉、矿棉等)。

隔声门的隔声效果与门扇的材料及门缝的密闭有关,隔声门常采用多层复合结构,即在两层面板之间填吸声材料(如玻璃棉、玻璃纤维板等)。

一般保温门和隔声门的面板常采用整体板材(如五层胶合板、硬质木纤维板等)。通常在门缝内粘贴填缝材料,如橡胶管、海绵橡胶条、泡沫塑料条等,以提高隔声、保温性能,并选择合理的裁口形式,如采用斜面裁口比较容易关闭紧密。

学习任务三　遮　阳　构　造

一、建筑遮阳的作用和类型

建筑遮阳是为防止直射阳光照入室内,以减少太阳辐射热,避免夏季室内过热,或产生眩光以及保护室内物品不受阳光照射而采取的一种建筑措施。

用于遮阳的方法很多:结合规划及设计,确定好朝向,采取必要的绿化方式,巧妙地利用挑檐、外廊、阳台等是最好的遮阳方法;设置苇、竹、木、布制作的简易遮阳装置,虽有一定的效果,但应注意与环境和建筑的结合[图 8-29(a)、(b)];设置耐久的遮阳板等构件遮阳,如在窗口悬挂窗帘、设置百叶窗,或者利用门窗构件自身的遮光性以及窗扇开启方式的调节变化,不仅可以有效遮阳,还可起到挡雨和美观作用,故应用较广泛,如图 8-29(c)所示。

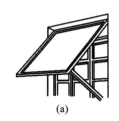 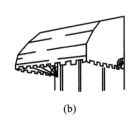 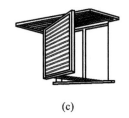

(a)　　　　　　　　　　(b)　　　　　　　　　　(c)

图 8-29　活动遮阳的形式
(a)苇席遮阳;(b)篷布遮阳;(c)木百叶遮阳

二、窗户构件遮阳的基本形式

窗户遮阳板按其形状和效果,可分为水平遮阳板、垂直遮阳板、综合遮阳板及挡板遮阳板四种基本形式,如图 8-30 所示。

1. 水平遮阳板

在窗口上方设置一定宽度的水平方向的遮阳板,能够遮挡太阳高度角较大时从窗口上方照射进来的阳光,适用于南向及其附近朝向的窗口或北回归线以南低纬度地区的北向及其附近的窗口。

水平遮阳板可做成实心板,也可做成栅格板或百叶板,较高大的窗口可在不同高度设置双层或多层水平遮阳板,以减小板的出挑宽度。

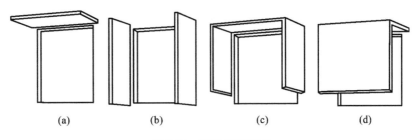

图 8-30 遮阳板的形式

(a)水平遮阳板;(b)垂直遮阳板;(c)综合遮阳板;(d)挡板遮阳板

2.垂直遮阳板

在窗口两侧设置垂直方向的遮阳板,能够遮挡太阳高度角较小的、从窗口两侧斜射进来的阳光;对高度角较大的,从窗口上方照射进来的阳光或接近日出、日落时正射窗口的阳光,它不起遮挡作用。根据光线的照射方向和具体处理方式的不同,垂直遮阳板可以垂直于墙面,也可以与墙面形成一定的垂直夹角,主要适用于偏东或偏西的南向或北向窗口。

3.综合遮阳板

水平遮阳板和垂直遮阳板的结合就是综合遮阳板。综合遮阳板能够遮挡从窗口正上方或两侧斜射进来的光线,遮挡效果均匀,主要用于南向、东南向及西南向的窗口。

4.挡板遮阳板

这种遮阳板是在窗口正前方一定距离处设置的与窗户平行的垂直挡板。由于其封堵于窗口以外,能够遮挡太阳高度较小的、正射窗口的阳光,主要适用于东西向以及附近朝向的窗口。唯一不足之处是同时挡住视线,对眺望和通风影响甚大,使用应当慎重。

为了改善挡光及通风效果,可以做成格栅或百叶挡板。这些是遮阳板的基本形式,也是构造上最为简单的形式。在实际工程中,一般建筑的遮阳板则根据遮阳需要及立面造型要求,可以组合演变成各种各样的形式。为避免单层水平遮阳板的出挑尺寸过大,可将水平遮阳板重复设置成双层或多层[图 8-31(a)];当窗间墙较窄时,可将综合遮阳板

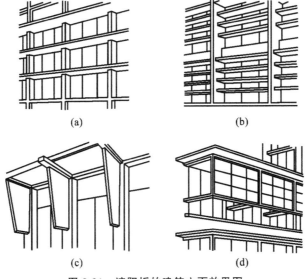

图 8-31 遮阳板的建筑立面效果图

连续设置[图 8-31(b)、(c)];或将挡板遮阳板结合建筑立面处理,可连续设置也可间断设置[图 8-31(d)]。

➲ 单 元 小 结

1.门按其开启方式通常有平开门、弹簧门、推拉门、折叠门、转门等。平开门是最常见的门,门洞的高度尺寸应符合现行《建筑模数协调标准》(GB/T 50002—2013)的规定。平开门由门框和门扇两部分组成。门框根据门扇构造的不同有夹板门、镶板门和弹簧门等形式。拼板门、推拉门和卷帘门多用于单层工业厂房。

2.窗按开启方式不同有平开窗、固定窗、悬窗、推拉窗等。窗洞尺寸通常采用 3M 数列作为标志尺寸。平开木窗由窗框、窗扇、五金零件及附件组成。常用平开窗在单层工业厂房中多用作组合窗。

3.钢门窗分为实腹式和空腹式两种,其中实腹式钢门窗耐腐蚀性优于空腹式。为便于使用、运输,钢门窗先在工厂中制作成基本门窗单元,需要时再用拼料组合成较大尺度的门窗。

4.铝合金门窗和塑钢门窗以其优良的性能得到了广泛应用。

➲ 能 力 提 升

(一)填空题

1.门的主要作用是_____兼_____和_____。窗的主要作用是_____、_____和_____。

2.窗框在墙中的主要位置有_____、_____和_____三种情况。

3.窗框的安装方法有_____和_____两种。

4.门的尺度应根据交通运输和_____要求设计。

5.遮阳板的基本形式有_____、_____、_____和_____四种。

(二)选择题

1.平开木门扇的宽度一般不超过(　　)。

A. 600mm　　　　　B. 900mm　　　　　C. 1100mm　　　　　D. 1200mm

2.钢门窗、铝合金门窗和塑钢门窗的安装应采用(　　)法。

A. 立口　　　　　B. 塞口　　　　　C. 立口和塞口均可

3.居住建筑中使用最广泛的木门为(　　)。

A. 推拉门　　　　　B. 弹簧门　　　　　C. 转门　　　　　D. 平开门

4.门按其开启方式通常分为(　　)。

A. 平开门、弹簧门、推拉门及折叠门等　　B. 平开门、防水门、隔声门及保温门等

C. 内开门、外开门、单扇门及双扇门等　　D. 平开门、弹簧门、内开门及外开门等

5.关于变形缝的构造做法,下列(　　)是不正确的。

A. 当建筑物的长度或宽度超过一定限度时,要设伸缩缝

B. 在沉降缝处应将基础以上的墙体、楼板全部分开,基础可不分开

C.当建筑物竖向高度相差悬殊时,应设伸缩缝

D.在原有建筑和扩建建筑之间要设置沉降缝

6.一般住宅的户门、厨房、卫生间门的最小宽度分别是( )。

A.800mm、800mm、700mm　　　　　B.800mm、900mm、700mm

C.900mm、800mm、700mm　　　　　D.900mm、800mm、800mm

7.下列( )是对铝合金门窗特点的描述。

A.表面氧化层已被腐蚀,需经常维修

B.色泽单一,一般只有银白色和古铜色两种

C.气密性、隔声性较好

D.框料较重,因而能承受较大的风荷载

8.下列表述正确的是( )。

A.转门可作为寒冷地区公共建筑的外门

B.推拉门是建筑中最常见、使用最广泛的门

C.转门可向两个方向旋转,故可作为双向疏散门

D.车间大门因其尺寸较大,故不宜采用推拉门

9.在住宅建筑中无亮子的木门,其高度不小于( )。

A.1800mm　　　　B.1500mm　　　　C.2000mm　　　　D.2400mm

10.水平遮阳板适用于( )。

A.偏东的窗或北向窗口

B.南向窗口和北回归线以南的低纬度地区的北向窗口

C.偏南的北向窗口

D.东西向窗口

(三)绘图题

1.绘图表示地面变形缝(伸缩缝、沉降缝、防震缝)的构造。

2.绘图说明平开木窗、木门的构造组成。

(四)思考题

1.门与窗在建筑中的作用各是什么?

2.门和窗各有哪几种开启方式? 它们各有何特点? 使用范围是什么?

3.安装木窗框的方法有哪些? 各有什么特点?

4.木门窗框与砖墙的连接方法有哪些? 窗框与墙体之间的缝隙如何处理? 画图说明。

5.铝合金门窗和塑料门窗有哪些特点?

6.铝合金门窗和塑料门窗的安装要点是什么?

7.常见的构件遮阳形式有哪些? 各自的适用范围是什么?

模块三

建筑设计

学习情境九　建筑设计概述

【知识目标】
　　掌握建筑工程设计的内容、设计程序,建筑设计的要求和依据等。
【能力目标】
　　能根据建筑设计的内容,遵循一定的设计程序,综合考虑建筑设计应满足的要求和依据,具有建筑方案设计能力。

学习任务一　设 计 内 容

　　每一项工程从拟订计划到建成使用都要经过编制工程设计任务书、选择建设用地、场地勘测、设计、施工、工程验收及交付使用等几个阶段。设计工作是其中的重要环节,具有较强的政策性和综合性。

　　建筑工程设计是指设计一个建筑物或建筑群所要做的全部工作,包括建筑设计、结构设计、设备设计三个方面的内容。习惯上人们常将这三个方面统称为建筑工程设计,确切地说,建筑设计是指建筑工程设计中由工程师承担的建筑工种的设计工作。

一、建筑设计

　　建筑设计实际上是在总体规划的前提下,根据任务书的要求,综合考虑基地环境、使用功能、结构施工、材料设备、建筑经济及建筑艺术等问题,着重解决建筑物内部各种使用功能和使用空间的合理安排,建筑物与周围环境、各种外部条件的协调配合,内部和外在的艺术效果,各个细部的构造方式等,创造出既符合科学又具有艺术性的生产和生活环境。

　　建筑设计在整个工程设计过程中起着主导和先行的作用,除考虑上述各种要求以外,还应考虑建筑与结构、建筑与各种设备等相关技术的综合协调,以及如何以更少的材料、劳动力、资金和时间来实现各种要求,使建筑物达到适用、经济、坚固、美观的效果。这就要求建筑师认真学习和贯彻建筑方针政策,正确掌握建筑标准,同时要具有广泛的科学技术知识。

二、结构设计

结构设计主要是根据建筑设计选择切实可行的结构方案,进行结构计算及构件设计,结构布置及构造设计等,一般由结构工程师来完成。

三、设备设计

设备设计主要包括给水排水、电气照明、采暖通风、动力等方面的设计,由有关工程师配合建筑设计来完成。

以上几方面的工作既有分工,又密切配合,形成一个整体。各专业设计的图纸、计算书、说明书及预算书汇总,就构成一个建筑工程的完整文件,作为建筑工程施工的依据。

学习任务二　设 计 程 序

建造房屋是一个较为复杂的物质生产过程,影响房屋设计和建造的因素很多,因此必须在施工前有一个完整的设计方案,划分必要的设计阶段,综合考虑多种因素,这对提高建筑物的质量,多快好省地设计和建造房屋是极为重要的。

一、设计前的准备工作

(一)落实设计任务

1.掌握必要的批文

建设单位必须具有上级主管部门对建设项目的批文和城市规划管理部门同意设计的批文后,方可向建筑设计部门办理委托设计手续。

(1)主管部门的批文。

主管部门的批文是指建设单位的上级主管部门对建设单位提出的拟建报告和计划任务书的一个批准文件。该批文表明该项工程已被正式列入建设计划,文件中应包括工程建设项目的性质、内容、用途、总建筑面积、总投资、建筑标准(每平方米造价)及建筑物使用期限等内容。

(2)城市规划管理部门的批文。

城市规划管理部门的批文是经城镇规划管理部门审核同意工程项目用地的批复文件。该文件包括基地范围、地形图及指定用地范围(常称"红线"),该地段周围道路等的规划要求及城镇建设对该建筑设计的要求(如建筑高度要求)等内容。

2.熟悉计划任务书

具体着手设计前,首先需要熟悉计划任务书,以明确建设项目的设计要求。计划任务书的内容一般包括以下几个方面。

(1)建设项目总的要求和建造目的的说明。

(2)建筑物的具体使用要求、建筑面积以及各类用途房间之间的面积分配。

(3)建设项目的总投资和单方造价。

(4)建设基地范围、大小,周围原有建筑、道路、地段环境的描述,并附有地形测量图。

(5)供电、供水、采暖、空调等设备方面的要求,并附有水源、电源接用许可文件。

(6)设计期限和项目的建设进程要求。

设计人员必须认真熟悉计划任务书,在设计过程中必须严格掌握建筑标准、用地范围、面积指标等有关限额。必要时,也可对计划任务书中的一些内容提出补充或修改意见,但须征得建设单位的同意,涉及用地、造价、使用面积的问题,还须经城市规划部门或主管部门批准。

(二)收集必要的设计原始数据

通常建设单位提出的计划任务,主要是从使用要求、建设规模、造价和建设进度方面考虑的,关于建筑的设计和建造,还需要收集有关的原始数据和设计资料,并在设计前做好调查研究工作。

有关的原始数据和设计资料的内容包括以下几个方面。

(1)气象资料,即所在地区的温度、湿度、日照、雨雪、风向、风速以及冻土深度等。

(2)场地地形及地质水文资料,即场地地形标高、土壤种类及承载力、地下水位以及地震烈度等。

(3)水电等设备管线资料,即基地地下的给水、排水、电缆等管线布置,基地上的架空线等供电线路情况。

(4)设计规范的要求及有关定额指标,如学校教室的面积定额,学生宿舍的面积定额,以及建筑用地、用材等指标。

(三)设计前的调查研究

(1)建筑物的使用要求:认真调查同类已有建筑物的实际使用情况,通过分析和总结,对所设计的建筑有一定了解。

(2)所在地区建筑材料供应及结构施工等技术条件:了解预制混凝土制品及门窗的种类和规格,掌握新型建筑材料的性能、价格及采用的可能性。结合建筑使用要求和建筑空间组合的特点,了解并分析不同结构方案的选型,当地施工技术和起重、运输等设备条件。

(3)现场踏勘:深入了解基地和周围环境的现状及历史沿革,包括基地的地形、方位、面积和形状等条件,及基地周围原有建筑、道路、绿化等多方面的因素,考虑拟建建筑物的位置和总平面布局的可能性。

(4)了解当地传统建筑设计布局、创作经验和生活习惯:结合拟建建筑物的具体情况,创造出人们喜闻乐见的建筑形式。

二、设计阶段的划分

建筑设计过程按工程复杂程度、规模及审批要求,划分为不同的设计阶段,一般有两阶段设计或三阶段设计。

两阶段设计是指初步设计(或扩大初步设计)和施工图设计两个阶段,一般的工程多采用两阶段设计。对于大型民用建筑工程或技术复杂的项目,多采用三阶段设计,即初步设计、技术设计和施工图设计。除此之外,大型民用建筑工程设计在初步设计之前应当提出设计方案供建设单位和城建部门审查。对于一般工程,这一阶段可以省略,把有关工作并入初步设计阶段。

下面就初步设计、技术设计、施工图设计的内容和编制要求加以说明。

(一)初步设计阶段

1.任务与要求

初步设计是供主管部门审批而提供的文件,也是技术设计和施工图设计的依据。

初步设计阶段的主要任务是提出设计方案,即根据设计任务书的要求和收集到的必要资料,结合基地环境,综合考虑技术经济条件和建筑艺术的要求,对建筑总体布置、空间组合进行可能与合理的安排,提出两个或多个方案供建设单位选择。在已确定方案的基础上,进一步充实完善,将其综合成为较理想的方案并编制成初步设计供主管部门审批。

初步设计的主要要求如下:

(1)初步设计应确定建筑物的位置和组合方式,及结构类型方案,选定建筑材料;完成各种设备系统的选型,并说明设计意图。

(2)初步设计应对本工程的设计方案及重大技术问题的解决方案进行综合技术分析,论证技术上的先进性、可能性及经济上的合理性,并提出概算书。

(3)初步设计图纸和文件应满足征地、主要设备材料订货、确定工程造价、控制基建投资及进行施工准备的要求。

2.初步设计的图纸和文件

初步设计一般包括设计说明书、设计图纸、主要设备材料和工程预算四部分,具体的图纸和文件有以下内容。

(1)设计总说明:包括设计指导思想及主要依据,设计意图及方案特点,建筑结构方案及构造特点,建筑材料及装修标准,对主要技术经济指标及结构、设备等系统的说明。

(2)建筑总平面图:比例尺 1:2000~1:500,应标明用地范围,建筑物位置、大小、层数及设计标高,道路、绿化布置,技术经济指标。

(3)各层平面图及主要剖面图、立面图:比例尺 1:200~1:100,应标出房屋的主要尺寸,房间的面积、高度及门窗位置,部分室内家具和设备的布置,立面处理,结构方案及材料选用等。

(4)建筑概算书:包括建筑物投资估算、主要材料用量及材料选用等。

(5)根据设计任务的需要,辅以必要的建筑透视图或建筑模型。

(二)技术设计阶段

初步设计经建设单位同意和上级主管部门批准后,就可进行技术设计。技术设计阶段是初步设计具体化的阶段,其主要任务是在初步设计的基础上,进一步确定各设计工种之间的技术问题。对于不太复杂的工程一般可省去该设计阶段。

建筑工种的图纸要标明与具体技术工种有关的详细尺寸,并编制建筑部分的技术说明书;结构工种应有建筑结构布置方案图,并附初步计算说明;设备工种也应提供相应的设备图纸及说明书。

(三)施工图设计阶段

1.任务与要求

施工图设计阶段是建筑设计的最后阶段,是提交给施工单位进行施工的设计文件,必须根据上级主管部门审批同意的初步设计(或技术设计)进行施工图设计。

施工图设计的主要任务是满足施工要求,解决施工中的技术措施、用料及具体做法。因此,必须满足以下要求。

(1)施工图设计应综合建筑、结构、设备等各种技术要求。因此,要求各专业工种相互配合、共同工作,反复修改,使图纸做到简明统一、精确无误。

(2)施工图应详尽、准确地标出工程的全部尺寸、用料做法,以便施工。

(3)施工图设计时要注意因地制宜,就地取材,并注意与施工单位密切联系,使施工图符合材料供应及施工技术条件等客观情况。

(4)施工图应绘制明晰,表达确切无误,施工图绘制应按国家现行有关建筑制图标准执行。

2.施工图设计的图纸和文件设计

施工图设计的内容包括建筑、结构、设备等全部施工图纸,编制工程说明书、结构计算书和预算书。具体图纸和文件有以下内容。

(1)建筑总平面图:比例尺 1:500、1:1000、1:2000。其应详细标明基地上建筑物、道路、设施等所在位置的尺寸、标高,并附说明及详图,技术经济指标。

(2)各层建筑平面图、各个立面图及必要的剖面图:比例尺 1:200～1:100。其除表达初步设计或技术设计内容以外,还应详细标出门窗洞口、墙段尺寸及必要的细部尺寸、详图索引。

(3)建筑构造节点详图:根据需要可采用 1:1、1:5、1:10、1:20 等比例尺。其主要包括平面节点檐口、墙身阳台、楼梯、门窗以及各部分的装饰大样图等。

(4)各工种相应配套的施工图,如基础平面图和基础详图、楼板及屋顶平面图和详图,结构构造节点详图等结构施工图,给排水、电器照明及暖气或空气调节等设备施工图。

(5)建筑、结构及设备等的说明书:包括施工图设计依据、设计规模、面积、标高定位、用料说明等。

(6)结构及设备的计算书。

(7)工程预算书。

学习任务三 设计要求和依据

一、建筑设计的要求

1.满足建筑使用功能要求

满足使用功能要求是建筑设计的首要任务。例如,设计学校时首先要考虑满足教学活动的需要,教室设置应分班合理,采光通风良好,同时还要合理安排教师备课、办公、储藏和厕所等行政管理和辅助用房,并配置良好的体育场馆和室外活动场地等。

2.采用合理的技术措施

正确选用建筑材料,根据建筑空间组合特点,选择合理的结构、施工方案,使房屋坚固耐久、建造方便。

3.具有良好的经济效果

建造房屋是一个复杂的物质生产过程,需要大量人力、物力和资金,在房屋的设计和建造中,要因地制宜、就地取材,尽量做到节省劳动力,节约建筑材料和资金。

4.考虑建筑物美观要求

建筑物是社会的物质和文化财富,在满足使用功能要求的同时,还需要考虑人们对建筑物美观方面的要求,考虑建筑物所赋予人们精神上的感受。

5.符合总体规划要求

单体建筑是总体规划中的组成部分,单体建筑应符合总体规划提出的要求。建筑物的设计要充分考虑和周围环境的关系,如原有建筑的状况、道路的走向、基地面积及绿化要求等与拟建建筑物的关系。

二、建筑设计的依据

(一)使用功能

1.人体尺度和人体活动所需的空间尺度

建筑物中家具、设备的尺寸,踏步、窗台、栏杆的高度,门洞、走廊、楼梯的宽度和高度,以至各类房间的高度和面积大小,都与人体尺度及人体活动所需的空间尺度直接或间接相关。因此,人体尺度和人体活动所需的空间尺度是确定建筑空间的基本依据之一,如图 9-1 所示。

2.家具、设备的尺寸及使用空间

在进行房间布置时,应先确定家具、设备的数量,了解每件家具、设备的基本尺寸及人们在使用它们时占用活动空间的大小。这些都是考虑房间内部使用面积的重要依据。图 9-2 所示为民用建筑常用的家具尺寸,供设计者在进行建筑设计时参考。

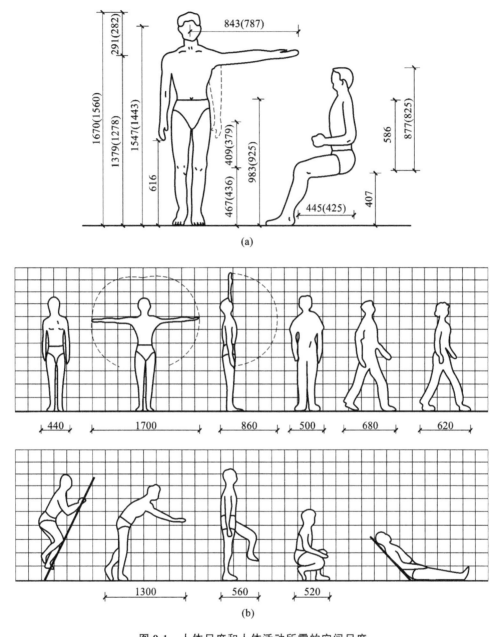

图 9-1 人体尺度和人体活动所需的空间尺度
(a)人体尺度;(b)人体活动所需的空间尺度

(二)自然条件

1.温度、湿度、日照、雨雪、风向、风速等气候条件

气候条件对建筑物的设计有较大影响。例如,湿热地区,建筑设计要很好地考虑隔热、通风和遮阳等问题;干冷地区,通常又希望把建筑的体形尽可能设计得紧凑一些,以减少外围护面的散热,有利于室内采暖、保温。

图 9-2 民用建筑常用家具尺寸

日照和主导风向通常是决定建筑朝向和间距的主要因素。风速是高层建筑、电视塔等设计中考虑结构布置和建筑体形的重要因素,雨雪量的多少对屋顶形式和构造也有一定影响。在设计前,需要收集当地上述有关的气象资料,将其作为设计的依据。

风向频率玫瑰图即风玫瑰图,是根据某一地区多年平均统计的各个方向吹风次数的百分数值,并按一定比例绘制的,一般多用 8 个或 16 个罗盘方位表示。风向频率玫瑰图上所表示的风向指从外面吹向地区中心(图 9-3)。

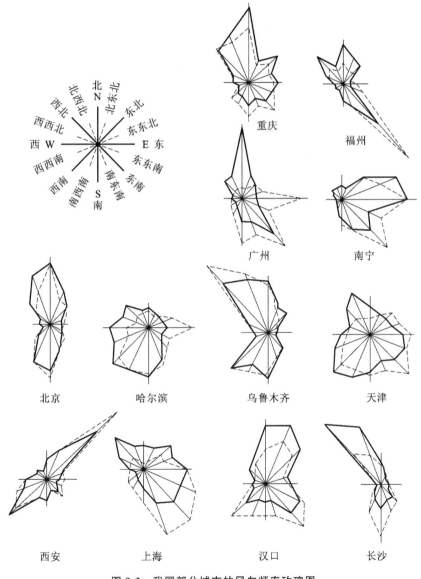

图 9-3 我国部分城市的风向频率玫瑰图

注:——表示全年风向,－－－表示夏季风向。

2.地形、地质条件和地震烈度

基地地形的平缓或起伏,基地的地质构成、土壤特性和地耐力的大小,对建筑物的平面组合、结构布置和建筑体形都有明显的影响。若地形坡度较大,常要求建筑物结合地形错层建造;若地质条件复杂,要求建筑物的构成和基础的设置采取相应的结构构造措施。

地震烈度表示地面及建筑物遭受地震破坏的程度。在烈度 6 度及 6 度以下地区,地震对建筑物的破坏影响较小;9 度以上地区,由于地震过于强烈,从经济因素及耗用材料考虑,除特殊情况外,一般应尽可能避免在这些地区建设。建筑抗震设防的重点是 7 度、8 度、9 度地震烈度的地区。震级与烈度之间的对应关系见表 9-1,不同烈度的破坏程度见表 9-2。

表 9-1   **震级与烈度的对应关系**

震级	1～2 级	3 级	4 级	5 级	6 级	7 级	8 级	8 级以上
震中烈度	1～2 度	3 度	4～5 度	6～7 度	7～8 度	9～10 度	11 度	12 度

表 9-2   **不同烈度的破坏程度**

地震烈度	地面及建筑物受破坏的程度
1～2 度	人们一般感觉不到,只有地震仪才能检测到
3 度	室内少数人能感觉到轻微的振动
4～5 度	人们有不同程度的感觉,出现室内有些物件摆动和尘土掉落现象
6 度	较老的建筑物多数会被损坏,个别建筑物有倒塌的可能;有时在潮湿松散的地面上,有细小裂缝出现,少数山区发生土石散落
7 度	家具发生倾覆破坏,水池中产生波浪,对坚固的住宅建筑有轻微的损坏,如墙上产生轻微的裂缝,抹灰层大片的脱落,瓦从屋顶掉下等;工厂的烟囱上部倒下;严重破坏陈旧的建筑物和简易建筑物,有时有喷砂冒水现象
8 度	树干摇动很大,甚至折断;大部分建筑物遭到破坏;坚固的建筑物墙上产生很大裂缝而遭到严重的破坏;工厂的烟囱和水塔倒塌
9 度	一般建筑物部分倒塌或倒塌;坚固的建筑物受到严重破坏,其中大多数不能继续使用,地面出现裂缝,山体有滑坡现象
10 度	建筑物严重破坏;地面裂缝很多,湖泊水库有大浪出现;部分铁轨弯曲变形
11～12 度	建筑物普遍倒塌,地面变形严重,造成巨大的自然灾害

3.水文条件

水文条件是指地下水位的高低及地下水的性质,会直接影响建筑物的基础及地下室。一般应根据地下水位的高低及地下水性质,确定是否在该地区建造房屋或采取相应的防水和防腐措施。

三、技术要求

设计标准化是实现建筑工业化的前提。因为只有设计标准化,做到构件定型化,使构配件的规格、类型少,才有利于大规模采用工程生产及实现施工的机械化,从而提高建筑工业化的水平。为此,建筑设计应采用《建筑模数协调标准》(GB/T 50002—2013)。

除此之外,建筑设计还应遵照国家制定的标准、规范及各地或国家各部、委颁发的标准,如《建筑设计防火规范》(GB 50016—2006)、《建筑采光设计标准》(GB 50033—2013)、《住宅设计规范》(GB 50096—2011)等执行。

⊙ 单元小结

1.建筑工程设计是指设计一个建筑物或建筑群所要做的全部工作,包括建筑设计、结构设计、设备设计。以上几方面的工作是一个整体,彼此分工而又密切配合,通常建筑设计在整个工程设计过程中起着主导和先行的作用。

2.为使建筑设计顺利进行,少走弯路,少出差错,取得良好的成果,设计工作必须按照一定的程序进行。

3.建筑设计过程一般有两阶段设计或三阶段设计。两阶段设计是指初步设计(或扩大初步设计)和施工图设计。三阶段设计是指初步设计、技术设计和施工图设计。

4.建筑设计是一项综合性工作,是建筑功能、工程技术和建筑艺术相结合的产物。因此,从实际出发、有科学的依据是做好建筑设计的关键,这些依据通常包括人体尺度和人体活动所需的空间尺度;家具、设备的尺寸和使用它们的必要空间;气象条件、地形、地质、地震烈度及水文;不同地区的节能措施及国家有关的规范和标准等。

⊙ 能 力 提 升

(一)填空题

1.日照和风向通常是决定_____和_____的主要因素。

2.建筑工程设计包括_____设计、_____设计和_____设计。

3.建筑设计过程中的三阶段设计是指_____、_____和_____。

(二)思考题

1.建筑设计分哪几个阶段?

2.建筑设计有何要求?

3.建筑设计的依据有哪些?

4.哪些因素会对建筑物造成影响?

5.什么是风玫瑰图?

学习情境十　民用建筑设计原理

学习任务一　建筑总平面设计

　　总平面设计又称场地设计,是建筑设计中必不可少的重要内容之一,是根据一个建筑群的组成内容和作用功能,结合用地条件和有关技术要求,综合研究建筑物、构筑物及各项设施相互间的平面和空间关系,正确进行建筑布置、交通组织、管线综合、绿化布置等,充分利用土地,使场地内各组成部分与设施构成统一的有机整体,并使其与周围环境相协调而进行的设计。

　　场地设计的内容一般包括以下 7 个方面。

　　1.场地条件分析

　　分析场地及其周围的自然条件、建设条件和城市规划的要求等,明确影响场地设计的各种因素及问题,并提出初步解决方案。

　　2.场地平面布局

　　合理地确定场地内的建筑物、构筑物及其他工程设施相互间的平面关系,并进行平面布置。

　　3.交通组织

　　合理组织场地内的各种交通流线,并布置好道路、出入口、广场、停车场等设施。

　　4.竖向设计

　　结合地形条件,合理安排场地内各段的设计高程,进行竖向布置。

5.管线综合

协调各种室外管线的敷设,进行管线的综合布置。

6.绿化与环境保护

合理布置场地内的绿化、小品等环境设施,与周围环境空间达得协调,并满足环境保护的要求。

7.技术经济分析

核算场地设计方案的各项技术经济指标是否满足有关城市规划等控制要求;核定场地的室外工程量及造价,进行必要的技术经济分析与论证。

场地设计与建筑设计相协调,同样分为初步设计和施工图设计两个阶段。初步设计是在全面分析场地条件和建筑使用功能要求的基础上,正确处理场地内各要素的平面与空间关系,做出经济合理、技术先进的场地设计方案。施工图设计是在初步设计完成并经批准的基础上,深化初步设计内容,落实设计意图和技术细节,绘制出供施工使用的全部施工图。

一、场地条件分析

场地条件主要包括自然条件、环境条件、现状条件及规划要求四个方面,一般从设计任务书、设计基础资料、规划部门提供的控制条件和现场调研中获得。场地条件是场地设计的重要工作基础,获取并分析场地条件是设计工作的开始。场地条件一般由设计任务书及设计条件图提供,设计者只有对其进行认真分析,并捕捉有用信息,才能快速、正确地开展场地设计工作。

(一)自然条件

自然条件一般指地形地貌、气象、工程地质和水文等。

1.地形地貌

地形条件可由设计任务书中对场地地势起伏、地形及高程变化、坡度等的描述或设计条件图中以地形等高线或若干控制点的标高(高程)等方式表达。

场地设计中可能涉及场地的平整,为此而进行的设计即为竖向设计。一般平坦的建筑场地应保证不小于3‰的自然排水坡度;而对于地形起伏较大的场地,应首先选择相对平坦的地段布置建筑,并对场地进行适当的修整,以利于建筑布置。平整场地的条件中要注意综合场地的排水条件,确定排水方向及雨水排出点,场地内不应有积水。此外,布置建筑时应注意与场地高程的关系,特别是山地环境,布置建筑时更应注意错层后地面各层出口与地面高程的关系。

2.气象条件

(1)纬度或太阳入射(高度)角。其主要用于控制建筑的日照间距。根据日照标准的要求,托幼和老年人、残疾人专用住宅的主要居室,医院、疗养院至少半数以上的病房和疗养室,应满足冬至日满窗日照时间不少于3h;住宅因建设地点的不同,应保证底层冬至日满窗日照1h或大寒日满窗日照2~3h。

当设计任务书中只给出纬度时,可采用查表等方式获得当地太阳高度角,由太阳高度角即可推算出标准日照间距值 D(图 10-1)。

$$D = \frac{H - H_1}{\tan\alpha}$$

式中　　H——前排建筑遮挡屋檐高度；

　　　　H_1——后排建筑底层窗台高度。

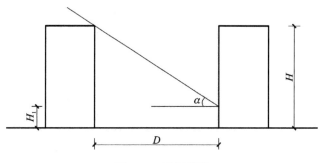

图 10-1　日照间距

需要指出的是，非正南向布局的建筑物日照间距可相应折减，山地环境的日照间距应视坡向和坡度的变化而进行具体的推算。

(2)气温。其主要参数是最冷、最热月平均气温及极端最低和最高气温等。气温与纬度紧密相关，它决定了建筑保温的要求(外墙构造及厚度)、建筑形式及建筑的组合方式、场地道路和绿化组织形式等，从而反映了南北不同气候条件下建筑和场地的不同特点。

(3)风向。在设计任务书中一般会描述场地常年(或夏季和冬季)的主导风向，有时也在设计条件图中以风玫瑰图的形式表示。

依据风向频率，在场地功能布局时可以有意识地把污染源安排在主导风向的下风侧。在进行建筑布局和选择朝向时，也应考虑到夏季通风和冬季防风的问题等。

(4)降雨量。作为一般技术条件，设计任务书中会给出年平均(总)降雨量、最高月降雨量、最高日降雨量等参数，作为设计建筑落水管密度、场地排水条件、场地排水设施等的基础条件。

3.工程地质条件

场地的工程地质条件分析，主要体现在场地的地质稳定性、各项建筑物地基承载力和有关工程设施的经济性等方面，具体体现在地表组成物质和不良地质现象两方面。

场地地面下一定深度地层是由土砂、岩石等组成的，其不同特性及地下或地下水高度状况会直接影响建筑地基承载力，当地基承载力小于 100kPa 时，应注意地基的变形问题，一些不良的地质现象如崩塌、滑坡、断层、地震等，将直接影响工程建筑质量与安全，还会影响工程速度与投资量。

4.水文条件

(1)河湖等地表水体、防洪标准。有河流流经或靠近湖泊等地表水体的场地，应注意岸线位置、水位变化情况、岸线附近的高程和坡度变化，及防洪标准与相应的洪水淹没范围和高程。建筑应选择在比防洪标准限定的淹没高程至少高 0.5m 的地段上。

(2)地下水位。其主要影响建筑物的基础和防潮处理。

(二)环境条件

1.区域位置

区域位置指场地在城市或区域中的位置,包括与区域整体用地结构的关系。这一条件决定了场地的使用人数及人流、货流方向,结合场地附近的设施分布状况,还可能影响建筑的形态和场地的结构布局。

2.周围道路与交叉口

周围道路与交叉口主要反映了场地与外界交通联系的条件。对于城市道路,一般红线宽度在30m以上的街道多数为城市主干道,场地的机动车出入口应优先选择在城市次要道路上,并保证出入口间距不小于150m;车流量较多的场地出入口,应保证距大中城市主干道交叉口红线交点70m以上;人员密集的场地或建筑的主要出入口应避免直对城市主干道交叉口,并应在主要出口前留有供人员集散的空地。

3.周围的建筑与绿化

场地周围的道路与建筑、绿化一起构成了场地的外部环境,形成了一定的风格和艺术特征。场地内的新建建筑必须与之相协调,这就影响到场地内建筑的形态和群体组合关系,如采取与外部环境一致的轴线、对位、对景、尺度等,使之协调统一为有机整体。

4.市政设施条件

场地内的各种管线必须与场地周围的城市市政设施连接。在总平面设计中,应特别注意城市市政管线的位置、走向、标高和接入点的选择。

(三)现状条件

在熟悉设计任务书和设计条件图后,应对建筑基地的现状情况有一定的了解,特别是要求保留的建筑物、构筑物及绿化等设施,应针对具体情况,充分合理地加以利用,并有机地组织到场地总平面中来。

要求保留的若干绿化,既可组织到建筑庭院、广场等活动场地中去,又可作为建筑周围的一般绿化予以保留。若安排得当,高大乔木下还可以设置小汽车停车场等。

(四)规划要求

规划要求由城市规划部门提出,是场地及建筑设计中必须满足的要求。

1.场地范围控制

场地的范围是由道路红线和建筑控制线形成的封闭围合的界线界定的。道路红线是城市道路用地的规划控制线,即城市道路用地和建筑基地的分界线。未经规划主管部门批准,建筑物(包括台阶、平台、地下管线等)不允许突入红线。建筑控制线又称建筑线,是建筑物基底位置的控制线。

场地范围内并不一定都能用来安排建筑。当有后退红线要求时,道路红线一侧场地内规定的宽度范围内不能设置永久性建筑物,而退让出来的空间可以设置通路、停车场、绿化等。

建筑与相邻基地边界线之间应留出相应的防火间距;在满足建筑防火要求时,相邻基地的建筑也可毗连建造;建筑高度不应影响相邻基地建筑的最低日照要求。

2.容积率要求

容积率即场地上各类建筑的总建筑面积与场地总用地面积的比值,是用以控制场地上建筑面积总量的指标。

3.建筑密度要求

建筑密度又称覆盖率,是场地上各类建筑的基底总面积与场地总面积的比率,单位为%。

4.停车泊位要求

停车泊位即场地内必须提供的最少停车位置数量,停车可采取垂直式、平行式或斜列式。

5.出入口限制

某些情况下,城市规划会对场地通路或人行道的出入口位置加以限制,如要求必须设置于某条道路上等,这是场地设计中必须遵守的。

6.空间要求与高度限制

为了更好地与外部环境协调一致,城市规划还会对场地的空间布局提出要求,如主体建筑位置、场地绿化与周围环境的关系与衔接等,有时还可能对最高层数或极限高度提出要求。

此外,设计任务书中可能还会涉及人防、环境保护等,均应在设计中满足这些要求。

二、场地平面布局

(一)功能分区与基地环境

各类建筑物的性质不同,使用功能要求也不同,即使是同一类建筑物,不同的地区和自然条件、基地环境对建筑物的平面形式及其所在位置也有很大的影响。因此在进行总平面布置时,不仅要根据建筑物的不同使用功能要求确定平面方案,而且要结合建筑基地的周围环境、地质、地貌条件等进行综合分析比较,选择既能满足使用要求又符合经济效益,并在可能的条件下建筑群体造型优美的方案。

1.建筑的使用功能要求

场地设计的一项重要内容是合理确定建设项目的组成内容及其相互关系,即分析、掌握建筑的使用功能要求,这是场地布局的基础。

场地的使用功能往往与建筑本身的功能密不可分。应在通盘分析建设项目性质的基础上,合并那些关系密切又可合设一处的部分,考虑各部分的使用特点、相互联系以及对环境的要求与影响等,提炼出场地的整体功能关系。

例如,中小学校的功能主要由教学、办公、实验、体育运动、室外科技活动、后勤服务和其他(如校办工厂)等组成(图10-2)。其中,教学、办公、实验之间联系密切,其场地都要求有安静的环境并靠近主要出入口,共同构成了校园中的主要建筑区;运动场地对环境干扰较大,且最好以南北为长轴方向布置,考虑到学生课间时间较短,故又不宜离教室太远;室外科技活动主要是生物园地,要求地段相对完整,对环境的影响小、要求低,功能相对独立;后勤服务要求使用方便,校办工厂独立性很强,二者对环境均有较大影响,宜单独设置。

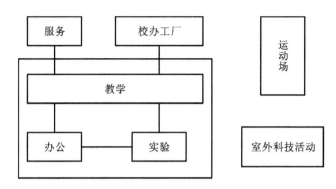

图 10-2　中小学校场地使用功能分析

2.建筑群体总平面设计与基地环境

建筑群体的功能分区要结合特定的基地环境进行总平面设计,这比单栋建筑总平面设计复杂得多,牵涉的问题较广,必须综合各种条件进行全面分析比较。

在群体总平面布置中,首先要满足各类建筑物的功能要求,也就是要考虑各建筑物之间的使用关系,联系比较密切的建筑物应尽量靠近,地段允许时也可以将这些建筑物并在一起。同时,各建筑物之间的距离也必须满足日照、通风、人防、防火、工程管网等技术间距的要求,根据人流和车流的方向、频率布置道路系统,选择道路的纵、横断面,以及与城市干道进行有机连接,并在此基础上进行绿化布置,保持环境卫生。

建设基地的环境对建筑总平面布置也有很大影响。建筑地段的大小、形状、朝向、地势起伏及周围环境、道路的连接、原有建筑现状及城市规划对总体设计的要求等,都直接影响着总平面布置的形式。因此,在具体工作中要深入现场踏勘,密切结合地形,做到布置紧凑,少占或不占良田好土,节约土石方工程量,减少建设投资,设计出适用、经济,且在可能条件下总体布置形式美观的方案。

(二)建筑朝向、间距

建筑物应能创造一个良好的室内微小气候,给人们的工作和休息创造舒适的条件,这对提高工作效率和保持身体健康有着极其重要的意义。建筑的朝向及间距的选择受多种条件的影响,在总平面设计时必须结合当地气候条件、地形、地质等因素来确定。

1.朝向

确定建筑的朝向时,应综合考虑太阳辐射强度、日照时间、常年主导风向等因素。通常人们对建筑的要求是希望冬暖夏凉。长期的生活实践证明,南向是最受人们欢迎的建筑朝向。从建筑物的受热情况来看,南向在夏季太阳照射的时间虽然较冬季长,但因夏季太阳高度角大,从南向窗户照射到室内的深度和时间较小。相反,冬季时南向的日照时间和照进房间的深度都比夏季大,这就有利于夏季避免日晒而冬季可以利用日照。但是,在设计时不可能把房间都安排在南向。同时,要特别注意避免西晒问题,如果因地段条件限制,建筑必须朝西时,要适当布置遮阳设施。

2.间距

建筑物的间距应根据日照、通风、防火、室外工程所需要的间距,以及节约用地和投资等诸因素综合考虑确定。从卫生角度来看,建筑物的间距应考虑日照和通风两个主要因素。

（1）日照间距。为保证房间内的卫生条件，房间内应有一定的日照时间，这就要求有合理的日照间距，使各建筑之间互不遮挡。

日照间距的计算见图 10-1。我国部分城市的日照间距为 $(1\sim1.7)H$，南方地区偏小，往北则增大。

（2）通风间距。建筑物是否有良好的自然通风，与周围建筑物，尤其是前幢建筑物的阻挡和风向有密切的关系。当前幢建筑物正面迎风时，如在后幢建筑迎风面窗口进风，建筑物的通风间距一般要求在 $(4\sim5)H$ 以上。但从用地的经济性来讲，不可能选择这样的标准作为建筑物的通风间距。因为这样使建筑群非常松散，既增加了道路及管线长度，又浪费了土地面积。因此为使建筑物既有合理间距，又能获得较好的自然通风，通常采取夏季主导风向同建筑物呈一个角度的布局形式。建议呈并列布置的建筑群，其迎风面最好同夏季主导风向呈 $30°\sim60°$，这时建筑的通风间距应取 $(1.3\sim1.5)H$。

（3）防火间距。确定建筑间距时，除了应满足日照、通风要求外，还必须满足防火要求。防火间距根据我国现行的《建筑设计防火规范》(GB 50016—2006) 的要求选定，多层民用建筑防火间距详见表 10-1。一、二级多层建筑与高层建筑的防火间距应不小于 9m，高层与高层建筑的防火间距应不小于 13m。

表 10-1 民用建筑的防火间距 （单位：m）

防火间距 耐火等级 / 耐火等级	一、二级	三级	四级
一、二级	6	7	9
三级	7	8	10
四级	9	10	12

根据上述日照、通风、防火等综合要求，建筑物间距一般采用 $1.5H$。但由于各类建筑所处的周围环境、布置形式及要求不同，建筑间距略有不同。

三、交通组织

（一）道路设计

道路在建筑总平面中是建筑物同建设地段、建设地段同城镇整体之间联系的纽带，也是人们在建筑环境中活动，并作为交通运输及休息场所不可缺少的重要组成部分。

1. 道路的设计要求

（1）建筑总平面的道路设计，应能满足交通运输等功能要求，要为人流、货流提供短而便捷的线路，而且要有合理的宽度，使人流及货流获得足够的通行能力。

（2）满足安全防火的要求。要有合理的能使消防车辆通过的道路，使所有的建筑在必要时能让消防车可以开达。消防车通过的道路宽度不小于 3.5m（穿过建筑时不小于 4m），其净空应有 4m 的高度。从消防的要求考虑，建筑群内道路间距不宜大于 60m，考虑人流的疏散，连通街道与建筑物内部院落的人行道间距不宜超过 80m。

（3）建筑总平面的道路设计，还应满足建筑地段地面水的排放及市政设施管线的布置要求。从排水要求考虑,道路必须有不小于 0.3% 的纵向坡度,但不宜大于 6%～7%。

(4)建筑总平面的道路设计,要注意减少建筑地段车行道出口通向城市干道的数量,以免增加干道上的交叉点,影响城市道路的行车速度和交通安全。

2.道路宽度

(1)车行道的宽度。车行道的宽度应保证来往车辆安全和顺利地通行。单车道宽3.5m,双车道宽 6～7m。考虑机动车与自行车共用,单车道宽 4m,双车道宽 7m。

(2)人行道宽度。人行道一般都布置在道路的两侧,也可布置在道路一侧。人行道最好布置在绿带与建筑红线之间,或布置在绿带间,这样可以减少行人受灰尘的影响,并保证行人的安全。

人行道宽度以通过步行人数为依据,以步行带为单位,通常采用 0.75m。一般人行道宽度不应小于 2 条步行带宽度。设在道路一侧或两侧的人行道,其最小宽度为 1.5m;独立设置的人行道,其最小宽度为 1.0m。表 10-2 所列是人行道宽度参考数据。

表 10-2　　　　　　　　　　　　　　人行道宽度参考数据

项目	最小宽度/m
设置电线杆与电灯杆的地带	0.5～1.0
种植行道树的地带	1.25～2.0

(二)停车场及回车场

1.停车场

在建筑总平面布置中,常常设置停车场。沿道路或在道路中心线的停车道上停车时有三种形式:停车方向与道路平行、停车方向与道路垂直、停车方向与道路斜交。

2.回车场

当采用尽端式道路布置时,为满足车辆调头的要求,须在道路的尽头或适当的地方设置不小于 12m×12m 的回车场。

四、竖向设计

竖向设计工作内容主要包括以下几个方面。

1.选择场地平整方式和地面连接形式

场地的平整方式主要有三种,即平坡式、台阶式和混合式。不同高程地面的分隔可采用一级或多级组合的挡土墙、护坡、自然土坡等,其交通联系可以台阶、坡道、架空廊等形式解决。在确定场地平整方式和地面连接形式时,必须考虑尽量减少土石方工程量。

2.确定场地地坪、道路及建筑的标高

确定设计标高,必须根据用地的地质条件,结合建筑的错层等使用要求和基础情况,并考虑道路、管线的敷设技术要求,以及地面排水的要求等因素,本着减少土石方工程量的原则来进行。

3.拟订场地排水方案

应根据场地的地形特点,划分场地的分水线和汇水区域,合理设置场地的排水设施(明沟或暗管),拟订出场地的排水组织方案。其间还应特别注意防洪要求。

4.土石方平衡

计算场地的挖方和填方量,使挖、填方量接近平衡,且土石方工程总量达到最小。

五、绿化与环境保护

绿化是场地设计中必不可少的要素,不仅有保护和改善环境的作用,而且是处理和协调外部空间的重要手段。绿化布置应考虑总体布局的要求,结合场地条件,主次分明地选择树种和布置方式,有机地参与空间构图,同时还要起到遮阳、分隔、引导等作用。绿地的组织主要有以下三种形式(图 10-3)。

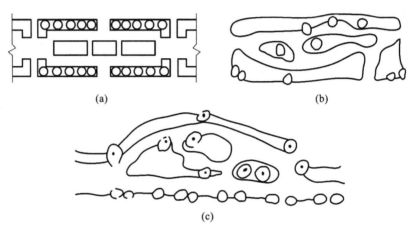

图 10-3 绿地组织形式
(a)规划式;(b)自由式;(c)混合式

(1)规划式。

规划式是道路、绿地均以规整的几何图形布置,树木、花卉也呈图案或成行、成排有规律地组合的形式。

(2)自由式。

自由式道路曲折迂回,绿地形状变化自如,树木、花卉无规则组合,自由中又有均衡的形式。

(3)混合式。

混合式是在同一绿地中既有规划式又有自由式的布置形式。

学习任务二　建筑平面设计

建筑平面表示水平方向上建筑物房屋各部分的组合关系。由于建筑平面通常较为集中地反映建筑功能方面的问题,故一些剖面关系比较简单的民用建筑的平面布置基本上能够反映空间组合的主要内容。因此,在进行方案设计时,总是先从建筑平面设计入手,始终紧密联系建筑的空间关系、剖面和立面,分析其可行性与合理性,从建筑整体空间体量和组合的效果考虑,不断修改平面。

各种类型的民用建筑,从组成平面各部分的使用性质来分析,主要可以归纳为使用部分和交通联系部分两类。

使用部分是指主要使用活动部分和辅助使用活动部分的面积,即各类建筑物中的主要房间和辅助房间的面积。主要房间如住宅中的起居室、卧室,学校中的教室、实验室,商店中的营业厅等。辅助房间如住宅中的厨房、浴室、厕所及各种电气、水暖等设备用房。

交通联系部分是指建筑物中各个房间之间、楼层之间及房间内外之间联系通行的面积,如建筑物中的走廊、门厅、过厅、楼梯、坡道及电梯和自动扶梯等所占的面积。

建筑平面设计包括单个房间平面设计和平面组合设计。单个房间平面设计是在整体建筑合理且适用的基础上,确定房间的面积、形状、尺寸及门窗的大小和位置。平面组合设计是根据各类建筑功能要求,抓住主要房间、辅助房间、交通联系部分之间的关系,结合基地环境及其他条件,采用不同的组合方式将单个房间合理地组合起来。

一、主要房间设计

(一)主要房间的分类

根据房间的使用功能和要求,主要房间可分为生活用房间,工作、学习用房间,公共活动房间。

(1)生活用房间:如住宅的起居室、卧室,宿舍和宾馆的客房等。

(2)工作、学习用房间:如各类建筑中的办公室、值班室,学校中的教室、实验室等。

(3)公共活动房间:如商场的营业厅,剧场、影院的观众厅、休息厅等。

上述各类房间的要求不同,如生活和工作、学习用房间要求安静、朝向好;公共活动房间人流比较集中,因此室内活动组织和交通组织比较重要,特别是人员的疏散问题较为突出。

(二)主要房间的设计要求

(1)房间的形状和尺寸要满足室内使用、活动和家具、设备的布置要求。

(2)门窗的大小和位置必须使房间出入方便,疏散安全,采光、通风良好。

(3)房间的构成应使结构布置合理,施工方便,有利于房间之间的组合,所用材料要符合建筑标准。

(4)要符合人们的审美要求。

(三)房间面积的确定

房间的面积通常由以下三个因素决定:一是房间使用人数,二是家具、设备及人们使用和活动所需的面积,三是室内行走需要的交通面积。

1.房间使用人数

确定房间面积首先应确定房间的使用人数,它决定室内家具与设备的多少及交通面积的大小。确定房间使用人数的依据是房间的使用功能和建筑标准。在实际工作中,房间的面积主要是依据国家有关规范规定的面积定额指标,结合工程实际情况确定的。例如,中学普通教室面积定额为 $1.12m^2/$人,实验室面积定额为 $1.8m^2/$人,办公楼中一般办公室面积定额为 $3.5m^2/$人,有桌会议室面积定额为 $2.3m^2/$人。表 10-3 所示是部分民用建筑房间面积定额参考指标。

表 10-3   部分民用建筑房间面积定额参考指标

项目 建筑类型	房间名称	面积定额/(m²/人)	备注
中小学教学楼	普通教室	1～1.2	小学取下限
办公楼	一般办公室	3.5	不包括走道
	会议室	0.5	无会议桌
		2.3	有会议桌
铁路旅客站	普通候车室	1.1～1.3	
图书馆	普通阅览室	1.8～2.5	4～6座双面阅览桌

在具体工作中,常遇到一些活动人数不固定,家具、设备布置灵活性较大的房间,如展览馆、营业厅等,这就要求设计人员能根据设计任务书的要求,对同类型、规模相近的建筑进行调查研究,分析总结出合理的房间面积。

2.家具、设备及人们使用和活动所需的面积

任何房间为满足使用要求,都需要有一定数量的家具、设备,并进行合理的布置,如教室中的课桌椅、讲台,卧室中的床、衣橱(图 10-4),卫生间中的大小便器、洗脸盆。这些家具、设备的数量、布置方式,及人们使用这些家具、设备时所需的活动面积,都直接影响到房间的面积。

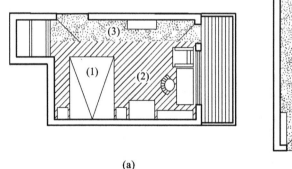
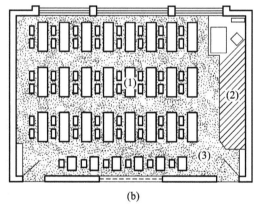

(a)   (b)

(1)　家具面积；　(2)　使用活动面积；　(3)　交通面积

图 10-4　教室及卧室中室内使用面积分析示意图

(a)卧室；(b)教室

3.室内行走需要的交通面积

室内行走需要的交通面积是指连接各个使用区域的面积,如教室中课桌行与行之间的距离一般取 550mm 左右。

(四)房间形状

房间的形状可以是矩形、扇形、方形等(图 10-5、图 10-6)。房间平面形状的确定,要综合考虑房间的使用要求、结构布置、室内空间观感、整个建筑物的平面形状及建筑物周围环境等因素,但不要为追求变化而人为地将可以规整的平面复杂化。

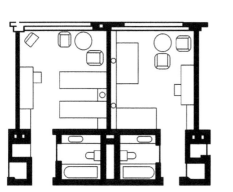

图 10-5　矩形平面的客房图

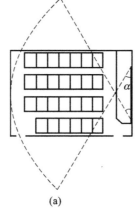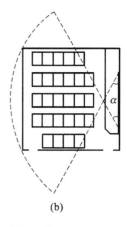

(a)　　　　　　　　　　　　　　(b)

图 10-6　矩形、方形教室

(a)矩形;(b)方形

　　住宅的卧室、起居室,宿舍,学校建筑的教室等房间,大多采用矩形平面。其原因是矩形平面便于室内家具布置及平面组合,室内空间观感好,易于选用定型的预制构件,有利于结构布置和方便施工。矩形平面房间开间与进深的比例以 1:1.5~1:1.2 为宜,方形或狭长矩形房间不利于使用,且空间观感欠佳。

　　某些特殊功能用房,对其房间形状有特定的要求。如雕塑教室一般要求采用 9.0m×9.0m 的正方形房间,顶部中央天窗采光;若是普通教室,设计成方形就不合适了。对于某些单层大空间房间,如电影观众厅、杂技场、体育馆等,其房间形状首先应满足使用功能如声学、视线及疏散方面的要求,可以采用各种复杂的平面形状。观众厅的平面形状多采用矩形、钟形、扇形、六边形等(图 10-7)。矩形平面的声场分布均匀,池座前部能接受侧墙一次反射声的区域比其他形状平面都大,当跨度较大时,前部易产生回

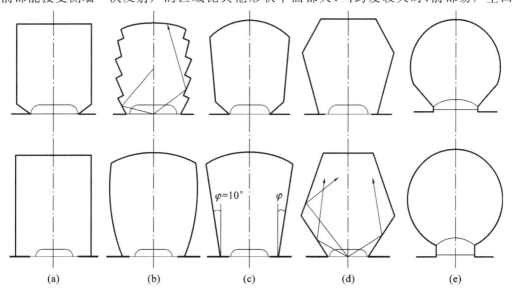

(a)　　　　(b)　　　　(c)　　　　(d)　　　　(e)

图 10-7　观众厅的平面形状

(a)矩形;(b)钟形;(c)扇形;(d)六边形;(e)圆形

声,故常用于小型观众厅;扇形平面由于侧墙呈倾斜状,声音能均匀地分散到大厅的各个区域,多用于大、中型观众厅;钟形平面介于矩形和扇形之间,声场分布均匀;六边形平面的声场分布均匀,但屋盖结构复杂,适用于中、小型观众厅;圆形平面的声场分布严重不均匀,在观众厅中很少采用,但因为视线开阔且疏散条件好,常用于大型体育馆。

在采用非矩形平面时,内部空间处理、家具和结构布置均要采取相应措施,以便适应房间形状的要求。

(五)房间平面尺寸

房间的面积和形状确定后,下一个重要问题就是确定房间平面尺寸。对于民用建筑常用的矩形平面来说,确定房间尺寸就是确定房间的长和宽,在建筑设计中分别用开间和进深表示。开间是指房间在建筑外立面上所占的宽度,进深是垂直于开间的深度。一般从以下几方面进行综合考虑。

1.满足家具、设备布置及人们活动的要求

例如,主要卧室要求床能朝两个方向布置,因此开间常取 3.6m,进深常取 3.90～4.50m。小卧室开间常取 2.70～3.00m(图 10-8);医院病房主要是满足病床的布置及医护活动的要求,3～4 人的病房开间常取 3.30～3.60m,6～8 人的病房开间常取 5.70～6.00m(图 10-9)。

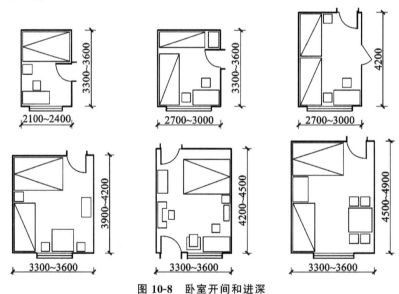

图 10-8　卧室开间和进深

2.满足视听要求

有的房间如教室、会堂、观众厅等的平面尺寸除满足家具、设备布置及人们活动要求外,还应保证有良好的视听功能。

从视听功能考虑,教室的平面尺寸应满足以下要求:第一排座位与黑板的距离大于或等于 2.00m;后排与黑板的距离不宜大于 8.50m;为避免学生过于斜视,水平视角应大于或等于 30°。

中学教室平面尺寸常取 6.00m×9.00m、6.30m×9.00m、6.60m×9.00m、6.90m×9.00m 等。教室的视线要求与平面尺寸的关系见图 10-10。

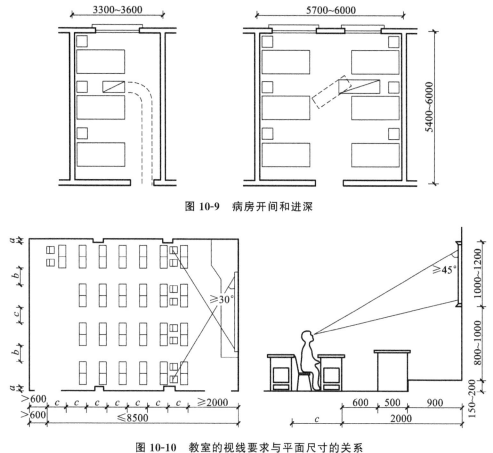

图 10-9　病房开间和进深

图 10-10　教室的视线要求与平面尺寸的关系

3.良好的天然采光

一般房间多采用单侧或双侧采光,因此房间进深的设置常受到采光的限制。一般单侧采光时进深不大于窗上口至地面距离的 2 倍,双侧采光时进深可较单侧采光时增大1 倍,如图 10-11 所示。

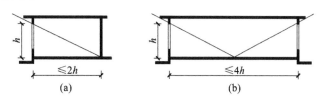

图 10-11　采光方式与进深的关系

(a)单侧采光;(b)双侧采光

4.经济合理的结构布置

较经济的开间是不大于 4.00m,钢筋混凝土梁较经济的跨度是不大于 9.00m。对于由多个开间组成的大房间,如教室、会议室、餐厅等,应尽量统一开间,减少构件类型。

5.符合建筑模数协调标准

民用建筑的开间和进深通常用 3M 的模数。

(六)房间的门窗设置

1.门的宽度及数量

门的宽度取决于人流股数及家具、设备的大小等因素。一般单股人流通行最小宽度取550mm,一个人侧身通行需要300mm宽。因此,门的最小宽度一般为700mm,常用于住宅中的厕所、浴室。住宅中卧室、厨房、阳台的门应考虑一人携带物品通行,卧室常取900mm,厨房可取800mm。普通教室、办公室等的门应考虑一人正面通行,另一人侧身通行,常采用1000mm。双扇门的宽度可取1200～1800mm,四扇门的宽度可取2400～3600mm。

按照《建筑设计防火规范》(GB 50016—2006)的要求,当房间使用人数超过50人,面积超过60m² 时,至少需设两个门。影剧院、礼堂的观众厅、体育馆的比赛大厅等,门的总宽度可按每100人600mm宽(根据规范估计值)计算。影剧院、礼堂的观众厅,按每个安全出口不多于250人计,人数超过2000人时,超过部分按每个安全出口不多于400人计;体育馆按每个安全出口不多于400～700人计,规模小的按下限值计。

2.窗的面积

窗的面积主要根据房间的使用要求、房间面积及当地日照情况等因素来确定。根据不同房间的使用要求,建筑采光标准分为五级,每级规定相应的窗地面积比,即房间窗的总面积与地面积的比值。民用建筑采光等级见表10-4。

表 10-4   **民用建筑采光等级**

采光等级	视觉工作特征		房间名称	窗地面积比
	工作或活动要求精确程度	要求识别的最小尺寸/mm		
Ⅰ	极精密	0.2	绘图室、制图室、画廊、手术室	1/5～1/3
Ⅱ	精密	0.2～1	阅览室、医务室、健身房、专业实验室	1/6～1/4
Ⅲ	中精密	1～10	办公室、会议室、营业厅	1/8～1/6
Ⅳ	粗糙	>10	观众厅、居室、盥洗室、厕所	1/10～1/8
Ⅴ	极粗糙	不作规定	贮藏室、走廊、楼梯间	—

3.门窗位置

(1)门窗位置应尽量使墙面完整,便于家具、设备布置和充分利用室内有效面积(图10-12)。

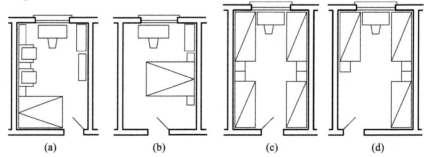

图 10-12 卧室、集体宿舍门位置的比较

(a)合理;(b)不合理;(c)合理;(d)不合理

（2）门窗位置应有利于采光、通风（图 10-13）。

（3）门的位置应方便交通，利于疏散。

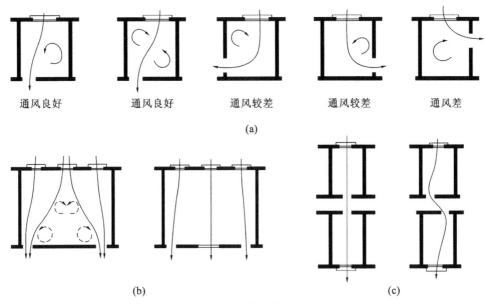

通风良好　　　　通风良好　　　　通风较差　　　　通风较差　　　　通风差

(a)

(b)　　　　　　　　　　　　　　　　　　　　　(c)

图 10-13　门窗的相互位置

(a)一般房间门窗的相互位置；(b)教室门窗的相互位置；(c)风廊式平面房间门窗的相互位置

4.门的开启方向

门的开启方向应不影响交通，便于安全疏散，防止紧靠在一起的门扇相互碰撞（图 10-14）。

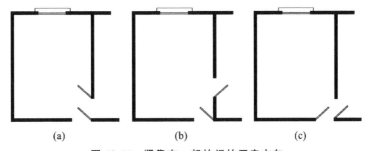

(a)　　　　　　　　　　(b)　　　　　　　　　　(c)

图 10-14　紧靠在一起的门的开启方向

(a)不好；(b)好；(c)较好

二、辅助房间设计

辅助房间包括厕所、盥洗室、浴室、厨房、配电房、水泵房等，它们在整个建筑中虽处于次要地位，但却是建筑中不可缺少的部分。辅助房间的设计原理和方法与主要房间基本相同，但由于辅助房间大多设有较多的管道、设备，故房间的大小及布置会受到一定的限制。

（一）厕所

1.厕所卫生设备及数量

厕所卫生设备有大便器、小便器、洗手盆、污水池等，见图 10-15。其组合尺寸见图 10-16。

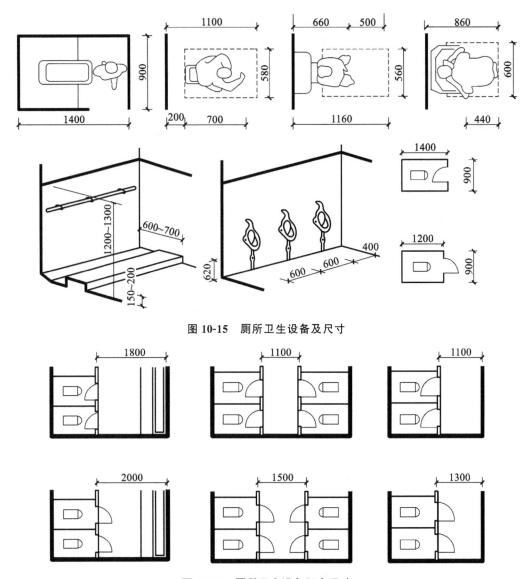

图 10-15　厕所卫生设备及尺寸

图 10-16　厕所卫生设备组合尺寸

卫生设备的数量及小便槽的长度主要取决于使用人数、使用对象和使用特点。一般民用建筑每一个卫生器具可供使用的人数参考表 10-5。具体设计中可按此表并结合调查研究最后确定其数量。

表 10-5　　　　　　　部分民用建筑厕所设备数量参考指标

建筑类型	男小便器/（人/个）	男大便器/（人/个）	女大便器/（人/个）	洗手盆或龙头/（人/个）	男女比例	备注
旅馆	20	20	12	—	—	男女比例按设计要求确定
宿舍	20	20	15	15	—	男女比例按实际使用情况确定
中小学	40	40	25	100	1:1	小学数量应稍多
火车站	80	80	50	150	2:1	

续表

建筑类型	男小便器/（人/个）	男大便器/（人/个）	女大便器/（人/个）	洗手盆或龙头/（人/个）	男女比例	备注
办公楼	50	50	30	50～80	3:1～5:1	
影剧院	35	75	50	140	2:1～3:1	
门诊部	50	100	50	150	1:1	总人数按全日门诊人次计算
幼托	—	5～10	5～10	2～5	1:1	

注：一个小便器折合 0.6m 长小便槽。

2. 厕所设计的一般要求

（1）厕所在建筑物中常处于人流交通线上与走道及楼梯间相联系，应设前室，以前室作为公共交通空间和厕所的缓冲地，可使厕所隐蔽一些。

（2）大量人群使用的厕所，应有良好的天然采光与通风。少数人使用的厕所允许间接采光，但必须有抽风设施。

（3）厕所位置应有利于节省管道，减少立管并靠近室外给排水管道。同层平面中男、女厕所最好并排布置，避免管道分散。多层建筑中应尽可能把厕所布置在上下相对应的位置。

3. 厕所布置

厕所应设前室，带前室的厕所有利于隐蔽，并可以改善通往厕所的走道和过厅的卫生条件。前室的深度应不小于 1.5～2.0m。当厕所面积小，不可能布置前室时，应注意门的开启方向，务必使厕所蹲位及小便器处于隐蔽位置。厕所布置形式如图 10-17 所示。

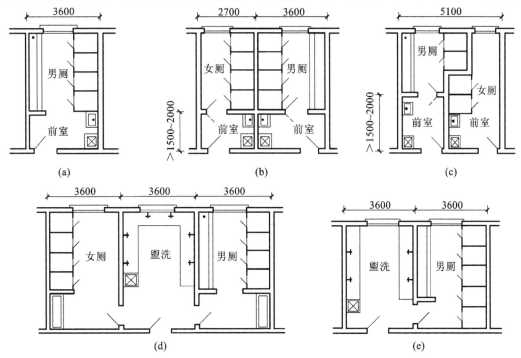

图 10-17 厕所布置形式

(二)浴室、盥洗室

浴室和盆洗室的主要设备有面盆、污水池、淋浴器,有的设置浴盆等。除此以外,公共浴室还有更衣室,其内主要设备有挂衣钩、衣柜、更衣凳等。设计时可根据使用人数确定卫生器具的数量,同时结合设备尺寸及人体活动所需的空间尺寸进行布置。淋浴设备及组合尺寸如图 10-18 所示。

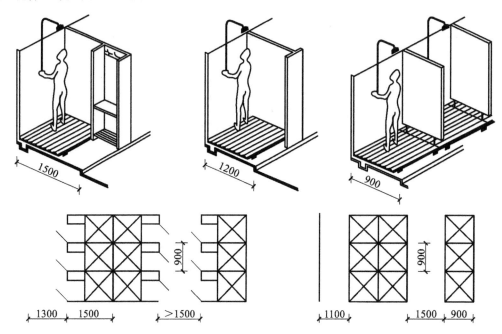

图 10-18 淋浴设备及组合尺寸

面盆、浴盆设备及组合尺寸如图 10-19 所示。

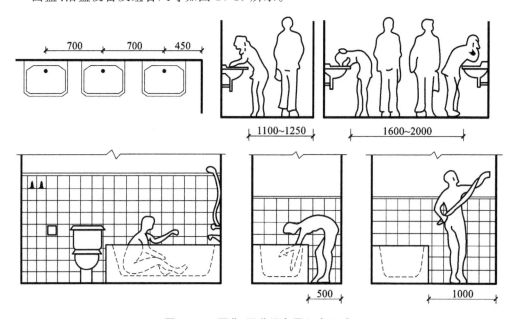

图 10-19 面盆、浴盆设备及组合尺寸

浴室、盥洗室常与厕所布置在一起,称为卫生间。按使用对象不同,卫生间又可分为专用卫生间及公共卫生间。公共卫生间布置实例如图 10-20 所示,专用卫生间布置实例如图 10-21 所示。

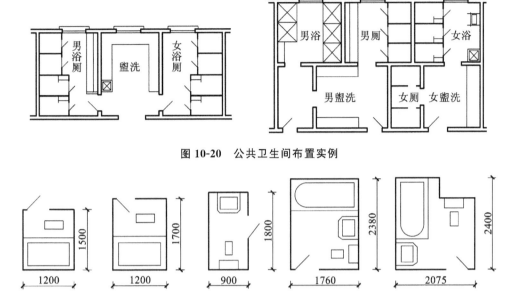

图 10-20　公共卫生间布置实例

图 10-21　专用卫生间布置实例

(三)厨房

厨房设计应满足以下几方面的要求。

(1)厨房应具有良好的采光和通风条件。

(2)尽量利用厨房的有效空间布置足够的贮藏设施,如壁柜、吊柜等。为方便存取,吊柜顶距地高度不应超过 1.7m。除此以外,还应充分利用案台、灶台下部的空间贮藏物品。

(3)厨房的墙面、地面应考虑防水,便于清洁。地面应比一般房间地面低 20~30mm。

(4)厨房室内布置应符合操作流程,并保证必要的操作空间。厨房的布置形式有单排、双排、L 形、U 形、半岛形、岛形几种,如图 10-22 所示。

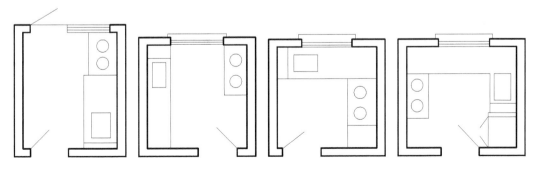

图 10-22　厨房布置示意图

三、交通联系部分的设计

一幢建筑物除了要有满足使用功能的各种房间外,还需要有交通联系部分将各个房间以及室内外联系起来。建筑物内部的交通联系部分包括水平交通空间——走道,垂直交通空间——楼梯、电梯、自动扶梯、坡道,交通枢纽空间——门厅、过厅等。交通联系部分的设计要求做到以下几点。

(1)交通路线简捷、明确,人流通畅,联系通行方便。

(2)紧急疏散时迅速、安全。

(3)满足一定的采光、通风要求。

(4)力求节省交通面积,同时综合考虑空间造型问题。

进行交通联系部分的平面设计,首先需要具体确定走廊、楼梯等通行疏散要求的宽度,具体确定门厅、过厅等人们停留和通行所必需的面积,然后结合平面布局考虑交通联系部分在建筑平面中的位置以及空间组合等设计问题。

(一)走道

1.走道的类型

走道又称为过道、走廊,有内廊和外廊之分。

按走道的使用性质不同,其可以分为以下三种情况。

(1)完全为交通需要而设置的走道。

(2)主要作为交通联系同时兼有其他功能的走道。

(3)多种功能综合使用的走道,如展览馆的走道应满足人边走边看的要求。

2.走道的宽度和长度

走道的宽度和长度主要根据人流和家具通行、安全疏散、防火规范、走道性质、空间感受来综合确定。为了满足人的行走和紧急情况下的疏散要求,我国《建筑设计防火规范》(GB 50016—2006)规定学校、商店、办公楼等建筑低层的疏散走道、楼梯、外门各自的总宽度不应低于表10-6所示指标。

表10-6 　　　　　　　　　　　　楼梯、门和走道的宽度指标

宽度指标/(m/百人)　　　　耐火等级　　层数	一、二级	三级	四级
1、2层	0.65	0.75	1.00
3层	0.75	1.00	—
≥4层	1.00	1.25	—

综上所述,一般民用建筑常用走道宽度如下。

(1)教学楼:内廊2.10～3.00m、外廊1.8～2.1m;

(2)门诊部:内廊2.40～3.00m、外廊3.00m(兼候诊);

(3)办公楼:内廊2.10～2.40m、外廊1.50～1.80m;

（4）旅馆：内廊 1.50～2.10m、外廊 1.50～1.80m；

（5）作为局部联系或住宅内部走道宽度不应小于 0.90m。

走道的长度应根据建筑性质、耐火等级及防火规范来确定。按照《建筑设计防火规范》(GB 50016—2006)的要求，最远房间出入口到楼梯间安全出入口的距离必须控制在一定的范围内，见表 10-7。

表 10-7　　　　　　　　房间门至外部出口或封闭楼梯间的最大距离　　　　　　　（单位：m）

名称	位于两个外部出口或楼梯之间的房间			位于袋形走道两侧或尽端的房间		
	耐火等级			耐火等级		
	一、二级	三级	四级	一、二级	三级	四级
托儿所、幼儿园	25	20		20	15	
医院、疗养院	35	30		20	15	
学校	35	30	25	22	20	
其他民用建筑	40	35	25	22	20	15

注：敞开式外廊可增加 5m。

3.走道的采光和通风

走道的采光和通风主要依靠天然采光和自然通风。外走道由于只有一侧布置房间，可以获得较好的采光、通风效果。内走道由于两侧均布置房间，如果设计不当，就会造成光线不足、通风较差，一般可通过过走道尽端开窗，利用楼梯间、门厅或走道两侧房间设高窗来解决。

（二）楼梯

1.楼梯的形式

楼梯的形式主要有单跑梯、双跑梯（平行双跑、直双跑、L 形、双分式、双合式、剪刀式）、三跑梯、弧形梯、螺旋梯等形式。

2.楼梯的宽度和数量

楼梯的宽度和数量主要根据使用性质、使用人数和防火规范来确定。一般供单人通行的楼梯宽度应不小于 900mm，供双人通行的楼梯宽度为 1100～1200mm。一般民用建筑楼梯的最小净宽应满足两股人流疏散要求，但住宅内部楼梯可减小到 850～900mm。

楼梯的数量应根据使用人数及防火规范要求来确定，必须满足关于走道内房间门至楼梯间的最大距离的限制（表 10-7）。通常情况下，每一幢公共建筑均应设两个楼梯。对于使用人数少或除幼儿园、托儿所、医院以外的 2、3 层建筑，若其符合表 10-8 的要求，也可以只设置一个疏散楼梯。设置一个疏散楼梯的条件如表 10-8 所示。

表 10-8　　　　　　　　　　　　设置一个疏散楼梯的条件

耐火等级	层数	每层最大建筑面积/m²	人数
一、二级	2、3 层	400	第 2 层和第 3 层人数之和不超过 100 人
三级	2、3 层	200	第 2 层和第 3 层人数之和不超过 50 人
四级	2 层	200	第 2 层人数不超过 30 人

(三)电梯

高层建筑的垂直交通以电梯为主,其他有特殊功能要求的多层建筑,如大型宾馆、百货公司、医院等,除设置楼梯外,还需设置电梯,以解决垂直升降的问题。

电梯按其使用性质可分为乘客电梯、载货电梯、消防电梯、客货两用电梯、杂物梯等。确定电梯的位置和布置方式时,应充分考虑以下几点要求。

(1)电梯间应布置在人流集中的地方,如门厅、出入口等,位置要明显,电梯前面应有足够的等候面积,以免造成拥挤和堵塞。

(2)按《建筑设计防火规范》(GB 50016—2006)的要求,设计电梯时应配置辅助楼梯,供电梯发生故障时使用。布置时可将两者靠近,以便灵活使用,并有利于安全疏散。

(3)电梯井道无天然采光要求,布置较为灵活,通常主要考虑人流交通方便、通畅。电梯等候厅由于人流集中,最好有天然采光和自然通风。

(四)自动扶梯及坡道

自动扶梯是一种在一定方向上能大量、连续输送流动客流的装置。作为乘客上下楼层的运输工具,自动扶梯不仅方便、舒适,而且可引导乘客走一些既定路线,以方便乘客和顾客游览、购物,并具有良好的装饰效果。在具有频繁而连续人流的大型公共建筑,如百货大楼、展览馆、游乐场、火车站、地铁站、航空港等建筑中将自动扶梯作为主要垂直交通工具应用。其布置方式有单向布置、转向布置、交叉布置。其梯段宽度较小,通常为600~1000mm。自动扶梯的布置形式如图10-23所示。

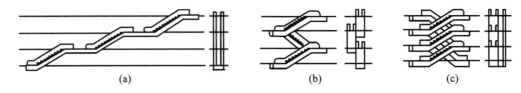

(a) (b) (c)

图 10-23　自动扶梯的布置形式

(a)单向布置;(b)转向布置;(c)交叉布置

(五)门厅

门厅作为交通枢纽,主要作用是接纳、分配人流,进行室内、外空间过渡及各方面交通(过道、楼梯等)的衔接。同时,根据建筑物使用性质不同,门厅还兼有其他功能,如医院门厅常设挂号、收费、取药的房间,旅馆门厅兼有休息、会客、接待、登记、小卖等功能。除此以外,门厅作为建筑物的主要出入口,其不同空间处理可体现出不同的意境和形象。因此,民用建筑中门厅是建筑设计重点处理的部分。

1.门厅的大小

门厅的大小应根据各类建筑的使用性质、规模及质量标准等因素来确定,设计时可参考有关面积定额指标。表 10-9 为部分民用建筑门厅面积参考指标。

表 10-9　　　　　　　　　　　**部分民用建筑门厅面积参考指标**

建筑名称	面积定额	备注
中小学校	每个学生 0.06~0.08m²	

续表

建筑名称	面积定额	备注
食堂	每个座位 0.08~0.18m²	包括洗手间、小卖部
城市综合医院	每日 11m²/百人	包括衣帽间和问询室
旅馆	每个床位 0.2~0.5m²	
电影院	每个观众 0.13m²	

2.门厅的布局

门厅的布局可分为对称式与非对称式两种(图 10-24)。

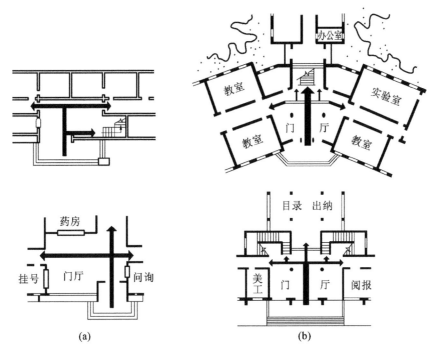

图 10-24　门厅的布置方式

(a)非对称式;(b)对称式

门厅设计应注意以下几个方面。

(1)门厅应处于总平面中明显而突出的位置;

(2)门厅内部设计要有明确的导向性,同时交通流线组织简明、醒目,减少相互干扰;

(3)重视门厅内的空间组合和建筑造型要求;

(4)门厅对外出口的宽度按防火规范的要求不得小于通向该门厅的走道与楼梯宽度的总和。

四、建筑平面组合设计

(一)平面组合设计的任务

建筑平面组合设计就是将建筑平面中的使用部分、交通联系部分有机地联系起来,使其成为一个使用方便、结构合理、体形简洁、构图完整、造价经济及与环境协调的建筑物。

（二）平面组合设计的要求

1.使用功能

平面组合的优劣主要体现在合理的功能分区和明确的流线组织两个方面。当然,采光、通风、朝向等要求也应予以充分的重视。

（1）功能分区合理。

合理的功能分区是将建筑物若干部分按不同的功能要求进行分类,并根据它们之间的密切程度加以划分,使其分区明确,又联系方便。在分析功能关系时,常借助功能分析图来形象地表示各类建筑的功能关系和联系顺序,如图10-25所示。

具体设计时,可根据建筑物不同的功能特征,从以下三个方面进行分析。

①主次关系。

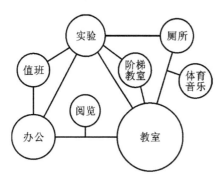

图10-25 教学楼功能分析图

建筑中各类房间使用性质存在差别,有的房间处于相对主要地位,有的则处于次要地位。在进行平面组合时,根据它们的功能特点,通常将主要使用房间设在朝向好、比较安静的位置,以取得较好的日照、通风条件;公共活动主要房间的位置应设在出入和疏散方便、人流导向比较明确的部位。例如,学校教学楼中的教室、实验室等应是主要的使用房间,其余的管理室、办公室、贮藏室、厕所等则属于次要房间,如图10-25所示。居住建筑房间的主次关系如图10-26所示。

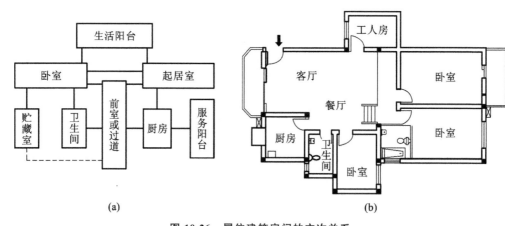

图10-26 居住建筑房间的主次关系
（a）功能分析图;（b）住宅平面图

②内外关系。

各类建筑的组成房间中,有的对外联系密切,直接为公众服务;有的对内联系密切,供内部使用。一般是将对外联系密切的房间布置在交通枢纽附近,位置明显便于直接对外,而将对内性强的房间布置在较隐蔽的位置。如商业建筑营业厅是对外的,人流量大,应布置在交通方便、位置明显处,而将库房、办公等管理用房布置在后部次要入口处,如图10-27所示。

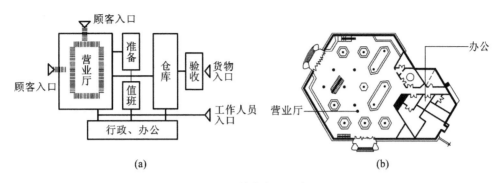

图 10-27 某商店平面布置

(a)功能分析图;(b)平面图

③联系与分隔。

在分析功能关系时,常根据房间的使用性质如"闹"与"静"、"清"与"污"等进行功能分区,使其既互相分隔而互不干扰,且又有适当的联系。如教学楼中的多功能厅、普通教室和音乐教室,它们之间联系密切,但为防止声音干扰,必须适当隔开。教室与办公室之间要求联系方便,但为了避免学生影响教师的工作,也需适当隔开,如图 10-28 所示。

(2)流线组织明确。

在建筑物中不同使用性质的房间或各个部分,在使用过程中通常有一定的先后顺序,这将影响建筑平面的布局方式,平面组合时要很好地考虑这些先后顺序,以公共人流交通路线为主导线,不同性质的交通流线应明确分开。例如,火车站建筑中有人流和货流之分,人流又有问询、售票、候车、检票、进入站台的上车流线,以及由站台检

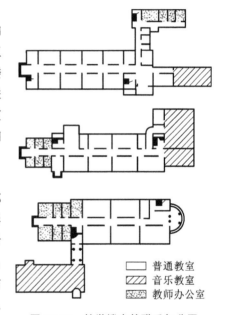

图 10-28 教学楼中的联系与分隔

票出站的下车流线等(图 10-29);有些建筑物对房间的使用顺序没有严格的要求,但是也要安排好室内的人流通行路线,尽量避免不必要的往返交叉或相互干扰。

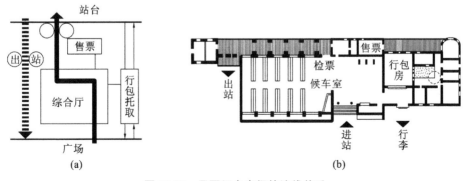

图 10-29 平面组合房间的流线关系

(a)小型火车站流线关系示意图;(b)400人火车站设计方案平面图

2.结构类型

目前民用建筑常用的结构类型有混合结构、框架结构、剪力墙结构、框剪结构、空间结构。

(1)混合结构。

混合结构多为砖混结构。这种结构形式的优点是构造简单、造价较低;缺点是房间尺寸受钢筋混凝土梁板经济跨度的限制,室内空间小,开窗也受到限制,仅适用于房间开间和进深较小、层数不多的中小型民用建筑,如住宅、中小学校、医院及办公楼等。

(2)框架结构。

框架结构的主要特点是强度高,整体性好;刚度大,抗震性好,平面布局灵活性大,开窗较自由,但钢材、水泥用量大,造价较高。其适用于开间、进深较大的商店、教学楼、图书馆之类的公共建筑,以及多、高层住宅、旅馆等。

(3)剪力墙结构。

剪力墙结构的主要特点是强度高,整体性好,刚度大,抗震性好;缺点是房间尺寸受钢筋混凝土梁板经济跨度的限制,室内空间小,开窗也受到限制,适用于房间开间和进深较小、层数较多的中小型民用建筑。

(4)框剪结构。

框剪结构的主要特点是结合了框架结构和剪力墙结构的优点。

(5)空间结构。

空间结构用材经济,受力合理,并为解决大跨度的公共建筑提供了有利条件,如薄壳结构、悬索结构、网架结构等。

3.设备管线

民用建筑中的设备管线主要包括给水排水、空气调节以及电气照明等所需的设备管线,它们都占有一定的空间。在满足使用要求的同时,应尽量将设备管线集中布置、上下对齐,使其使用方便,有利于施工和节省管线,如图 10-30 所示。

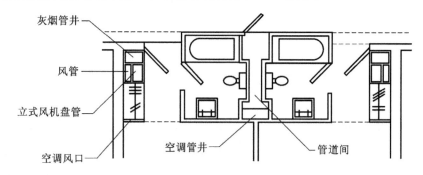

图 10-30 旅馆卫生间设备管线

4.建筑造型

建筑造型也会影响到平面组合。当然,造型本身是离不开功能要求的,它一般是对内部空间的直接反映。但是,简洁、完美的造型要求以及不同建筑的外部特征又会反过来影响到平面布局及平面形状。

(三)平面组合形式

平面组合就是根据使用功能特点及交通路线的组织,将不同房间组合起来。常见组合形式如下。

1.走廊式组合

走廊式组合的特点是使用房间与交通联系部分明确分开,各房间沿走廊一侧或两侧并列布置,房间门直接开向走廊,通过走廊相互联系;各房间基本上不被交通穿越,能较好地保持相对独立性;各房间有直接的天然采光和通风,结构简单,施工方便等。这种形式广泛应用于一般民用建筑,特别适用于相同房间数量较多的建筑,如学校、宿舍、医院、旅馆等。

根据房间与走廊布置关系不同,走廊式又可分为内走廊与外走廊两种,如图 10-31 所示。

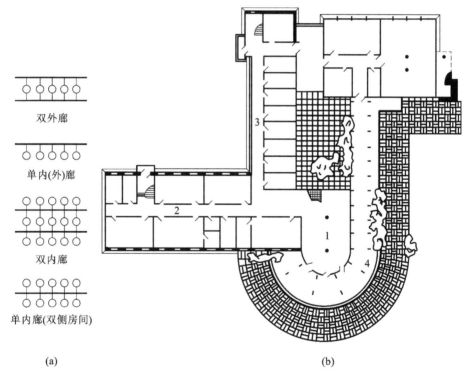

图 10-31　走廊式平面组合

(a)走廊式组合示意图;(b)某小学平面图

1—门厅;2—内廊(双侧布置房间);3—外廊(单侧布置房间);4—外廊

(1)外走廊可保证主要房间有较好的朝向和良好的采光通风条件,但这种布局会造成走道过长,交通面积大。个别建筑由于特殊要求,也采用双侧外走廊形式。

(2)内走廊各房间沿走廊两侧布置,平面紧凑,外墙长度较短,对寒冷地区建筑热工有利。但这种布局难免出现一部分使用房间朝向较差,且走道采光通风较差,房间之间相互干扰较大。

2. 套间式组合

把各房间直接衔接在一起,相互穿通,使使用面积与交通面积结合起来融为一体的组合方式称为套间式组合。这种组合方式下,房间之间的相互联系简捷,面积利用率高。展览馆、商店常用这种形式。为适应不同人流活动的特点,可采用串联式或放射式的组合形式。串联式是按照一定的顺序将各房间连接起来[图 10-32(a)];放射式是以一个枢纽空间作为联系中心,向两个或两个以上方向延伸,来衔接布置房间[图 10-32(b)]。

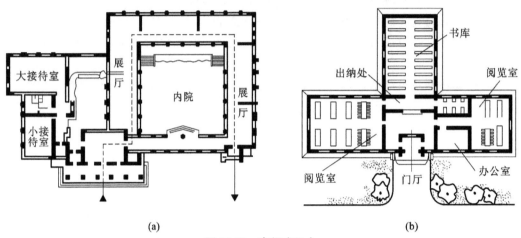

(a)　　　　　　　　　　　　　　(b)

图 10-32　套间式组合

(a)串联式组合的纪念馆;(b)放射式组合的图书馆

3. 大厅式组合

大厅式组合以公共活动的大厅为主穿插布置辅助房间(图 10-33)。这种组合的特点是主体房间使用人数多、面积大、层高大,辅助房间与大厅相比,尺寸大小悬殊,常布置在大厅周围,并与主体房间保持一定的联系。其适用于影剧院、体育馆等建筑。

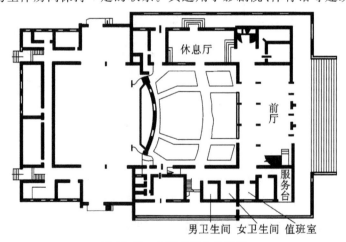

图 10-33　大厅式组合的剧院

4. 单元式组合

将关系密切的房间组合在一起成为一个相对独立的整体,称为单元。将一种或多种单元按地形和环境情况在水平或垂直方向重复组合起来成为一幢建筑,这种组合方式称为单元式组合。

单元式组合的优点是：①能提高建筑标准化，节省设计工作量，简化施工；②功能分区明确，平面布置紧凑，单元与单元之间相对独立，互不干扰；③布局灵活，能适应不同的地形，满足朝向要求，形成多种不同组合形式，因此广泛用于大量民用建筑中，如住宅、学校、医院等。图 10-34 所示是单元式组合的实例。

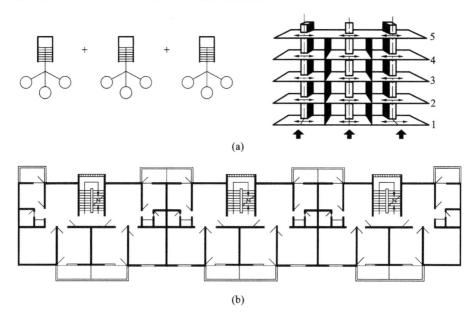

(a)

(b)

图 10-34　单元式组合的住宅

(a)单元式组合及交通组织示意图；(b)组合单元

5.混合式组合

混合式组合同时采用两种以上的基本组合形式来组织空间。在组合时可以是以某一种组合形式为主，其他形式为辅，也可以是几种组合形式并存，适用于多种功能要求的建筑，如文化中心、商贸中心等建筑(图 10-35)。

在工程设计中，绝对以某种单一的组合形式来组合空间的情况是不存在的，应根据实际情况具体分析，灵活运用各种形式进行平面空间的组合。

(四)建筑平面组合与总平面的关系

1.基地的大小、形状和道路布置

基地的大小和形状直接影响建筑平面布局、外轮廓形状和尺寸。基地内的道路布置及人流方向是确定出入口和门厅平面位置的主要因素。因此在平面组合设计中，应密切结合基地的大小、形状和道路布置等外在条件，使建筑平面布置的形式、外轮廓形状和尺寸以及出入口的位置等满足城市总体规划的要求。

例如，图 10-36 所示为某大学附中教学楼的总平面图。该教学楼位于学校的主轴线上，建筑布局较好地控制了校园空间的划分与联系。

2.基地的地形条件

基地地形若为坡地，则应将建筑平面组合与地面高差结合起来，减少土方量，而且可以造成富于变化的内部空间和外部形式。

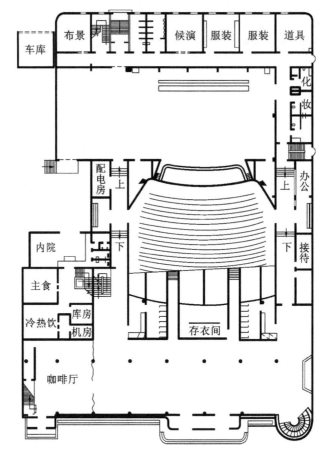

图 10-35　混合式组合（剧院）

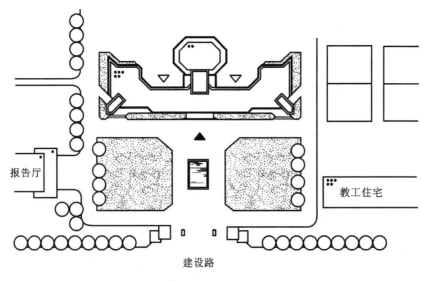

图 10-36　某大学附中教学楼的总平面图

坡地建筑的布置方式有以下几种。

（1）地面坡度小于25％时，建筑物适宜平行于等高线布置，土方量少，造价经济（图10-37）。

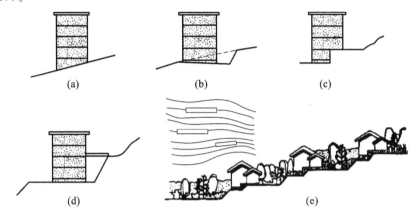

图10-37　建筑物平行于等高线的布置

(a)前后勒脚调整到同一标高；(b)筑台；(c)横向错层；(d)入口分层设置；(e)平行于等高线布置示意图

（2）地面坡度大于25％时，建筑物应结合朝向要求布置，但其对朝向、通风采光、排水不利，且土方量大，造价高。此时要将建筑物垂直于等高线布置，即采用错层的办法解决上述问题。但是这种布置方式使房屋基础比较复杂，道路布置也有一定的困难（图10-38）。

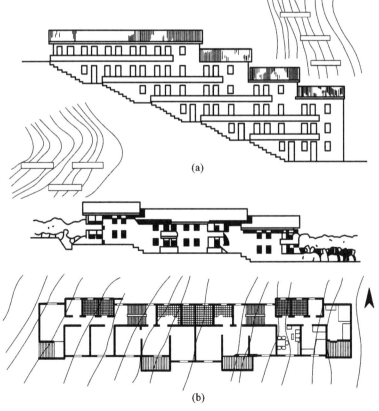

图10-38　建筑物垂直于等高线的布置

3.建筑物的朝向和间距

(1)朝向。

①日照。我国大部分地区属于冬冷夏热的气候。为保证室内冬暖夏凉的效果,建筑物的朝向应为南向、南偏东或偏西少许角度(15°)。在严寒地区,由于冬季时间长、夏季不太热,为争取日照,建筑物朝向以东、南、西为宜。

②风。根据当地的气候特点及夏季或冬季的主导风向,适当调整建筑物的朝向,可使夏季获得良好的自然通风条件,而冬季又可避免寒风的侵袭。

③基地环境。对于人流集中的公共建筑,房屋朝向主要考虑人流走向、道路位置和公共建筑与邻近建筑的关系;对于风景区建筑,则应以创造优美的景观作为考虑朝向的主要因素。

(2)间距。

建筑物之间的距离主要应根据日照、通风等卫生条件与建筑防火安全要求来确定。除此以外,还应综合考虑防止声音和视线干扰、绿化、道路和室外工程所需要的间距以及地形利用、建筑空间处理等问题。建筑物的日照间距如图10-39所示。

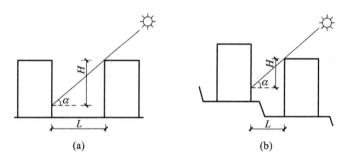

图10-39 建筑物的日照间距
(a)平地;(b)向阳坡

日照间距的计算公式为:

$$L = \frac{H}{\tan\alpha}$$

式中 L——房屋水平间距;

  H——南向前排房屋檐口至后排房屋底层窗台的垂直高度;

  α——当房屋朝正南向时冬至日正午的太阳高度角。

我国大部分地区日照间距为$(1.0\sim1.7)H$。愈往南日照间距愈小,愈往北日照间距愈大,这是因为太阳高度角在南方要大于北方。

对于大多数的民用建筑,日照是确定房屋间距的主要依据,因为在一般情况下,只要满足了日照间距,其他要求也就能满足。但有的建筑由于所处的周围环境不同,以及使用功能要求不同,房屋间距也不同,如教学楼为了保证教室的采光和防止声音、视线的干扰,间距要求大于或等于$2.5H$,而最小间距应不小于12m。又如医院建筑,考虑卫生要求,间距应大于$2.0H$,对于1~2层病房,间距应不小于25m;对于3~4层病房,间距应不小于30m;对于传染病房与非传染病房,间距应不小于40m。为节省用地,实际设计采用的建筑物间距可能会略小于理论计算的日照间距。

学习任务三　建筑剖面设计

建筑剖面设计是建筑设计的基本组成内容之一,它与平面设计是从两个不同的方面来反映建筑物内部空间关系的。平面设计着重解决内部空间在水平方向上的问题,而剖面设计的任务则是根据建筑物的用途、规模、环境条件及人们的使用要求,解决建筑物在高度方向上的布置问题。其具体内容包括确定建筑物的层数,决定建筑各部分在高度方向的尺寸,进行建筑空间组合,处理室内空间并加以利用等。此外,对其他工程技术问题,如结构选型、建筑构造也要合理予以解决。

一、房间的剖面形状

房间的剖面形状分为矩形和非矩形两类,大多数民用建筑采用矩形,非矩形剖面常用于有特殊要求的房间。房间的剖面形状主要根据使用要求和特点来确定,同时也要结合具体的物质技术、经济条件及特定的艺术构思考虑,使之既满足使用要求又达到一定的艺术效果。

(一)使用要求

在民用建筑中,绝大多数的建筑是属于一般使用要求的建筑,如住宅、学校、办公楼、旅馆和商店等。这类建筑房间的剖面形状多采用矩形,因为矩形剖面不仅能满足这类建筑的使用要求,而且具有上述一些优点。对于有某些特殊功能要求(如视线、音质等)的房间,则应根据使用要求选择适合的剖面形状。

有视线要求的房间主要是指影剧院的观众厅、体育馆的比赛大厅、教学楼中的阶梯教室等。这类房间除平面形状、大小应满足一定的视距、视角要求外,地面还应有一定的坡度,以保证良好的视觉效果,即舒适、无遮挡地看清对象。

1. 视线要求

在剖面设计中,为了保证良好的视觉效果,即视线无遮挡,需要将座位逐排升高,使室内地面形成一定的坡度。地面的升起坡度主要与设计视点的位置及视线升高值有关,另外,第一排座位的位置、排距等对地面的升起坡度也有影响。图 10-40 所示为电影院和体育馆设计视点与地面坡度的关系。

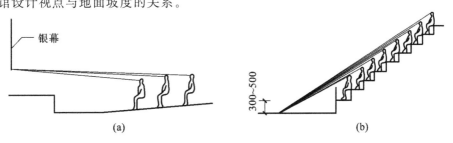

图 10-40　设计视点与地面坡度的关系
(a)电影院;(b)体育馆

　　视线升高值 C 的确定与人眼到头顶的高度和视觉标准有关,一般定为 120mm。当错位排列(后排人的视线擦过前面隔一排人的头顶而过)时,C 值取 60mm;当对位排列(后排人的视线擦过前排人的头顶而过)时,C 值取 120mm。以上两种座位排列法均可保证视线无遮挡的要求,如图 10-41、图 10-42 所示。

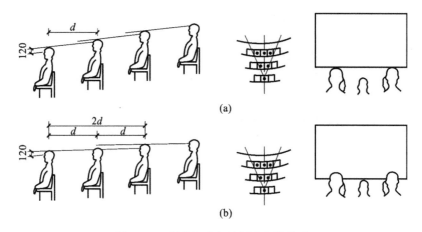

图 10-41　视觉标准与地面升起的关系
(a)对位排列;(b)错位排列

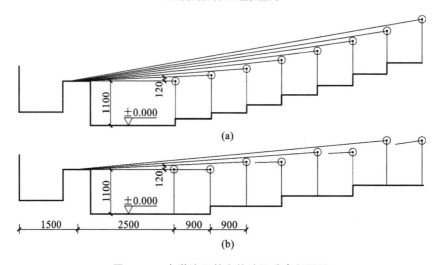

图 10-42　中学演示教室的地面升高剖面图
(a)对位排列,每排升高 120;(b)错位排列,每两排升高 120

2.音质要求

　　凡剧院、电影院、会堂等建筑,大厅的音质要求对房间的剖面形状影响很大。为保证室内声场分布均匀,防止出现声音空白区、回声和声音聚焦等现象,在剖面设计中要注意对顶棚、墙面和地面的处理。为有效地利用声能,加强各处直达声,必须使大厅地面逐渐升高,除此以外,顶棚的高度和形状也是保证听得清楚、声音真实的重要因素。顶棚的形状应使大厅各座位都能获得均匀的反射声,同时能加强声压不足的部位。一般来说,凹面易产生声音聚焦现象,声场分布不均匀,凸面是声扩散面,不会产生声音聚焦现象,声场分布均匀。为此,大厅顶棚应尽量避免采用凹曲面或拱顶,如图 10-43 所示。

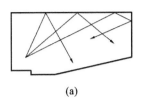
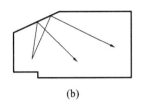
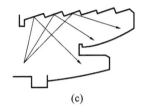

(a)　　　　　　　　(b)　　　　　　　　(c)

图 10-43　观众厅顶棚的几种剖面形状示意图

(a)平顶棚;(b)降低舞台口顶棚;(c)波浪形顶棚

(二)结构、材料和施工的影响

长方形的剖面形状规整、简单,有利于梁板式结构布置,同时施工也较简单,常用于大量民用建筑中。即使有特殊要求的房间,在能够满足使用要求的前提下,也宜优先考虑采用矩形剖面。

(三)室内采光、通风的要求

一般进深不大的房间,通常采用侧窗采光和通风已足够满足室内卫生的要求。当房间进深大,侧窗不能满足上述要求时,常设置各种形式的天窗,从而形成了各种不同的剖面形状。

有的房间虽然进深不大,但具有特殊要求,如展览馆中的陈列室,为使室内照度均匀、稳定、柔和并减轻甚至消除眩光的影响,避免直射阳光损害陈列品,常设置各种形式的采光窗。

对于厨房一类房间,由于在操作过程中常散发出大量蒸汽、油烟等,可在顶部设置排气窗,以加速排除有害气体。

二、建筑剖面设计的原则

(一)建筑层数

建筑层数是在拟订方案阶段就需要初步确定的问题,若层数不确定,建筑各层平面就无法布置,剖面、立面高度也无法确定。影响建筑层数的因素很多,主要有建筑的使用要求、结构和材料的要求、城市规划、建筑防火以及经济条件等。

影响建筑层数的因素包括以下几方面。

1.使用要求

建筑用途不同,使用对象不同,往往对建筑层数的要求也不同。对于大量建设的住宅、办公楼、旅馆等建筑,若使用中无特殊要求,一般可建多层,当设置电梯作为垂直交通时,也可建高层。对于托儿所、幼儿园等建筑,考虑到儿童的生理特点和安全,同时为便于室内与室外活动场所的联系,其层数不宜超过 3 层。医院门诊部为方便病人就诊,层数也不宜超过 3 层。影剧院、体育馆等一类公共建筑都具有面积和高度较大的房间,人流集中,为迅速而安全地进行疏散,宜建成低层。

2.建筑结构、材料和施工的要求

建筑结构类型和材料是决定建筑层数的基本因素。如一般混合结构的建筑是以墙或柱承重的梁板式结构体系,一般为 1～6 层,常用于大量民用建筑中,如住宅、宿舍、中小学教学楼、中小型办公楼、医院、食堂等。

多层和高层建筑可采用梁柱承重的框架结构、剪力墙结构或框剪结构等结构体系(图 10-44)。

空间结构体系,如薄壳结构、网架结构、悬索结构等则适用于低层、大跨度建筑,如影剧院、体育馆、仓库、食堂等。

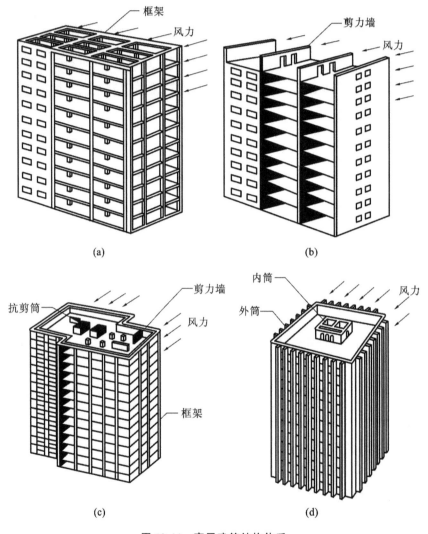

图 10-44　高层建筑结构体系

(a)框架结构;(b)剪力墙结构;(c)框剪结构;(d)筒体结构

3.地震烈度

地震烈度不同,对建筑的层数和高度要求也不同。表 10-10、表 10-11 所示分别为砌体结构房屋总高度和层数限值及钢筋混凝土结构房屋最大适用高度。

表 10-10　　砌体结构房屋总高度和层数限值

砌体类型	最小墙厚/m	地震烈度							
		6 度		7 度		8 度		9 度	
		高度/m	层数	高度/m	层数	高度/m	层数	高度/m	层数
黏土砖	0.24	24	8	21	7	18	6	12	4
混凝土小砌块	0.19	21	7	18	6	15	5	不宜采用	
混凝土中砌块	0.20	18	6	15	5	9	3		
粉煤灰中砌块	0.24	18	6	15	5	9	3		

表 10-11　　钢筋混凝土结构房屋最大适用高度　　　　　（单位:m）

结构类型	地震烈度			
	6 度	7 度	8 度	9 度
框架结构	同非抗震设计	55	45	25
框架-抗震墙结构		120	100	50

4.建筑基地环境与城市规划的要求

建筑层数与其所在地段的大小、高低起伏变化有关,同时不能脱离一定的环境条件。特别是建筑位于城市街道两侧、广场周围、风景园林区等处时,必须重视其与环境的关系,做到与周围建筑物、道路、绿化等协调一致。同时要符合当地城市规划部门对整个城市面貌的统一要求。

(二)建筑空间的组合与利用

1.建筑空间的组合

建筑空间组合就是根据内部使用要求,结合基地环境等条件将各种不同形状、大小、高低的空间组合起来,使之成为使用方便、结构合理、体形简洁完美的整体。在多、高层建筑中,对于层高相差较大的建筑,可以把少量面积较大、层高较大的房间设置在底层、顶层或作为单独部分(裙房)附设于主体建筑旁,如图 10-45 所示。

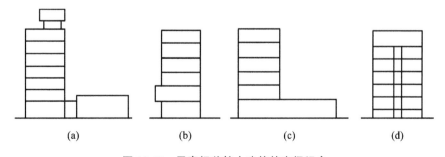

图 10-45　层高相差较大建筑的空间组合

(a)大空间作附楼;(b)大、小空间上下叠合;(c)大空间在 1、2 层;(d)大空间在顶层

对于房间高度相差特别大的建筑,如体育馆和影剧院建筑的比赛厅、观众厅与办公室、厕所等空间,实际设计中常利用大厅的起坡、楼座等特点,将一些辅助用房布置在看台以下或大厅四周。

当建筑物内部出现高低差,或由于地形的变化使房屋几部分空间的楼地面出现高低错落时,可采用错层的方式使空间达到和谐统一。具体处理方式如下(图 10-46)。

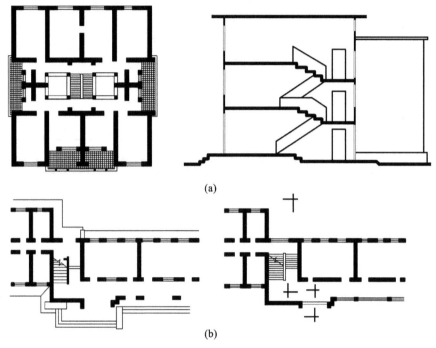

(a)

(b)

图 10-46 错层做法

(a)住宅;(b)教学楼

(1)以踏步或楼梯连接各层楼地面以解决错层高差问题。

(2)以室外台阶解决错层高差问题。

2.建筑空间的利用

充分利用建筑物内部的空间,实际上是在建筑占地面积和平面布置基本不变的情况下,达到扩大使用面积、节约投资的效果。如果处理得当,还可以改善室内空间比例,丰富室内空间。

(1)夹层空间的利用。

对于一些建筑,由于功能要求不同,因此其主体空间与辅助空间在面积和层高上要求不一致,如体育馆比赛大厅、图书馆阅览室、宾馆大厅等,常采用在大厅周围布置夹层空间的方式,达到充分利用室内空间及丰富室内空间的目的(图 10-47)。

(2)房间上部空间的利用。

房间上部空间主要是指除人们室内活动和家具、设备布置等必需的空间范围以外,房间内还可以充分利用的其余部分的空间,如住宅建筑卧室中的吊柜、厨房中的搁板和贮物柜等贮藏空间(图 10-48)。

(3)结构空间的利用。

建筑物中墙体厚度增加,所占用的室内空间也会相应增加,因此充分利用墙体空间可以起到节约空间的作用。通常多利用墙体空间设置壁柜、窗台柜(图 10-49),或利用角柱布置书架及工作台。

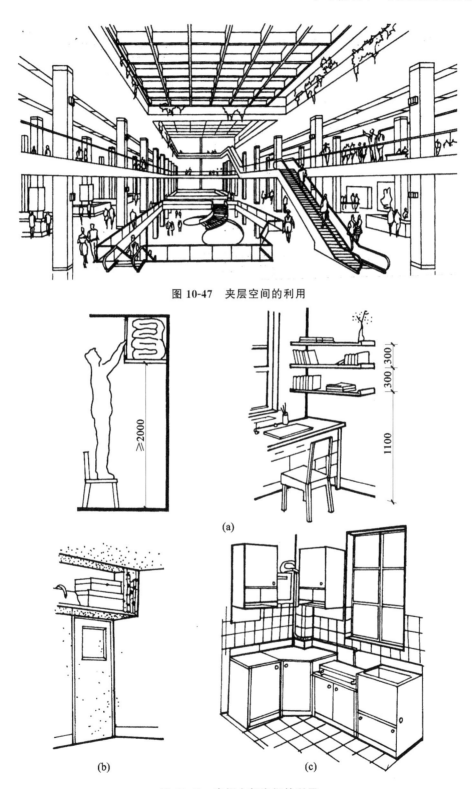

图 10-47 夹层空间的利用

(a)

(b)   (c)

图 10-48 房间上部空间的利用

(a)居室设悬挑搁板;(b)居室设吊柜;(c)厨房设吊柜

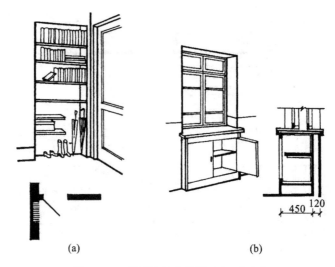

图 10-49　利用墙体空间设壁柜、窗台柜

(a)壁柜;(b)窗台柜

（4）楼梯间及走道空间的利用。

一般民用建筑楼梯间底层休息平台下至少有半层高,可作为布置贮藏室及辅助用房和出入口之用。同时,楼梯间顶层有一层半的空间高度,可以利用部分空间布置一个小贮藏间。

民用建筑走道主要用于人流通行,其面积和宽度都较小,高度也相应要求低些,可充分利用走道上部多余的空间布置设备管道及照明线路。居住建筑中常利用走道上部空间布置贮藏间,如图 10-50 所示。

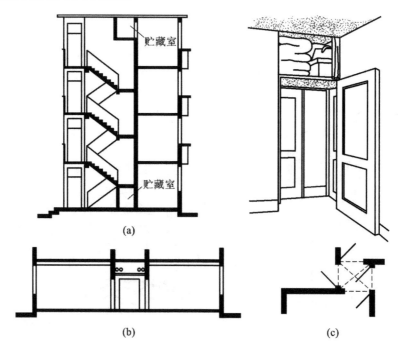

图 10-50　走道及楼梯间空间的利用

(a)楼梯间上、下空间做贮藏室;(b)走道上部空间做技术层;(c)住宅走道上部空间做吊柜

学习任务四　建筑体形及立面设计

建筑不仅要满足人们生产、生活等使用功能的要求,外部形象还要给人以美的享受,满足人们精神文化方面的需要。因此,建筑的外部形象设计也是建筑设计中十分重要的内容。建筑的外部形象包括体形和立面两个方面。体形和立面处理贯穿于整个建筑设计的始终,它既不是内部空间被动的直接反映,也不是简单地在形式上进行表面加工,更不是建筑设计完成后的外形处理。建筑体形及立面设计是在内部空面及功能合理的基础上,在物质技术条件的制约下考虑与所处的地理位置及环境的协调,对外部形象从总的体形到各个立面以及细部,按照一定的美学规律加以处理,以获得完美的建筑形象。

一、建筑体形及立面设计的原则

(一)建筑体形及立面应反映建筑个性特征

由于不同功能要求的建筑类型具有不同的内部空间组合特点,一幢建筑的外部形象在很大程度上是其内部空间功能的表露,因此须采用那些与其功能要求相适应的外部形式,并在此基础上采用适当的建筑艺术处理方法来强调该建筑的个性特征,使其更为鲜明、突出,从而能更有效地区别于其他建筑。

例如,通过巨大的观众厅和高耸的舞台部分的体形组合及门厅、休息厅与观众厅、舞台的强烈虚实对比来表现剧院建筑的个性特征[图 10-51(a)];用入口上部的红"十"字作为象征,突出医院建筑的个性特征[图 10-51(b)];以简单的体形、小巧的尺寸感、单元的组合、门厅的整齐排列以及阳台、凹廊的重复出现来体现居住建筑的生活气息及个性特征[图 10-51(c)]。

(a)

(b)

(c)

图 10-51　建筑外部形象反映不同类型建筑的个性特征
(a)剧院建筑;(b)医院建筑;(c)城市住宅建筑

(二)建筑体形与立面应善于利用结构、材料和施工技术的特点

建筑结构体系是构成建筑物内部空间和外部形体的重要条件之一。由于结构体系

的选择不同,建筑将会产生不同的外部形象和不同的建筑风格(图 10-52)。因此,在建筑设计工作中,要妥善利用结构体系本身所具有的美学表现力这一因素。

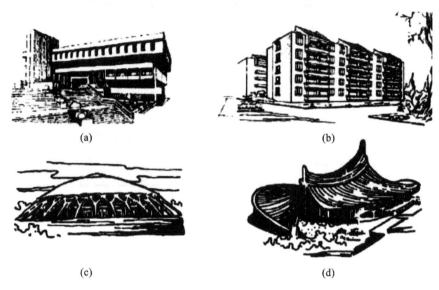

(a)　　　　　　　　　　(b)

(c)　　　　　　　　　　(d)

图 10-52　不同的结构形式产生不同的建筑造型

不同的建筑材料对建筑体形和立面处理有一定的影响。如清水墙、混水墙、贴面墙和玻璃幕墙等形成不同的外形,给人以不同的感官享受。

施工技术的工艺特点也常形成特有的建筑外形,尤其是现代工业化建筑建成后,在建筑物上所留下来的施工痕迹,都将使建筑物表现出工业化生产工艺的外形特点。

图 10-53 所示为采用大型墙板的装配式建筑,利用构件本身的形体、材料质感和墙面色彩的对比,使建筑体形和立面更趋简洁、新颖,体现了采用大型墙板生产工艺的建筑外形特点。

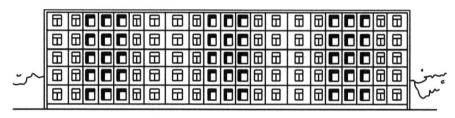

图 10-53　采用大型墙板的装配式建筑

(三)建筑体形与立面应满足城市规划及环境要求

任何一幢建筑都是规划群体中的一个局部,是构成城市空间和环境的重要因素,因此建筑外形不可避免地要受城市规划和基地环境的制约。建筑体形、立面处理、内外空间组合以及建筑风格等都要与建筑物所在地区的气候、地形、道路、原有建筑物及绿化等基地环境相适应。如风景区的建筑在体形设计上应同周围环境相协调,不应破坏风景区景色;山地建筑常结合地形和朝向错层布置,从而产生多变的体形。又如南方炎热地区的建筑,为减轻阳光的辐射和满足室内的通风要求,采用遮阳板和通透花格,使建筑立面富有节奏感和通透感。建筑物处于群体环境之中,既要有单体建筑的个性,又要有群体的共性。

(四)建筑体形与立面应与一定的经济条件相适应

构思建筑体形与立面必须正确处理适用、经济、美观三者的关系。建筑外形的艺术感并不完全以投资的多少为决定因素,事实上只要充分发挥设计者的主观能动性,在一定的经济条件下,巧妙地运用物质技术手段和构图法则,努力创新,就可能设计出适用、安全、经济、美观的建筑物。

(五)建筑体形与立面应符合建筑美学原则

建筑造型设计中的美学原则,是人们在长期的建筑创作历史发展中的总结。要创造美观的建筑形象,就必须遵循建筑构图的基本规律,如统一与变化、均衡与稳定、对比、韵律、比例与尺度等。

1.统一与变化

任何建筑物,无论是内部空间中还是外观形象上,都存在着统一与变化的因素。建筑物各组成部分功能不同,存在着空间大小、形状、结构等方面的差异,这反映到建筑外形上就是建筑形式变化的一面。同时这些差异中又有某些内在的联系,如使用性质不同的房间在门窗处理、层高、开间及装修方面可采取一致的处理方式,这不仅不影响使用,而且能使结构受力、施工组织等更加合理。这种一致的处理方式,反映到建筑外形上就是形式统一的一面。在建筑体形及立面设计中必须处理好它们之间的相互关系,这是建筑构图中一个非常重要的问题。所谓"多样统一""统一中有变化""变化中求统一"都是为了取得整齐、简洁、有序而又不至于单调、呆板,体形多变而又不杂乱无章的建筑形象。

为了取得和谐统一,可以采用以下几种基本手法。

(1)以简单的几何形状求统一。任何简单的几何形状本身都具有必然的统一性,并容易被人们所感知。由这些几何形体(图 10-54)所组成的基本建筑形式之间具有严格的制约关系,给人以肯定、明确和统一的感觉。因此,借助这些简单的几何形体可以获得高度的统一。如图 10-55 所示,某体育馆建筑以简单的长方形为基本形体就可以达到统一、稳定。

图 10-54　建筑基本形体

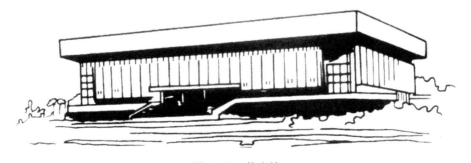

图 10-55　体育馆

图 10-56 斯德哥尔摩市政厅

（2）主从分明，以陪衬求统一。借助主从关系来组织体量较复杂的建筑物的形体，用若干附属部分来衬托建筑物主体，便可以突出主体，获得理想的统一。在建筑体形设计中，常运用轴线处理、以低衬高、形象变化等手法来突出主体。如斯德哥尔摩市政厅运用以低衬高，以高控制全体的巧妙构图技巧，取得了完美统一的建筑形象（图 10-56）。

（3）以协调求统一。将一幢建筑物的各部分在形状、尺度、比例、色彩、质感和细部方面都采用协调的处理手法，也可获得统一感，图 10-53 所示的采用大型墙板的装配式建筑，由于和谐部件的连续重复而获得统一性。

2.均衡与稳定

建筑造型中的均衡是指建筑体形的前后、左右之间保持平衡的一种美学特征，要求给人以安定、平衡和完整的感觉。力学的杠杆原理表明均衡中心在支点，根据均衡中心的位置不同，可把均衡分为对称均衡和不对称均衡，对称均衡建筑具有庄严、肃穆的特点，如莫斯科列宁墓（图 10-57）和我国的革命历史博物馆（图 10-58）；不对称均衡建筑则显得轻巧、活泼，如荷兰希尔佛逊市政厅（图 10-59）和美国古根海姆美术馆（图 10-60）。

图 10-57 莫斯科列宁墓

图 10-58 北京革命历史博物馆

图 10-59 荷兰希尔佛逊市政厅

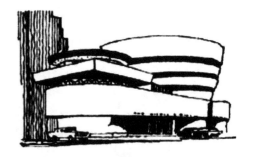

图 10-60 美国古根海姆美术馆

稳定是建筑物上下之间的轻重关系。过去，在人们的实际感受中，上小下大、上轻下重就能让人获得稳定感（图 10-61）。随着科学技术的进步和人们审美观念的发展变化，利用新材料、新结构的特点，创造出了上大下小、上重下轻新稳定概念（图 10-62）。

图 10-61　上小下大稳定感建筑示例

图 10-62　上大下小的新稳定感建筑示例

3. 对比

建筑物中各要素除按一定规律结合在一起外,必然还存在各种差异,如体量大小、线条曲直粗细、材料质感、色彩、立画的点线面等,这种差异就是对比。

对比可以相互衬托出各自的特点。在建筑构图中,恰当地运用对比手法,能取得对比强烈、感觉明显、和谐统一等效果。例如,巴西利亚的巴西国会大厦(图 10-63),体形处

图 10-63　巴西国会大厦

理运用了竖向的两片板式办公楼与横向体量的政府宫对比,上院和下院一正一反两个碗状的议会厅对比,以及整个建筑体形的直与曲、高与低、虚与实对比的手法。此外,还充分运用了钢筋水泥的雕塑感和玻璃窗洞的透明感以及大型坡道的流畅感,从而协调统一了整个建筑,给人们留下了深刻的印象。

4.韵律

建筑的形体处理还存在着节奏与韵律的问题。所谓韵律,常指建筑构图中有组织的变化和有规律的重复,使变化与重复形成有节奏的韵律感,从而可以给人以美的享受。在建筑设计中,常用的韵律手法有连续的韵律、渐变的韵律、起伏的韵律、交错的韵律等,以下分别予以介绍。

(1)连续的韵律。

连续的韵律是指在建筑构图中,一种或几种组成部分的连续运用和有组织排列所产生的韵律感。例如,某火车站体形设计(图10-64),是由等距离的壁柱和玻璃窗组成的重复韵律,增强了节奏感。

(2)渐变的韵律。

渐变的韵律的构图特点是:常将某些组成部分,如体量的高低、大小,色彩的冷暖、浓淡,质感的粗细、轻重等,做有规律的增减,以形成统一和谐的韵律感。如中国古代塔身的变化(图10-65),就是运用相似的每层檐部与墙身的重复与变化而形成的渐变韵律,使人感到既和谐统一又富于变化;又如现代建筑中的某大型商场屋顶设计的韵律处理(图10-66),顶部大小薄壳的曲线变化,其中有连续的韵律及彼此相似渐变的韵律,给人以新鲜感和时代感。

图10-64　某火车站的体形设计

图10-65　中国古代塔身的韵律处理

图10-66　某现代大型商场屋顶的韵律处理

(3)起伏的韵律。

起伏的韵律虽然也是将某些组成部分做有规律的增减变化以形成韵律感,但是它与渐变的韵律有所不同,而是在形体处理中,更加强调某一因素的变化,使组合或细部处理高低错落,起伏生动。如天津电信大楼(图10-67),整个轮廓逐渐向上起伏,因此增加了建筑形体及街景面貌的表现力。

（4）交错的韵律。

交错的韵律是指在建筑构图中，运用各种造型因素，如体形的大小、空间的虚实、细部的疏密等手法，做有规律的纵横交错、相互穿插的处理，形成一种丰富的韵律感。例如，西班牙巴塞罗那博览会德国馆（图10-68），无论在空间布局、形体组合上，还是在运用交错韵律而取得的丰富空间上，效果都是非常突出的。

图 10-67　天津电信大楼

图 10-68　巴塞罗那博览会德国馆

5.比例与尺度

所谓建筑形体处理中的"比例"，一般包含两个方面的概念：一是建筑整体或其自身某个细部的长、宽、高之间的大小关系，二是建筑物整体与局部或局部与局部之间的大小关系。而建筑物的"尺度"，则是指建筑整体和某些细部与人们所常见的某些建筑细部之间的关系。如杭州影剧院的造型设计（图10-69），以大面积的玻璃厅、大体积的后台及观众厅显示它们之间的比例，并在恰当的体量比例中，巧妙地运用宽大的台阶、平台、栏杆以及适度的门扇处理，表明其尺度感。这种比例与尺度的处理手法，给人以通透明朗、简洁大方的感受，这是与现代的生活方式和新型的城市面貌相适应的。又如荷兰德尔夫特技术学院礼堂（图10-70），同样没有诸如柱廊、盖盘等西方古典建筑形式的比例关系，而是紧密地结合功能特点，大量展现了观众厅倾斜的形体轮廓，较自然地表现出大尺度的体量。另外，在横向划分与竖向划分的体量中，细部尺度处理得当，能使整个建筑造型显得异常敦实有力。

图 10-69　杭州影剧院

图 10-70　荷兰德尔夫特技术学院礼堂

二、建筑体形及立面的设计方法

建筑体形及立面设计是建筑造型设计的主要组成部分。建筑体形设计主要是对建筑外形总的体量、形状、比例、尺度等方面的确定，并针对不同类型建筑采用不同的体形组合方式。体形设计对建筑形象的总体效果具有重要影响,而立面设计则是对建筑物体形的进一步深化。在设计中应将二者作为一个有机的整体统一考虑。

(一)建筑体形设计

建筑体形反映出建筑物总的体量和形状。根据建筑物规模、功能特点和基地环境设计出来的建筑体形,从建筑外形角度可以归纳为对称体形和不对称体形两大类。

不论建筑体形简单还是复杂,它们都是由一些基本的几何形体组合而成的。建筑体形设计,就是以建筑的使用功能和物质技术条件为前提,运用建筑构图的基本规律,将建筑各部分体量巧妙地组合成一个有机整体。

1.不同体形的特点和处理方法

(1)单一性体形。这类建筑的特点是平面和体形都较完整单一,平面形式多采用对称的正方形、三角形、圆形、多边形、风车型、Y形等单一几何形状,给人以统一完整、简洁大方、轮廓鲜明和印象深刻的感觉。这种体形设计方法是建筑造型设计中常用的方法之一。

(2)单元组合体形。单元组合体形是将几个独立体量的单元按一定方式组合起来,广泛应用于住宅、学校、幼儿园、医院等建筑类型。这种体形组合方式灵活,没有明显的均衡中心及体形的主从关系,而且单元连续重复,形成了强烈的韵律感,如图 10-51(c)所示的住宅。

(3)复杂体形。复杂体形由两个以上的体量组合而成。这些体量之间存在一定的关系,如何正确处理这些关系是这类体形构图的重要问题。

复杂体形的组合应运用建筑构图的基本规律,使其主要部分、次要部分分别形成主体、附体,突出重点,主次分明,并将各部分有机地联系起来,形成完整的建筑形象。如前面提到的荷兰希尔佛逊市政厅(图 10-59)、巴西国会大厦(图 10-63)就是很好的例子。图 10-71 所示为几种对称和非对称体形组合方法。

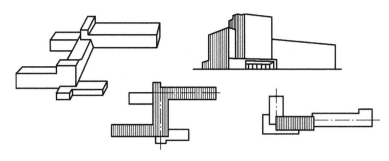

图 10-71　对称与非对称体形组合示例

2.体形的转折与转角处理

体形的组合往往受到所处的地形和位置的影响,如在"十"字、"丁"字或任意转角的路口或地带布置建筑物时,为了创造较好的建筑形象及环境景观,必须对建筑物进行转折或转角处理,以与地形环境相协调。转折与转角处理中,应顺其自然地形,充分发挥地形环境优势,合理进行总体布局。如在路口转角处采用主附体相结合的处理方式,以附体陪衬主体;也可以局部升高的塔楼为重点处理,使道路交叉口突出、醒目,形成建筑群布局的"高潮"。图 10-72 所示为体形的转折与转角处理方法。

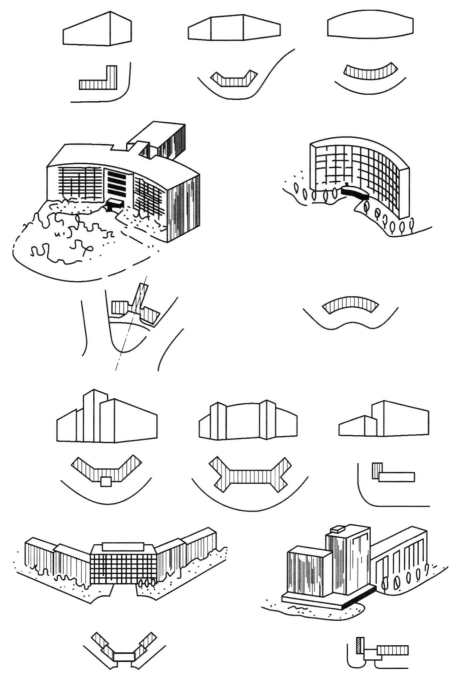

图 10-72 体形的转折与转角处理方法

3.体量间的联系和交接

由不同大小、高低、形状、方向的体量组合成的建筑,都存在体量之间的联系和交接处理。这个问题处理得是否得当,直接影响到建筑体形的完整性,同时与建筑物的结构构造、地区的气候条件、地震烈度以及基地环境等有密切的关系。

各体量之间联系和交接的形式是多种多样的,可归纳为两大类四种形式:第一类是

297

直接连接,包括拼接和咬接两种形式[图 10-73(a)、(b)],具有造型集中紧凑、内部交通便捷等特点;第二类是间接连接,包括廊连接和连接体连接两种形式[图 10-73(c)、(d)],具有建筑造型丰富、轻快、舒展、空透以及各体量独立、有利于庭园组织等特点。

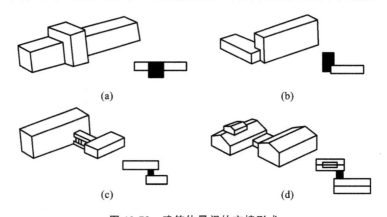

图 10-73　建筑体量间的交接形式
(a)拼接;(b)咬接;(c)廊连接;(d)连接体连接

(二)建筑立面设计

建筑立面是由许多构部件组成的,如门、窗、墙、柱、雨篷、屋顶、檐口、台基、勒脚、凹廊、阳台、线脚、花饰等,立面设计就是恰当地确定这些组成部分和构部件的比例、尺度、材料质感和色彩等,运用构图要点,设计出与总体协调、与内容统一、与内部空间呼应的建筑立面。

在立面设计中,除单独确定各个立面的处理方式之外,还必须考虑实际空间的效果,因为人们观赏建筑时并不是只观赏某一个立面,而是要求一种透视效果,所以必须使每个立面之间相互协调,形成有机统一的整体。

1.立面比例尺度的处理

立面各部分之间比例尺度以及墙面的划分都必须根据内部功能特点,在体形组合的基础上,考虑建筑结构、构造、材料、施工等因素,仔细推敲,创造出与建筑个性特征相适应的建筑立面比例效果。

2.立面虚实、凹凸处理

立面的虚实、凹凸关系是对比处理当中常用的手法之一。"虚"是指立面上的空虚部分,主要由玻璃、门窗洞口、门廊、空廊、凹廊等形成,能给人以不同程度的空透、开敞、轻盈的感觉;"实"是指立面上的实体部分,主要由墙面、柱面、檐口、阳台、雨篷、栏板等形成,能给人以不同程度的封闭、厚重、坚实的感觉。立面设计中对这些虚实、凹凸,应结合建筑功能、结构特点等加以巧妙处理,即可给人留下强烈、深刻的印象。图 10-74 所示为华盛顿美国国家美术馆东馆,运用虚实对比手法,增强了建筑的凝重气氛,同时又使入口突出,整个体形和立面简洁大方。

3.立面线条处理

建筑的构成要素,如柱、遮阳、带形窗、窗间墙、挑廊等在立面上形成了若干方向不同、长短各一的线条。正确运用这些不同类型的线条,如粗细、长短、横竖、曲直、凹凸、疏密与简繁、连续与间断、刚劲与柔和等,给建筑立面韵律的组织、比例尺度的权衡都能带

图 10-74 华盛顿美国国家美术馆东馆

来不同的效果。图 10-75(a)所示为强调水平线条的建筑,给人以轻快、舒展、亲切的感觉;图 10-75(b)所示则为强调垂直线条的建筑,给人以挺拔、雄伟、庄严的感觉。

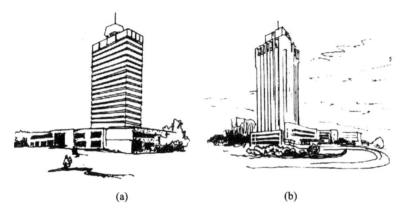

(a)   (b)

图 10-75 立面线条处理

(a)强调水平线条的建筑;(b)强调垂直线条的建筑

4.立面色彩、质感处理

色彩、质感是材料的固有特性。对于一般建筑而言,主要是通过材料色彩的变化使其相互衬托与对比来增强建筑的感染力。

建筑色彩的处理包括大面积基调色的选择和墙面上不同色彩构图两个方面的问题。立面色彩处理应注意以下几个问题。

(1)色彩处理要注意统一与变化,并掌握好尺度。一般建筑外形应有主色调,局部运用其他色调容易取得和谐效果。

(2)色彩应与建筑个性特征相适应。如医院建筑宜用给人安定、洁净感的白色或浅色调,商业建筑则常采用暖色调,以增加热烈气氛。

(3)色彩运用应与周围相邻建筑、环境气氛相协调。

(4)色彩运用应适应气候条件。炎热地区多采用冷色调,寒冷地区宜采用暖色调。此外还应考虑天气色彩的明暗,如常年阴雨天多、天空透明度低的地区宜选用明朗、光亮的色彩。

色彩构图有利于实现总的基调和气氛,要全面规划,弥补某些不足。色彩构图主要是强调对比或调和。对比可以使人感到兴奋,但过分强调对比又使人感到过分刺激;调和则使人有淡雅之感,但过于淡雅又使人感到单调乏味。

建筑立面设计中,材料的运用、质感的处理也是极其重要的。表面粗糙与光滑都能使人产生不同的心理感受,粗糙的混凝土和毛石表面显得厚重、坚实,平整光滑的面砖、金属材料及玻璃表面则让人有轻巧、细腻之感。立面设计应充分利用材料质感的特性,巧妙处理,有机组合,有助于加强和丰富建筑的表现力。

5.立面的重点与细部处理

根据功能和造型需要,在建筑立面处理中,对一些位置(如建筑物主要出入口、建筑中心、商店橱窗等),需要进行重点处理,以吸引人们的注意,同时也能起到画龙点睛的作用,增强和丰富建筑立面的艺术效果。

图 10-76　重庆火车站入口

重点处理常采用对比手法,如华盛顿美国国家美术馆东馆(图 10-74),将入口大幅度内凹,与大面积实墙面形成强烈的对比,增强了入口的吸引力。又如重庆火车站的入口处理(图 10-76),利用外伸大雨篷增强光影、明暗变化,起到了醒目的作用。

局部和细部都是建筑整体必不可少的组成部分。如建筑入口一般包括踏步、雨篷、大门、花台等局部,而其中每一部分都包括许多细部的做法。在造型设计上,首先要从大局着手,仔细推敲,精心设计,才能使整体和局部达到完整统一的效果。图 10-77 所示为建筑立面上的几种细部处理。

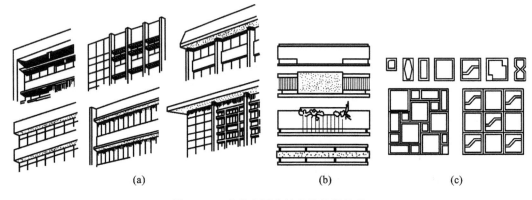

(a)　　　　　　　　　　(b)　　　　　　　　　　(c)

图 10-77　建筑立面上的几种细部处理

(a)檐口;(b)阳台;(c)花饰

学习任务五　无障碍设计

一、无障碍设计的意义及内容

基于"以人为本"的建筑设计理念,城市规划及建筑设计在研究正常人的心理及生理活动规律的同时,应为残疾人及老年人等行动不便者创造条件,使其能正常生活并参与社会活动,消除人为环境中对行动不便者的各种障碍,让全体公民都有平等的机会共享社会发展成果。

　　下面以下肢残疾者和视力残疾者为主要对象,介绍适用于医疗卫生、办公文教、交通旅游、纪念展览、商业服务等各类公共建筑的公共活动部分及残疾人较为集中使用的有关场所,同时也适用于小区规划及居住建筑。

　　进行无障碍设计时,首先要研究环境中存在的对残疾人行动不便的各种障碍因素,然后针对不同的因素进行具体分析,在设计中采取相应的对策,以满足残疾人的正常使用要求。在城市规划及总体设计中,无障碍设计的内容贯穿于各部分,如室外坡道、出入口、走道、楼梯、电梯、浴室、厕所等。

　　残疾人国际通用标志为 100~450mm 的正方形,黑色轮椅图案白色衬底或相反,这是国际康复协会制定的,不得随意更改。标志牌位置要醒目,高度要适中,它告知残疾人可以通行、进入和使用有关设施。其标志见图 10-78。

(a)　　　　　　　　　　　(b)

图 10-78　残疾人国际通用标志

(a)白色轮椅黑色衬底;(b)黑色轮椅白色衬底

建筑物设计内容见表 10-12。

表 10-12　　　　　　　　　　　　　　建筑物设计内容

建筑类型＼无障碍设施	室外通路	坡道	出入口	室内走道	电梯	楼梯	厕所	浴室	公用电话	饮水器	轮椅席	休息室	售物品	客房	柜橱	安全出口	停车车位	标志
政府、会堂建筑	√	√	√	√	√	√	√		√		○					√	√	○
纪念、文化建筑	√	√	√	√	√	√			√	√						√		○
图书、展览建筑	√	√	○	√	√	√			√	√						√	○	○
交通、空港建筑	√	√	√	√	√	√			√			√	○			√	○	○
商业、服务建筑	√	√	○	√		√	√		√				○			√	○	○
影院、剧场建筑	√	√	○	√		√	√		√							√	○	○
旅游、旅馆建筑	√	√	○	○	√	○	√	√	√					○	○	√	○	○
公园、游览建筑	○	○	○				○		○							√	○	○
体育、学校建筑	√	√	○	○	○	○	○	○	○	√	√					√	○	○

续表

建筑类型＼无障碍设施	室外通路	坡道	出入口	室内走道	电梯	楼梯	厕所	浴室	公用电话	饮水器	轮椅席	休息室	售物品	客房	柜橱	安全出口	停车车位	标志
医疗、福利建筑	√	√	√	√	√	√	√	√	√			○		○		√	○	○
公厕、广场建筑	√	√	√	○														○
小区、居住建筑	○	○	○										○				○	○
备注	"√"表示至少设置一处；"○"表示按实际需要的部位进行设置。																	

二、无障碍设计的具体处理

1.坡道

方便残疾人通行的坡道类型,根据场地条件的不同可分为"一"字形坡道、L 形坡道、U 形坡道等,见图 10-79。每段坡道的坡度、坡段高度和水平长度以方便通行为准则,其最大容许值见表 10-13。

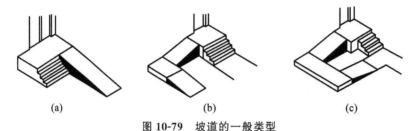

图 10-79　坡道的一般类型

(a)"一"字形坡道；(b)L 形坡道；(c)U 形坡道

表 10-13　　　　　　每段坡道的坡度、坡段高度和水平长度的最大容许值

坡度最大容许值	1/20	1/16	1/12	1/10	1/8
坡段高度最大容许值/mm	1500	1000	750	600	350
坡段水平长度最大容许值/mm	30000	16000	9000	6000	2800

室内外坡道最小宽度的确定是以轮椅宽度和人体尺度为依据的。室内坡道最小宽度为 900mm,室外为 1500mm。有转折的坡道及直跑超长坡道必须设置休息平台,其最小深度见图 10-80。

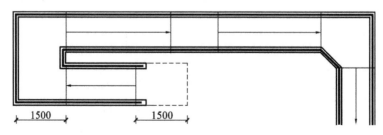

图 10-80　坡道休息平台的最小深度

为保证安全及残疾人上下坡道的方便,应在坡道两侧增设扶手,起步应设 300mm 长水平扶手。为避免轮椅撞击墙面及栏杆,应在扶手下设置护堤,详见图 10-81。坡道面层应做防滑处理。

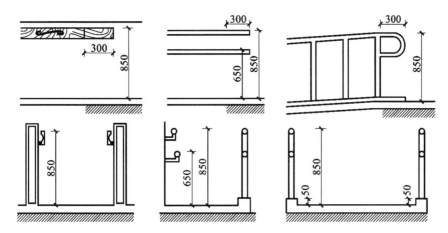

图 10-81 坡道扶手高度与水平长度

2.门

(1)供残疾人通行的门首先采用自动门和推拉门,其次是折叠门或平开门,不得采用旋转门和不宜采用弹簧门。

(2)门的净宽一般不得小于 800mm,自动门不小于 1000mm。

(3)门扇及五金等配件应考虑便于残疾人开关。

3.楼梯

(1)楼梯的形式和尺度。

楼梯作为建筑垂直交通构件,用以联系上下空间,前面已作介绍。供残疾人使用的楼梯,除满足一般要求外,还应满足方便残疾人通行的特殊要求,如楼梯应采用直行形式,如直跑楼梯、对折双跑楼梯或直角折行楼梯等,不宜采用弧形楼梯,也不可以在休息平台上设扇步(图 10-82)。楼梯的坡度应充分考虑挂杖者及视力残疾者使用时的舒适感及安全感,其坡度应尽量平缓,宜控制在 35°以下。梯段净宽度对居住建筑不应小于1200mm,对公共建筑不应小于1500mm,每梯段踏步数应在3～18级范围内,高度不宜大于170mm,且保持相同的步高,梯段两侧均设置扶手,做法同坡道扶手。

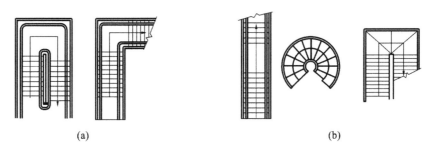

图 10-82 楼梯

(a)有休息平台直形楼梯;(b)无休息平台弧形楼梯

(2)踏步。

踏步形状应为无直角突出,踢面完整,左右等宽,临空一侧设立缘、踢缘板或栏板,踏面不应积水并做防滑处理,防滑条向上突出不大于5mm,踏步的安全措施见图10-83。

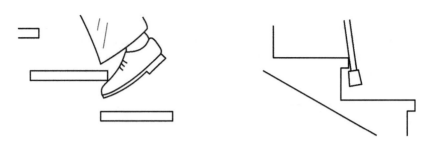

图 10-83 无踢面踏步和凸缘直角形踏步

(3)平台。

上、下平台的宽度除满足公共楼梯的要求外,还不应小于 1500mm(不含导盲石宽),导盲石内侧至起止步距离为 300mm 或不小于踏面宽。

(4)楼梯、坡道、台阶的栏杆与扶手。

为适应残疾人的需要,应在楼梯、坡道两侧都设置扶手,扶手高 0.85m,公共建筑可设上、下两层扶手,下层扶手高 0.65m,扶手起点与终点向外延伸应不小于 0.30m(图 10-84),扶手末端应向内拐到墙面或向下延伸 0.10m,栏杆应向下或呈弧形或延伸到地面固定(图 10-85),扶手内侧与墙面的距离应为 40~50mm。扶手断面形式应便于手抓握(图 10-86)。

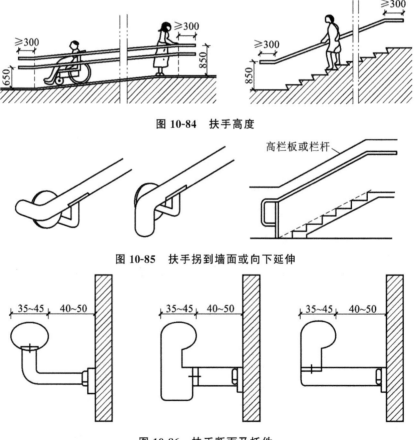

图 10-84 扶手高度

图 10-85 扶手拐到墙面或向下延伸

图 10-86 扶手断面及托件

4.电梯与自动扶梯

考虑残疾人乘坐电梯的方便,在设计中应将电梯靠近出入口布置,并有明显标志。候梯厅的深度不小于 1800mm,轮椅进入轿厢的最小面积为 1400mm×1100mm,电梯门宽度不小于 800mm。自动扶梯的扶手端部应留不小于 1500mm×1500mm 的轮椅停留及回转空间。

5.导盲块的设置

导盲块又称地面提示块,一般设置在有障碍物处,如需要转折、存在高差等场所。导盲块利用其表面上的特殊构造形式,向视力残疾者提供触摸信息,提示是否该停步或需要改变前进方向等。图 10-87 中已经标明了其在楼梯中的设置位置,此设置方法在坡道上也同样适用。图 10-88 所示为常用导盲块的两种形式。

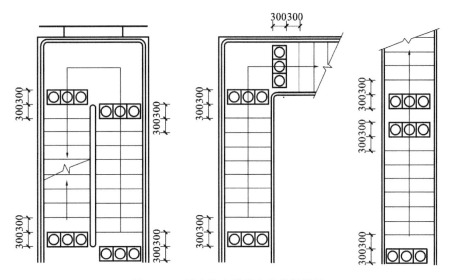

图 10-87 导盲块在楼梯中的设置位置

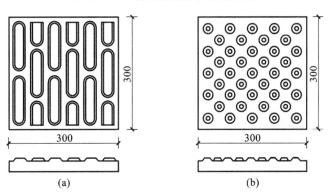

图 10-88 常用导盲块的形式

(a)行进提示块;(b)停步提示块

➲ 单元小结

1.民用建筑平面设计包括单个房间平面设计和平面组合设计。各种类型的民用建筑,其平面组成均可归纳为使用部分和交通联系部分两个基本组成部分。

2.主要房间是供人们生活、工作、学习、娱乐等的必要组成部分。为满足使用要求,其必须有合适的房间面积、尺寸、形状,良好的朝向、采光、通风及疏散条件。同时,其还应符合《建筑模数协调标准》(GB/T 50002—2013)的要求,并保证经济合理的结构布置等。辅助房间的设计原理和方法与主要房间基本相同。但是,由于这一类房间设备管线较多,设计中要特别注意房间的布置及其与其他房间的位置关系,否则会造成使用、维修管理不便和造价增加等缺点。建筑物内各房间之间均要通过交通联系部分组合成有机整体。交通联系部分应具有足够的尺寸,流线简捷、明确、不迂回,有明显的导向性,有足够的亮度和舒适感,以保证安全、防火等要求。

3.平面组合设计应遵循以下原则:功能分区合理,流线组织明确,平面布局紧凑,结构经济合理,设备管线布置集中,体形简洁。民用建筑平面组合的方式有走廊式、套间式、大厅式及单元式等。

4.任何建筑都处在一个特定的建筑地段上,单体建筑必然要受到基地环境、大小、形状、地形起伏变化、气象、道路及城市规划等的制约。因此,建筑平面组合设计必须密切结合环境,做到因地制宜。建筑物之间的距离主要根据建筑物的日照通风条件、防火安全要求来确定。除此以外,还应综合考虑防止声音和视线的干扰,兼顾绿化、室外工程、地形利用及建筑空间环境等的要求。对于一般建筑,只着重考虑日照间距问题。

5.建筑剖面设计包括剖面造型,层数、层高及各部分高度的确定,建筑空间的组合与利用等。建筑物层数的确定应考虑使用功能的要求,结构、材料和施工的影响,城市规划及基地环境的影响,建筑防火及经济等的要求。层高与净高的确定应考虑使用功能、采光通风、结构类型、设备布置、空间比例、经济等主要因素的影响。房间的剖面形状与使用要求、结构类型、材料和施工要求条件、采光通风要求等因素有关。大多数房间采用矩形,这是因为矩形规整,对使用功能、结构、施工及工业化均有利。

6.在设计中充分利用空间,不仅可以起到增加使用面积和节约投资的作用,处理得好还能丰富室内的空间艺术效果。一般处理手法有利用夹层空间、房间上部空间、楼梯间及走道空间、墙体空间等。

7.一幢建筑物从整体到立面均由不同部分、不同材料组成,各部分既有区别,又有内在联系。它们是通过一定的规律组合成一幢完整统一的建筑物。这些规律包括建筑构图中统一与变化、均衡与稳定、对比、韵律、比例与尺度法则。

➲ 能力提升

(一)填空题

1.建筑平面组合方式有走廊式组合、_____、大厅式组合、单元式组合四种。

2.教室为公共建筑,如果此教室不在建筑物的尽头,在设计中,门的数量不应少于_____个。

3. 建筑物的使用部分是指建筑物中的_____和_____。从使用房间的功能使用要求来分类,有_____房间、_____房间和_____房间。

4. 民用建筑的安全出口应分散布置。每个防火分区、一个防火分区的每个楼层,其相邻两个安全出口最近边缘之间的水平距离不应小于_____。

5. 如果室内人数多于50人或房间面积不大于$60m^2$,按照防火要求至少需要设置_____门。

6. 房间内部的面积根据其使用特点,可分为_____所占面积,_____面积和人们的_____面积。

7. 房屋的净高是指_____到_____的垂直距离,房间净高应不低于_____。

8. 走道的宽度和长度主要根据_____、_____以及_____来综合考虑。

9. 建筑体形组合方式一般分为单一体形、单元组合体形、_____。

10. _____与_____是一切形式美的基本规律。

11. 在建筑设计中运用对比是取得_____与_____的有效手法。

12. 均衡所涉及的是建筑物各部分_____之间的轻重关系,稳定所涉及的是建筑物整体_____之间的轻重关系。

13. 建筑色彩选择应结合当地气候特征,寒冷地区宜采用_____,炎热地区宜采用_____色调。

(二)选择题

1. 住宅起居室最低使用面积不应小于( )。
A. $8m^2$ B. $9m^2$ C. $10m^2$ D. $12m^2$

2. 房间窗的大小取决于房间采光的要求,一般可根据窗地比估算出窗的大小,教室的采光一般是( )。
A. 1/4 左右   B. 1/5 左右   C. 1/7 左右   D. 1/9 左右

3. 将各个房间相互穿套,按一定序列组合空间的组合方式称为( )。
A. 走廊式   B. 套间式   C. 大厅式   D. 单元式

4. 走道宽度可根据人流股数并结合门的开启方向综合考虑,一般最小净宽取( )。
A. 550mm   B. 900mm   C. 1100mm   D. 1200mm

5. 为避免学生过于斜视而影响视力,水平视角及前排边座与黑板远端的视线夹角应大于或等于( )。
A. 10°   B. 15°   C. 20°   D. 30°

6. 建筑立面的重点处理常采用( )手法。
A. 对比   B. 均衡   C. 统一   D. 韵律

7. 建筑立面虚实对比通常是通过( )来体现的。
A. 门窗的排列   B. 色彩的深浅变化
C. 形体的凹凸光影效果   D. 装饰材料的粗糙度和深浅变化

8. 一般民用建筑中的生活、学习或工作用房、窗台的高度为( )。
A. 900mm   B. 600mm   C. 1500mm   D. 1200mm

9. 剖面设计主要分析建筑物各部分应有的高度、( )、建筑空间的组合和利用,以及建筑剖面中的结构、构造关系等。

    A. 楼梯位置   B. 建筑层数   C. 平面布置   D. 走廊长度

10. 教室净高常取(　　)。

    A. 2.2~2.4m   B. 2.8~3.0m   C. 3.0~3.6m   D. 4.2~6.0m

11. 住宅建筑常采用(　　)的尺度。

    A. 自然   B. 夸张   C. 亲切   D. 相似

12. 纪念性建筑常采用(　　)的尺度。

    A. 自然   B. 夸张   C. 亲切   D. 相似

13. 住宅、商店等一般民用建筑室内外高差不应大于(　　)。

    A. 900mm   B. 600mm   C. 300mm   D. 150mm

14. (　　)是住宅建筑采用的组合方式。

    A. 单一体形   B. 单元组合体形   C. 复杂体形   D. 对称体形

15. 建筑物交通联系部分的平面面积和空间形状确定的主要依据是(　　)。

    A. 满足使用高峰时段人流、货流通过所需占用的安全尺度

    B. 符合紧急情况下规范所规定的疏散要求

    C. 方便各使用空间之间的联系

    D. 满足采光、通风等方面的要求

    E. 满足使用功能的要求

16. 下列建筑物的交通联系部分称为建筑物中的交通枢纽的为(　　)。

    A. 走廊、过道   B. 楼梯   C. 电梯   D. 门厅、过厅

17. 大厅式组合一般适用于(　　)建筑类型。

    A. 医院、办公室、中小学   B. 剧院、电影院、体育馆

    C. 火车站、浴室、百货商店   D. 医院、展览馆、图书馆

18. 厕所、浴室的门扇宽度一般为(　　)。

    A. 500mm   B. 700mm   C. 900mm   D. 1000mm

19. 民用建筑中最常见的剖面形式是(　　)。

    A. 矩形   B. 圆形   C. 三角形   D. 梯形

20. 托儿所、幼儿园层数不宜超过(　　)。

    A. 2层   B. 3层   C. 4层   D. 5层

21. 立面的重点处理部位主要是指(　　)。

    A. 建筑的主立面   B. 建筑的檐口部位

    C. 建筑的主要出入口   D. 建筑的复杂部位

22. 影响房间面积大小的因素有(　　)。

    A. 房间内部活动特点,结构布置形式,家具设备的数量,使用人数的多少

    B. 使用人数的多少,结构布置形式,家具设备的数量,家具的布置方式

    C. 家具设备的数量,房间内部活动特点,使用人数的多少,家具的布置方式

    D. 家具的布置方式,结构布置形式,房间内部活动特点,使用人数的多少

23. 空间结构有(　　)。

A.悬索结构、薄壳结构、网架结构

B.网架结构、预应力结构、悬索结构

C.预应力结构、悬索结构、梁板结构

D.薄壳结构、网架结构、预应力结构

（三）判断题

1.建筑立面是表示房屋四周的外部形象。 （ ）

2.门厅一般位于体形较复杂的建筑物各分段的连接处或建筑物内部某些人流或物流的集中交汇处,起缓冲的作用。 （ ）

3.过厅是在建筑物的主要出口外起内外过渡、集散人流作用的交通枢纽。 （ ）

4.走道长度对消防疏散的影响最大,直接影响火灾时紧急疏散人员所需要的时间（该时间限度与建筑物的耐火等级有关）。 （ ）

5.混合式组合:根据需要,在建筑物的某一个局部采用一种组合方式,而在整体上以另一种组合方式为主。 （ ）

6.基地红线:工程项目立项时,规划部门在下发的基地蓝图上所圈定的建筑用地范围。

（ ）

7.建筑物的高度不应影响相邻基地邻近的建筑物的最高日照要求。 （ ）

（四）思考题

1.总平面设计包括哪些内容?

2.建筑物如何设计好的朝向? 建筑物之间的距离如何确定?

3.建筑平面设计包含哪些内容?

4.试举例说明确定房间面积的因素。

5.房间尺寸指的是什么? 确定其尺寸应考虑哪些因素?

6.厕所的平面设计应满足哪些要求?

7.按位置分交通联系空间由哪三部分所组成? 每部分又包括哪些内容?

8.走道宽度应如何确定?

9.门厅的设计要求有哪些?

10.影响建筑平面组合的因素有哪些?

11.建筑平面组合的基本形式有哪些? 各有何特点? 适用范围是什么? 举例说明。

12.建筑层数与哪些因素有关?

13.如何进行剖面空间的组合?

14.建筑体形及立面设计原则有哪些?

15.建筑构图的基本规律有哪些? 用图示加以说明。

16.建筑体形组合的方法有哪些?

17.如何进行立面设计?

18.无障碍设计的意义是什么?

19.简述残疾人坡道的设计要求。

20.简述残疾人楼梯的设计要求。

➲ 实 训 任 务

单元式多层住宅初步设计。

1. 目的要求

在理论教学和参观的基础上,通过单元式多层住宅的初步设计,学生能进一步了解民用建筑的设计原理,初步掌握建筑设计的基本方法与步骤,并提高绘图技巧。

2. 设计条件

(1)本设计为城市型住宅,位于城市居住小区内。

(2)面积指标:平均每套建筑面积 70～110m²。

(3)套型及套型比:自定。

(4)层数:5 层。

(5)层高:2.8～2.9m。

(6)结构类型:自定。

(7)房间组成及要求。

①居室:包括卧室和起居室,卧室之间不宜相互串套。居室面积规定:主卧室大于或等于 12m²,其他卧室大于或等于 6m²,起居室大于或等于 18m²。

②厨房:每户独用,内设案台、灶台、洗池。

③卫生间:每户独用,内设蹲位、脸盆、淋浴(或浴盆)。

④贮藏设施:根据具体情况设置搁板、吊柜、壁柜等。

⑤阳台:生活阳台 1 个,服务阳台根据具体情况确定。

⑥其他房间:如书房、客厅、贮藏室等可根据具体情况设置。

3. 设计内容及深度要求

本设计按初步设计深度要求进行,包括两单元组合图,采用 2 号图纸。

(1)底层平面图(1:100)。

(2)标准层平面图(1:100)。

(3)立面图:主要立面图至少 2 个(1:100)。

(4)剖面图 1 个(1:100)。

(5)厨房、卫生间及阳台布置图和主要节点详图,比例自定。

(6)简要说明。

(7)技术经济指标:

$$平均每套建筑面积 = \frac{总建筑面积}{总套数}$$

$$使用面积系数 = \frac{总套内使用面积}{总建筑面积} \times 100\%$$

(8)设计依据、标高定位及用料做法。

学习情境十一　工业建筑概述

　　工业建筑是指从事各类工业生产及直接为生产服务的房屋,是工业建设必不可少的物质基础。从事工业生产的房屋主要包括生产厂房、辅助生产用房以及为生产提供动力的房屋,这些房屋称为厂房或车间。直接为生产服务的房屋是指为工业生产存储原料、半成品和成品的仓库,以及存储与修理车辆的用房,这些房屋均属于工业建筑的范畴。

　　工业建筑既为生产服务,又要满足广大工人的生活要求。随着科学技术及生产力的发展,工业建筑的类型越来越多,工业生产工艺对工业建筑提出的一些技术要求更加复杂,为此,工业建筑要符合安全适用、技术先进、经济合理的原则。

学习任务一　工业建筑的特点和分类

一、工业建筑的特点

　　工业建筑是指用于工业生产及直接为生产服务的各种房屋,一般称为厂房。18 世纪由于工业革命的影响,英国最早出现了工业建筑的类型,后来在西欧和北美一些国家也迅速发展起来,我国是 20 世纪 50 年代才大量建造工业建筑的。

　　工业建筑与民用建筑除了在设计原则、建筑技术及建筑材料等方面有许多相同之处外,还具有以下特点:

（1）厂房应满足生产工艺的要求。

厂房设计多以生产工艺设计为基础，设计应满足工业生产的要求，并为工人创造良好的劳动卫生条件，以提高产品质量和劳动生产率。

（2）厂房内部应有较大的面积和空间。

由于厂房内各生产工作联系紧密，同时需要设置大量或大型的生产设备以及起重运输设备，还要保证各种起重运输设备运行畅通，厂房内部多具有较大的面积和宽敞的空间。如有桥式吊车的厂房，室内净高应在 8m 以上；万吨水压机车间，室内净高应在 20m 以上，有些厂房高度可达 40m 以上。

（3）厂房的结构、构造复杂，技术要求高。

厂房的面积、空间较大，常采用由大型的承重构件组成的钢筋混凝土结构或钢结构；不同的生产工艺对厂房提出了不同的功能要求。因此，在采光、通风、防水排水等建筑处理上以及结构、构造上均较一般民用建筑复杂。

二、工业建筑的分类

工业建筑的种类繁多，为便于掌握建筑物的特征和标准，进行设计和研究，常将工业建筑按用途、生产特征、层数进行分类。

（一）按厂房的用途分类

1. 主要生产厂房

在主要生产厂房中，进行着产品生产和加工的主要工序。例如，机械制造厂中的铸工车间、机械加工车间及装配车间等，这类厂房的建筑面积较大、职工人数较多，在全厂生产中占重要地位，是工厂的主要厂房。

2. 辅助生产厂房

辅助生产厂房是为主要生产厂房服务的，如机械制造厂中的机修车间、工具车间等。

3. 动力用厂房

动力用厂房是为全厂提供能源的场所，如发电站、锅炉房、变电站、煤气发生站、压缩空气站等。动力设备的正常运行对全厂生产特别重要，故这类厂房必须具有足够的坚固耐久性、妥善的安全设施和良好的使用质量。

4. 存储用房屋

存储用房屋即存储各种原材料、半成品或成品的仓库。由于所存储物质的不同，在防火、防潮、防爆、防腐蚀、防变质等方面有不同要求。设计时应根据不同要求，按有关规范，选取合理的方案。

5. 运输用房屋

运输用房屋是为生产或管理车辆的停放、检修各种运输工具的车间，如汽车库、电瓶车库等。

6. 其他

其他用途包括解决厂房给水、排水问题的水泵房、污水处理站等。

(二)按车间内部生产状况分类

1.热加工车间

热加工车间适用于在高温和熔化状态下进行的生产,可能散发大量余热、烟雾、灰尘、有害气体,如铸工车间、锻工车间、热处理车间。

2.冷加工车间

冷加工车间适用于在常温状态下进行的生产,如机械加工车间、金工车间等。

3.有侵蚀性介质作用的车间

有侵蚀性介质作用的车间在生产中会受到酸、碱、盐等侵蚀性介质的作用,从而会降低厂房的耐久性,因此在建筑材料选择及构造处理上应有可靠的防腐蚀措施,如化工厂和化肥厂中的某些生产车间、冶金工厂中的酸洗车间等。

4.恒温湿车间

恒温湿车间用于在恒温(20℃左右)、恒湿(相对湿度为50%～60%)条件下进行生产的车间,如精密机械车间、纺织车间等。

5.洁净车间

在生产过程中,产品对室内空气的洁净度要求很高,除通过净化处理,将空气中的含尘量控制在允许的范围内以外,厂房围护结构还应保证严密,以免大气中灰尘侵入,保证产品质量,如集成电路车间、精密仪表的微型零件加工车间等。

(三)按厂房层数分类

1.单层厂房

单层厂房是指层数为1层的厂房,主要用于重型机械制造工业、冶金工业等重工业。这类厂房的特点是生产设备体积大、重量大、厂房内以水平运输为主,如图11-1所示。

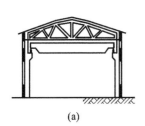 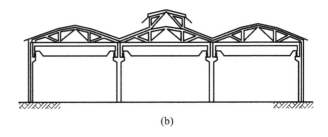

(a)   (b)

图 11-1 单层厂房剖面图

(a)单跨厂房;(b)多跨厂房

2.多层厂房

图11-2所示为多层厂房,常见的层数为2～6层。其中两层厂房广泛应用于化纤工业、机械制造工业等。多层厂房多应用于电子工业、食品工业、化学工业、精密仪器工业等轻工业。这类厂房的特点是生产设备较轻、体积较小,工厂的大型机床一般放在底层,小型设备放在楼层上,厂房内部的垂直运输以电梯为主,水平运输以电瓶车为主。建造在城市中的多层厂房,能满足城市规划布局的要求,可丰富城市景观,节约用地面积,在厂房面积相同的情况下,四层厂房的造价最小。

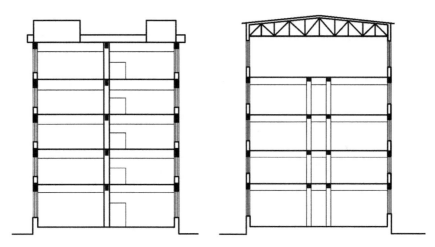

图 11-2　多层厂房剖面图

3.层数混合的厂房

图 11-3 所示为层数混合的厂房,厂房由单层跨和多层跨组合而成,适用于竖向布置工艺流程的生产项目,多用于热电厂、化工厂等。高大的生产设备位于中间的单层跨内,边跨为多层。

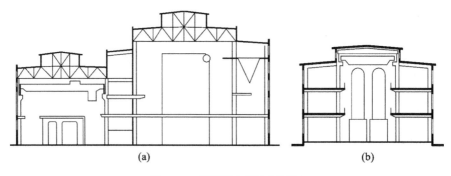

（a）　　　　　　　　　　　　（b）

图 11-3　层数混合厂房剖面图
(a)热电厂;(b)化工车间

学习任务二　工业建筑的设计要求

建筑设计人员根据设计任务书和工艺设计人员提出的生产工艺资料,设计厂房的平面形状、柱网尺寸、剖面形式、建筑体形;合理选择结构方案和围护结构的类型,进行细部构造设计;协调建筑、结构、水、暖、电、气、通风等各工种;正确贯彻"坚固适用、经济合理、技术先进"的原则。工业建筑设计应满足如下要求。

一、满足生产工艺的要求

生产工艺是工业建筑设计的主要依据,生产工艺对建筑提出的要求就是该建筑使用功能上的要求。因此,建筑设计在建筑面积、平面形状、柱距、跨度、剖面形式、厂房高度以及结构方案和构造措施等方面必须满足生产工艺的要求。同时,建筑设计还要满足厂房所需机械设备的安装、操作、运转、检修等方面的要求。

二、满足建筑技术的要求

(1)工业建筑的坚固性及耐久性应符合建筑的使用年限要求。由于厂房的永久荷载和可变荷载比较大,建筑设计应为结构设计的经济合理性创造条件,使结构设计更易满足安全性、适用性和耐久性的要求。

(2)由于科技发展日新月异,生产工艺不断更新,生产规模逐渐扩大,因此建筑设计应使厂房具有较大的通用性和改建、扩建的可能性。

(3)应严格遵守《厂房建筑模数协调标准》(GB/T 50006—2010)及《建筑模数协调标准》(GB/T 50002—2013)的规定,合理选择厂房建筑参数(柱距、跨度、柱顶标高、多层厂房的层高等),以便采用标准的、通用的结构构件,使设计标准化、生产工厂化、施工机械化,从而提高厂房工业化水平。

三、满足建筑经济的要求

(1)在不影响卫生、防火及室内环境要求的条件下,将若干个车间(不一定是单跨车间)合并成联合厂房,对现代化连续生产极为有利。因为联合厂房占地较少,外墙面积较小,缩短了管网线路,使用灵活,能满足工艺更新的要求。

(2)建筑的层数是影响建筑经济性的重要因素。因此,应根据工艺要求、技术条件等,确定采用单层或多层厂房。

(3)在满足生产要求的前提下,设法减小建筑体积,充分利用建筑空间,合理减小结构面积,增加使用面积。

(4)在不影响厂房的坚固、耐久、生产操作、使用要求和施工速度的前提下,应尽量降低材料的消耗,以减轻构件的自重和降低建筑造价。

(5)设计方案应便于采用先进的、配套的结构体系及工业化施工方法。但是,必须结合当地的材料供应情况、施工机具的规格和类型,以及施工人员的技能来选择施工方案。

四、满足卫生及安全的要求

(1)应具有与厂房所需采光等级相适应的采光条件,以保证厂房内部工作面上的照度;应有与室内生产状况及气候条件相适应的通风措施。

(2)能排除生产余热、废气,提供正常的卫生、工作环境。

(3)对散发出的有害气体、有害辐射、严重噪声等应采取净化、隔离、消声、隔声等措施。

(4)美化室内外环境,注意厂房内部的水平绿化、垂直绿化及色彩处理。

➡ 单 元 小 结

1.工业建筑与民用建筑相比,具有满足生产工艺的要求、内部有较大的面积和空间,厂房的结构、构造复杂,技术要求高等特点。

2.厂房按用途可分为主要生产厂房、辅助生产厂房、动力用厂房、存储用房屋、运输用房屋等;按车间内部生产状况可分为热加工车间、冷加工车间、有侵蚀性介质作用的车间、恒温湿车间、洁净车间;按厂房层数可分为单层厂房、多层厂房和层数混合的厂房。

3.工业建筑设计应满足生产工艺、建筑技术、建筑经济、卫生及安全四个方面的要求。

➡ 能 力 提 升

(一)填空题

1.厂房车间按生产状况可分为_____、_____、_____、_____。

2.厂房按用途可分为_____、_____、_____、_____、_____。

3.厂房按层数可分为_____、_____、_____。

(二)思考题

1.什么叫工业建筑?工业建筑有哪些特点?

2.工业建筑与民用建筑的区别是什么?

3.工业建筑的设计要求有哪些?

学习情境十二　单层厂房设计

【知识目标】

　　了解单层厂房的结构类型和主要构件组成及其作用;掌握单层厂房的平面设计、剖面设计、定位轴线、立面设计以及内部空间处理方法。

【能力目标】

　　了解单层厂房的骨架构造并能识读围护构造图;能根据具体的要求对单层厂房进行平面设计、剖面设计、立面设计及内部空间处理,具有初步设计能力。

学习任务一　单层厂房的组成

　　单层厂房的结构类型主要有承重墙结构和骨架结构两种。装配式钢筋混凝土骨架结构的单层厂房,坚固耐久、承载力大、构件预制装配和运输简便,广泛用于工业建筑中。其构件组成如下(图12-1)。

　　1.承重构件

　　(1)基础:承受来自柱和基础梁的荷载,并把其传给地基。

　　(2)柱子:承受屋架、吊车梁、连系梁传来的各种荷载及作用于外墙上的风荷载,并将其传给基础。

　　(3)屋架:承受屋面板、天窗架、悬挂式吊车的荷载,并将其传给柱子。

　　(4)基础梁:主要承受其上部的墙荷载。

　　(5)吊车梁:承受吊车自重、被起吊重物的重量以及吊车运行中产生的纵、横向水平冲力,并将其传给柱子。

　　(6)连系梁:增强厂房的纵向刚度,承受其上部墙荷载并将其传给纵向列柱。

　　(7)屋面板:承受屋面自重,雨雪、积灰及施工荷载,并将其传给屋架。

　　(8)天窗架:承受天窗架上部屋面板传来的荷载。

　　(9)支撑构件:设置在屋架之间的称为屋盖支撑,设置在纵向列柱之间的称为柱间支撑。支撑的主要作用是加强厂房结构的空间整体刚度和稳定性,传递水平荷载。

　　屋架、柱子、基础构成厂房的横向排架。连系梁、基础梁、吊车梁、圈梁、屋面板和支

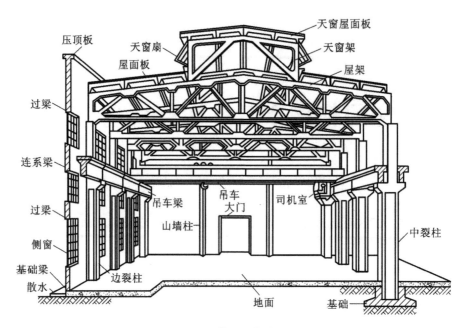

图 12-1 单层厂房的组成

撑构件均为纵向联系构件,它们将横向排架连成一体,组成坚固的骨架结构系统,共同承受各种动荷载。

2.围护结构

单层厂房的围护结构构件主要有屋面、外墙、门窗、天窗和地面等。它们除了具有民用建筑相应构件的功能外,还应能满足生产使用要求和提供良好的工作条件。

学习任务二　单层厂房的平面设计

一、生产工艺与厂房平面设计

在设计配合上,厂房建筑平面设计和民用建筑是有区别的。民用建筑的平面及空间组合设计主要是由建筑设计人员完成的,以建筑物使用功能的要求为依据。而厂房的平面及空间组合设计是先由工艺设计人员进行工艺平面设计,再由建筑设计人员在生产工艺平面图的基础上进行厂房的建筑平面及空间组合设计。因此,生产工艺是工业建筑设计的重要依据之一,生产工艺平面决定着建筑平面。

一个完整的工艺平面图,主要包括以下五个方面的内容:①根据生产的规模、性质、产品规格等确定的生产工艺流程;②选择和布置生产设备和起重运输设备;③划分车间内部各生产工段及其所占面积;④初步拟订厂房的跨间数、跨度和长度;⑤提出生产对建筑设计的要求,如采光、通风、防振、防尘、防辐射。图 12-2 所示为机械加工车间的生产工艺平面图。

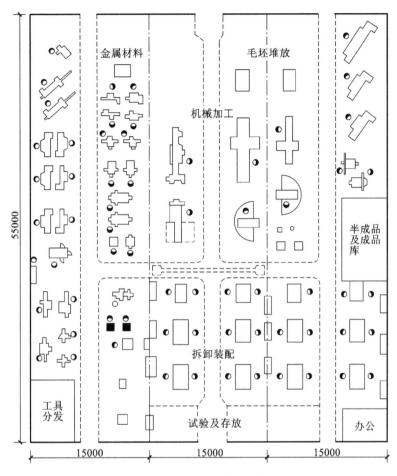

图 12-2　生产工艺平面图

二、单层厂房常用的平面形式

(一)生产工艺流程与平面形式

厂房平面形式与工艺流程、生产特征、生产规模等有直接的关系。生产工艺流程有直线式、直线往复式和垂直式三种,与此相适应的单层厂房的平面形式如图 12-3 所示。

1.直线式

直线式即原料由厂房一端进入,半成品或成品由另一端运出[图 12-3(a)],其特点是厂房内部各工段间联系紧密,仅运输线路和工程管线较长。厂房多为矩形平面,可以是单跨,也可以是多跨平行布置。这种平面简单规整,适用于对保温要求不高或工艺流程不能改变的厂房,如线材轧钢车间。

2.直线往复式

直线往复式即原料从厂房的一端进入,产品则由同一端运出[图 12-3(b)～(d)]。其特点是工段联系紧密,运输线路和工程管线短捷,形状规整,用地节约,外墙面积较小,对节约材料和保温隔热有利。相应的平面形式是多跨并列的矩形平面,甚至方形平面,适合于多种生产性质的厂房。

3.垂直式

垂直式[图 12-3(f)]的特点是工艺流程紧凑,运输线路及工程管线较短,相应的平面形式是 L 形,即出现垂直跨。在纵横跨相接处,其结构、构造复杂,经济性较差。

(二)生产状况与平面形式

生产状况也影响着厂房的平面形式,单层厂房常用的平面形式有以下几种。

1.矩形平面

矩形平面中最简单的是单跨,它是构成其他平面形式的基本单元,可组合成为多跨、纵横跨等平面形式。纵横跨多用于垂直工艺流线。矩形平面一般适用于冷加工或小型热加工厂房[图 12-3(a)～(d)]。

2.方形平面

方形平面是在矩形平面基础上加宽成为近似正方形或正方形的厂房平面,其特点是当厂房面积相同时,比其他形式平面围护结构的周长大约节约 25%[图 12-3(e)、图 12-4]。

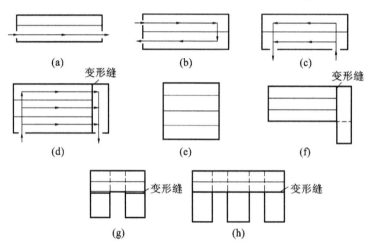

图 12-3 单层厂房生产工艺流程与平面形式

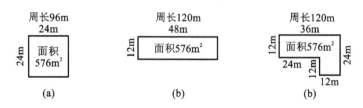

图 12-4 平面形式比较

方形平面由于外墙面积的减小,不仅造价降低,在寒冷地区的冬季还可减少外墙的热量损失,在炎热地区的夏季可减少太阳辐射对室内的影响。对于空调厂房则对节约能源大为有利。

方形平面不只是通用性强,也有利于抗震,因此这种平面形式应用较多。

3.L 形、U 形、E 形平面

生产状况对厂房的平面形式影响很大,为了迅速排除某些车间生产过程中散发出的大量烟尘、余热,厂房必须具有良好的自然通风条件,厂房不宜太宽,一般将其一跨或两跨和其他跨垂直布置,形成 L 形、U 形、E 形平面,分别如图 12-3(f)、(g)、(h)所示。

L 形、U 形、E 形平面的特点是厂房各部分宽度不大,外围护结构周长较大,在外墙上可以多设门窗,使厂房室内有良好的采光通风,从而改善室内劳动条件。但这几种平面形式共同的缺点是各跨相互垂直,垂直相交处构件类型多,构造复杂;此外,因平面形式复杂,地震时易引起结构破坏,所以必须设防震缝;同时,外墙长度较大,厂房内各种管线也相应增长,故造价及维修费均较矩形平面形式高。

三、柱网选择

在厂房中,承重结构柱子在平面上排列时所形成的网格称为柱网。柱网尺寸是由跨度和柱距组成的。图 12-5 所示为单层厂房柱网示意图。图中 L 为跨度,指屋架或屋面梁的跨度;B 为柱距,指相邻两柱子之间的距离。柱网的选择实际上就是选择厂房的跨度和柱距。

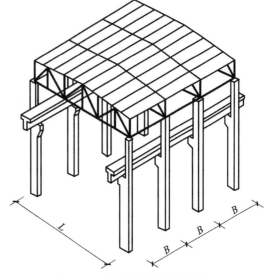

(一)柱网尺寸的确定

柱网尺寸的确定需要考虑多种因素,主要有生产工艺的特征、结构形式、建筑材料特点、施工技术水平、基地状况、经济性以及有利于建筑工业化等。

1.跨度的确定

跨度主要根据如下因素确定。

图 12-5　单层厂房柱网示意图

(1)生产工艺中生产设备的大小及布置方式。设备面积大,所占面积也大;设备布置成横向或纵向,单排或多排,这些都直接影响跨度(图 12-6)。

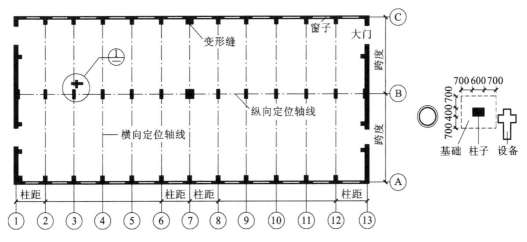

图 12-6　柱网布置示意图

(2)生产流程中运输通道、生产操作及检修所需的空间。不同类型的运输设备,如电瓶车、汽车、火车等所需通道宽度不同,不同生产工艺、生产操作及检修所需空间不同,这些都直接影响跨度。

(3)根据(1)、(2)项所得的尺寸,调整使其符合《厂房建筑模数协调标准》(GB/T 50006—2010)的要求。当屋架跨度小于或等于18m时,采用扩大模数30M的数列,即跨度是18m、15m、12m、9m及6m;当屋架跨度大于18m时,采用扩大模数60M的数列,即跨度是18m、24m、30m、36m、42m等;当工艺布置有明显优越性时,跨度也可采用21m、27m、33m。

2.柱距的确定

我国单层厂房主要采用装配式钢筋混凝土结构体系,其基本柱距是6m,而相应的结构构件,如基础梁、吊车梁、连系梁、屋面板、横向墙等均已配套成型,有全国通用的构件标准图集,设计、制作、运输、安装都积累了丰富的经验。这种体系至今仍广泛采用。当采用砖混结构的砖柱时,其柱距宜小于4m,可采用3.9m、3.6m、3.3m等。

(二)扩大柱网

随着科学技术的发展,厂房内部的生产工艺、生产设备、运输设备等也在不断地变化、更新,为了使厂房有相应的灵活性和通用性,宜采用扩大柱网,也就是扩大厂房的跨度和柱距。常用扩大柱网尺寸(跨度×柱距)为12m×12m、15m×12m、18m×12m、24m×12m、18m×18m、24m×24m等。扩大柱网有如下优点:

(1)可以提高厂房面积利用率。

(2)有利于大型设备的布置及重型产品的运输。

(3)适应生产工艺变更及生产设备更新的要求,能提高厂房的通用性。

(4)构件数量减少,能加快建设速度,但增加了构件重量。

(5)有利于减少柱和柱基础的工程量。

单层厂房采用扩大柱网后,屋顶承重方案有有托架方案[图12-7(a)]和无托架方案[图12-7(b)]两种。

有托架方案是在扩大柱距的柱间设托架(托梁),屋架间距仍为6m,屋面板、墙板都是6m。这种方案除托架(托梁)及托架处的柱子与基础外,其他构件均与6m柱距系统一致,比较符合我国目前的施工水平和材料供应的实际情况,所以这种方案容易实现。但是,由于设置了托架,设备管道(如垂直落水管、通风竖管等)的布置会受到一定的影响。而且屋面板等仍采用6m构件,厂房总的构件数量及安装工程量均未减少,对促进建筑工业化的作用不大。

无托架方案是屋面板和墙板的跨度为扩大柱距。边柱和中柱的柱距为12m,配套构件间距也为12m。这种方案使厂房的结构形式简单,受力明确,构件数量少,工业化水平较高。接近正方形的柱网具有更大的通用性和灵活性。

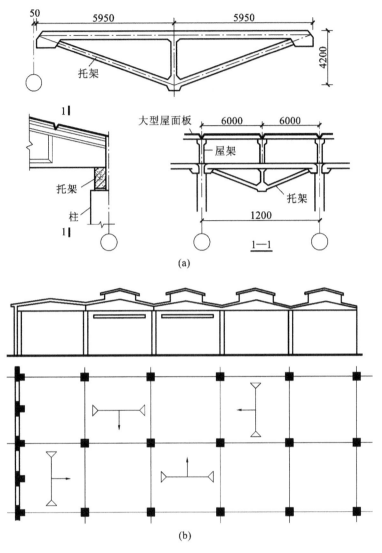

图 12-7　扩大柱网屋顶承重方案

(a)有托架方案;(b)无托架方案

四、生活间设计

生活间是指为了满足工人在生产过程前后的生产卫生及生活上的需要而在车间附近设置的专用房间。合理的生活间设计可以给工人创造良好的劳动卫生条件,有助于提高劳动生产率,保证产品质量。

(一)生活间的组成

生活间的组成包括以下内容。①生产卫生用房,包括浴室、存衣室等。②生活卫生用房,包括休息室、孕妇休息室、卫生间、饮水室、小吃部、保健站等。卫生间的卫生器具按《工业企业设计卫生标准》(GBZ 1—2010)与其他用房合并设置。浴室、盥洗室、厕所的设计与计算人数按最大班工人人数的93%计算。③行政办公室,包括党、政、工、团等办公室以及会议室、学习室、值班室、调度室等。④生产辅助用房,包括工具库、材料库、计量室等。

(二)生活间设计原则

(1)生活间应尽量布置在车间主要人流出入口处,且与生产操作地点联系方便,并避免工人上、下班时的人流与厂区内主要运输线(火车、汽车等运输线)交叉,人数较多集中设置的生活间以布置在厂区主要干道两侧且靠近车间为宜。

(2)生活间应有适宜的朝向,使之获得较好的采光、通风和日照。同时,生活间的位置也应尽量减少对厂房天然采光和自然通风的影响。

(3)生活间不宜布置在有散发粉尘、毒气及其他有害气体车间的下风侧或顶部,并尽量避免受噪声、振动的影响,以免被污染和干扰。

(4)在生产条件许可及使用方便的情况下,应尽量利用车间内部的空闲位置设置生活间,或将几个车间的生活间合并建造,以节省用地和投资。

(5)生活间的平面布置应紧凑,人流通畅,男女生活间分设,管道尽量集中。

(6)建筑形式与风格应与车间和厂区环境相协调。

(三)生活间的布置形式

生活间的布置形式有以下三种。

1.毗连式生活间

毗连式生活间是指生活间紧靠厂房外墙(山墙或纵墙)布置,如图 12-8(a)～(c)所示。这种形式的生活间与车间联系方便,有利于行政管理及辅助生产用房的布置,占地面积少,生活间与车间之间只有一道墙,所以外围护结构长度缩短,有利于保温、隔热,节约能源,经济效果比较好。但生活间的布置会对车间的采光和通风造成一定的影响,在设计中要采取相应的措施,如在屋顶设置天窗等。另外,当车间内部有较大振动、噪声,较多余热、灰尘及有害气体时,对生活间危害较大。

毗连式生活间和厂房的结构方案不同,荷载相差也很大,因此在两者毗连处应设置沉降缝。

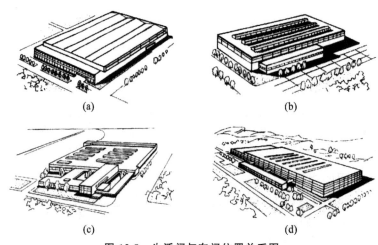

(a)   (b)

(c)   (d)

图 12-8　生活间与车间位置关系图

(a),(b)毗连式;(c)带庭院毗连式;(d)独立式

2.独立式生活间

独立式生活间[图 12-8(d)]即生活间距厂房有一定距离,分开布置。它适用于露天生产、不采暖、热加工以及运输频繁、振动较大等车间。由于生活间与车间分开布置,两者的采光、通风互不影响,生活间布置灵活,而且生活间与车间的结构方案互不影响,也可几幢厂房合用(如设计成综合楼),但其占地多,造价较高,与车间联系不便。

独立式生活间与车间的连接方式可采用走廊连接、天桥连接和地道连接三种方式,如图 12-9 所示。

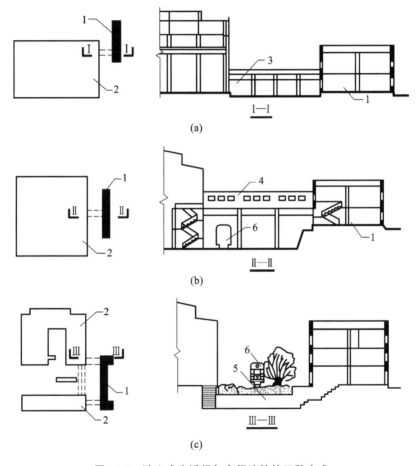

图 12-9　独立式生活间与车间连接的三种方式

(a)走廊连接;;(b)天桥连接;(c)地道连接

1—生活间;2—车间;3—走廊;4—天桥;5—地道;6—火车

3.厂房内部式生活间

厂房内部式生活间即在生产工艺和生产状况允许的前提下,生活间布置在车间内部的形式。它具有使用方便、节省建筑面积和体积、经济合理等优点,但车间的通用性会受到限制。内部式生活间通常可布置在车间的以下部位。

(1)边角、空余地段,如柱子与柱子之间、车间平台下的空间。

(2)在车间上部设夹层。

（3）车间一角。

（4）地下室或半地下室。这种情况需设置机械通风,采用人工照明,构造复杂,费用较高,因此一般较少采用。

学习任务三　单层厂房的剖面设计

单层厂房的剖面设计是单层厂房设计中的重要一环,一般是在平面设计的基础上进行的,主要解决建筑空间如何满足生产工艺各项要求的问题,并为提高建筑工业化创造条件。

剖面设计的具体任务是:

（1）确定合理的厂房高度,使其有满足生产工艺要求的足够空间。

（2）解决好厂房的采光和通风问题,使其满足生产工艺的要求和具有良好的室内环境。

（3）选择优良的结构方案和围护结构形式。

（4）满足建筑工业化要求。

本节主要研究厂房高度的确定、厂房的天然采光、厂房的自然通风三个方面的问题。

一、厂房高度的确定

厂房高度指厂房室内地坪与屋顶承重结构下表面之间的垂直距离。一般情况下,它与柱顶距地面的高度基本相等,所以单层厂房的高度常以柱顶标高来衡量,若屋顶承重结构是倾斜的,则应以屋顶承重结构的最低点计算。同时,柱子长度应满足《建筑模数协调标准》(GB/T 50002—2013)的要求。

（一）柱顶标高的确定

1.无吊车厂房

柱顶标高通常是根据最大生产设备的高度及其使用、安装、检修时所需的净空高度确定的。同时,必须考虑采光和通风的要求,以及避免由于单层厂房跨度大,高度低时给人带来的空间压抑感。柱顶标高一般不低于 3.9m,应符合 300mm 的整数倍,若为砖石结构承重,柱顶标高应为 100mm 的倍数。

2.有吊车厂房

有吊车厂房的柱顶标高可按下式计算求得(图 12-10):

$$\begin{cases} H = H_1 + H_2 \\ H_1 = h_1 + h_2 + h_3 + h_4 + h_5 \\ H_2 = h_6 + h_7 \end{cases} \quad (12\text{-}1)$$

式中　H——柱顶标高。

　　　H_1——轨顶标高。

　　　H_2——轨顶至柱顶高度。

h_1——需跨越最大设备、室内分隔墙或检修所需的高度。

h_2——起吊物与跨越物间的安全距离,一般为 400～500mm。

h_3——被吊物体的最大高度。

h_4——吊索最小高度,根据起吊物大小和起吊方式而定,一般大于 1000mm。

h_5——吊钩至轨顶面的最小尺寸,由吊车规格表查得。

h_6——吊车梁轨顶至小车顶面的净空尺寸,由吊车规格表查得。

h_7——屋架下弦至小车顶面之间的安全距离,主要应考虑屋架下弦及支撑可能产生的下垂挠度,以及厂房地基可能产生不均匀沉降时对吊车正常运行的影响。最小尺寸为 220mm,湿陷性黄土地区一般不小于 300mm。如屋架下弦悬挂有管线等其他设施,还需另加必要的尺寸。

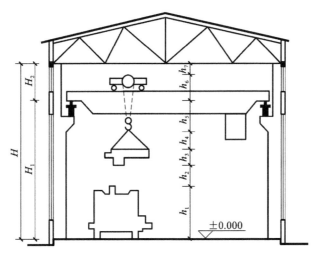

图 12-10　厂房高度的组成

《厂房建筑模数协调标准》(GB/T 50006—2010)规定,钢筋混凝土结构柱顶标高 H 应为 300mm 的整数倍,轨顶标高 H_1 为 600mm 的整数倍,牛腿标高也应为 300mm 的整数倍。

(二)室内外地坪标高的确定

厂房室内外地坪的绝对标高是在厂区总平面设计时确定的,室内外高差应考虑方便运输、防止雨水侵入等因素,常取 100～150mm,并在室外入口处设置坡道。

在地形较平坦的情况下,整个厂房地坪一般取一个标高,相对标高定为±0.000。在山地建厂时,由于地形起伏不平,为了尽量减少土石方工程量,降低工程造价,应依山就势,因地制宜,采用两个及两个以上的地坪标高,但主要地坪面的标高为±0.000,如图 12-11 所示。

(三)厂房高度的调整

上述内容仅是单跨厂房高度的确定原则。对于多跨厂房和有特殊设备要求的厂房,需做相应的厂房高度的调整,以达到经济合理,并能有效地节约并利用空间的目的。在实际工程中,主要有以下几种情况。

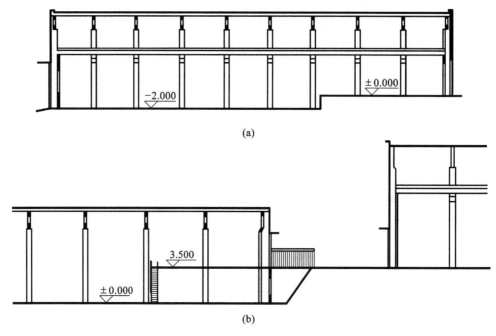

图 12-11　厂房跨度垂直于等高线布置

(a)铸工车间纵剖面图;(b)木模车间纵剖面图

(1)在多跨厂房中,当高低跨相差较小时,可增大低跨高度,变高低跨为等高跨,使构造简单,施工方便,有利于提高厂房的通用性,比较经济。

(2)在工艺条件允许的情况下,把高大设备布置在两榀屋架之间,利用屋顶空间起到缩短柱子长度的作用,从而降低厂房高度(图 12-12)。

(3)在厂房内部有个别高大设备或需高空操作的工艺环节时,可采取降低局部地面标高的方法,以减小厂房空间高度(图 12-13)。

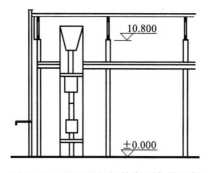

图 12-12　利用屋架间的空间布置设备

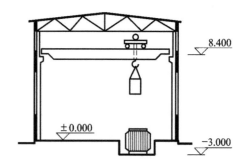

图 12-13　某厂房变压器修理工段剖面图

二、天然采光

天然光线的质量好,又不耗费电能,故单层厂房白天大多采用天然采光;仅在一些不能利用天然采光(如某些要求洁净、恒温、恒湿而又设计成无窗的厂房),或采光要求高,天然采光不能满足要求的情况下,才采用人工照明或辅以人工照明。采光设计就是根据室内生产对采光的要求来确定窗口大小、形式及其布置,使室内获得良好的采光条件。

(一)天然采光的基本要求

1.满足采光系数最低值的要求

室内工作面应有一定的光线,光线的强弱是用照度(单位面积上所接受的光通量)来衡量的。由于季节、天气不同,室外天然光线随时都在变化,室内的照度也随之变化。因此,在天然采光设计中,不可能用这个变化不定的照度值作为采光设计的依据,而是用室内工作面上某一点的照度 E_n 与同一时刻室外全云天水平面上天然光照度 E_w 的百分比表示,这个比值称为室内某点的采光系数 C(图 12-14)。它是无量纲量。照度是水平面上接受到的光线强弱的指标,单位是 lx,称作勒克斯。

$$C = \frac{E_n}{E_w} \times 100\% \tag{12-2}$$

式中　　E_n——室内工作面上某点照度,lx;

　　　　E_w——同一时刻室外全云天地面上的天空扩散照射下的照度,lx。

在采光设计中,以此不变的采光系数作为厂房采光设计的标准。

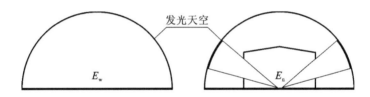

图 12-14　采光系数的确定

根据我国光气候特征和视觉试验,以及对实际情况的调查等,《建筑采光设计标准》(GB 50033—2013)将我国工业生产的视觉工作分为 Ⅰ～Ⅴ 五级(表 12-1)。为满足车间内部有良好的视觉工作条件,生产车间工作面上的采光系数及室内天然光照度最低值不应低于表 12-2 中规定的数据。

表 12-1　　　　　　　　　　　　**生产车间和工作场所的采光等级举例**

采光等级	生产车间和工作场所名称
Ⅰ	精密机械和精密机电成品检验车间,精密仪表加工和装配车间,光学仪器精加工和装配车间,手表及照相机装配车间,工艺美术工厂绘画车间,毛纺厂造毛车间
Ⅱ	精密机械加工和装配车间,仪表检修车间,电子仪器装配车间,无线电元件制造车间,印刷厂排字及印刷车间,纺织厂精纺、织造和检验车间,制药厂制剂车间
Ⅲ	机械加工和装配车间,机修车间,电修车间,木工车间,面粉厂制粉车间,造纸厂造纸车间,印刷厂装订车间,冶金工厂冷轧、热轧车间,拉丝车间,发电厂锅炉房
Ⅳ	焊接车间,钣金车间,冲压剪切车间,铸工车间,锻工车间,热处理车间,电镀车间,油漆车间,配电所,变电所,工具库
Ⅴ	压缩机房,风机房,锅炉房,泵房,电石库,乙炔瓶库,氧气瓶库,汽车库,大、中件贮存库,造纸厂原料处理车间,化工原料准备车间,配件间,原料间

表 12-2 视觉作业场所工作面上的采光系数标准值

采光等级	视觉作业分类		侧面采光		顶部采光	
	作业精确度	识别对象的最小尺寸 d/mm	室内天然光照度/lx	采光系数最低值 C_{min}/%	室内天然光照度/lx	采光系数平均值 C_{av}/%
I	特别精细	$d \leqslant 0.15$	250	5	350	7
II	很精细	$0.15 < d \leqslant 0.3$	150	3	250	5
III	精细	$0.3 < d \leqslant 1.0$	100	2	150	3
IV	一般	$1.0 < d \leqslant 5.0$	50	1	100	2
V	粗糙	$d > 5.0$	25	0.5	50	1

注:1.表中所列采光系数值适用于我国Ⅲ类光气候区。采光系数值是根据室外临界照度为5000lx制定的。

2.亮度对比小的Ⅰ、Ⅱ级视觉作业,其采光等级可提高一级采用。

2.满足采光均匀度的要求

采光均匀度是指假定工作面上的采光系数最低值与平均值的比值。要求工作面各处的照度均匀,避免出现过于明亮或阴暗的情况,因视力反复适应会产生视觉疲劳,影响工人操作,降低劳动生产率。《建筑采光设计标准》(GB 50003—2013)规定了生产车间的采光均匀度:当为顶部采光时,Ⅰ~Ⅴ级采光等级的采光均匀度不宜小于0.7。为达到采光均匀度0.7的规定,相邻两天窗中线间的距离不宜大于工作面至天窗下沿高度的2倍。

3.避免在工作区产生眩光

视野内出现比周围环境突出明亮而刺眼的光称为眩光。眩光会使人的眼睛感到不舒适或无法适应,影响人的视力甚至心理卫生,降低劳动生产率,因此应避免在工作区产生眩光。

(二)采光口面积的确定

采光口面积的确定,通常根据厂房的采光、通风、立面处理等综合要求,先大致确定开窗的形式和窗口面积,然后根据厂房的采光要求进行校验,验证其是否符合采光标准值。采光口面积的计算方法很多,最简单的方法是利用《建筑采光设计标准》(GB 50033—2013)给出的窗地面积比的方法。窗地面积比是指窗洞口面积与室内地面面积之比,利用窗地面积比可以简单地估算出采光窗口面积,见表12-3。

表 12-3 采光窗地面积比

采光等级	采光系数最低值	单侧窗	双侧窗	矩形天窗	锯齿形天窗	平天窗
I	5%	1/2.5	1/2.0	1/3.5	1/3	1/5
II	3%	1/2.5	1/2.5	1/3.5	1/3.5	1/5
III	2%	1/3.5	1/3.5	1/4	1/5	1/8
IV	1%	1/6	1/5	1/8	1/10	1/15
V	0.5%	1/10	1/7	1/15	1/15	1/25

注:当Ⅰ级采光等级的车间采用单侧窗或Ⅱ级采光等级的车间采用矩形天窗时,其采光不足的部分应以照明补充。

(三)采光方式及采光天窗的形式和布置

1.采光方式

在建筑物中的外围护结构上开有窗扇的透明孔洞,称为采光口。按采光口在外围护结构上位置的不同,采光方式分为侧窗采光、顶部采光和混合采光三种。

(1)侧窗采光,即采光口布置在厂房的侧墙上。它分为单侧采光和双侧采光两种方式。当房间较窄时,可采用单侧采光。单侧采光光线不均匀,衰减幅度大,单侧采光的有效进深为侧窗口上沿至工作面高度的2倍(图12-15),超越单侧采光的有效范围时,就要采用双侧采光或辅以人工照明等方式。

在设有吊车梁的厂房中,在吊车梁处开窗是没有必要的。因此,常将侧窗分上、下两段布置,下段高度大一些,称为低侧窗;上段高度小一些,称为高侧窗。高、低侧窗结合布置,不仅结构构件位置分隔,而且有利于提高远窗点的照度和厂房天然采光的均匀度。为了方便工作(如检修吊车轨等)及不致使吊车梁遮挡光线,高侧窗窗台宜高于吊车梁面约600mm,低侧窗窗台高度应略高于工作面高度,工作面高度一般取1.0mm左右(图12-16)。

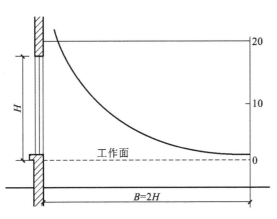

图12-15 单侧采光光线衰减示意图

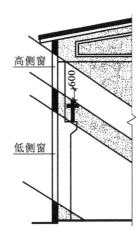

图12-16 吊车梁遮挡光线与
高、低侧窗的位置关系

在设计多跨厂房时,可以利用厂房高低差来开设高侧窗,使厂房的采光均匀(图12-17)。

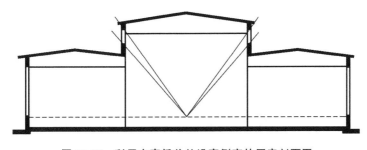

图12-17 利用在高低差处设高侧窗的厂房剖面图

沿侧窗纵向工作面上光线分布情况与窗及窗间墙宽度有关。窗间墙愈宽,光线均匀度愈小,因此设计时,要根据采光均匀度的要求,控制窗间墙的宽度或做带形窗。

(2)顶部采光,即在屋顶处设置天窗。当厂房为连续多跨,中间跨无法通过侧窗满足工作面上的照度要求,或侧墙上由于某种原因不能开设采光窗时,可采用这种方式。顶部采光容易使室内获得较均匀的照度,采光效率也比侧窗高,但它的结构与构造复杂,造价也比侧窗采光高(图 12-18)。

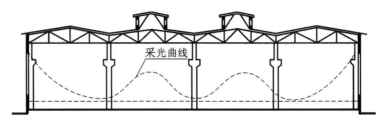

图 12-18 单层厂房顶部采光示意图

(3)混合采光。当厂房很宽,侧窗采光不能满足整个厂房的采光要求时,则须在屋顶上开设天窗,即采用混合采光的方式。其特点是可以充分发挥侧窗采光和顶部采光的优点,采光效率高。

2.采光天窗的形式和布置

采光天窗有多种形式,如矩形天窗、梯形天窗、锯齿形天窗、三角形天窗、下沉式天窗、平天窗等。下面介绍最常用的四种天窗及其布置。

(1)矩形天窗。矩形天窗是沿跨间纵向升起的局部屋面(图 12-19),在高低屋面的垂直面上开设采光窗而形成的,是我国单层工业厂房应用最广的一种天窗形式,其采光特点与侧窗采光类似,具有中等照度。若天窗扇为南北向,室内光线均匀,可减少直射阳光进入室内。窗关闭时,积尘少,易防水;窗开启时,可兼起通风作用。但矩形天窗的构件类型多,结构复杂,抗震性能较差。

为了获得良好的采光效果,矩形天窗合适的宽度为厂房跨度的 1/3~1/2,且两天窗的边缘距离 L 应大于相邻天窗高度和的 1.5 倍。天窗的高宽比宜为 0.3 左右,不宜大于0.45,因为天窗过高对提高工作面照度的作用较小。矩形天窗宽度与跨度的关系如图 12-20 所示。

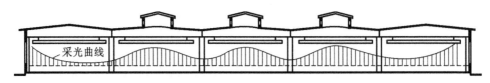

图 12-19 矩形天窗厂房剖面图

(2)锯齿形天窗。由于生产工艺的特殊要求,在某些厂房(如纺织厂等),为了使纱线不易断头,厂房内要保持一定的温、湿度,厂房要有空调设备。同时要求室内光线稳定、均匀,无直射光进入室内,避免产生眩光,不增加空调设备的负荷。因此,这种厂房常采用窗口向北的锯齿形天窗。锯齿形天窗的厂房剖面如图 12-21 所示。

锯齿形天窗厂房工作面不仅能得到从天窗透入的光线,而且由于屋顶表面的反射增加了反射光。因此锯齿形天窗采光效率高,在满足同样采光标准的前提下,锯齿形天窗

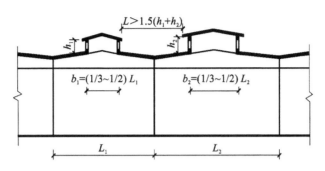

图 12-20　矩形天窗宽度与跨度的关系

可比矩形天窗节约窗户面积 30％左右。由于其玻璃面积小又朝北,在炎热地区对防止室内过热也有好处。

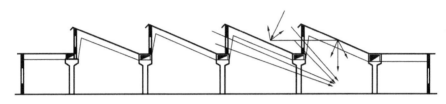

图 12-21　锯齿形天窗(窗口向北)厂房剖面图

(3)横向下沉式天窗。横向下沉式天窗是将相邻柱距的屋面板上下交错布置在屋架的上、下弦上,通过屋面板位置的高差做采光口形成的(图 12-22)。这种天窗可根据使用要求每隔一个柱距或几个柱距灵活布置,采光效率与纵向矩形天窗相近,但造价较矩形天窗低(约为矩形天窗的 62％)。当厂房为东西向时,横向下沉式天窗为南北向,因此它多适用于朝向为东西向的冷加工车间。同时,它的排气路线短捷,可开设较大面积的通风口,因此也适用于要求通风量大的热加工车间。其缺点是窗扇形式受屋架限制,构造复杂,厂房纵向刚度差。

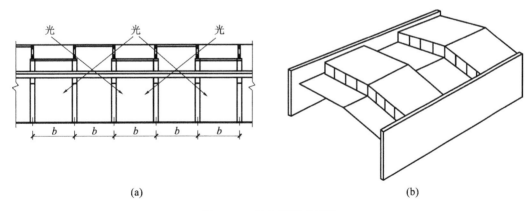

(a)　　　　　　　　　　　　　　　(b)

图 12-22　横向下沉式天窗

(a)剖面图;(b)透视图

(4)平天窗。平天窗是在屋面板上直接设置水平或接近水平的采光口,平天窗厂房剖面如图 12-23 所示。

平天窗可分为采光板、采光罩和采光带三种形式。带形或板式天窗多数是在屋面板上开洞,覆以透光材料构成的。当采光口面积较大时,可设三角形或锥形框架,窗玻璃斜置在框架上;采光带可以横向或纵向布置;采光罩是一种用有机玻璃、聚丙烯塑料或玻璃钢整体压铸的采光构件,其形状有圆穹形、扁平穹形、方锥形等。采光罩一般分为固定式和开启式。其中,开启式可以自然通风。采光罩的特点是重量小,构造简单,布置灵活,防水性能可靠。

这种天窗采光效率最高,在采光面积相同的条件下,照度为矩形天窗的 2~3 倍。而且其构造简单,布置灵活(可以成点、成块或成带布置),施工方便,造价低(为矩形天窗的 1/4~1/3)。但直射光多易产生眩光,窗户一般不开启,起不到通风作用,采暖地区玻璃易结露,形成水滴落下,玻璃表面易积尘、积雪、玻璃破碎易伤人,所以平天窗在工业建筑中并未得到广泛采用。

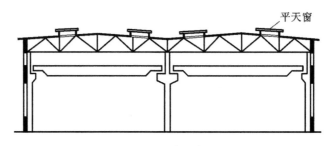

图 12-23 平天窗厂房剖面图

三、自然通风

厂房通风有机械通风和自然通风两种。机械通风是依靠通风机来实现通风换气的,它要耗费大量的电能,设备投资及维修费高,但其通风稳定、可靠。自然通风是利用自然风力作为空气流动的动力来实现厂房的通风换气的,这是一种既简单又经济的办法,但易受外界气象条件的限制,通风效果不够稳定。除个别的生产工艺有特殊要求的厂房和工段采用机械通风外,一般厂房主要采用自然通风或以自然通风为主,辅以简单的机械通风。为有效地组织好自然通风,在剖面设计中要正确选择厂房的剖面形式,合理布置进、排风口的位置,使外部气流不断地进入室内,迅速排除厂房内部的热量、烟尘及有害气体,创造良好的生产环境。

(一)自然通风的基本原理

单层厂房自然通风是利用空气的热压作用和风压作用进行的。

1.热压作用

生产过程中厂房内部产生的热量和人体散发热量,使室内空气膨胀,密度减小,温度上升,而室外空气温度相对较低,密度较大,便由外围护结构下部的门窗洞口进入室内,从而使室内外的空气压力趋于相等。进入室内的冷空气又被热源加热,变轻上升。由于热空气的上升,上部窗口内侧的气压大于天窗外侧的气压,使室内热气不断排出,如此循环,以达到通风的目的。这种利用室内外冷、热空气产生的压力差进行通风的方式,称为热压通风。图 12-24 所示为设矩形天窗的单层厂房热压通风原理示意图。

热压值按下列公式计算：

$$\Delta p = H(r_外 - r_内) \qquad (12\text{-}3)$$

式中　Δp——热压，kg/m^2；

　　　H——进风口中心线至排风口中心线的垂直距离，m；

　　　$r_外$——室外空气密度，kg/m^3；

　　　$r_内$——室内空气密度，kg/m^3。

从上式可以看出，热压值的大小与上、下进风口与排风口中心线的垂直距离和室内外空气密度差成正比。因此，在无天窗的厂房中，应尽可能提高高侧窗的位置，降低低侧窗的位置，以增加进、排风口的高差，进行热压通风。而中部侧窗可采用固定窗或便于开关的中悬窗。

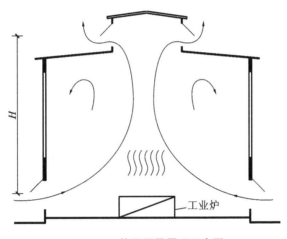

图 12-24　热压通风原理示意图

2.风压作用

当风吹向建筑物时，房屋迎风面气流受阻，速度变慢，空气压力增大，超过大气压力，此区称为正压区，用"＋"号表示；背风面的空气压力则小于大气压力，称为负压区，用"－"号表示。单层厂房中，在正压区设进风口，而在负压区设排风口，使室内外空气进行交换，这种通过风压作用产生的空气压力差进行通风的方式称为风压通风(图 12-25)。

在剖面设计中，应根据自然通风的原理，正确布置进、排风口的位置，合理组织气流，以达到通风换气及降温的目的。应当指出的是，为了增大厂房内部的通风量，需考虑主导风向的影响，特别是夏季主导风向的影响。

(二)自然通风设计的原则

1.合理选择建筑朝向

为了充分利用自然通风，应限制厂房宽度并使其长轴垂直于当地夏季主导风向。从减少建筑物的太阳辐射和组织自然通风的综合角度来说，厂房南北朝向是最合理的。

2.合理布置建筑群

选择了合理的建筑朝向，还必须布置好建筑群体，才能组织好室内通风。建筑群的平面布置有行列式、错列式、斜列式、周边式、自由式等，从自然通风的角度考虑，行列式

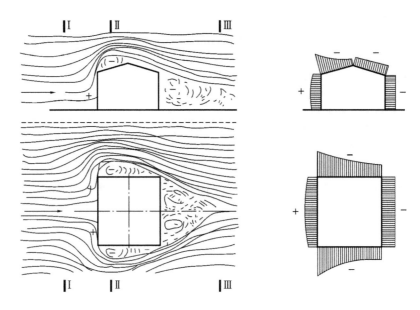

图 12-25 风绕房屋流动时压力状况示意图

和自由式均能争取到较好的朝向,自然通风效果良好。

3.厂房开口与自然通风

一般来说,进风口直对着排风口,会使气流直通,风速较大,但风场影响范围小。人们把进风口正对排风口的风称为穿堂风。如果进、排风口错开,风场影响的区域会大些。如果进、排风口都开在正压区或负压区一侧或者整个房间只有一个开口,则通风效果较差。

为了获得良好的通风,开口的高度应低些,使气流能够作用到人身上。高侧窗和天窗可以使顶部热空气更快散出。室内的平均气流速度只取决于较小的开口尺寸,通常取进、排风口面积相等为宜。

4.导风设计

中轴旋转窗扇、水平挑檐、挡风板、百叶板、外遮阳板及绿化均可以起到挡风、导风的作用,可以用来组织室内通风。

(三)冷加工车间的自然通风

冷加工车间内无大的热源,室内余热量较小,利用窗就能满足车间内通风换气的要求,故在剖面设计中,以天然采光为主,在自然通风设计方面,应使厂房纵向垂直于夏季主导风向或与其呈不小于 45°倾角,并限制厂房宽度。在侧墙上设窗,在纵横贯通的端部或在横向贯通的侧墙上设置大门,室内少设或不设隔墙,使其有利于穿堂风的组织。为避免气流分散,影响穿堂风的流速,冷加工车间不宜设置通风天窗,但为了排除积聚在屋盖下部的热空气,可以设置通风屋脊。

(四)热加工车间的自然通风

热加工车间除有大量热量外,还可能有灰尘,甚至存在有害气体。因此,热加工车间更要充分利用热压通风原理,合理设置进、排风口,有效组织自然通风。

1.进、排风口设计

我国南北方气候差异较大,建造地区不同,热加工车间进、排风口布置及构造形式也应不同。南方地区夏季炎热,且延续时间长,雨水多,冬季短、气温不低。南方地区散热量较大车间的剖面形式如图 12-26 所示。墙下部为开敞式,屋顶设通风天窗。为防止雨水溅入室内,窗口下沿应高出室内地面 60～80cm。因冬季不冷,不需调节进、排风口面积控制风量,故进、排风口可不设窗扇,但为防止雨水飘入室内,必须设挡雨板。

北方地区散热量很大的厂房的剖面形式如图 12-27 所示。由于冬季、夏季温差较大,进、排风口均需设置窗扇。夏季可将进、排风口窗扇开启组织通风,根据室内外气温条件,调节进、排风口面积进行通风。侧窗窗扇开启方式有上悬、中悬、立旋和平开四种。其中,立旋窗通风效果最好。排风口的位置应尽可能高,一般设在柱顶处或靠近檐口一带[图 12-28(a)]。当设有天窗时,天窗一般设在屋脊处[图 12-28(b)]。另外,为了尽快排除热空气,需要缩短通风距离,天窗宜设在散热量较大的设备上方[图 12-28(c)]。外墙中间部分的侧窗应按采光窗设计,常采用固定窗或中悬窗,一般不采用上悬窗,以免影响下部进风口的进气量和气流速度。

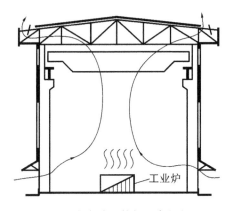

图 12-26　南方地区热加工车间剖面图

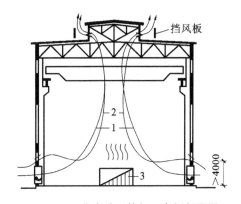

图 12-27　北方地区热加工车间剖面图
1—夏季气流;2—冬季气流;3—工业炉

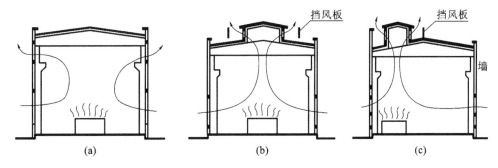

(a)　　　　　　　(b)　　　　　　　(c)

图 12-28　排风口布置
(a)设高侧窗;(b)设通风天窗;(c)热源上方设天窗

2.通风天窗的选择

无论是多跨还是单跨热加工车间,仅靠侧窗通风往往不能满足要求,一般需在屋顶上设置通风天窗。通风天窗的类型主要有矩形和下沉式两种。

（1）矩形通风天窗。热加工车间的自然通风是在风压和热压的共同作用下进行的，其空气流动可能出现以下三种状态：①当风压小于室内热压时，背风面与迎风面的排风口均可排气[图12-29（a）]；②当风压等于室内热压时，迎风面排风口停止排气，只能靠背风面的排风口排气[图12-29（b）]；③当风压大于室内热压时，迎风面的排风口不但不能排气，反而会出现风倒灌的现象[图12-29（c）]，阻碍室内空气的热压排风，这时如果关闭迎风面排风口，打开背风面的排风口，则背风面排风口也能排气。但由于风向是不断变化的，要适应风向的改变不断开启或关闭排风口是困难的。要消除迎风面风压对室内排风口产生的不良影响，最有效的措施是在迎风面距离排风口一定的位置处设置挡风板，无论风从哪个方向吹来，均可使排风口始终处于负压区。设有挡风板的矩形天窗称为矩形通风天窗或避风天窗（图12-30）。当无风时，厂房内部靠热压通风；当有风时，风速越大则负压区风压绝对值越大，排风量也大。挡风板至矩形天窗的距离以排风口高度的1.1～1.5倍为宜。

当平行等高跨两矩形天窗排风口之间的水平距离 L 小于或等于天窗高度 h 的5倍时，两天窗互起挡风板的作用，可不设挡风板（图12-31），因该区域的风压始终为负压。

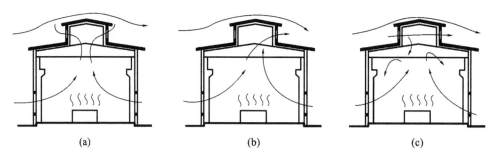

图 12-29　风压和热压共同作用下的三种气流状况示意图
(a)风压小于热压；(b)风压等于热压；(c)风压大于热压

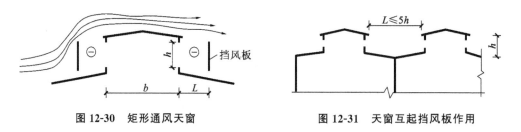

图 12-30　矩形通风天窗　　　　　图 12-31　天窗互起挡风板作用

（2）下沉式通风天窗。在屋顶结构中，部分屋面板铺在屋架上弦上，部分屋面板铺在屋架下弦上。利用屋架上弦与下弦之间的空间形成在任何风向下均处于负压区的排风口，这样的天窗称为下沉式通风天窗。

下沉式通风天窗有以下三种常见形式。

①井式通风天窗[图12-32（a）]。井式通风天窗是将部分屋面板设置在屋架下弦上而形成的。可根据厂房的热源位置和排风量确定井式通风天窗的位置。处在屋顶中部的称为中井式天窗，处在屋顶边缘的称为边井式天窗。

②纵向下沉式通风天窗。将部分屋面板沿厂房纵向搁置在屋架下弦上形成的天窗称为纵向下沉式通风天窗[图 12-32(b)]。根据屋面板下沉位置的不同,其可在中间下沉,也可在两侧下沉。

③横向下沉式通风天窗。沿厂房横向将一个柱距内的屋面板全部搁置在屋架下弦上所形成的天窗称为横向下沉式通风天窗[图 12-32(c)]。

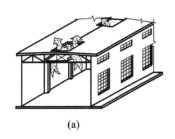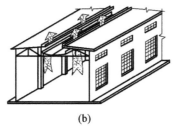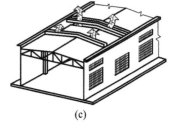

(a) (b) (c)

图 12-32　下沉式通风天窗

(a)井式通风天窗;(b)纵向下沉式通风天窗;(c)横向下沉式通风天窗

下沉式通风天窗与矩形通风天窗相比有荷载小、造价低、通风稳定、布局灵活等优点,但也存在着排水构造复杂、易漏水等缺点。除矩形通风天窗、下沉式通风天窗外,还有通风屋脊、通风屋顶(图 12-33)。

3.开敞式厂房

我国南方及长江流域地区,夏季气候炎热,这些地区的热加工车间除采用通风天窗外,外墙还可以不设窗扇而采用挡雨板,形成所谓的开敞式厂房。开敞式厂房具有通风量大、气流阻力小、散热快、构造简单、施工方便等优点,而缺点是防寒、防雨、防风沙的能力差。按照开敞部位,开敞式厂房可分为四种形式(图 12-34)。

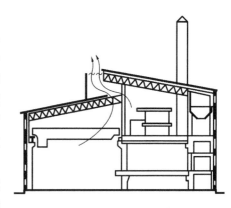

图 12-33　通风屋顶示意图

(1)全开敞式厂房:开敞面积大,通风、散热、排烟快,适用于只要求防雨而不要求保温的一些热加工车间和仓库。

(2)下开敞式厂房:排风量大,排烟稳定,可避免风倒灌,缺点是冬季冷空气直吹人体。

(3)上开敞式厂房:可防止冬季冷风直吹人体,但风大时,会出现倒灌现象。

(4)部分开敞式厂房:有一定的通风和排烟效果。

设计开敞式厂房时应根据厂房的生产特点、设备的布置情况以及当地风向和气候等因素综合考虑,确定合理的开敞形式。

4.合理布置热源

在利用穿堂风时,热源应布置在夏季主导风向的下风位,进、排风口应布置在一条线上。以热压通风为主的自然通风热源应布置在天窗喉口下面,使气流排出路线短,以减少涡流。设下沉式天窗时,热源应与下沉底板错开布置。

5.其他通风措施

在多跨厂房中,为有效组织通风,可将高跨适当抬高,增大进、排风口高差。此时不仅侧窗进风,低跨的天窗也可以进风,但低跨天窗与高跨天窗之间的距离不宜小于24～40m,以免高跨排出的污染空气进入低跨。在厂房各跨高度基本相等的情况下,应将冷、热跨间隔布置,并用轻质吊墙把二者分隔开,吊墙距地面3m左右。实测证明,这种措施通风有效,气流可源源不断地由冷跨流向热跨,热气流由热跨通风天窗排出,气流速度可达1m/s左右。

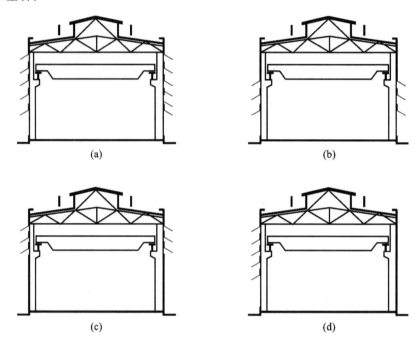

(a)　　　　　　　　　　　　　(b)

(c)　　　　　　　　　　　　　(d)

图 12-34　开敞式厂房剖面图

(a)全开敞式厂房;(b)下开敞式厂房;(c)上开敞式厂房;(d)部分开敞式厂房

学习任务四　单层厂房定位轴线

单层厂房定位轴线是确定厂房主要承重构件的平面位置及其标志尺寸的基准线,同时也是工业建筑施工放线和设备安装的定位依据。确定厂房定位轴线必须执行我国《厂房建筑模数协调标准》(GB/T 50006—2010)的有关规定。

厂房长轴方向的定位轴线称为纵向定位轴线,相邻两条纵向定位轴线间的距离为该跨的跨度。短轴方向的定位轴线称为横向定位轴线,相邻两条横向定位轴线之间的距离为厂房的柱距,纵向定位轴线自下而上用 A、B、C…顺序进行编号(I、O、Z 三个字母不用);横向定位轴线自左至右按 1、2、3、4…顺序进行编号,如图 12-35 所示。

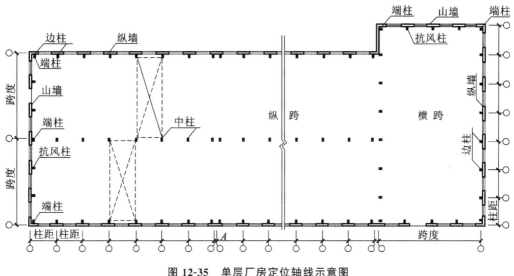

图 12-35　单层厂房定位轴线示意图

一、横向定位轴线

横向定位轴线标定纵向构件的标志端部,如吊车梁、连系梁、基础梁、屋面板、墙板、纵向支撑构件等。

(一)柱与横向定位轴线的联系

除两端的边柱外,中柱的截面中心线与横向定位轴线重合,而且屋架中心线也与横向定位轴线重合,中柱横向定位轴线如图 12-36 所示。纵向的结构构件如屋面板、吊车梁、连系梁的标志长度皆以横向定位轴线为界。

(二)变形缝处柱与横向定位轴线的联系

在单层厂房中,横向伸缩缝、防震缝处采用双柱双轴线的定位方法,柱的中心线从定位轴线向缝的两侧各移 600mm,双轴线间加插入距 A 等于伸缩缝或防震缝的宽度 C,这种方法可使该处两条横向定位轴线之间的距离与其他轴线间的柱距保持一致,而不增加构件类型,有利于建筑工业化(图 12-37)。

(三)山墙与横向定位轴线的联系

单层厂房的山墙按受力情况可分为承重山墙和非承重山墙,其横向定位轴线的划分有所不同。

(1)当山墙为非承重山墙时,山墙内缘与横向定位轴线重合(图 12-38),端部柱截面中心线应自横向定位轴线内移 600mm,这是因为山墙内侧设有抗风柱,抗风柱上柱应符合屋架上弦连接的构造需要(有些钢刚架结构厂房的山墙抗风柱直接与刚架下面连接,端柱不内移)。

(2)当山墙为承重山墙时,承重山墙内缘与横向定位轴线间的距离应按砌体块材的半块长度或者墙体厚度的一半取(图 12-39),以保证构件在墙体上有足够的支承长度。

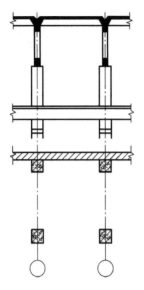

图 12-36　中柱横向定位轴线

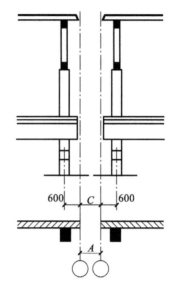

图 12-37　横向伸缩缝处双柱双轴线处理方法

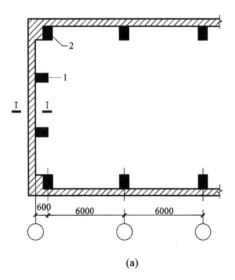

(a)

图 12-38　非承重山墙横向定位轴线

(a)平面图；(b)剖面图

1—抗风柱；2—端柱

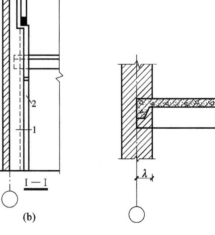

(b)

图 12-39　承重山墙

横向定位轴线

二、纵向定位轴线

单层厂房的纵向定位轴线主要用来标注厂房横向构件，如屋架或屋面梁长度的标志尺寸。纵向定位轴线应使厂房结构与吊车的规格相协调，以保证吊车与柱之间留有足够的安全距离。

(一)外墙、边柱与纵向定位轴线的联系

在支承式梁式或桥式吊车厂房设计中,由于屋架和吊车的设计制作都是标准化的,为了保证吊车安全运行,以及使厂房结构与吊车规格相协调,吊车跨度与厂房跨度之间应满足以下关系式:

$$L = L_k + 2e \qquad (12\text{-}4)$$

式中 L——屋架跨度,即纵向定位轴线之间的距离;

  L_k——吊车跨度,即吊车的轮距,可由吊车规格资料查得;

  e——纵向定位轴线至吊车轨道中心线的距离,一般为 750mm,当吊车为重级工作制需要设安全走道板或吊车起重量大于 50t 时,可采用 1000mm。

由图 12-40(a)可知:

$$e = h + K + B \qquad (12\text{-}5)$$

式中 h——上柱截面高度;

  K——吊车端部外缘至上柱内缘的安全距离;

  B——轨道中心线至吊车端部外缘的距离,可由吊车规格资料查得。

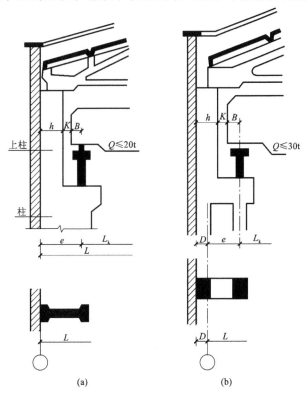

图 12-40 外墙、边柱纵向定位轴线

(a)封闭式结合;(b)非封闭式结合

由于吊车起重量、柱距、跨度、有无安全走道板等因素的不同,边柱与纵向定位轴线的联系有两种情况。

1.封闭式结合

在无吊车或只有悬挂式吊车、桥式吊车起重量 $Q \leqslant 20t$、柱距为 6m 条件下的厂房，其定位轴线一般采用封闭式结合，如图 12-40(a)所示。

此时相应的参数为：$B \leqslant 260mm$，$h = 400mm$，$e = 750mm$，$K = e - (h + B) = 90mm$，满足 $K \geqslant 80mm$ 的要求，封闭式结合的屋面板可全部采用标准板，不需设补充构件，具有构造简单、施工方便等优点。

2. 非封闭式结合

在柱距为 6m、吊车起重量 $Q \geqslant 30t/5t$ 的条件下，$B = 300mm$，如继续采用封闭式结合，已不能满足吊车运行所需安全间隙的要求。解决方法是将边柱外缘自定位轴线向外移动一定距离，这个距离称为联系尺寸，用 D 表示。为了减少构件类型，D 值一般取 300mm 或 300mm 的倍数。采用非封闭结合时，如按常规布置屋面板只能铺至定位轴线处，与外墙内缘出现了非封闭的构造间隙，需用非标准的补充构件板。非封闭式结合构造复杂，施工也较为麻烦，如图 12-40(b)所示。

(二)中柱与纵向定位轴线的联系

多跨厂房的中柱有等高跨和高低跨两种情况。等高跨厂房中柱通常为单柱，其截面中心与纵向定位轴线重合。此时上柱截面长度一般取 600mm，以满足屋架和屋面大梁的支承长度要求。

高低跨中柱与纵向定位轴线的联系也有两种情况。

(1)设一条定位轴线。当高低跨处采用单柱时，如果高跨吊车起重量 $Q \leqslant 20t/5t$，则高跨上柱外缘和封墙内缘与定位轴线重合，单轴线封闭结合如图 12-41 所示。

(2)设两条定位轴线。当高跨吊车起重量较大，如 $Q \geqslant 30t/5t$ 时，应采用两条定位轴线。高跨轴线与上柱外缘之间设联系尺寸 D，为简化屋面构造，低跨定位轴线应自上柱外缘、封墙内缘通过。此时同一柱子的两条定位轴线分别属于高、低跨，当高跨和低跨均为封闭结合，而两条定位轴线之间设有封墙时，则插入距等于墙厚；当高跨为非封闭结合，且高跨上柱外缘与低跨屋架端部之间设有封墙时，则两条定位轴线之间的插入距等于墙厚与联系尺寸之和，如图 12-41 所示。

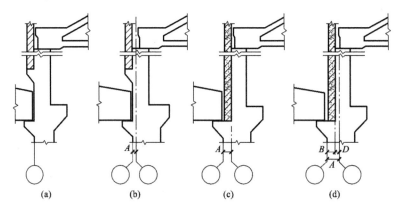

图 12-41 无变形缝高低跨中柱纵向定位轴线
(a)单轴线封闭结合；(b)双轴线非封闭结合($A = D$)；(c)双轴线封闭结合($A = B$)；
(d)双轴线非封闭结合($A = B + D$)

三、纵、横跨相交处柱与定位轴线的联系

厂房纵、横跨相交,常在相交处设变形缝,使纵、横跨各自独立。纵、横跨应有各自的柱列和定位轴线。设计时,常将纵跨和横跨的结构分开,并在两者之间设变形缝。纵、横跨连接处设双柱、双定位轴线。两条定位轴线之间设插入距 A,纵、横跨连接处的定位轴线如图 12-42 所示。

当纵跨的山墙比横跨的侧墙低,长度小于或等于侧墙,横跨又为封闭式结合时,则可采用双柱单墙处理,如图 12-42(a)所示,A＝B＋C;当横跨为非封闭结合时,仍可采用单墙处理,如图 12-42(b)所示,A＝B＋C＋D。

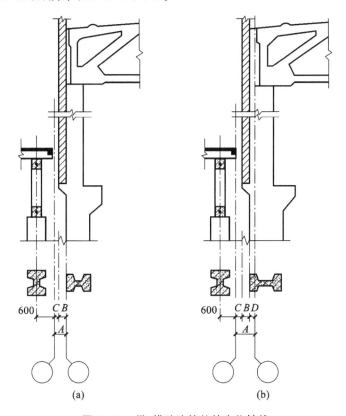

图 12-42　纵、横跨连接处的定位轴线

(a)封闭式结合(A＝B＋C);(b)非封闭式结合(A＝B＋C＋D)

学习任务五　单层厂房立面设计

建筑物在满足使用要求的同时,其体形、立面、空间组合均给人以精神上的享受。建筑的美观问题也反映了社会的文化生活、精神面貌和经济基础。

单层厂房的体形是由生产工艺、平面形状、剖面形式和结构类型所决定的,而立面处理是在建筑体形的基础上进行的,因此厂房的立面设计受到的限制要比民用建筑多得

多。而单层厂房的主体车间又往往具有较大的体量和尺度,占据外环境的主要空间,成为外环境的主体,对人们有明显的吸引力和一定的强制性。因此,单层厂房主体车间的好坏直接影响外环境的质量。

在单层厂房的设计中,应合理确定各构件的比例、尺度,把握好韵律和虚实对比,同时通过装饰材料的质感及色彩的变化,设计出具有现代气息的工业建筑。

一、影响立面设计的因素

(一)使用功能的影响

工业建筑类型较复杂,从重工业到轻工业,从小型到大型,从冷加工车间到热处理车间等,可以说它们的选型基本上都是由内部的生产工艺决定的。外部造型在构成上,一般成规则式,等跨、等高等,很少有复杂的进退变化,体现了秩序性,造型的处理也反映了其具有理性的逻辑性。如轧钢、造纸等工业,由于其生产工艺流程是直线式的,厂房多采用单跨或单跨并列的形式,厂房的形体呈线形水平构图的特征。立面往往采用竖向划分以求变化,如图12-43所示的某钢厂轧钢车间。一般中小型机械工业多采用垂直式生产流程,厂房体形多为长方形或长方形多跨组合,造型平稳,内部空间宽敞,立面设计灵活。由于生产的机械化、自动化程度提高,为节约用地和投资,常采用方形或长方形大型联合厂房,其规模宏大,立面设计在统一完整中又有变化,如图12-44所示。

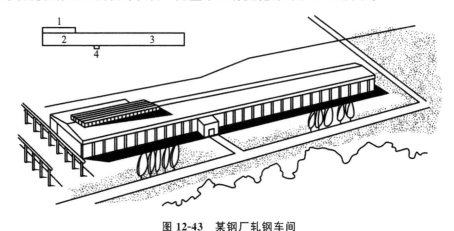

图 12-43 某钢厂轧钢车间
1—加热炉;2—热轧;3—冷轧;4—操作室

(二)结构形式的影响

结构形式及建筑材料对厂房体形有直接的影响。同样的生产工艺,可以采用不同的结构方案。其结构传力和屋顶形式在很大程度上决定了厂房的体形,如排架、刚架、拱形、壳体、折板、悬索等结构的厂房有着形态各异的建筑造型。同时结合外围护材料的质感和色彩,设计出使人愉悦的工业建筑,如图12-45所示的某汽车厂装配车间。

(三)气候、环境的影响

太阳辐射强度、室外空气的温度与湿度等因素对立面设计均有影响。寒冷地区的厂房要求防寒保暖,窗口面积不宜过大,空间组合集中,给人以稳重、厚实的感觉;炎热地区

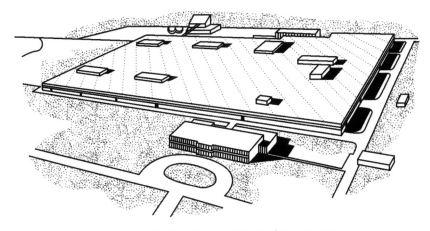

图 12-44　美国密苏里州克斯勒汽车联合装配厂

图 12-45　某汽车厂装配车间

的厂房,为了满足通风、散热的要求,常采用开敞式外墙,空间组合分散、狭长,体现出轻巧、明快的个性特征。

二、立面处理方法

厂房立面处理的关键在于墙面的划分及开窗的方式、窗墙的比例等,并利用柱子、勒脚、窗间墙、挑檐线、遮阳板等,按照建筑构图原理进行设计,做到厂房立面简洁大方,比例恰当,构图美观,色彩和质感协调统一。

在厂房外墙面开门窗一定要根据交通、采光的需要,结合结构构件,使墙面划分形成一定的规律:如开带形窗形成水平划分,开竖向窗形成垂直划分,开方形窗形成有特色的几何构图或较为自由的混合划分。图 12-46～图 12-48 所示为墙面划分示意图。

(一)水平划分

墙面水平划分的处理方法主要采用带形窗,使窗洞口上下的窗间墙构成水平横线条(图 12-46),用通长的窗楣线或窗台线将窗连成水平条带,或采用悬挑的水平遮阳板,利用阴影的作用,使水平线条的效果更为明显,也可采用不同材料、不同色彩处理水平的窗间墙,使厂房立面显得明快、大方。

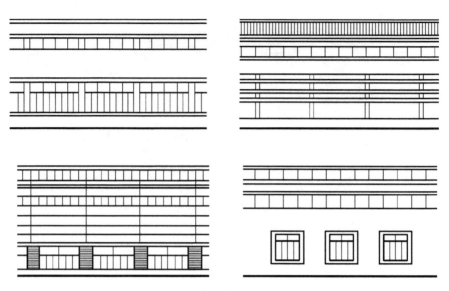

图 12-46　墙面水平划分示意图

(二)垂直划分

根据结构构造的特点及其合理性,利用承重的柱子、壁柱、略为突出的垂直窗间墙和竖向组合的侧窗等构件,进行有规律地重复,使立面具有垂直的方向感(图 12-47),这种组合大多以柱距为重复单位。单层厂房的纵向外墙面大多是扁平的长条形,采用垂直划分可以改变单层厂房扁平的比例关系,使厂房立面显得庄重、挺拔、有力,节奏感强。

图 12-47　墙面垂直划分示意图

(三)混合划分

立面的垂直划分与水平划分通常不是单独存在的,而是结合运用的,以其中某一种为主(图 12-48);或将上述两种处理方法混合运用,互相结合,互相衬托,没有明显的主次关系,从而构成了垂直与水平的混合划分。在设计中,要处理好垂直与水平的关系,达到互相渗透,以取得生动、和谐的效果。

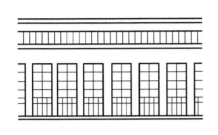 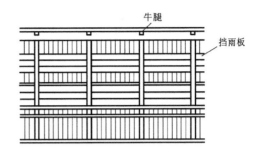

图 12-48　墙面混合划分示意图

三、厂房的内部空间处理

生产环境直接影响着生产者的身心健康,良好的室内环境除了要有良好的采光、通风外,还要求室内布置井然有序,使人愉悦。良好的室内环境对职工的生理和心理健康有良好的作用,对提高劳动生产率十分重要。

(一)厂房内部空间的特点

不同生产要求、不同规模的厂房有不同的内部空间特点,但单层厂房与民用建筑或者多层工业建筑相比,其内部空间特点是非常明显的。单层厂房的内部空间规模大,结构清晰可见,有的厂房内部设有机器、设备等。

(二)厂房内部空间处理

厂房内部空间处理应注意以下几个方面。

1.突出生产特点

厂房内部空间处理应突出生产特点、满足生产要求,根据生产顺序组织空间,形成规律,机器、设备的布置合理,室内色彩淡雅,机器、设备的色彩既统一协调又有一定的变化,厂房内部设计应有新意,避免单调的环境使人产生疲劳感。

2.合理利用空间

单层厂房的内部空间一般都比较大,高度也较为统一,在不影响生产的前提下,厂房的上部空间可结合灯具设计一些吊饰,有条件的也可做局部吊顶;在厂房的下部可利用柱间、墙边、门边、平台下等生产工艺不便利用的空间布置生活设施,给厂房内部增添一些生活气息。

3.集中布置管道

管道集中布置便于管理和维修,其布置、色彩等若处理得当能增加室内的艺术效果。管道的标志色彩一般规定为:热蒸汽管、饱和蒸汽管用红色,煤气管、液化石油气管用黄色,压缩空气管用浅蓝色,乙炔管用深蓝色,给水管用蓝色,排水管用绿色,油管用棕黄色,氢气管用白色。

4.色彩的应用

色彩是比较经济的装饰艺术,建筑材料有固有的色彩,有的材料(如钢构构件、压型钢板等)需要涂油漆防护,而油漆有不同的色彩。工业厂房体量大,能够形成较大的色彩背景,在室内色彩的冷暖、深浅的不同给人以不同的心理感受,同时可以利用色彩的视觉特性调整空间感,尤其色彩的标志及警戒作用,在工业建筑设计中更为重要。

(1)红色:用来表示电气、火灾的危险标志,用于禁止通行的通道和门,防火消防设备、防火墙上的分隔门等。

(2)橙色:危险标志,用于高速转动的设备、机械、车辆、电气开关柜门,也用作有毒物品及放射性物品的标志。

(3)黄色:警告标志,用于车间的吊车、吊钩等,使用时常涂刷黄色与白色、黄色与黑色相间的条纹,提示人们避免碰撞。

(4)绿色:安全标志,常用于洁净车间的安全出入口的指示灯。

(5)蓝色:多用于给水管道,冷藏库的门,也可用于压缩空气的管道。

(6)白色:界线的标志,用于地面分界线。

➡ 单 元 小 结

1.生产工艺流程有直线式、直线往复式和垂直式三种形式。

2.承重结构柱子在平面上排列所形成的网格称为柱网。柱网尺寸是根据生产工艺的特征、结构形式、建筑材料特征、施工技术水平、基地状况、经济性等因素来确定的。

3.采用扩大柱网的屋顶承重结构承重方案有有托架方案和无托架方案两种。

4.当跨度大于或等于18m 时,柱距采用扩大模数 60M 数列;当跨度小于或等于18m 时,采用扩大模数 30M 数列。

5.扩大柱网的特点是:可以提高使用面积利用率;有利于布置大型设备和运输重型产品;能适应工艺变更及设备更新所提出的要求,从而提高通用性;减少构件数量,但增加构件重量;减少柱基础土石方工程量。

6.自然通风是靠热压作用和风压作用进行的。热压值 Δp 的大小与室外和室内空气容重差,以及进、排风口中心线的距离成正比。通风天窗的通风要点是保证排风口处于负压区。其类型主要有矩形通风天窗和下沉式通风天窗。

7.定位轴线是确定厂房主要承重构件位置及其标志尺寸的基准线,同时也是施工放线和设备安装的依据。

8.横向定位轴线标注纵向构件如屋面板、吊车梁的长度;纵向定位轴线标注屋架的跨度。

9.定位轴线是封闭结合还是非封闭结合的关键是保证吊车能安全运行,故必须满足 K 值的要求,K 值的大小又取决于吊车起重量。

10.纵向定位轴线的确定,应根据吊车起重量、封墙位置和数目,确定插入距 A、联系尺寸 D、墙体厚度 B、变形缝宽度 C。

➡ 能 力 提 升

(一)填空题

1.单层厂房的平面形式有_____、_____和_____三种。

2.柱网布置图中,柱子纵向定位轴线之间的距离称为_____,横向定位轴线之间的距离称为_____。

3.单层厂房生活间的布置有_____、_____和_____。

4.单层厂房的采光方式有_____、_____、_____和混合采光。

(二)选择题

1.单层工业厂房非承重山墙处纵向端柱的中心线应( )。

    A.在山墙内,并距山墙内缘为半砖或半砖的倍数

    B.与山墙内缘重合

    C.自横向定位轴线内移600mm

    D.自山墙中心线内移600mm

2.单层工业厂房的非承重墙处的横向定位轴线应( )。

    A.自墙内缘内移600mm

    B.在山墙内,并距山墙内缘为半砖或半砖的倍数或墙厚的一半

    C.与山墙内缘重合

3.柱网的选择,实际上是( )。

    A.确定柱距   B.确定定位轴线   C.确定跨度   D.确定柱距与跨度

4.单层厂房的端部柱中心与横向定位线轴线的距离为( )。

    A.200mm   B.400mm   C.600mm   D.800mm

5.单层厂房内吊车起重量 $Q=30t$,此时应采用( )纵向定位轴线。

    A.非封闭结合   B.封闭结合   C.A、B 均可   D.A、B 都不可

6.无吊车单层厂房柱顶标高应符合( )。

    A.9M 数列要求   B.3M 数列要求   C.6M 数列要求   D.1M 数列要求

(三)判断题

1.工业建筑烟囱与民用建筑有明显的区别。   ( )

2.单层工业厂房的跨度在 18m 及 18m 以下时,应采用扩大模数 30M 数列,在 18m 以上时,应采用扩大模数 60M 数列。   ( )

3.单层工业厂房的跨度在 18m 以下时,应采用扩大模数 60M 数列;在 18m 以上时,应采用扩大模数 30M 数列。   ( )

(四)绘图题

试绘制局部剖面详图表示单层厂房纵、横跨相交处定位轴线划分。要求表示出轴线与厂房排架柱的关系及轴线间的关系,并注明尺寸(横跨为非封闭结合,纵跨为封闭结合)。

(五)思考题

1.简述单层厂房的构造组成。

2.举例说明影响平面设计的主要因素。

3.什么是柱网?确定柱网的原则是什么?常用的柱距、跨度有哪些?

4.生活间有哪几种布置形式?

5.厂房高度如何确定?为什么要进行厂房的高度调整?

6.天然采光的基本要求是什么?天然采光方式有哪几种?常用采光天窗及其布置

方式有哪些?

7.自然通风的基本原理是什么?热加工车间的进、排气口如何布置?

8.什么是矩形避风天窗?挡风板如何设置?

9.下沉式通风天窗有哪几种形式?有何构造要求?

10.定位轴线的作用是什么?绘图说明横向定位轴线、纵向定位轴线及纵、横跨交接处定位轴线是如何划分的。

11.影响厂房立面设计的主要因素有哪些?立面设计有哪些处理方法?

实训任务

单层厂房平面设计及定位轴线布置。

1.目的要求

通过设计、绘制平面图和局部剖面图,掌握单层厂房定位轴线划分的原则和方法,进一步提高绘图技巧。

2.设计条件

(1)某金工装配车间平面轮廓见图 12-49。

(2)车间采用支座式桥式吊车,中级工作制,吊车起重量及轨顶至柱顶的高度分别为: $Q_1=10t$, $h_6=2.1m$; $Q=20t/5t$, $h_6=2.4m$; $Q=30t/5t$, $h_6=3.0m$。

(3)平面轮廓图中有"▲"符号处,应设通行汽车大门,门洞宽×高为 3300mm×3300mm。

(4)低侧窗可在每个 6m 柱距内设一樘或两樘,或做成带形窗。

3.图纸内容

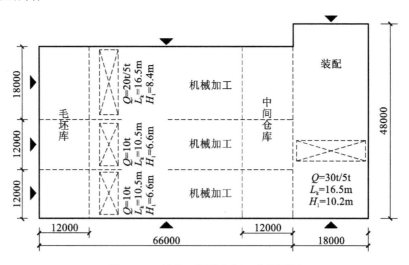

图 12-49 某金工装配车间工艺平面图

(1)平面图(比例 1:200)。

①布置柱网。

②划分定位轴线。

③确定围护结构及门窗的位置。

④每个入口设坡道,墙脚设散水。

⑤表示吊车轮廓、吊车轨道中心线,标明吊车起重量 Q、吊车跨度 L_k、吊车轨顶标高 H_1,柱与轴线的关系以及吊车轨顶中心线至纵向定位轴线的水平距离、室内外地坪标高。

⑥标注局部剖面图索引号。

⑦标明各工段名称。

⑧标注三道尺寸、室内外标高。

⑨注写图名和比例。

(2)局部剖面图(比例 1:20)。

局部剖面图此处是指牛腿及牛腿以上部分(以下折断),包括柱、外墙、吊车梁、高侧窗、屋架(中间部分折断)以及相关的围护结构等与定位轴线的联系。

局部剖面图的内容具体包括:

①平行不等高跨中列柱与定位轴线的联系。

②外墙、纵向边列柱与定位轴线的联系。

③山墙、端柱与定位轴线的联系。

④纵、横跨交接处柱与定位轴线的联系。

4.要求

(1)绘出外墙、柱、吊车梁、高侧窗、屋架。

(2)标明定位轴线与屋架端部标志尺寸的关系、插入距 A、联系尺寸 D、沉降缝宽度 C 及封墙厚度 B。

(3)标明吊车轨顶中心线至定位轴线的水平距离 e。

(4)标明索引号及比例。

学习情境十三 单层厂房构造

【知识目标】
　　理解单层厂房构造的特点；掌握承重结构构件的作用及其连接构造，屋面、天窗、外墙、侧窗、大门的构造原理及其做法，能根据不同情况选择合适的构造方法。
【能力目标】
　　通过与民用建筑构造的比较，理解单层厂房构造的特点，掌握各组成部分的构造原理、构造层次和构造做法，学生应能根据不同情况选择合适的构造方法。

　　单层厂房构造包括外墙、侧窗、大门、屋顶、天窗、地面等，如图 13-1 所示。在我国，单层厂房的承重结构、围护结构及构造做法均有全国或地方通用的标准图，可供设计者直接选用或参考。

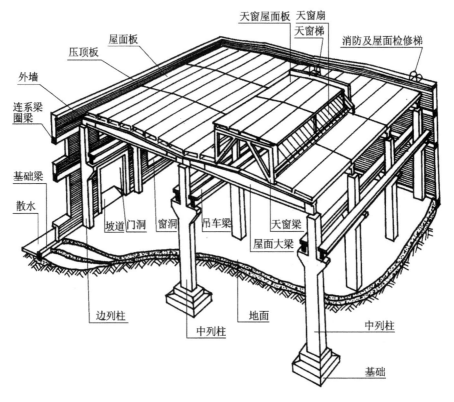

图 13-1　厂房构造

学习任务一　屋　面　构　造

单层厂房屋面的作用、设计要求及构造与民用建筑屋面基本相同,但也存在一定的差异,主要表现在以下几个方面。一是单层厂房屋面在实现工艺流程的过程中会产生机械振动和吊车冲击荷载,这就要求屋面具有足够的强度和刚度。二是在保温、隔热方面,对恒温恒湿车间,其保温、隔热要求更高,而对于一般厂房,当柱顶标高超过 8m 时可不考虑隔热,热加工车间的屋面可不保温。三是单层厂房多数是多跨大面积建筑,为解决厂房内部采光和通风经常需要设置天窗,且为解决屋面排水、防水经常设置天沟、雨水口等,因此屋面构造较为复杂。四是厂房屋面面积大,重量大,构造复杂,对厂房的总造价影响较大。因而在设计时,应根据具体情况,尽量降低厂房屋面的自重,选用合理、经济的厂房屋面方案。

一、屋面结构的类型及组成

单层厂房屋面结构的组成方式基本上有两种。一种称为无檩体系,即将各种大型屋面板直接搁置在屋架或屋面梁上。无檩体系屋面的整体性和刚度较好,可在一定程度上保证厂房的稳定,构件数量及种类较少,施工速度较快,适用范围广,是目前单层厂房采用比较广泛的一种体系,如图 13-2(a)所示。另一种称为有檩体系,即将小型板、波瓦等搁置在檩条上,檩条则支承在屋架或屋面梁上,如图 13-2(b)所示。有檩体系屋面的整体刚度较前者差,适用于吊车起重量较小的一般中小型厂房。单层厂房常用的大型屋面板和檩条形式如图 13-3 所示。

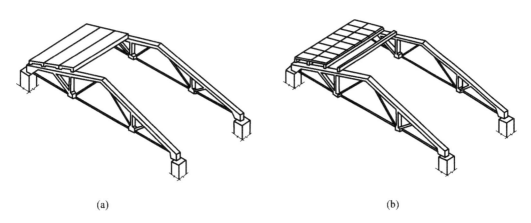

(a)　　　　　　　　　　　　　　　　　(b)

图 13-2　屋面结构类型

(a)无檩体系;(b)有檩体系

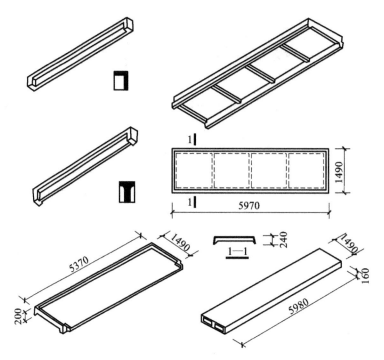

图 13-3　屋面板和檩条形式

二、屋面排水

（一）屋面排水坡度

排水坡度的选择，主要取决于屋面基层的类型、防水构造方式、材料性能、屋架形式及当地气候等因素。对于卷材防水屋面，坡度要求较平缓，以免气温较高时卷材下滑或沥青流淌，一般以 1/5～1/3 为宜；对于非卷材防水屋面，则要求排水快，坡度一般为 1/4。各种不同防水材料的屋面坡度可参考表 13-1。

表 13-1　　　　　　　　　　　　　　　　屋面坡度选择参考表

防水类型	卷材防水	构件自防水		
		嵌缝式	板	石棉瓦等
选择范围	1:50～1:4	1:10～1:4	1:8～1:3	1:5～1:2
常用坡度	1:10～1:5	1:8～1:5	1:5～1:4	1:4～1:2.5

（二）屋面排水方式

屋面排水方式分为无组织排水（自由落水）和有组织排水（外排水和内排水）两种。

1. 无组织排水

在少雨地区或较低的厂房中，应采用无组织排水，以使排水通畅，构造简单，造价降低。对可能有大量积灰的屋面以及有腐蚀性介质的厂房，更应优先采用无组织排水。

2. 有组织排水

（1）有组织内排水。将屋面汇集的雨水引向中间跨和纵墙天沟处，经雨水斗进入厂房内的雨水竖管及地下排水管网(图13-4)。内排水的优点是不受厂房高度限制,排水组织灵活,在严寒地区可防止因冰冻引起屋檐和外部雨水管的破坏;不足之处为构造复杂,造价和维修费用高,与地下管道、设备基础等易发生矛盾,需妥善解决。

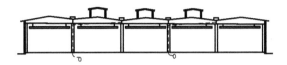

图13-4 有组织内排水

(2)有组织外排水。冬季室外气温不低的地区可采用有组织外排水(图13-5)。温暖气候地区雨水竖管设在墙外侧,寒冷地区雨水竖管设在墙内侧,从墙脚处穿出墙外。多跨厂房用水平悬吊管将雨水斗连通到外墙的雨水竖管处。水平悬吊管一般沿屋架横向布置。

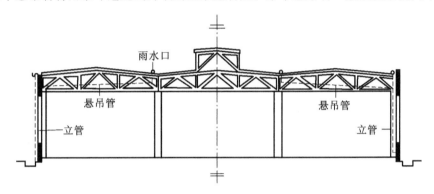

图13-5 有组织外排水

三、屋面防水

单层厂房的屋面面积大、天沟长、积水量大、冲刷力强,而且受厂房内部振动、高温的影响,屋面的接缝易开裂渗漏。因此,屋面防水、排水构造设计及施工质量的好坏,是确保屋面防水功能和耐久性的关键。依据防水材料和构造的不同,防水屋面分为卷材防水屋面、各种波形瓦防水屋面及钢筋混凝土构件自防水屋面。

(一)卷材防水屋面

卷材防水屋面的防水卷材主要有油毡、合成高分子材料、合成橡胶卷材等。

卷材防水屋面的防水构造做法与民用建筑类同,不同的是易出现防水层拉裂破坏。产生拉裂破坏的原因有:厂房屋面面积大,受到各种振动的影响多,屋面的基层变形情况较民用建筑严重,容易产生屋面变形而引起卷材的开裂和破坏。导致屋面变形的原因包括以下三个方面:一是室内外存在较大的温差,屋面板两面的热胀冷缩量不同,产生温度变形;二是在荷载的长期作用下,屋面板的自重引起挠曲变形;三是地基的不均匀沉降、产生的振动和吊车运行刹车引起的屋面晃动,都促使屋面裂缝的展开。屋面基层的变形会引起屋面找平层的开裂,当卷材防水层紧贴屋面基层,受拉的卷材防水层超过油毡的极限抗拉强度时,卷材防水屋面就会开裂。

为防止卷材防水屋面的开裂,应增强屋面基层的刚度和整体性,以减小基层的变形;

同时改进卷材在易出现裂缝的横缝处的构造,以适应基层的变形。如在大型屋面板或保温层上做找平层时,应先在构件接缝处留分格缝,缝中用油膏填充,其上铺 300mm 宽的油毡做缓冲层,然后再铺设卷材防水层,如图 13-6 所示。

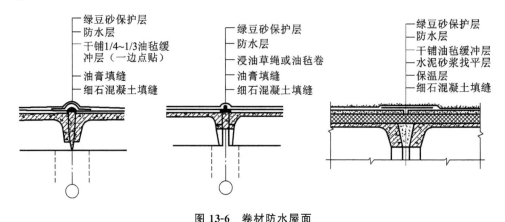

图 13-6　卷材防水屋面

(二) 波形瓦防水屋面

波形瓦防水屋面属于有檩体系,波形瓦类型主要有石棉水泥瓦、镀锌铁皮瓦、压型钢板瓦及玻璃钢瓦等。

1. 石棉水泥瓦防水

石棉水泥瓦厚度薄、重量轻、施工简便,但易脆裂,耐久性及保温、隔热性能差,多用于仓库和对室内温度状况要求不高的厂房。其规格有大波瓦、中波瓦和小波瓦三种。厂房屋面多采用大波瓦。

石棉水泥瓦直接铺设在檩条上,檩条材质有木、钢、轻钢、钢筋混凝土等,檩条间距应与石棉瓦的规格相适应。一般一块瓦跨三根檩条。石棉水泥瓦横向搭接一个半波,且搭接方向应顺主导风向,以防风和保证瓦的稳定。瓦的上下搭接长度不小于 200mm。檐口处的出挑长度不宜大于 300mm。为避免四块瓦在搭接处出现瓦角重叠、瓦面翘起的现象,应将斜对的瓦角割掉或采用错位排瓦方法,如图 13-7 所示。

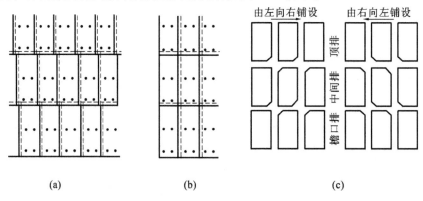

图 13-7　石棉水泥瓦搭接
(a)不切角错位排列;(b)切角排列;(c)切角示意图

石棉水泥瓦与檩条的连接固定:石棉瓦与檩条通过钢筋钩或扁钢钩固定。钢筋钩上端带螺纹,钩的形状可根据檩条形式而变化。带钩螺栓的垫圈宜采用沥青卷材、塑料、毛毡、橡胶等弹性材料制作。带钩螺栓比扁钢钩连接牢固,宜用来固定檐口及屋脊处的瓦材,但不宜旋拧过紧,应保持石棉瓦与檩条之间略有弹性,使石棉瓦受风力、温度、应力影响时有伸缩余地。用镀锌扁钢钩可避免钻孔造成的漏雨,瓦面的伸缩弹性也较好,但不如螺栓连接牢固。石棉水泥瓦与檩条的连接固定如图 13-8 所示。

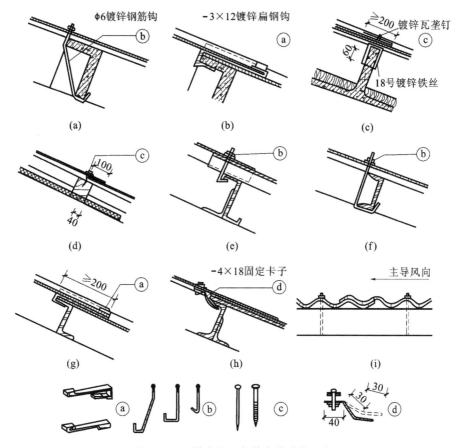

图 13-8　石棉水泥瓦与檩条的连接固定

2.镀锌铁皮瓦防水

镀锌铁皮瓦有良好的抗震和防水性能,在抗震区使用优于大型屋面板,可用作高温厂房的屋面。镀锌铁皮瓦屋面的连接构造同石棉水泥瓦屋面。

3.压型钢板瓦防水

压型钢板瓦是用 0.6～1.6mm 厚的镀锌钢板或冷轧钢板经辊压或冷弯而成的各种不同形状的多棱形板材。其表面一般带有彩色涂层,分为单层板、多层复合板、金属夹芯板等。钢板可预压成型,但其长度受运输条件限制不宜过长;也可制成薄钢板卷,运到施工现场,再用简易压型机压成所需的形状。因此,钢板可做成整块无纵向接缝的屋面,接缝少,防水性能好,屋面也可采用较平缓的坡度(2％～5％)。钢板瓦具有重量轻、防腐、防锈、美观、适应性强、施工速度快的特点,但耗用钢材多,造价高,目前在我国应用较少。单层 W 形压型钢板瓦屋面的构造如图 13-9 所示。

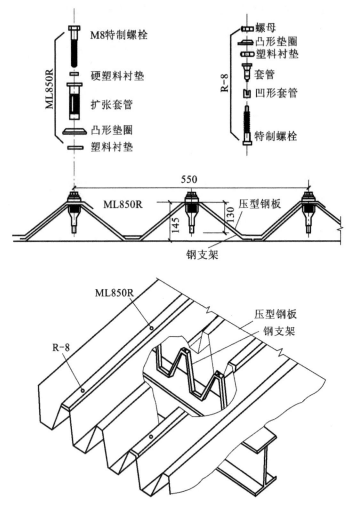

图 13-9 单层 W 形压型钢板瓦的屋面构造

（三）钢筋混凝土构件自防水屋面

钢筋混凝土构件自防水屋面是利用钢筋混凝土板自身的密实性,对板缝进行局部防水处理而形成的防水屋面。较卷材防水屋面轻,一般 $1m^2$ 可减少 35kg 恒荷载,相应地也可减轻各种结构构件的自重,从而节省钢材和混凝土的用量,降低屋面造价,方便施工,易于维修。但是板面容易出现后期裂缝而引起渗漏,混凝土暴露在大气中还容易引起风化和碳化等。因此,可通过提高施工质量,控制混凝土的配比,增强混凝土的密实度,以增强混凝土的抗裂性和抗渗性;也可在构件表面涂以涂料(如乳化沥青),减小干湿交替的作用,改进性能。根据对板缝采取防水措施的不同,其又可分为嵌缝式、脊带式和搭盖式三种。

1. 嵌缝式、脊带式防水构造

嵌缝式构件自防水屋面是利用大型屋曲板做防水构件并在板缝内嵌灌油膏的屋面。嵌灌油膏的板缝有纵缝、横缝和脊缝之分,如图 13-10 所示。嵌缝前必须将板缝清扫干净,排除水分,嵌缝油膏要饱满。脊带式防水为嵌缝后再贴防水卷材,防水性能较嵌缝式有所提高,如图 13-11 所示。

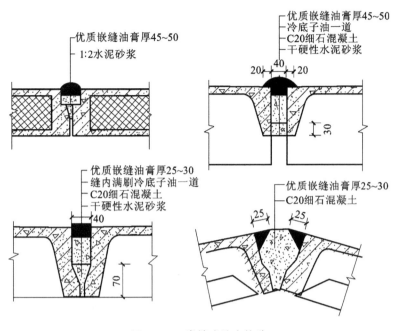

图 13-10 嵌缝式防水构造

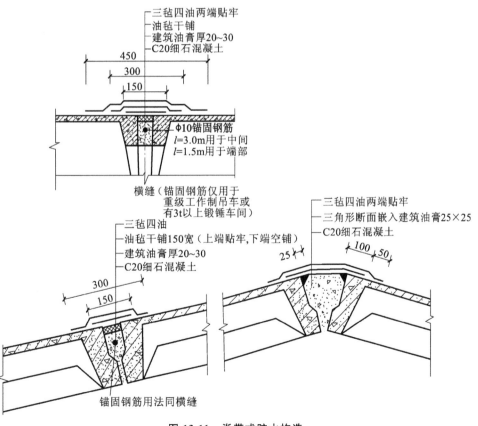

图 13-11 脊带式防水构造

2.搭盖式防水构造

搭盖式构件自防水屋面是采用 F 形大型屋面板作防水构件,板纵缝上下搭接,横缝和脊缝用盖瓦覆盖,如图 13-12 所示。这种屋面安装简便,施工速度快。但板型复杂,盖瓦在振动影响下易滑脱,从而造成屋面渗漏。

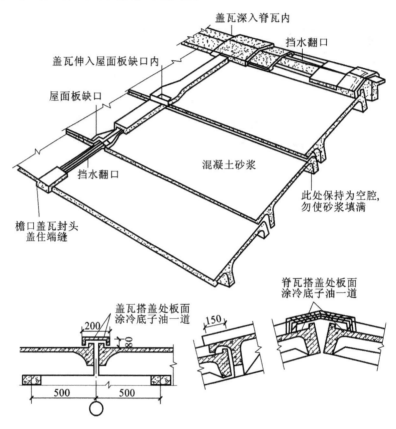

图 13-12 搭盖式防水构造

四、厂房屋面的保温、隔热构造

(一)厂房屋面的保温

冬季需保温的厂房,在屋面需增加一定厚度的保温层。保温层可设置在屋面板上部、下部或中间,如图 13-13 所示。

在屋面板上部的保温层,多用于卷材防水屋面。其做法与民用建筑平屋顶相同,在厂房屋面中应用较广泛。为减少屋面工程的施工程序,可将屋面板连同保温层、隔汽层、找平层以及防水层均在工厂预制好,再运至现场组装做接缝处理,可减少现场作业量,增加施工速度,保证质量,并可减少气候条件的影响。

在屋面板下部的保温层,多用于构件自防水屋面。其做法分为直接喷涂和吊挂固定两种。直接喷涂是将散状的保温材料加一定量的水泥拌和,然后喷涂在屋面板下面。吊挂固定是将板状轻质保温材料吊挂在屋面板下面。实践证明,这两种做法均施工麻烦,

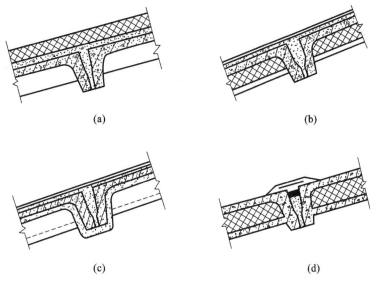

图 13-13　屋顶的保温构造

(a)保温层设置在屋面板上部;(b)保温层贴在屋面板下部;
(c)保温层喷涂在屋面板下部;(d)夹心保温屋面板

保温材料吸附蒸汽,局部易破落,保温效果不理想。

保温层在屋面板中间,即采用夹心保温屋面板,如图 13-14 所示。它具有承重、保温和防水三种功能,可在工厂叠合生产,保证施工质量,减少现场高空作业量,增加施工速度。但是屋面易产生温度变形和热桥现象等问题。

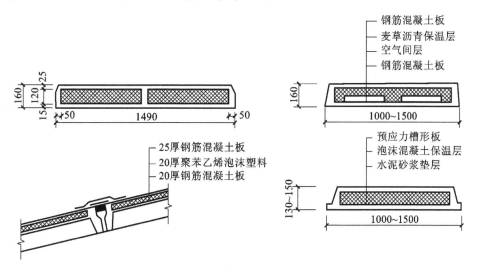

图 13-14　夹心保温屋面板

(二)厂房屋面的隔热

厂房屋面的隔热构造与民用建筑类同。当厂房屋面的高度低于 8m 时,工作区会受到钢筋混凝土屋面热辐射的影响,应采取反射降温、通风降温、植被降温等措施。

学习任务二　天 窗 构 造

在单层厂房屋面上,为满足厂房天然采光和自然通风的要求,常设置各种形式的天窗,常见的天窗形式有矩形天窗、平天窗及下沉式天窗等。

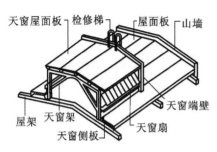

图 13-15　矩形天窗构造

一、矩形天窗

矩形天窗沿厂房的纵向布置,为简化构造和满足检修的需要,在厂房两端及变形缝两侧的第一个柱间一般不设天窗,每段天窗的端部设上天窗屋面的检修梯。天窗的两侧根据通风要求可设挡风板。矩形天窗主要由天窗架、天窗扇、天窗檐口、天窗侧板及天窗端壁板等组成,如图 13-15 所示。

(一)天窗架

天窗架是天窗的承重构件,直接支承在屋架上弦节点上。其材料一般与屋架一样,常用的有钢筋混凝土天窗架和钢天窗架两种形式,如图 13-16 所示。钢天窗架多与钢屋架配合使用,易于做较大宽度的天窗,有时也用于钢筋混凝土屋架上。根据采光和通风要求,天窗架的跨度一般为厂房跨度的 1/3~1/2,且应符合扩大模数 3M,如 6m 宽的天窗架适用于 16~18m 跨度的厂房,9m 宽的天窗架适用于 21~30m 跨度的厂房。天窗架的高度结合天窗扇的尺寸确定,多为天窗架跨度的 3/10~1/2。

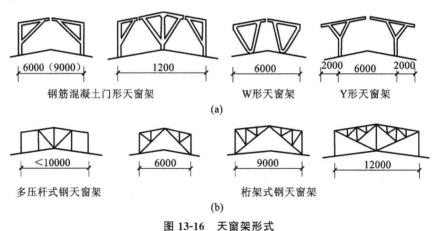

图 13-16　天窗架形式
(a)钢筋混凝土天窗架;(b)钢天窗架

(二)天窗扇

天窗扇分为钢天窗扇和木天窗扇两种。钢天窗扇具有耐久、耐高温、重量轻、挡光少、使用过程中不变形、关闭紧密等优点,常用于工业建筑中。目前钢天窗扇有定型的上悬钢天窗扇和中悬钢天窗扇两种。木天窗扇造价较低,但耐久性差、易变形、透光率较差、易燃,故只适用于火灾危险性不大、相对湿度较小的厂房。

1.上悬钢天窗扇

上悬钢天窗扇防飘雨性能较好,但通风性能较差,最大开启角度只有45°。定型上悬钢天窗扇的高度有900mm、1200mm、1500mm三种,根据需要可以组合成不同高度的天窗。上悬钢天窗扇主要由开启扇和固定扇等基本单元组成,可以布置成通长窗扇和分段窗扇。

通长窗扇由两个端部固定窗扇及若干个中间开启窗扇连接而成。开启扇的长度应根据采光、通风的需要和天窗开关器的启动能力等因素确定,开启扇可长达数十米。开启扇各个基本单元是利用垫板和螺栓连接的。分段窗扇是在每个柱距内设单独开关的窗。不论是通长窗扇还是分段窗扇,在开启扇之间以及开启扇与天窗端壁之间,均需设固定扇来起竖框的作用,上悬钢天窗扇构造如图13-17所示。

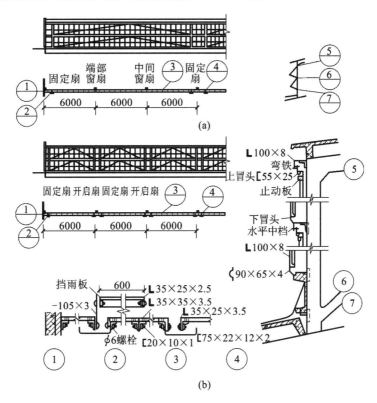

图13-17　上悬钢天窗扇构造

(a)通长天窗扇平面图、立面图;(b)分段天窗扇平面图、立面图

2.中悬钢天窗扇

中悬钢天窗扇通风性能好,但防水性能较差。因受天窗架的阻挡和转轴位置的影响,其只能按柱距分段设置。定型的中悬钢天窗扇的高度有1200mm、1500mm(设单排),1800mm、2400mm、3000mm(设两排),3600mm(设三排)。每个窗扇间设槽钢竖框,窗扇转轴固定在竖框上。变形缝处的窗扇为固定扇。中悬钢天窗扇构造如图13-18所示。

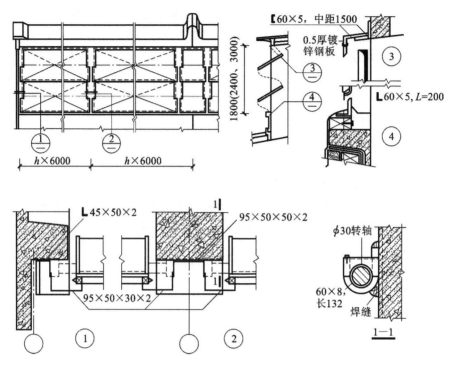

图 13-18　中悬钢天窗扇构造

(三)天窗檐口

天窗屋面的构造与厂房屋面的构造相同,天窗檐口多采用无组织排水的带挑檐屋面板,出挑长度为 300～500mm,如图 13-19 所示。

(四)天窗侧板

在天窗扇下部设置天窗侧板,如图 13-19 所示,以防止雨水溅入车间和积雪遮挡天窗扇。侧板的高度主要根据气候条件确定,一般高出屋面不小于 300mm,但也不宜太高,过高会增加天窗架的高度。

侧板的形式应与厂房屋面结构相适应。当屋面为无檩体系时,天窗侧板多采用与大型屋面板相同长度的钢筋混凝土槽形板;当屋面为有檩体系时,则常采用石棉水泥波形瓦等轻质小型屋面板。侧板与屋面板交接处应做好泛水处理。

(五)天窗端壁板

天窗端壁板常用钢筋混凝土端壁板和石棉水泥瓦端壁板两种。

钢筋混凝土端壁板预制成肋形板,在天窗端部代替天窗架支撑屋面板,同时起围护作用。根据天窗的宽度,其可由 2～3 块板拼接而成,如图 13-20 所示。天窗端壁板焊接固定在屋架上弦的一侧,另一侧铺放与天窗相邻的屋面板。端壁板与屋面板的交接处应做好泛水处理,端壁板内侧可根据需要设置保温层。

石棉水泥瓦端壁板如图 13-21 所示,可用于钢天窗架和钢筋混凝土天窗架,通过螺栓固定在天窗架上的横向角钢上。在端壁板与天窗扇交接处,常用 30mm 厚木板封口,外钉镀锌铁皮保护。当要求保温时,可在石棉水泥瓦内侧钉保温板材。

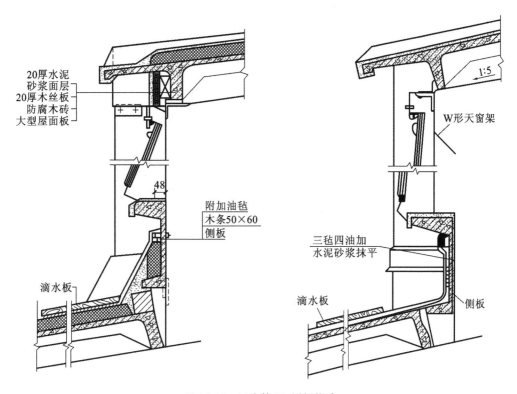

图 13-19　天窗檐口、侧板构造

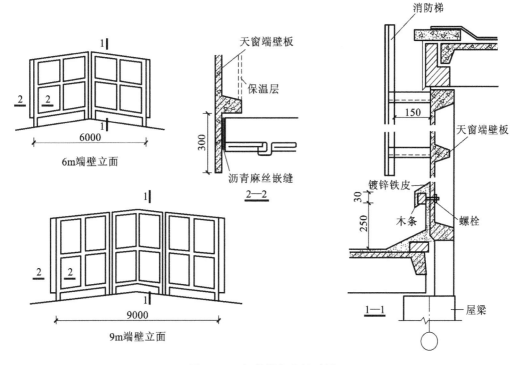

图 13-20　钢筋混凝土端壁板

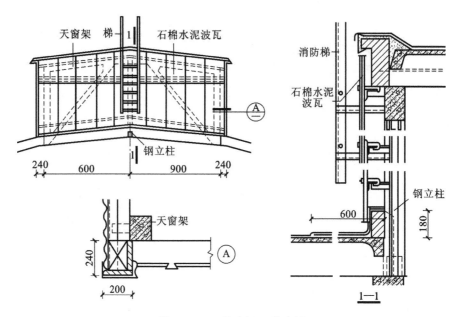

图 13-21　石棉水泥瓦端壁板

二、矩形通风天窗

矩形通风天窗是在矩形天窗两侧加挡风板形成的,如图 13-22 所示,多用于热加工车间。为提高通风效率,除寒冷地区有保温要求的厂房外,天窗一般不设窗扇,而在进风口处设挡雨片。矩形通风天窗的挡风板,其高度不宜超过天窗檐口的高度,挡风板与屋面板之间应留有 $50\sim100\text{mm}$ 的间隙,兼顾排除雨水和清灰。在多雪地区,间隙可适当增大,但也不能太大,一般不超过 200mm。缝隙过大,易产生倒灌风,影响天窗的通风效果。挡风板端部要用端部板封闭,以保证在风向变化时仍可排气。在挡风板或端部板上还应设置供清灰和检修时通行的小门。

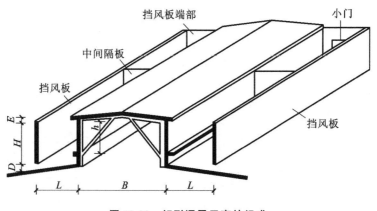

图 13-22　矩形通风天窗的组成

(一)挡风板

挡风板的固定方式分为立柱式和悬挑式,挡风板可向外倾斜或垂直布置,挡风板布置方式如图 13-23 所示。挡风板向外倾斜设置时,挡风效果更好。

直立柱式　　斜立柱式　　　　直悬挑式　　斜悬挑式

图 13-23　挡风板布置方式

1. 立柱式

立柱式是将钢筋混凝土或钢立柱支承在屋架上弦的混凝土柱墩上,立柱与柱墩上的钢板件焊接,立柱上焊接固定钢筋混凝土檩条或型钢,然后固定石棉水泥瓦或玻璃钢瓦制成的挡风板,如图 13-24 所示。立柱式挡风板结构受力合理,但挡风板与天窗的距离受屋顶板排列的限制,立柱处屋顶防水处理较复杂。

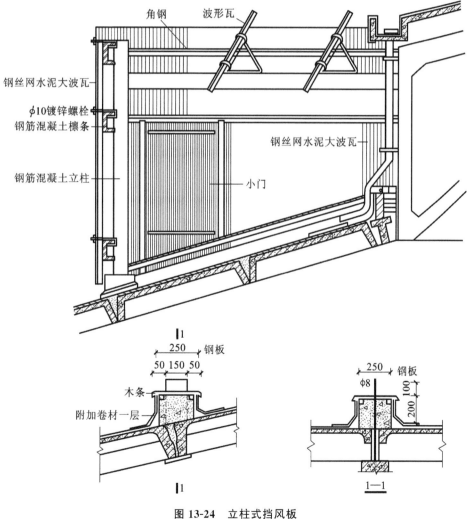

图 13-24　立柱式挡风板

2.悬挑式

悬挑式挡风板的支架固定在天窗架上,挡风板与屋面板完全脱开,如图 13-25 所示。这种布置处理灵活,但增加了天窗架的荷载,对抗震不利。

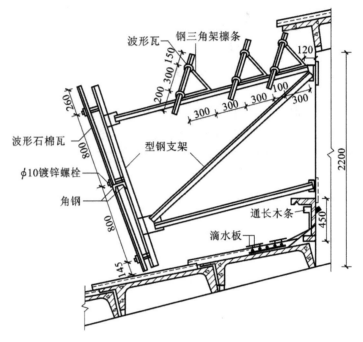

图 13-25　悬挑式挡风板

(二)挡雨设施

矩形通风天窗的挡雨设施有屋面设置大挑檐、水平口设挡雨片和竖直口设挡雨板三种情况,如图 13-26 所示。屋面大挑檐挡雨,使水平口的通风面积减小,多在挡风板与天窗的距离较大时采用。水平口设挡雨片,通风阻力较小,挡雨片与水平面夹角可为 45°、60°或 90°,目前多用 60°角。挡雨片高度一般为 200~300mm。垂直口设挡雨板时,挡雨板与水平面夹角越小,通风越好,还需排水和防止溅雨,一般不宜小于 15°。挡雨板有石棉水泥瓦、钢丝网水泥板、钢筋混凝土板及薄钢板等。

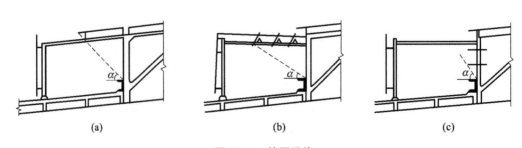

图 13-26　挡雨设施
(a)屋面设置大挑檐;(b)水平口设挡雨片;(c)垂直口设挡雨板

三、平天窗

(一)平天窗的形式

平天窗的形式主要有采光板(图13-27)、采光罩(图13-28)和采光带(图13-29)。

采光板是在屋面板上留孔,装平板式透光材料,或是抽掉屋顶板加檩条设透光材料。若将平板式透光材料改用弧形采光材料,则形成采光罩,其刚度较采光板好。采光板和采光罩分固定和可开启两种,固定采光板仅用于采光,可开启采光板以采光为主,并用于通风。采光带是在屋面的纵向或横向开设6m以上的采光口,装平板式透光材料。瓦屋面、折板屋面常横向布置,大型屋面板屋面多纵向布置。

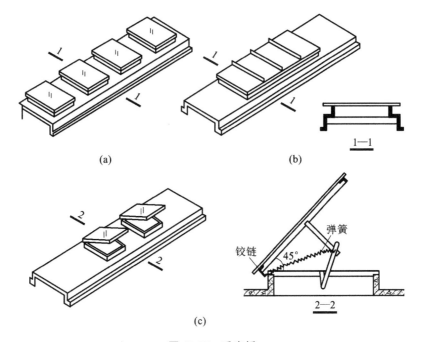

图13-27　采光板

(a)小孔采光板;(b)大孔采光板;(c)可开启采光板

平天窗的优点是屋顶荷载小、构造简单、施工简便,但易造成眩光和太阳直接辐射,易积灰,防雨、防雹能力差。随着采光材料的发展,近年来平天窗的应用越来越多。

(二)平天窗构造

平天窗既可以采光通风又是屋面的一部分,在满足采光的同时,需解决好防水、防太阳辐射和眩光、安全防护以及组织通风等问题,其构造如图13-30所示。

1.防水

为增强防水,在采光口周围设150～250mm高的井壁,并做泛水处理,井壁上安放透光材料,如图13-31所示。井壁有垂直和倾斜两种,倾斜井壁利于采光。井壁材料有钢筋混凝土、薄钢板、塑料等。井壁与玻璃间的缝隙,宜采用聚氯乙烯胶泥或建筑油膏等弹性好、不易干裂的材料垫缝。采光板用卡钩固定玻璃,并将卡钩通过螺钉固定在井壁的预

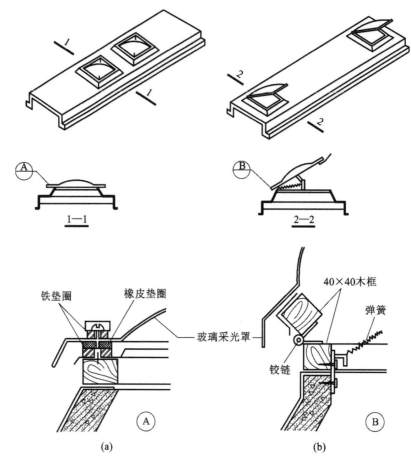

图 13-28　采光罩

（a）玻璃采光罩；（b）可开启玻璃采光罩

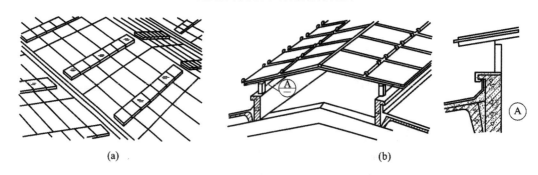

图 13-29　采光带

（a）横向采光带；（b）纵向采光带

埋木砖上，连接构造如图 13-32 所示。为防止玻璃内表面形成冷凝水而产生滴水现象，可在井壁顶部设置排水沟，将水接住，顺坡排至屋顶。面积较大的采光板可由多块玻璃拼接，需要横挡固定和相互搭接，如图 13-33 所示。上下搭接长度一般不小于 100mm，并用 Z 形镀锌铁皮卡子固定，如图 13-34 所示。为了防止搭接处渗漏，需用柔性材料嵌缝。

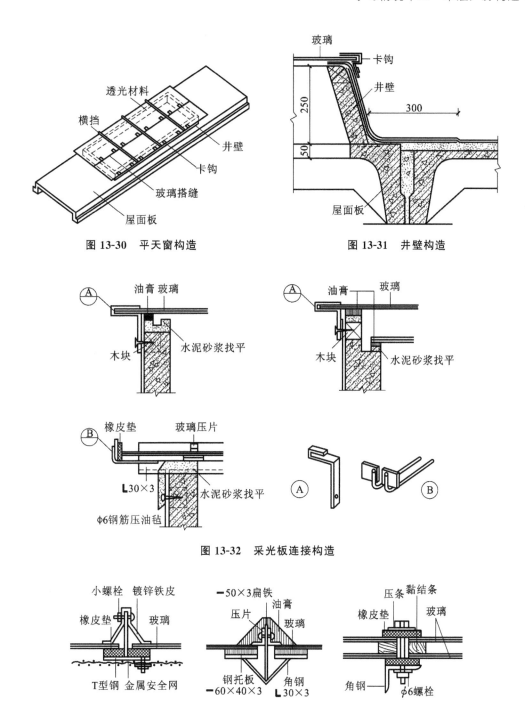

图 13-30　平天窗构造

图 13-31　井壁构造

图 13-32　采光板连接构造

图 13-33　采光玻璃的固定和搭接构造

2.防太阳辐射和眩光

平天窗受阳光直射的强度高、时间长,如采用普通平板玻璃和钢化玻璃为透光材料,会造成车间过热和产生眩光,以致影响工人的健康、生产的安全和产品的质量。因此,平天窗应选用能使阳光扩散、减少辐射和眩光的透光材料,如磨砂玻璃、夹丝压花玻璃、中

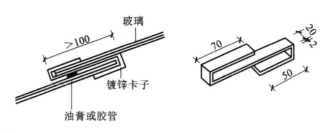

图 13-34　玻璃上下搭接固定

空玻璃、吸热玻璃及变色玻璃等。目前,多在平板玻璃下表面刷半透明涂料,如聚乙烯醇缩丁醛。

3.安全防护

为防止冰雹或其他原因造成玻璃破碎,影响安全生产,可采用夹丝的安全玻璃等。当采用普通玻璃时,应在玻璃下面设一道防护网(如镀锌铁丝网或钢板网),在井壁上设托铁固定,防护网的连接构造如图 13-35 所示。

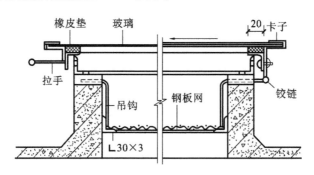

图 13-35　防护网的连接构造

4.通风

平天窗屋面的通风方式有两种,分别是单独设置通风屋脊、采光和通风结合处理。

(1)单独设置通风屋脊,如图 13-36 所示,平天窗仅起采光作用。

(2)采光和通风结合处理。平天窗既可采光,又可通风。一是采用开启的采光板或采光罩,但在使用时不够灵活方便;二是在两个采光罩相对的侧面做百叶,在百叶两侧加挡风板,构成一个通风井,如图 13-37 所示。当天窗采用采光带时,可将井壁加高,装上百叶或窗扇,以满足通风的要求。

四、下沉式天窗

下沉式天窗是在一个柱距内,将一定宽度的屋面板从屋架上弦下沉到屋架的下弦上,利用上、下屋面板之间的高度差做采光和通风口。

(一)下沉式天窗的形式

下沉式天窗的形式有井式天窗、纵向下沉式天窗和横向下沉式天窗。这三种天窗的构造类似,下面以井式天窗为例加以说明。

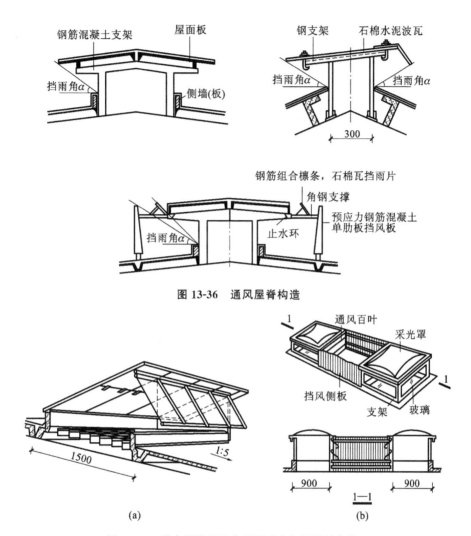

图 13-36 通风屋脊构造

图 13-37 采光通风平天窗屋面采光和通风结合处理

(a)带开启扇的采光板;(b)采光罩加挡风侧板

井式天窗的布置方式有单侧布置、两侧布置和跨中布置,如图 13-38 所示。单侧或两侧布置的通风效果好,排水、清灰比较容易,多用于热加工车间。跨中布置通风效果较差,排水处理也比较复杂,但可以利用屋架中部较高的空间做天窗,采光效果较好,多用于有一定采光通风要求,但余热、灰尘不大的厂房。井式天窗的通风效果与天窗的水平口面积和垂直口面积的比值有关,适当扩大水平口面积,可提高通风效果。但应注意井口的长度不宜太大,以免通风性能下降。

(二)下沉式天窗的构造

下沉式井式天窗的构造包括井底板、井底檩条、井口空格板、挡雨设施、挡风墙及排水设施等组成部分,如图 13-39 所示。

1.井底板

井底板的布置方式有横向铺板和纵向铺板两种。

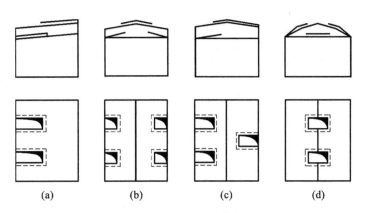

图 13-38　井式天窗的布置方式

(a)单侧布置；(b)两侧对称布置；(c)两侧错开布置；(d)跨中布置

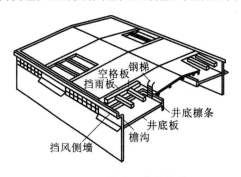

图 13-39　井式天窗的构造

（1）横向铺板。横向铺板是先在屋架下弦上搁置檩条(图 13-40)，然后在檩条上平行于屋架铺设井底板。井底板的长度受到屋架下弦节点间距的限制，灵活性较小。井底板边檐做 300mm 高泛水，则泛水、屋架节点、檩条、井底板的总高度合起来会有 1m 以上。为了在屋架上、下弦之间争取较大的垂直口通风面积，檩条常用下卧式、槽形、L 形等形式，屋面板可设置在檩条的下翼缘上，降低 200mm 的构造高度，同时槽形、L 形檩条的高出部分，还可兼起泛水作用，则增加了采光和通风口的净空高度，有利于采光和通风。

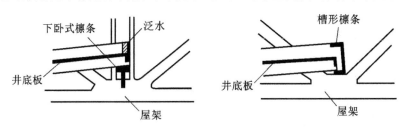

图 13-40　井底檩条

（2）纵向铺板。纵向铺板是井底板直接搁置在屋架下弦上，可省去檩条及不必增加天窗高度。天窗水平口长度可根据需要灵活布置。但有的井底板端部会与屋架腹杆相碰，需采用出肋板或卡口板，躲开屋架腹杆，如图 13-41 所示。

2.井口板及挡雨设施

井式天窗用于不需采暖的厂房(如热加工车间)，通常不设窗扇而做成开敞式，因此

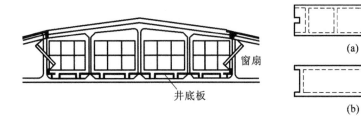

图 13-41　纵向铺井底板

(a)卡口板；(b)出肋板

需加挡雨设施。井式天窗有三种形式,分别是井上口设挑檐板、井上口设挡雨片和垂直口设挡雨板。

(1)井上口设挑檐板。在井上口直接设挑檐板,挑檐板的出挑长度应满足挡雨角的要求,如图 13-42 所示。一种是纵向由相邻的屋顶板加长挑出,横向增设屋顶板成挑檐板。另一种是在屋架上先设檩条,挑檐板固定在檩条上。由于挑檐板占据过多的水平口面积,影响通风,因此只适用于较大的天窗,如 9m 柱距的天井或 6m 柱距连井的情况。

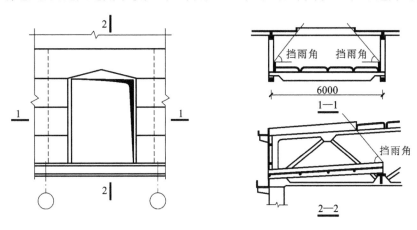

图 13-42　井上口挑檐板

(2)井上口设挡雨片。在井上口设空格板,在空格板的纵肋上固定挡雨片,如图 13-43 所示。挡雨片的挡雨角为 60°,材料可选用玻璃、钢板和石棉瓦等,连接构造如图 13-44 所示,有插槽法和焊接法。插槽法是在空格板的大肋上预留槽口,将挡雨片插入。焊接法是将挡雨片直接焊接在空格板的预埋件上。

(3)垂直口设挡雨板。垂直口挡雨板的构造和材料与开敞式外墙挡雨板相同,常用石棉瓦或预制钢筋混凝土小型屋面板作挡雨板,如图 13-45 所示。

3.窗扇的设置

冬季有保温要求的厂房,需在垂直口设置窗扇。沿厂房纵向的垂直口可装上悬或中悬窗扇。在横向垂直口上,受屋架腹杆的影响,只能设上悬窗扇,且由于受屋架坡度和井底板以及垂直口形状的影响,横向垂直口一般不设窗扇,如需设置窗扇,可跨中布置天井。

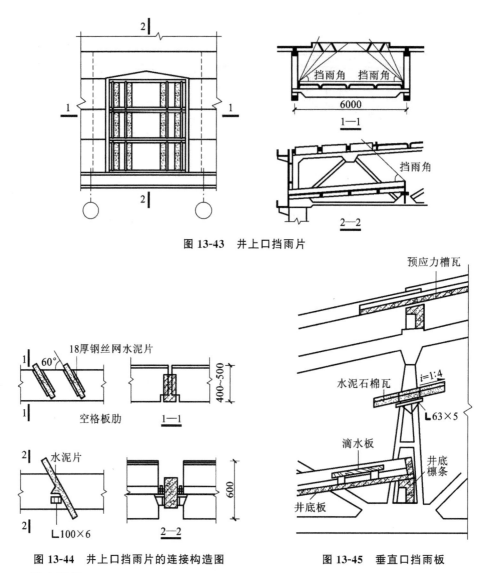

图 13-43 井上口挡雨片

图 13-44 井上口挡雨片的连接构造图

图 13-45 垂直口挡雨板

4.排水设施

井式天窗因有上、下两层屋面排水,需同时考虑屋面排水和井底板排水,构造处理比较复杂。设计时应尽量减少天沟、雨水管和水斗的数量,以减小排水系统堵塞的可能性。根据天窗的位置、地区气候条件和生产工艺特点的不同,井式天窗的排水主要有两种,分别是边井外排水、中井式天窗排水。

(1)边井外排水。边井外排水有四种情况,分别是:①无组织排水,上层屋面及井底板排水均为自由落水,井底板雨水经挡雨板与井底板间的空隙流出,如图 13-46(a)所示,这种方式构造简单、施工方便,适用于降雨量不大的地区;②单层天沟排水,上层屋面设通长天沟,井底板做自由落水,如图 13-46(b)所示,适用于降雨量较大的地区或灰尘小的厂房;③上层屋面为自由落水,井底板外设清灰、排水两用通长天沟,如图 13-46(c)所示,适用于灰尘多的厂房;④上层屋面及井底板均为通长天沟有组织排水,如图 13-46(d)所示,适用于雨量大、灰尘多的车间。

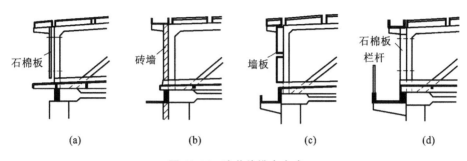

图 13-46 边井外排水方式

（2）中井式天窗排水。中井式天窗连跨布置时，对灰尘不大的厂房，可设间断天沟，如图 13-47（a）所示。降雨量大的地区或灰尘多的厂房，可上下两侧设通长天沟[图 13-47(b)]或下层设通长天沟、上层设间断天沟。跨中布置时，可用吊管连同井底板将雨水一起汇集排出，如图 13-47(c)所示。

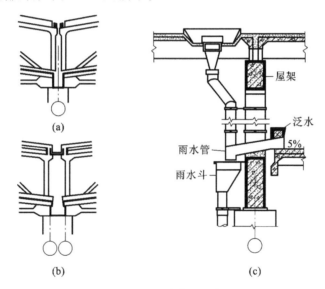

图 13-47 连续跨天沟

5.泛水

为防止屋面雨水流入井内，在井上口四周须做 150～200mm 高的泛水。为防雨水溅入车间，井底板四周也要设不大于 300mm 高的泛水。泛水可用砖砌，外抹水泥砂浆或用钢筋混凝土挡水条。图 13-48 所示为中井式天窗泛水构造。

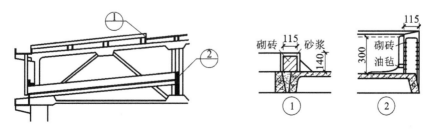

图 13-48 中井式天窗泛水构造

学习任务三　外墙构造

单层厂房的外墙，根据承重情况不同可分为承重墙、自承重墙及骨架墙等；根据构造不同可分为块材墙、板材墙。

承重墙一般用于中、小型厂房。当厂房跨度小于15m，吊车吨位不超过5t时，可做成条形基础和带壁柱的承重砖墙。厂房的承重墙和自承重墙的构造类似于民用建筑。

骨架墙利用厂房的承重结构做骨架，墙体仅起围护作用。与砖结构的承重墙相比，骨架墙可减少结构面积，便于建筑施工和设备安装，适应高大及有振动的厂房条件，易于实现建筑工业化，适应厂房的改建、扩建等，当前被广泛采用。依据使用要求、材料和施工条件，骨架墙可分为块材墙、板材墙和开敞式外墙等。

一、块材墙

（一）块材墙的位置

块材墙厂房围护墙与柱的平面关系有两种：一种是围护墙位于柱间，能节约用地，增强柱列的刚度，但构造复杂，热工性能差；另一种是围护墙设在柱的外侧，具有构造简单、施工方便、热工性能好、便于统一等特点，应用广泛。图13-49所示为围护墙与柱的平面关系。

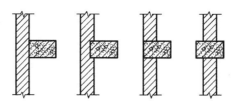

图13-49　围护墙与柱的平面关系图

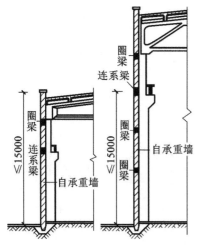

图13-50　块材墙及其相关构件

（二）块材墙的相关构件及连接

块材围护墙一般不设基础，下部墙身支承在基础梁上，上部墙身通过连系梁经牛腿将重量传给柱再传至基础。图13-50所示为块材墙及其相关构件。

（1）基础梁。基础梁的截面形式有矩形和倒梯形，顶面标高通常比室内地面低50mm，以便门洞口处的地面做面层保护基础梁。基础梁和柱基础之间的连接与基础的埋深有关，当基础埋置较浅时，可将基础梁直接或通过混凝土垫块搁置在柱基础杯口上，也可在高杯口基础上设置基础梁。当基础埋置较深时，一般用柱牛腿支撑基础梁。图13-51所示为基础梁与柱基础的位置关系。

在保温厂房中,基础梁下部宜用松散的保温材料填铺,如矿渣等,如图 13-52 所示。松散的材料可以保证基础梁与柱基础共同沉降,避免基础下沉时,梁下填土不下沉或冻胀等产生反拱作用而对墙体产生不利的影响。在温暖地区,可在梁下部铺砂或炉渣等结构层。

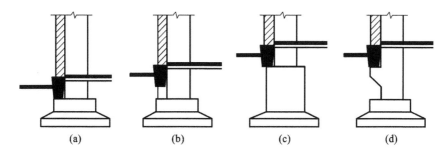

图 13-51　基础梁与柱基础的位置关系

(a)搁置在基础上;(b)搁置在垫块上;(c)搁置在高杯口基础上;(d)搁置在牛腿上

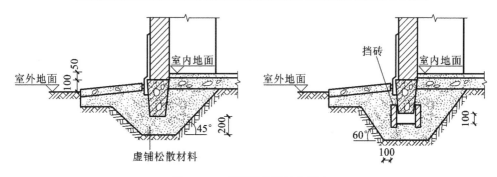

图 13-52　基础梁的防冻与受力

(2)连系梁。连系梁的截面形式有矩形和 L 形。利用螺栓或焊接与柱连接,如图 13-53 所示。它不仅承担墙身的重量,而且能增强厂房的纵向刚度。

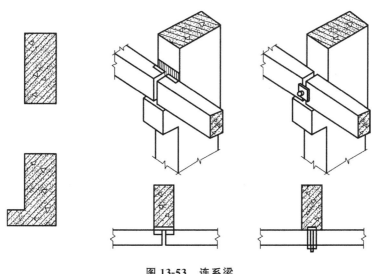

图 13-53　连系梁

(3)柱、屋架。柱和屋架端部常用钢筋拉接块材墙,由柱、屋架沿高度每隔 500～600mm 伸出 2Φ6 钢筋砌入墙内。图 13-54 所示为块材墙与柱和屋架端部的连接。为增加墙体的稳定性,可沿高度每 4m 左右设一道圈梁。图 13-55 所示为圈梁与柱的连接。

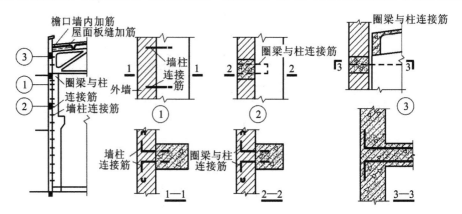

图 13-54　块材墙与柱和屋架端部的连接

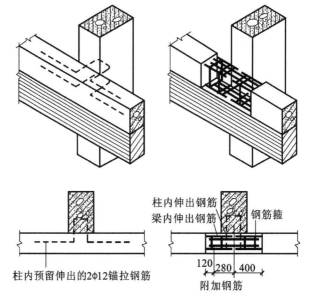

图 13-55　圈梁与柱的连接

二、板材墙

发展大型板材墙是墙体改革和加快厂房建筑工业化的重要措施之一,其能减轻劳动强度,充分利用工业废料,节约耕地,加快施工速度,提高墙体的抗震性能。目前适宜用的板材有钢筋混凝土板材和波形板材。

(一)钢筋混凝土板材墙

1.墙板的规格、类型

钢筋混凝土墙板的长度和高度采用扩大模数 3M。板的长度有 4500mm、6000mm、

7500mm、12000mm 四种，可适用于常用的 6m 或 12m 柱距以及 3m 整数倍的跨距。板的高度有 900mm、1200mm、1500mm、1800mm 四种，常用的板厚度为 160～240mm，以 20mm 为模数进级。

根据材料和构造方式，墙板分为单一材料墙板和复合墙板。

单一材料墙板常见的有钢筋混凝土槽形板、空心板和配筋轻混凝土墙板（图 13-56），用钢筋混凝土预制的墙板耐久性好，制作简单。槽形板节省水泥和钢材，但保温、隔热性能差，且易积灰。空心板表面平整，并具有一定的保温、隔热能力，应用较多。配筋轻混凝土墙板如陶粒珍珠砂混凝土和加气混凝土墙板，重量轻，保温、隔热性能好，较为坚固，但吸湿性大。

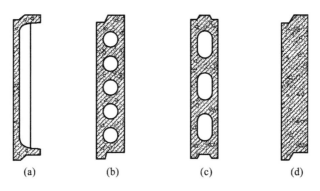

图 13-56　钢筋混凝土槽形板、空心板和配筋轻混凝土墙板

(a)钢筋混凝土槽形板；(b)预应力钢筋混凝土空心板；

(c)钢筋混凝土椭圆孔空心板；(d)陶粒混凝土板

复合墙板是指由承重骨架、外壳及各种轻质夹芯材料所组成的墙板。常用的夹芯材料为用膨胀珍珠岩、蛭石、陶粒、泡沫塑料等配制的各种轻质混凝土或预制板材。常用的外壳有重型外壳和轻型外壳。重型外壳即钢筋混凝土外壳。轻型外壳墙板是将石棉水泥板、塑料板、薄钢板等轻外壳固定在骨架两面，再在空腔内填充轻型保温、隔热材料制成的复合墙板。

复合墙板具有重量轻，防水、防火，保温、隔热的优点，且具有一定的强度；其缺点是制作复杂，仍受热桥的不利影响，需要进一步改进。

2.墙板布置

墙板布置分为横向布置、竖向布置和混合布置，如图 13-57 所示。其中，横向布置用得最多，其次是混合布置。竖向布置因板长受侧窗高度的限制，板型和构件较多，故应用较少。

横向布置墙板以柱距为板长，可省去窗过梁和连系梁，板型少，并有助于增强厂房刚度，接缝处理也较易处理。混合布置墙板虽需增加板型，但立面处理灵活。

3.墙板和柱的连接

墙板和柱的连接应安全可靠，并便于安装和检修，一般分为柔性连接和刚性连接。

柔性连接是指墙板和柱之间通过预埋件和连接件拉结在一起。连接方式有螺栓挂钩柔性连接和角钢搭接柔性连接。柔性连接的特点是墙板与骨架以及墙板之间在一定范围内可产生相对位移，能较好地适应各种振动引起的变形。螺栓挂钩柔性连接如

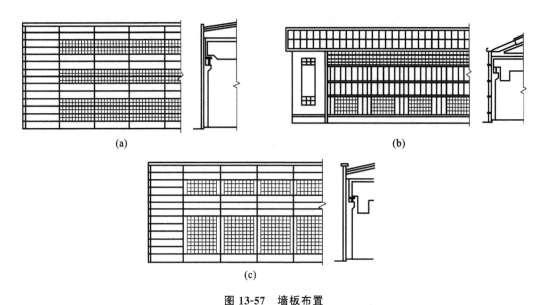

图 13-57　墙板布置

(a)横向布置;(b)竖向布置;(c)混合布置

图 13-58 所示,它是在垂直方向每隔 3～4 块板于柱上设钢托支承墙板荷载,在水平方向用螺栓挂钩将墙板拉结固定在一起。其安装、维修也方便,但用钢量较多,暴露的金属多,易腐蚀。角钢搭接柔性连接如图 13-59 所示,它利用焊在柱和墙板上的角钢连接固定,比螺栓挂钩柔性连接省钢,外露的金属也少,施工速度快,但因有焊接点安装不便,适应位移的程度差一些。

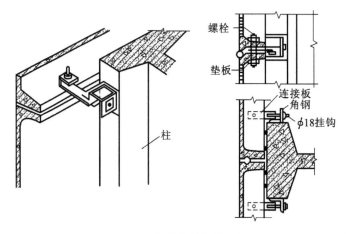

图 13-58　螺栓挂钩柔性连接

刚性连接是指通过墙板和柱的预埋铁件用型钢焊接固定在一起,如图 13-60 所示。其特点是用钢少,厂房的纵向刚度大,但构件不能产生相对位移,在基础出现不均匀沉降或有较大振动荷载时,墙板易产生裂缝等现象。墙板在转角部位为避免过多增加板型,一般结合纵向定位轴线的不同定位方式,采用山墙加长板或增补其他构件,如图 13-61 所示。为满足防水及制作安装方便、保温、防风、经济美观、坚固耐久等要求,墙板的水平缝和垂直缝都应采取构造处理,如图 13-62 所示。

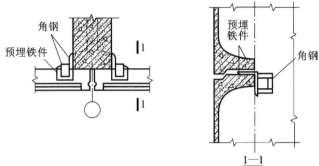

图 13-59　角钢搭接柔性连接

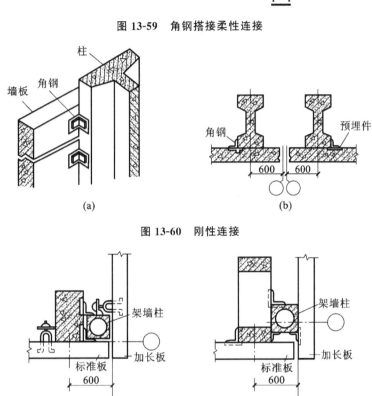

图 13-60　刚性连接

图 13-61　转角部位墙板处理

(二)波形板材墙

波形板材墙板按材料可分为压型薄钢板、石棉水泥波形板、塑料玻璃钢波形板等,这类墙板主要用于无保温要求的厂房和仓库等建筑,连接构造基本相同。压型薄钢板通过钩头螺栓连接在型钢墙梁上,型钢墙梁既可通过预埋件焊接又可用螺栓连接在柱子上,连接构造如图 13-63 所示。石棉水泥波形板是通过连接件悬挂在连系梁上的,连系梁的间距与板长相适应,石棉水泥波形板的连接构造如图 13-64 所示。

(三)开敞式外墙

有些厂房车间为了迅速排出烟、尘、热量以及通风、换气、避雨,常采用开敞式或半开

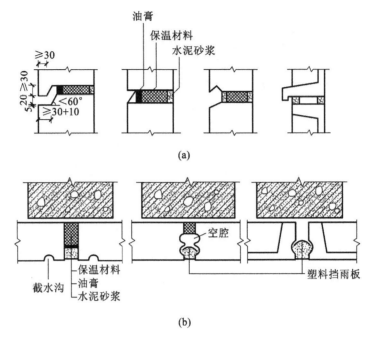

图 13-62 墙板水平缝和垂直缝的构造处理

(a)水平缝;(b)垂直缝

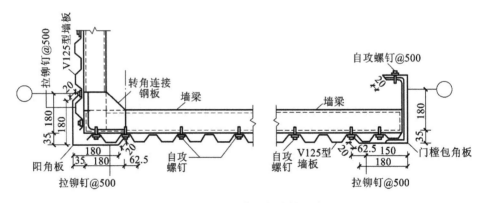

图 13-63 压型薄钢板连接构造

敞式外墙。常见的开敞式外墙的挡雨板有石棉水泥瓦挡雨板和钢筋混凝土挡雨板。

1.石棉水泥瓦挡雨板

石棉水泥瓦挡雨板的特点是重量轻,由型钢支架(或钢筋支架)、型钢檩条、石棉水泥瓦(中波)挡雨板及防溅板构成[图 13-65(a)]。型钢支架焊接在柱的预埋件上,石棉水泥瓦用弯钩螺栓勾在角钢檩条上。挡雨板垂直间距视车间挡雨要求和飘雨角(一般取雨线与水平夹角为 30°左右)而定。

2.钢筋混凝土挡雨板

钢筋混凝土挡雨板分有支架和无支架两种[图 13-65(b)、(c)],其基本构件有支架、挡雨板和防溅板。各种构件通过预埋件焊接予以固定。

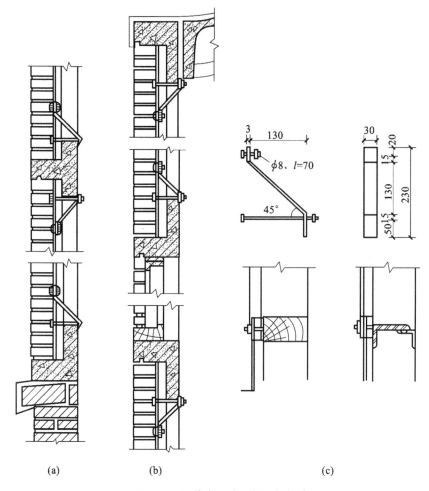

图 13-64 石棉水泥波形板连接构造

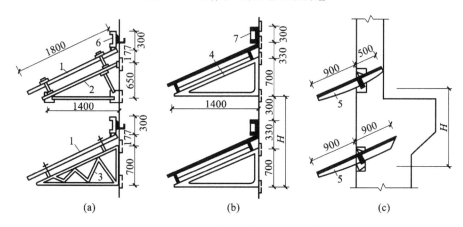

图 13-65 开敞式外墙挡雨板构造

1—石棉水泥瓦;2—型钢支架;3—钢筋支架;4—钢筋混凝土挡雨板及支架;

5—无支架钢筋混凝土挡雨板;6—石棉水泥瓦防溅板;7—钢筋混凝土防溅板

学习任务四　侧窗与大门构造

一、侧窗

单层厂房的侧窗不仅要满足采光和通风的要求,还应满足工艺上的特殊要求,如泄压、保温、隔热、防尘等。由于侧窗面积较大,易产生变形损坏和开关不便,应更注意侧窗是否坚固耐久、开关方便。通常厂房采用单层窗,但在寒冷地区或有特殊要求的车间(恒温、洁净车间等),须采用双层窗。

1.侧窗的类型与特点

侧窗根据采用的材料可分为钢侧窗、木侧窗及塑钢侧窗等,多用钢侧窗;根据开关方式可分为中悬窗、平开窗、垂直旋转窗、固定窗和百叶窗等。

(1)中悬窗。中悬窗窗扇沿水平轴转动,开启角度可达 80°,可用自重保持平衡,便于开关,有利于泄压。通过调整转轴位置,可使转轴位于窗扇重心以上,当室内空气达到一定的压力时,能自动开启泄压,常用于外墙上部。中悬窗的缺点是构造复杂,开关扇周边的缝隙易漏雨和不利于保温。

(2)平开窗。平开窗构造简单、开关方便、通风效果好,且便于组成双层窗。其多用于外墙下部,作为通风的进气口。

(3)垂直旋转窗。垂直旋转窗又称立转窗。窗扇沿垂直轴转动,并可根据不同的风向调节开启角度,通风效果好,多用于热加工车间的外墙下部,用作进风口。

(4)固定窗。固定窗构造简单,节省材料,多设在外墙中部,主要用于采光。对有防尘要求的车间,其侧窗也多做成固定窗。

(5)百叶窗。百叶窗主要用于通风,兼有遮阳、防雨、遮挡视线等作用。其根据形式不同有固定式和活动式之分,常用固定式百叶窗,叶片通常为 45° 和 0°。在百叶后设钢丝网或窗纱,防鸟虫进入。

根据厂房通风的需要,厂房外墙的侧窗一般是将悬窗、平开窗或固定窗等组合在一起来设置,如图 13-66 所示。

2.钢侧窗构造

钢窗具有坚固耐久、防火、关闭紧密、遮光少等优点,对厂房侧窗比较适用。厂房侧窗的面积较大,多采用基本窗拼接组合,靠竖向和水平的拼料保证窗的整体刚度和稳定性。

厂房钢侧窗的构造及安装方式同民用建筑部分。

厂房侧窗高度和宽度较大,窗的开关常借助于开关器,有手动和电动两种形式。常用的侧窗手动开关器如图 13-67 所示。

图3-66　厂房外墙侧窗的组合

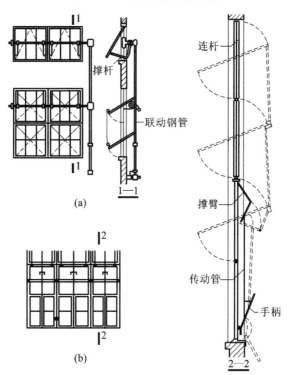

图 13-67　侧窗手动开关器

(a)蜗轮蜗杆手摇开关器；(b)撑臂式开关器

二、大门

1.大门的尺寸

厂房大门主要用于生产运输、人流通行以及紧急疏散。大门的尺寸应根据运输工具的类型、运输货物的外形尺寸及方便通行等因素确定。一般门的尺寸比装满货物的车辆宽出 600～1000mm,高出 400～600mm。常用的厂房的大门规格尺寸见表 13-2。门洞尺寸较大时,应当防止门扇变形,常用以型钢做骨架的钢木大门或钢板门。

2.大门的类型

大门根据开关方式分为平开门、推拉门、折叠门、上翻门、升降门、卷帘门。厂房大门可用人力、机械或电动开关。

(1)平开门。平开门构造简单,门扇常向外开,门洞上应设雨篷。平开门受力状况较差,易产生下垂和扭曲变形,门洞较大时不宜采用。当运输货物不多,大门不需经常开启时,可在大门门扇上开设供人通行的小门。

(2)推拉门。推拉门构造简单,门扇受力状况较好,不易变形,应用广泛,但密闭性差,不宜用于需在冬季采暖的厂房大门。

(3)折叠门。折叠门由几个较窄的门扇通过铰链组合而成。开启时通过门扇上、下滑轮沿导轨左右移动并折叠在一起。这种门占用空间较少,适用于较大的门洞口。

(4)上翻门。上翻门开启时门扇随水平轴沿导轨上翻至门顶过梁下面,不占使用空间。这种门可避免门扇的碰损,多用于车库大门。

(5)升降门。升降门开启时门扇沿导轨上升,不占使用空间,但门洞上部要有足够的上升高度,开启方式有手动和电动,常用于大型厂房。

(6)卷帘门。卷帘门门扇由许多冲压成型的金属叶片连接而成。开启时通过门洞上部的转动轴叶片卷起。其适合于4000～7000mm宽的门洞,高度不受限制。这种门构造复杂,造价较高,多用于不经常开启和关闭的大门。

表 13-2 厂房的大门规格尺寸

运输工具 \ 洞口宽/mm \ 洞口宽/mm	2100 / 2100	2100 / 2400	3000 / 2700	3300 / 3000	3600 / 3900	3900 / 4200	4200 4500 / 5100 5400
3t 矿车	☐						
电瓶车		☐					
轻型卡车			☐				
中型卡车				☐			
重型卡车					☐		
汽车起重机						☐	
火车							☐

3.大门的构造

(1)平开钢木大门。平开钢木大门由门扇和门框组成。门洞尺寸一般不大于3.6m×3.6m。门扇较大时采用焊接型钢骨架,如角钢横撑和交叉横撑,以增强门扇刚度,上贴

15～25mm厚的木门芯板。寒冷地区要求保温的大门,可采用双层木板中间填保温材料。在门扇下沿与地面空隙处,门扇与门框、门扇与门扇之间的缝隙处可加钉橡皮条,以防风沙吹入。

大门门框有钢筋混凝土门框和砖砌门框两种。当门洞宽度小于3m时,可用砖砌门框;当门洞宽大于3m时,宜采用钢筋混凝土门框。在安装铰链处预埋铁件,一般每个门扇设两个铰链,铰链焊接在预埋铁件上。常见钢木大门的构造如图13-68所示。

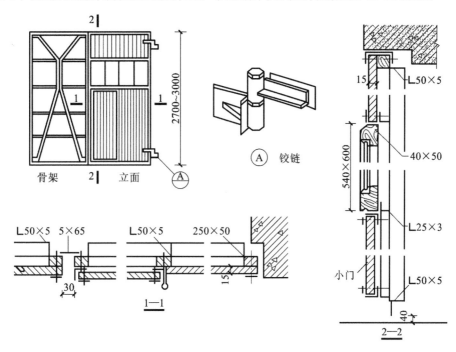

图 13-68　钢木大门的构造

(2)推拉门。推拉门由门扇、上导轨、地槽(下导轨)及门框组成。门扇可采用钢木大门、钢板门等。每个门扇宽度一般不大于1.8m。门扇尺寸应比洞口宽200mm。门扇不太高时,门扇角钢骨架中间只设横撑,在安装滑轮处设斜撑。推拉门的支承方式可分为上挂和下滑式两种。当门扇高度小于4m时采用上挂式,即门扇通过滑轮挂在门洞上方的导轨上。当门扇高度大于4m时,采用下滑式。在门洞上、下均设导轨,下面导轨承受门的重量。门扇下边还应设铲灰刀,清除地槽尘土。为防止滑轮脱轨,在导轨尽端和地面分别设门挡,门框处可加设小壁柱。导轨通过支架与钢筋混凝土门框的预埋件连接。推拉门位于墙外时,门上部应结合导轨设置雨篷或门斗。常见的双扇推拉门构造如图13-69所示。

(3)折叠门。折叠门一般可分为侧挂式折叠门、侧悬式折叠门和中悬式折叠门。侧挂式折叠门可用普通铰链,靠框的门扇如为平开门,则在其侧面只挂一扇门,不适用于较大的洞口。侧悬式和中悬式折叠门,在洞口上方设有导轨,各门扇间除用铰链连接外,在门扇顶部还装有带滑轮的铰链,下部装地槽滑轮,开闭时上、下滑轮沿导轨移动,带动门扇折叠,它们适用于较大的洞口。滑轮铰链安装在门扇侧边的为侧悬式折叠门,开关较灵活。中悬式折叠门的滑轮铰链装在门扇中部,门扇受力较好,但开关时比较费力。

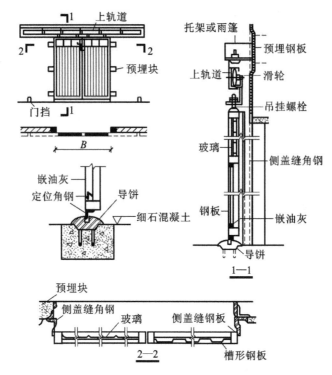

图 13-69 双扇推拉门构造

图 13-70 所示为侧悬式空腹薄壁钢折叠门,它不宜用于有腐蚀介质的车间。

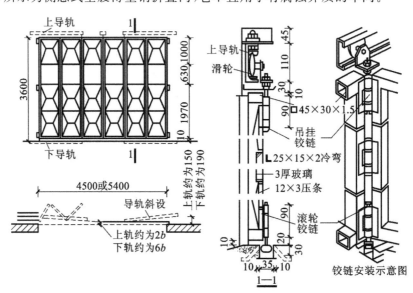

图 13-70 侧悬式空腹薄壁钢折叠门的构造

(4)卷帘门。卷帘门主要由帘板、导轨及传动装置组成。工业建筑中的帘板常采用页板,页板可用镀锌钢板或合金铝板轧制而成,之间用铆钉连接。页板的下部采用钢板和角钢,以增强卷帘门的刚度,并便于安设门钮。页板的上部与卷筒连接,开启时,页板沿着门洞两侧的导轨上升,卷在卷筒上。门洞的上部设传动装置,传动装置分为手动(图 13-71)和电动(图 13-72)。

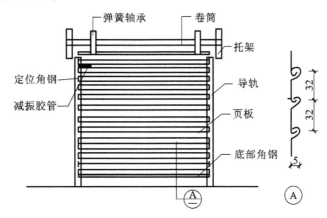

图 13-71　手动传动装置卷帘门

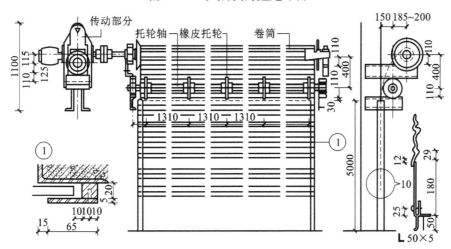

图 13-72　电动传动装置卷帘门

4.特殊要求的门

(1)防火门。防火门用于加工或存放易燃品的车间或仓库。根据车间对防火门耐火等级的要求,门扇可以采取钢板、木板外贴石棉板再包镀锌铁皮或木板外直接包镀锌铁皮等构造措施。考虑到木材受高温会炭化而放出大量气体,应在门扇上设泄气孔。室内有可燃液体时,为防止液体流淌、火灾蔓延,防火门下宜设门槛,高度以液体不流淌到室外为准。

防火门常采用自重下滑关闭门,门上导轨有 5%～8% 的坡度,火灾发生时,易熔合金的熔点为 70℃,易熔合金熔断后,重锤落地,门扇依靠自重下滑关闭,如图 13-73 所示。当门洞口尺寸较大时,可做成两个门扇相对下滑。

(2)保温门和隔声门。保温门要求门扇具有一定的热阻值且门缝做密闭处理,在门扇两层面板间填以轻质、疏松的材料(如玻璃棉、矿棉、软木等)。隔声门的隔声效果与门扇的材料和门缝的密闭有关,虽然门扇越重隔声效果越好,但门扇过重开关不便,五金零件也易损坏,因此隔声门常采用多层复合结构,也是在两层面板之间填吸声材料(如矿棉、玻璃棉、玻璃纤维等)。

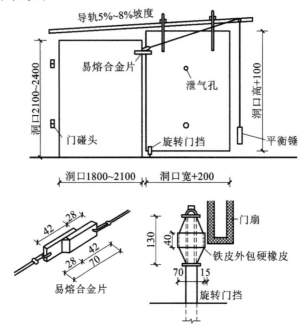

图 13-73 自重下滑关闭防火门

一般保温门和隔声门的面板常采用整体板材(如五层胶合板、硬质木纤维板、热压纤维板等),不易发生变形。门缝密闭处理对门的隔声、保温以及防尘等使用要求有很大影响,通常采用的措施是在门缝内粘贴填缝材料,填缝材料应具有足够的弹性和压缩性,如橡胶管、海绵橡胶条、羊毛毡条等。还应注意裁口形式,裁口做成斜面比较容易使门关闭紧密,可避免由门扇胀缩而引起的缝隙不密合,但门扇裁口不宜多于两道,以免开关困难,也可将门扇与门框相邻处做成圆弧形的缝隙,有利于密合。图 13-74 所示为一般保温门和隔声门的门缝隙构造处理。

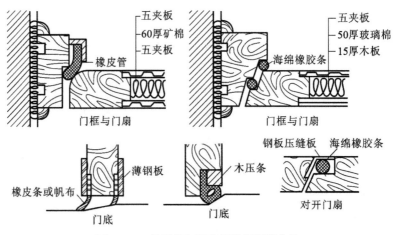

图 13-74 保温门和隔声门的门缝隙构造

学习任务五　地面及其他构造

一、地面

工业建筑的地面不仅面积大、荷载重、材料用量多，而且要满足各种生产使用的要求。因此，正确而合理地选择地面材料及构造层次，不仅有利于生产，而且对节约材料和投资都有较大的影响。

工业建筑地面与民用建筑地面构造基本相同，一般由面层、结构层、垫层、基层组成。为了满足一些特殊要求，还要增设结合层、找平层、防水层、保温层、隔声层等功能层次。现将主要层次分述如下。

（一）面层选择

面层是直接承受各种物理和化学作用的表面层，应根据生产特征、使用要求和影响地面的各种因素来选择，例如，生产精密仪器和仪表的车间，地面要求防尘；在生产中有爆炸危险的车间，地面应不致因摩擦、撞击而产生火花；有化学侵蚀介质的车间，地面应有足够的抗腐蚀性；生产中要求防水、防潮的车间，地面应有足够的防水性等。地面面层的选择见表 13-3。

表 13-3　　　　　　　　　　　　　地面面层的选择

生产特征及对结构层的使用要求	适宜的面层	生产特征举例
机动车行驶、受坚硬物体磨损	混凝土、铁屑水泥、粗石	行车通道、仓库、钢绳车间等
坚硬物体（10kg 以内）对地面产生冲击	混凝土、块石、缸砖	机械加工车间、金属结构车间等
坚硬物体（50kg 以上）对地面有较大冲击	矿渣、碎石、素土	铸造、锻压、冲压、废钢处理车间等
受高温（500℃以上）作用地段	矿渣、凸缘铸铁板、素土	铸造车间的熔化浇铸工段、轧钢车间加热和轧机工段、玻璃熔制工段
有水和其他中性液体作用地段	混凝土、水磨石、陶板	选矿车间、造纸车间
有防爆要求	菱苦土、木砖沥青砂浆	精密车间、氢气车间、火药仓库等
有酸性介质作用	耐酸陶板、聚氯乙烯塑料	硫酸车间的净化工段、硝酸车间的吸收浓缩工段
有碱性介质作用	耐碱沥青混凝土、陶板	纯碱车间、液氨车间、碱熔炉工段
不导电地面	石油沥青混凝土、聚氯乙烯塑料	电解车间
要求高度清洁	水磨石、陶板马赛克、拼花木地板、聚氯乙烯塑料、地漆布	光学精密器械、仪器仪表、钟表、电信器材装配车间

(二)结构层的设置与选择

结构层是承受并传递地面荷载至地基的构造层次,可分为刚性和柔性两类。刚性结构层(混凝土、沥青混凝土、钢筋混凝土)整体性好、不透水、强度大,适用于荷载较大且要求变形小的场所;柔性结构层(砂、碎石、矿渣、三合土等)在荷载作用下易产生一定的塑性变形,造价较低,适用于有较大冲击和有剧烈振动作用的地面。

结构层的厚度主要由地面上的荷载确定,地基的承载能力对它也有一定的影响,较大荷载时则需经计算确定。但其一般不应小于下列数值:混凝土 80mm,灰土、三合土 100mm,碎石、沥青碎石、矿渣 80mm,砂、煤渣 60mm。混凝土结构层(或结构层兼面层)伸缩缝的设置一般以 6~12m 距离为宜,缝的形式有平头缝、企口缝、假缝,如图 13-75 所示,一般多为平头缝。企口缝适用于结构层厚度大于 150mm 的情况,假缝只能用于横向缝。

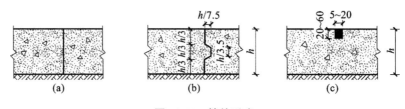

图 13-75　缝的形式
(a)平头缝;(b)企口缝;(c)假缝

(三)垫层

地面应铺设在均匀密实的基土上。结构层下的基层土壤不够密实时,应对原土进行处理,如夯实、换土等,在此基础上设置灰土、碎石等垫层起过渡作用。若单纯从增加结构层厚度和提高其标号方面来加大地面的刚度,往往是不经济的,而且会增加地面的内应力。

(四)细部构造

1.变形缝

地面变形缝的位置应与建筑物的变形缝(温度缝、沉降缝、抗震缝)一致。同时在地面荷载差异较大和受局部冲击荷载的部分也应设变形缝。变形缝应贯穿地面各构造层次,并用沥青类材料填充,变形缝的构造如图 13-76 所示。

图 13-76　变形缝的构造

2.不同材料接缝

两种不同材料的地面,由于强度不同、材料的性质不同,接缝处最易发生破坏,因此应根据不同情况采取措施。如厂房内铺有铁轨时,轨顶应与地面相平,铁轨附近宜铺设块材地面,其宽度应大于枕木的长度,以便维修和安装,如图 13-77(a)所示。当防腐地面与非防腐地面交接时,应在交接处设置挡水,以防止腐蚀性液体泛流,如图 13-77(b)所示。

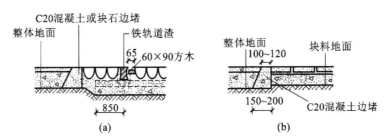

图 13-77 不同材料接缝

3.地沟

在厂房地面范围内常设有排水沟和通行各种管线的地沟。当室内水量不大时,可采用排水明沟,沟底须做垫坡,其坡度为 0.5%～1%。当室内水量大或有污染物时,应用有盖板的地沟或管道排走,沟壁多用砖砌,考虑土壤侧压力,壁厚一般不小于 240mm。要求有防水功能时,沟壁及沟底均应做防水处理,根据地面荷载不同设置相应的钢筋混凝土盖板或钢盖板。地沟构造如图 13-78 所示。

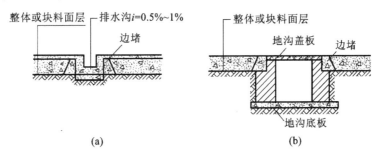

图 13-78 地沟构造

4.坡道

厂房的出入口,为方便各种车辆通行,在门外侧须设坡道。坡道材料常采用混凝土,坡道宽度较门口两边各大 500mm,坡度为 5%～10%,若采用大于 10%的坡度,面层应做防滑齿槽。坡道构造如图 13-79 所示。

二、其他构造

(一)金属梯

在厂房中根据需求常设各种金属梯,主要有作业平台梯、吊车梯和消防检修梯等。金属梯的宽度一般为 600～800mm,梯级每步高度为 300mm。根据形式不同其有直梯和斜梯之分。直梯的梯梁常采用角钢,踏步用Φ18 圆钢;斜梯的梯梁多用 6mm 厚钢板,踏步用 3mm 厚花纹钢板,也可用不少于 2 根Φ18 圆钢做成。金属梯易腐蚀,须先涂防锈漆,再刷油漆。

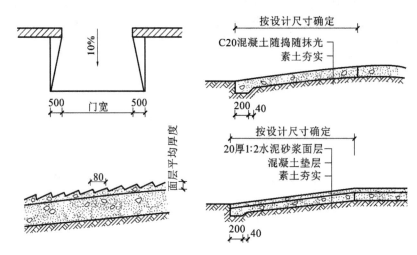

图 13-79　坡道构造

1.作业平台梯

作业平台梯如图 13-80 所示,是供人上下操作平台或跨越生产设备的交通联系构件。作业平台梯的坡度有 45°、59°、73° 及 90° 等。当梯段超过 4～5m 时,宜设中间休息平台。

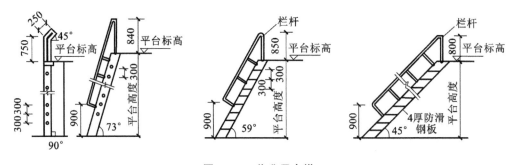

图 13-80　作业平台梯

2.吊车梯

吊车梯如图 13-81 所示,是为吊车司机上下吊车所设,常设置在厂房端部第二个柱距内。在多跨厂房中,可在中柱处设一吊车梯,供相邻两跨的两台吊车使用。

3.消防检修梯

单层厂房屋顶高度大于 10m 时,应有梯子自室外地面通至屋顶,及由屋顶通至天窗顶,以作为消防检修之用。相邻屋面高差在 2m 以上时,也应设置消防检修梯。

消防检修梯一般设在端部山墙处,形式多为直梯,当厂房很高时,可采用设有休息平台的斜梯。消防检修梯底端应高于室外地面 1000～1500mm,以防儿童爬登。梯与外墙表面之间的距离通常不小于 250mm,梯梁用焊接的角钢埋入墙内,墙预留 260mm×260mm 的孔,深度最小为 240mm,用混凝土嵌固或带角钢的预制块随墙砌固。

(二)走道板

走道板的作用是维修吊车轨道及检修吊车(图 13-82)。走道板均沿吊车梁顶面铺设。根据具体情况可单侧或双侧布置走道板。走道板的宽度不宜小于 500mm。

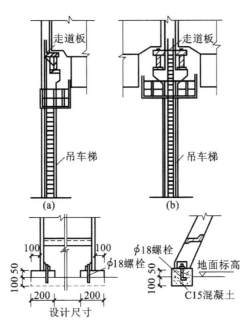

图 13-81　吊车梯

走道板一般由支架(利用外侧墙作为支承时,可设支架)、走道板及栏杆三部分组成。支架及栏杆均采用钢材,走道板通常多采用钢筋混凝土板,以节约钢、木材。

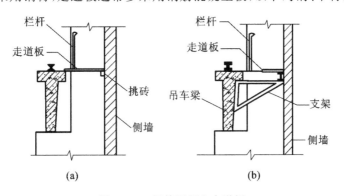

图 13-82　钢筋混凝土走道板

(三)隔断

1.金属网隔断

金属网隔断透光性好、灵活性大,但用钢量较多。金属网隔断由骨架和金属网组成,骨架材料可用普通型钢、钢管柱等,金属网材料可用钢板网或镀锌铁丝网。隔扇之间用螺栓连接或焊接。隔扇与地面的连接可用膨胀螺栓或预埋螺栓。

2.装配式钢筋混凝土隔断

装配式钢筋混凝土隔断适用于有火灾危险或湿度较大的车间。其由钢筋混凝土拼板、立柱及上槛组成,立柱与拼板均用螺栓与地面连接,上槛卡紧拼板,并用螺栓与立柱固定。拼板上部可装玻璃或金属网,用以采光和通风。

3.混合隔断

混合隔断适用于车间办公室、工具间、存衣室、车间仓库等不同类型的空间。其常采用 240mm×240mm 的砖柱,柱距为 3m 左右,中间砌以高 1m 左右、厚 120mm 的砖墙,上部装玻璃木隔断或金属隔断网等。

➡ 单元小结

1.单层厂房构造包括屋面、天窗、外墙、侧窗、大门、地面、隔断、楼梯等组成部分的构造,其中以屋顶、天窗、外墙的构造为重点。

2.厂房屋顶的基层结构类型分为有檩体系和无檩体系两种。在工程实践中,单层厂房较多采用无檩体系的大型屋面板。单层厂房屋面的排水方式分无组织排水和有组织排水两种。有组织排水又分为内排水和外排水。有组织内排水主要用于大型厂房及严寒地区的厂房,常用的有女儿墙内排水;有组织外排水常用于降雨量大的地区,如挑檐沟外排水、长天沟外排水。单层厂房屋面的防水方式有卷材防水、波形瓦防水、钢筋混凝土构件自防水。厂房屋顶需设置保温层,保温层可设在屋顶板上部的情况、下部或中间。保温层在屋顶板上部的情况,多用于卷材防水屋顶。保温层设在屋顶板下部的情况,多用于构件自防水屋顶。保温层设在屋顶板中间,即采用夹心保温屋顶板。厂房屋顶的细部构造包括檐口、天沟、泛水、变形缝等,其构造类似于民用建筑。

3.单层厂房屋面上,为满足厂房天然采光和自然通风的要求,常设置各种形式的天窗,常见的天窗形式有矩形天窗、平天窗及下沉式天窗等。矩形天窗沿厂房的纵向布置,主要由天窗架、天窗扇、天窗檐口、天窗侧板及天窗端壁板等组成;矩形通风天窗是在矩形天窗两侧加挡风板形成的,多用于热加工车间;平天窗的形式主要有采光板、采光罩和采光带;下沉式天窗的形式有井式天窗、纵向下沉式天窗和横向下沉式天窗。这三种天窗的构造类似。

4.单层厂房的外墙,根据承重情况不同可分为承重墙、自承重墙及骨架墙等,根据构造不同可分为块材墙、板材墙。承重墙一般用于中、小型厂房。骨架墙是利用厂房的承重结构做骨架,墙体仅起围护作用。依据使用要求、材料和施工条件,骨架墙有块材墙、板材墙和开敞式外墙等。块材墙构造简单,施工方便,热工性能好。板材墙可充分利用工业废料,节省耕地,加快施工速度,提高墙体的抗震性能,适宜采用的板材有钢筋混凝土板材和波形板材。单层厂房的侧窗,根据采用的材料不同可分为钢侧窗、木侧窗及塑钢侧窗等,多用钢侧窗。侧窗根据开关方式可分为中悬窗、平开窗、垂直旋转窗、固定窗和百叶窗等。

5.工业建筑地面与民用建筑地面构造基本相同,一般由面层、结构层、垫层、基层组成。为了满足一些特殊要求,还要增设结合层、找平层、防水层、保温层、隔声层等功能层次。

能力提升

（一）填空题

1.单层工业厂房中,支撑系统包括_____、_____屋盖支撑两大部分。

2.墙板布置分为_____、_____、_____、_____等,其中以_____应用最多。

3.墙板与柱的柔性连接方法通常有以下几种:_____、_____、_____、_____。

4.厂房屋顶按其保温与否分为_____和_____。

5.厂房屋顶排水形式有_____和_____。

6.矩形通风天窗挡风板有两种形式,即_____、_____。

7.单层厂房的自然通风是利用_____原理和_____原理进行的。

8.矩形天窗基本上由_____、_____、_____、_____、_____组成。

9.单层厂房大多数采用_____结构。

10.常见采光天窗有_____、_____、_____、_____等。

（二）思考题

1.简述单层厂房屋盖结构的类型与构件之间的连接构造。

2.基础梁设置的位置、构造要求有哪些?

3.圈梁、连系梁的作用是什么? 与柱如何连接?

4.屋面排水的方式有哪几种?

5.厂房的卷材防水屋面与民用建筑比较有哪些特点?

6.说明构件自防水屋面的种类与构造要点。

7.屋面隔热的形式及特点是什么?

8.天窗的作用与类型有哪些?

9.矩形天窗扇有哪几种? 各自有何构造区别?

10.矩形避风天窗的组成及构造要点是什么?

11.井式天窗的构造要点是什么?

12.说明外墙与柱的位置关系及其优缺点。

13.砖墙与柱、屋架的连接方法有哪些?

14.墙板与柱的连接方法有哪些?

15.板材墙垂直缝和水平缝的防雨构造要点是什么?

16.厂房侧窗有何特点?

17.厂房侧窗的形式及适用范围是什么?

18.实腹钢侧窗的构造有哪些?

19.平开大门及推拉大门的构造是什么?

参 考 文 献

[1] 袁雪峰,张海梅.房屋建筑学.3 版.北京:科学出版社,2005.

[2] 舒秋华,李世禹.房屋建筑学.2 版.武汉:武汉理工大学出版社,2010.

[3] 同济大学,西安建筑科技大学,东南大学,等.房屋建筑学.北京:中国建筑工业出版社,2006.

[4] 李必瑜,王雪松.房屋建筑学.5 版.武汉:武汉理工大学出版社,2014.

[5] 张文忠.公共建筑设计原理.4 版.北京:中国建筑工业出版社,2008.

[6] 罗福午,张慧英,杨军.建筑结构概念设计及案例.北京:清华大学出版社,2003.

[7] 彭一刚.建筑空间组合论.3 版.北京:中国建筑工业出版社,2008.

[8] 杨俊杰,崔钦淑.结构原理与结构概念设计.北京:中国水利水电出版社,知识产权出版社,2006.

[9] 张伶伶,孟浩.场地设计.2 版.北京:中国建筑工业出版社,2011.

[10] 付祥钊.夏热冬冷地区建筑节能技术.北京:中国建筑工业出版社,2002.

[11] 刘云月.公共建筑设计原理.南京:东南大学出版社,2004.

[12] 李必瑜,魏宏杨,覃琳.建筑构造:上册.北京:中国建筑工业出版社,2013.

[13] 刘建荣,翁季,孙雁.建筑构造:下册.北京:中国建筑工业出版社,2013.

[14] 《轻型钢结构设计指南(实例与图集)》编辑委员会.轻型钢结构设计指南(实例与图集).2 版.北京:中国建筑工业出版社,2005.

[15] 王崇杰.房屋建筑学.北京:中国建筑工业出版社,2008.

[16] 杨金铎,房志勇.房屋建筑构造.北京:中国建材工业出版社,2000.

[17] 杨维菊.建筑构造设计:下册.北京:中国建筑工业出版社,2005.

[18] 房志勇.房屋建筑构造学.北京:中国建材工业出版社,2003.

[19] 赵西安.建筑幕墙工程手册:上册.北京:中国建筑工业出版社,2002.

[20] 赵西安.建筑幕墙工程手册:中册.北京:中国建筑工业出版社,2002.

[21] 中华人民共和国建设部,中华人民共和国国家监督检验检疫总局.GB 50018—2002 冷弯薄壁型钢结构技术规范.北京:中国计划出版社,2002.

[22] 郭兵,纪伟东,赵永生,等.多层民用钢结构房屋设计.北京:中国建筑工业出版社,2005.

[23] 邹颖,卞洪滨.别墅建筑设计.北京:中国建筑工业出版社,2000.

[24] 曹纬浚,北京市注册建筑师管理委员会.一级注册建筑师考试辅导教材.北京:中国建筑工业出版社,2004.

[25] 刘育东.建筑的涵意.天津:天津大学出版社,1999.

[26] 聂洪达.房屋建筑学.北京:北京大学出版社,2007.